PAUL TILLICH · GESAMMELTE WERKE

BAND IX

PAUL TILLICH

DIE RELIGIÖSE SUBSTANZ DER KULTUR

Schriften zur Theologie der Kultur

GESAMMELTE WERKE

BAND IX

EVANGELISCHES VERLAGSWERK STUTTGART

Herausgegeben von Renate Albrecht

1. Auflage

Erschienen 1967 im Evangelischen Verlagswerk GmbH, Stuttgart
Gesamtherstellung: Union Druckerei GmbH Stuttgart
Printed in Germany

EDUARD HEIMANN

gewidmet

INHALTSVERZEICHNIS

EINZELANALYSEN

POLITIK

ERZIEHUNG

MEDIZIN

TECHNIK

KUNST UND ARCHITEKTUR

VORBEMERKUNG DES HERAUSGEBERS

In der Reihe der Gesammelten Werke von Paul Tillich beginnt mit dem IX. Band ein neues Sachgebiet – die „Theologie der Kultur". Der Band gliedert sich in einen allgemeinen Teil, der die grundlegenden Beziehungen von Religion und Kultur untersucht, und einen speziellen Teil, der sich mit verschiedenen Kulturgebieten beschäftigt. Innerhalb der einzelnen Teile sind die Aufsätze chronologisch geordnet.

Noch zu seinen Lebzeiten hat der Autor die Auswahl der Aufsätze getroffen und einen Teil der Übersetzungen durchgesehen und autorisiert („Aspekte einer religiösen Analyse der Kultur", „Die Bedeutung der Gesundheit", „Mensch und Umwelt", „Protestantismus und Kirchenbau"). Die übrigen Übersetzungen („Das Evangelium und der Staat", „Theologie der Erziehung", „Die Beziehung zwischen Religion und Gesundheit", „Die Kunst und das Unbedingt-Wirkliche") wurden zunächst von Frau Dr. Ingeborg Henel, North Haven, bearbeitet und dann Herrn Professor D. Dr. Carl Heinz Ratschow, Marburg, zur letzten Durchsicht und Entscheidung übergeben.

Einer besonderen Rechtfertigung bedarf die Aufnahme des Aufsatzes „Religion und Weltpolitik". Obwohl er – wahrscheinlich unter dem Eindruck des beginnenden zweiten Weltkrieges – ein Fragment geblieben ist, sprach für den Abdruck, daß er im Werk von Paul Tillich die einzige Arbeit zu diesem Thema ist und daß die einleitenden Kapitel der Ergänzung und Verdeutlichung ähnlicher Gedankengänge im dritten Band der Systematischen Theologie dienen können.

Verlag und Herausgeber danken Herrn Professor Ratschow für die mühevolle und zeitraubende Durchsicht der Übersetzungen und für die von ihm übernommene Verantwortung in bezug auf Richtigkeit dieser Texte.

Weiter sei gedankt: Frau Dr. Ingeborg Henel für die Bearbeitung der Übersetzungstexte, Herrn Dr. Theodor Mahlmann für die Erstellung des Sachregisters, Frau Hildegard Behrmann, Frau Dr. Gertie Siemsen und Frau Gertraut Stöber für ihre Mithilfe beim Korrekturlesen.

Düren, im August 1967.

Renate Albrecht

ZUR GRUNDLEGUNG

ÜBER DIE IDEE EINER THEOLOGIE DER KULTUR

1. Theologie und Religionsphilosophie

In den Erfahrungswissenschaften ist der Standpunkt etwas, das überwunden werden muß. Die Wirklichkeit ist Maßstab der Richtigkeit, und die Wirklichkeit ist eine. Von zwei widersprechenden Standpunkten kann nur einer richtig oder beide falsch sein. Der Fortschritt der wissenschaftlichen Erfahrung entscheidet. Er hat entschieden, daß die Erde ein schwebender Körper, keine schwimmende Platte, daß die fünf Bücher Mose aus verschiedenen Quellen, nicht von Mose stammen. Die entgegengesetzten Standpunkte sind Irrtümer. Er hat noch nicht entschieden, wer der Verfasser des Hebräerbriefes ist. Von den verschiedenen Annahmen ist eine oder keine richtig.

Anders in den systematischen Kulturwissenschaften: In ihnen gehört der Standpunkt des Systematikers zur Sache selbst, er ist ein Moment in der Entwicklungsgeschichte der Kultur, er ist eine bestimmte, konkret-historische Verwirklichung einer Kulturidee, er ist nicht nur kulturerkennend, sondern auch kulturschöpferisch. Hier verliert die Alternative „richtig-falsch" ihre Gültigkeit, denn die Stellungen des Geistes zur Wirklichkeit sind mannigfaltig: Eine gotische und eine barocke Ästhetik, eine katholische und eine modern-protestantische Dogmatik; eine romantische und eine puritanische Ethik können nie einfach als richtig oder falsch gekennzeichnet werden. Aus diesem Grunde ist es auch unmöglich, brauchbare Allgemeinbegriffe von Kulturideen zu bilden. Was Religion und Kunst seien, ist auf dem Wege der Abstraktion nicht zu erfahren: sie vernichtet das Wesentliche, die konkreten Formen, und muß alle noch kommenden Konkretionen außer acht lassen. Jeder kulturwissenschaftliche Allgemeinbegriff ist entweder unbrauchbar, oder er ist ein verhüllter Normbegriff, er ist entweder Umschreibung eines Nichts, oder er ist Ausdruck eines Standpunktes; er ist eine wertlose Hülse, oder er ist eine Schöpfung. – Der Standpunkt wird ausgesprochen von einem Einzelnen; ist er aber mehr als individuelle Willkür, ist er Schöpfung, so ist er zugleich – in höherem oder geringerem Maße – Schöpfung des Kreises, in dem der Einzelne steht; und da dieser Kreis und seine eigentümliche Geistigkeit nicht ist ohne die geistigen Kreise, die ihn umfassen, und die Schöpfungen der Vergangenheit, auf denen er ruht, so ist der individuellste Standpunkt fest eingebettet in den Boden des objektiven Geistes, den Mutterboden jeder Kulturschöpfung. Ihm entnimmt der konkrete Standpunkt die allgemeinen Formen des Geistigen, während er durch die – von dort aus gesehen – immer engeren Kreise und geschichtlichen Bestände konkreter Geistigkeit seine eigene konkrete Begrenzung findet, bis er in schöpferischer Selbstsetzung die neue individuelle und unvergleichbare Synthese von allgemeiner Form und konkretem Inhalt schafft. Dem entsprechen drei Formen der nicht-empirischen Kulturwissenschaft: die Kulturphilosophie, die sich auf die allgemeinen Formen, das *a priori* aller Kultur, richtet, die Geschichtsphilosophie der Kulturwerte, die durch die Fülle der Konkretheiten von den allgemeinen Formen zu dem eigenen individuellen Standpunkt überleitet und diesen dadurch rechtfertigt, und endlich die normative Kulturwissenschaft, die den konkreten Standpunkt zu systematischem Ausdruck bringt.

Somit sind zu unterscheiden: Kunstphilosophie, d. h. phänomenologische und geltungsphilosophische Darstellung des Wesens oder Wertes „Kunst" auf der einen, und Ästhetik, d. h. systematisch-normative Darstellung dessen, was als schön zu gelten hat, auf der andern Seite. – Oder Moralphilosophie, die fragt: Was ist das Sittliche? und normative Ethik, die fragt: Was ist sittlich? – Ebenso ist zu unterscheiden Religionsphilosophie einerseits und Theologie andrerseits. Theologie ist also konkret-normative Religionswissenschaft. In diesem Sinne ist nun der Begriff in unserm Zusammenhange gemeint, und in diesem Sinne kann er meines Erachtens allein auf wissenschaftliche Brauchbarkeit Anspruch machen. Damit ist ein Doppeltes verneint: Theologie ist nicht Wissenschaft von einem besonderen Gegenstand neben andern, den wir Gott nennen; einer solchen Wissenschaft hat die Kritik der Vernunft ein Ende gemacht. Sie hat auch die Theologie vom Himmel auf die Erde herabgeführt. Theologie ist ein Teil Religionswissenschaft, nämlich der systematisch-normative Teil. – Zweitens ist Theologie nicht wissenschaftliche Darstellung eines besonderen Offenbarungskomplexes. Diese Auffassung setzt einen supranatural-autoritativen Offenbarungsbegriff voraus, der durch die Welle der religionsgeschichtlichen Einsichten und die logische und religiöse Kritik am begrifflichen Supranaturalismus überwunden ist.

Aufgabe der Theologie ist es demnach, von einem konkreten Standpunkt aus auf Grund der religionsphilosophischen Kategorien und unter Einbettung des individuellen Standpunktes in den konfessionellen und den allgemein religionsgeschichtlichen und den geistesgeschichtlichen überhaupt ein normatives Religionssystem zu entwerfen. Das ist kein versteckter Rationalismus, denn es ist Anerkennung des konkreten religiösen Standpunktes, und es ist kein versteckter Supranaturalismus, wie er selbst noch bei unserer historisch-kritischen Schule vorliegt, denn es ist geschichtsphilosophische Durchbrechung aller autoritativen Schranken des individuellen Standpunktes. Es ist orientiert an Nietzsches Erfassung des „Schöpferischen" auf dem Boden von Hegels „objektiv-geschichtlichem Geist".

Noch eine Bemerkung über das Verhältnis von Kulturphilosophie und normativer Kultursystematik. Sie gehören zusammen und stehen in Wechselwirkung. Nicht nur ist die Theologie orientiert an der Philosophie der Religion, sondern auch umgekehrt. Wie im Anfang gesagt, ist jeder philosophische Allgemeinbegriff leer, der nicht erfaßt ist zugleich als Normbegriff auf konkreter Grundlage. Nicht darin liegt also der Unterschied zwischen Philosophie und Normwissenschaft, sondern es ist ein Unterschied der Arbeitsrichtung. Die Philosophie erarbeitet das Allgemeine, Apriorische, Kategoriale auf Grund breitester Empirie und im systematischen Zusammenhang mit den anderen Werten und Wesensbegriffen. Die Normwissenschaften erarbeiten das Besondere, Inhaltliche, Gelten-Sollende in speziellen Systemen für jede Kulturwissenschaft.

Aus der Kraft einer konkreten, schöpferischen Verwirklichung gewinnt der höchste Allgemeinbegriff seine inhaltsvolle und doch umfassende Lebendigkeit, und aus der zusammenfassenden Fülle eines höchsten Allgemeinbegriffs entnimmt das normative System seine objektive wissenschaftliche Bedeutsamkeit: in jedem brauchbaren Allgemeinbegriff steckt ein Normbegriff, und in jedem schöpferischen Normbegriff steckt ein Allgemeinbegriff. Dies ist die Dialektik der systematischen Kulturwissenschaft.

2. Kultur und Religion

Von Alters her stand in der systematischen Theologie neben der Dogmatik die theologische Ethik. In der neueren Theologie zerfällt das System gewöhnlich in Apologetik, Dogmatik und Ethik. Was ist das für eine eigenartige Wissenschaft, die sich neben die allgemeine philosophische Ethik als theologische stellt? Man kann darauf verschiedene Antworten geben. Man kann sagen, die philosophische Ethik beschäftige sich mit dem Wesen des Sittlichen, nicht mit seinen Normen; dann unterscheiden sich beide wie Moralphilosophie und normative Ethik; aber warum soll die normative Ethik eine theologische sein? Die Philosophie oder besser die Kulturwissenschaft kann es sich nicht nehmen lassen, auch ihrerseits eine normative Ethik zu schreiben. Insofern nun beide als gültig auftreten, hätten wir die alte doppelte Wahrheit auf ethischem Gebiet grundsätzlich zugestanden. – Man kann aber auch antworten: Auch das sittliche Leben will konkret werden, auch in der Ethik muß es einen Standpunkt geben, der nicht nur Standpunkt eines Einzelnen ist, sondern herausgeboren ist aus einer konkreten ethischen Gemeinschaft mit geschichtlichen Zusammenhängen. Eine solche Gemeinschaft ist die Kirche.

Diese Antwort ist richtig, wo immer die Kirche die übergreifende Kulturgemeinschaft ist, wo immer es eine kirchlich geleitete Kultur gibt und nicht nur die Ethik, sondern auch die Wissenschaft, die Kunst und das Gesellschaftsleben von der Kirche geführt, zensuriert, in Grenzen gehalten, systematisiert werden. Diesen Anspruch aber hat die Kirche auf protestantischem Boden längst aufgegeben. Sie erkennt eine außerkirchliche übergreifende Kulturgemeinschaft an, in welcher der individuelle Standpunkt verwurzelt ist in dem gegenwärtigen Standpunkt der Kulturgemeinschaft überhaupt. Da ist ebensowenig Platz für eine prinzipiell theologische wie für eine deutsche oder arische oder bürgerliche Ethik, Ästhetik, Wissenschaft, Gesellschaftslehre, obgleich diese Konkretionen natürlich für die faktische Gestaltung des individuellen Standpunktes eine große Rolle spielen. Sobald die Kirche eine weltliche Kultur prinzipiell anerkennt, kann es eine theologische Ethik ebensowenig mehr geben wie eine theologische Logik, Ästhetik und Soziologie.

Meine Behauptung ist nun die: Was in der theologischen Ethik letztlich beabsichtigt war, kann seine Erfüllung nur finden in einer Theologie der Kultur, die sich nicht nur auf die Ethik, sondern auf alle Kulturfunktionen bezieht. Nicht theologische Ethik, sondern Theologie der Kultur. Das erfordert zunächst einige Bemerkungen zu dem Verhältnis von Kultur und Religion. Die Religion hat die Eigentümlichkeit, keiner besonderen psychischen Funktion zugeordnet zu sein; weder die Hegelsche Fassung, die die Religion dem Theoretischen, noch die Kantische, die sie dem Praktischen, noch die Schleiermachersche, die sie dem Gefühl zuweist, haben sich halten können. Die letztere kommt der Wahrheit am nächsten, insofern sie die Indifferenz des eigentlich Religiösen gegen seine kulturellen Ausprägungen zum Ausdruck bringt. Aber das Gefühl begleitet jedes kulturelle Erlebnis, ohne daß man es darum religiös nennen könnte. Wird aber ein bestimmtes Gefühl gemeint, so ist mit dieser Bestimmtheit schon ein theoretisches oder praktisches Moment gegeben. Die Religion ist kein Gefühl, sondern ein Verhalten des Geistes, in der Praktisches, Theoretisches und Gefühlsmäßiges in komplexer Einheit verbunden sind. Wenn wir nun – meiner Meinung nach die richtigste Systematisierung – die gesamten Kulturfunktionen scheiden in solche, durch die der Geist den Gegenstand in sich aufnimmt, intellektuelle und ästhetische, zusammengefaßt als theoretische im Sinne von Theorie, Anschauung, und in solche, durch die der Geist in den Gegenstand eingehen will, ihn nach sich gestalten, individual- und sozialethische (mit Einschluß von Recht und Gesellschaft), also praktische, so ergibt sich für die Religion, daß sie Aktualität nur finden kann in Beziehung auf ein theoretisches oder praktisches Verhalten. Die religiöse Potenz, d. h. eine bestimmte Qualität des Bewußtseins, ist zu unterscheiden von dem religiösen Akt, d. h. einem selbständigen theoretischen oder praktischen Vorgang, der jene Qualität enthält. Durch die Verbindung von religiösem Prinzip und Kulturfunktion kann nun eine spezifisch religiöse Kultursphäre entstehen, ein religiöses Erkennen: Mythos oder Dogma; ein Gebiet religiöser Ästhetik: Kultus; eine religiöse Formung der Person: Heiligung; eine religiöse Gesellschaftsform: Kirche, mit ihrem besonderen Kirchenrecht und ihrer besonderen Gemeinschaftsethik. In solchen Formen ist Religion aktuell, nur in der Verbindung mit außerreligiösen Kulturfunktionen hat das religiöse Prinzip Existenz. Das Religiöse bildet kein Prinzip im Geistesleben neben anderen; der Absolutheitscharakter jedes religiösen Bewußtseins würde derartige Schranken durchbrechen. Sondern das Religiöse ist aktuell in allen Provinzen des Geistigen. Es scheint aber aus dem Gesagten eine neue Begrenzung gegeben zu sein. In jeder Provinz des Geisteslebens gibt es nun einen besonderen Kreis, eine besondere Einflußsphäre des Religiösen. Wie sind diese Sphären abzugrenzen? Hier liegt in der Tat das Gebiet der großen kulturellen Konflikte zwischen Kirche und Staat, Religionsgemeinschaft und Gesellschaft, Kunst und Kultusform, Wissenschaft und Dogma, die die ersten Jahrhunderte der neuen Zeit erfüllt haben und auch jetzt noch nicht völlig zur Ruhe gekommen sind. Ein Konflikt ist nicht möglich, solange die Kulturfunktionen von der Religion her in Heteronomie gehalten werden. Er ist überwunden, sobald die Kulturfunktionen restlos ihre Autonomie erkämpft haben. Wo aber bleibt dann die Religion? Solange noch in irgend einer Form neben der Wissenschaft ein Dogma, neben der Gesellschaft eine „Gemeinschaft", neben dem Staat eine Kirche steht, die bestimmte Sphären für sich in Anspruch nehmen, ist die Autonomie des Geisteslebens bedroht, ja aufgehoben. Denn es entsteht dadurch eine doppelte Wahrheit, eine doppelte Sittlichkeit, ein doppeltes Recht, von denen je eines nicht aus der Gesetzmäßigkeit der betreffenden Kulturfunktion geboren ist, sondern aus einer fremden Gesetzlichkeit, die die Religion gibt. Diese Doppelheit muß unter allen Umständen aufgehoben werden; sie ist unerträglich, sobald sie ins Bewußtsein tritt; denn sie zerstört das Bewußtsein.

Die Lösung ist nur vom Religionsbegriff aus zu gewinnen. Ohne eine Begründung – denn das hieße eine Religionsphilosophie im Kleinen zu geben – will ich den hier vorausgesetzten Religionsbegriff hinstellen. Religion ist Erfahrung des Unbedingten und das heißt Erfahrung schlechthinniger Realität auf Grund der Erfahrung schlechthinniger Nichtigkeit; es wird erfahren die Nichtigkeit des Seienden, die Nichtigkeit der Werte, die Nichtigkeit des persönlichen Lebens; wo diese Erfahrung zum absoluten, radikalen Nein geführt hat, da schlägt sie um in eine ebenso absolute Erfahrung der Realität, in ein radikales Ja. Nicht um eine neue Realität handelt es sich, neben oder über den Dingen – das wäre ja nur ein Ding höherer Ordnung, das wieder unter das Nein fiele. Sondern durch die Dinge hindurch zwingt sich uns jene Realität auf, die das Nein und Ja über die Dinge zugleich ist; es ist nicht ein Seiendes, es ist nicht die Substanz, nicht die Totalität des Seienden; es ist, um eine mystische Formel zu gebrauchen, das Überseiende, was zugleich das Nichts und das Etwas schlechthin ist. Doch auch das Prädikat „ist“ verhüllt schon den Tatbestand, da es sich nicht um eine Seins-, sondern um eine Sinnwirklichkeit handelt, und zwar um die letzte, tiefste, alles erschütternde und alles neu bauende Sinnwirklichkeit.

Von hier aus ist nun ohne weiteres deutlich, daß von besonderen religiösen Kultursphären im eigentlichen Sinne nicht gesprochen werden kann. Liegt es im Wesen der religiösen Grunderfahrung, die gesamte Erkenntnissphäre zu verneinen und durch die Verneinung hindurch zu bejahen, so ist kein Platz mehr für ein besonderes religiöses Erkennen, für einen besonderen religiösen Gegenstand oder besondere Methoden der religiösen Erkenntnis. Der Konflikt zwischen Dogma und Wissenschaft ist überwunden. Die Autonomie der Wissenschaft ist restlos gewahrt, jede Heteronomie durch die Religion unmöglich gemacht, dafür aber die Wissenschaft als Ganzes unter die „Theonomie“ der paradoxen religiösen Grunderfahrung gestellt. – Ebenso in der Ethik: Eine besondere, auf den religiösen Gegenstand bezügliche Personal- oder Gemeinschaftsethik neben der Individual- oder Sozialethik kann es nicht mehr geben. Auch die Ethik ist schlechterdings autonom, aller religiösen Heteronomie frei und ledig und doch als Ganzes „theonom“ im Sinne der religiösen Grunderfahrung; die Konfliktsmöglichkeiten sind radikal ausgeschaltet. – Damit ist das Verhältnis von Religion und

Kultur prinzipiell geklärt. Die spezifisch religiösen Kultursphären sind grundsätzlich aufgehoben. Die Frage, welche Bedeutung ihnen dennoch zukommen möge, kann erst nach Beantwortung der Frage nach dem Sinn einer Theologie der Kultur entschieden werden.

3. *Kulturtheologie*

Es war in den letzten Ausführungen mehrfach von Autonomie und Theonomie der Kulturwerte die Rede gewesen. Dem müssen wir noch weiter nachgehen; und zwar möchte ich den Satz aufstellen, daß die Autonomie der Kulturfunktionen begründet ist in ihrer Form, den Gesetzen ihrer Anwendung, die Theonomie aber in ihrem Gehalt, der Realität, die vermittelst dieser Gesetze zur Darstellung oder Durchführung kommt. Es kann nun das Gesetz ausgesprochen werden: Je mehr Form, desto mehr Autonomie, je mehr Gehalt, desto mehr Theonomie. Eins kann aber nicht sein ohne das andere; eine Form, die nichts formt, ist ebenso unfaßbar wie ein Gehalt, der nicht in einer Form steht. Es wäre ein Rückfall in die schlimmste Heteronomie, wollte man den Gehalt losgelöst von der Form erfassen wollen; es würde sich sofort eine neue Form bilden, die nun in Gegensatz träte zu der autonomen und sie in der Autonomie einschränkte. Das Verhältnis von Gehalt und Form muß gedacht werden als eine Linie, deren eines Ende die reine Form, deren anderes der reine Gehalt bedeutet. Auf der Linie selbst aber sind beide immer in Einheit. Die Offenbarung des überwiegenden Gehalts besteht nun darin, daß die Form immer unzulänglicher wird, daß die Realität in überschäumender Fülle die Form zerbricht, die sie halten soll; und doch ist dieses Überschäumen und Zerbrechen selbst noch Form.

Aufgabe einer Theologie der Kultur ist es, diesen Prozeß in allen Gebieten und Schöpfungen der Kultur zu verfolgen und zum Ausdruck zu bringen. Aber nicht vom Standpunkt der Form her; das wäre Aufgabe der betreffenden Kulturwissenschaft selbst, sondern vom Gehalt her, als Kulturtheologie und nicht als Kultursystematik. Es kommt darauf an, daß die konkreten religiösen Erlebnisse, die in allen großen Kulturerscheinungen eingebettet liegen, herausgestellt und zur Darstellung gebracht werden. Daraus ergibt sich neben der Theologie als normativer Religionswissenschaft die Notwendigkeit einer theologischen Methode, wie es neben der systematischen Psychologie eine psychologische und ebenso eine soziologische usw. Methode gibt. Diese Methoden sind universell, jedem Gegenstand angepaßt und haben doch eine Heimat, die bestimmte Wissenschaft, in der sie geboren sind. Ebenso die theologische Methode, die eine universelle Anwendung der theologischen Fragestellung auf alle Kulturwerte ist.

Wir hatten der Theologie die Aufgabe zuerteilt, auf Grund der allgemeinen religionsphilosophischen Begriffsbildung und vermittelst einer geschichtsphilosophischen Einordnung einen konkreten religiösen Standpunkt zu systematischem Ausdruck zu bringen. Dem entspricht die Aufgabe der Kulturtheologie. Sie leistet eine allgemeine religiöse Analyse sämtlicher Kulturschöpfungen, sie gibt eine geschichtsphilosophische und typologische Einordnung der großen Kulturschöpfungen unter dem Gesichtspunkt des in ihnen realisierten religiösen Gehaltes, und sie schafft von ihrem konkreten religiösen Standpunkt aus den idealen Entwurf einer religiös erfüllten Kultur. Es ist also eine Dreiheit von Aufgaben, die ihr zufällt, entsprechend der Dreiheit der kultursystematischen Wissenschaften überhaupt und systematischen Religionswissenschaft insbesondere. 1. Allgemeine religiöse Analyse der Kultur. 2. Religiöse Typologie und Geschichtsphilosophie der Kultur. 3. Konkrete religiöse Systematisierung der Kultur.

Bei der kulturtheologischen Analyse ist auf ein Doppeltes zu achten; zuerst auf das Verhältnis von Form und Gehalt. Gehalt ist etwas anderes als Inhalt. Unter Inhalt verstehen wir das Gegenständliche in seinem einfachen Sosein, das durch die Form in die geistig-kulturelle Sphäre erhoben wird. Unter Gehalt aber ist zu verstehen der Sinn, die geistige Substantialität, die der Form erst ihre Bedeutung gibt. Man kann also sagen: Der Gehalt wird an einem Inhalt mittels der Form ergriffen und zum Ausdruck gebracht. Der Inhalt ist das Zufällige, der Gehalt das Wesentliche, die Form das Vermittelnde. Die Form muß dem Inhalt angemessen sein, darum bilden nicht etwa Formkultur und Inhaltskultur einen Gegensatz; vielmehr stehen beide an einem Pol, an dem anderen aber steht Gehaltskultur. Das Zerbrechen der Form durch den Gehalt ist identisch mit dem Unwesentlich-Werden des Inhaltes. Die Form verliert ihre notwendige Beziehung auf den Inhalt, weil der Inhalt hinschwindet vor der überwiegenden Fülle des Gehaltes. Dadurch gewinnt die Form etwas Losgelöstes, Freischwebendes, sie steht in unmittelbarem Bezug auf den Gehalt; sie verliert den natürlichen und notwendigen Bezug auf den Inhalt; sie wird Form im paradoxen Sinne, indem sie sich in ihrer Natürlichkeit zerbrechen läßt durch den Gehalt. Dieses ist das erste, was zu beachten ist; denn in dem Gehalt kommt eben die religiöse Realität mit ihrem Ja und Nein über die Dinge zum Vorschein. Und dieses ist das zweite: das Verhältnis des Nein und Ja, die Beziehung und die Kraft, in der das eine und das andere zum

Ausdruck gebracht ist. Hier gibt es unendlich viele Möglichkeiten, weil die Beziehungen und das Wechselverhältnis unendlich reich sind.

Aber es gibt doch auch wieder eine bestimmte Begrenzung; und das führt zu der zweiten Aufgabe der Kulturtheologie: der typisierenden und geschichtsphilosophischen. Die Begrenzung ist gegeben durch das Bild der Linie mit dem formalen und gehaltlichen Pol, von dem oben die Rede war. Dieses Bild führt auf drei entscheidende Punkte, aus denen sich die drei Grundtypen ergeben: die beiden Pole und der Mittelpunkt, in dem Form und Gehalt im Gleichgewicht stehen. Daraus ergibt sich für die Typologie folgende Grundordnung: die typisch profane und formale Kulturschöpfung, die typisch religiöse und gehaltsüberwiegende Kulturschöpfung und die typisch gleichgewichtige, harmonische oder klassische Kulturschöpfung. Diese allgemeine Typologie läßt nun Raum für Zwischenstufen und Übergänge, und sie wird außerordentlich mannigfaltig durch die verschiedenen konkreten Religionsformen, die in sie eingehen. Wird diese Typenlehre auf die Gegenwart bezogen und mit der Vergangenheit in systematische Beziehung gesetzt, so entsteht eine geschichtsphilosophische Einordnung, die dann unmittelbar zur dritten, eigentlich systematischen Aufgabe der Kulturtheologie hinüberführt.

Inwieweit kann der Kulturtheologe religiöser Kultursystematiker sein? Diese Frage ist zunächst nach ihrer negativen Seite hin zu beantworten: Er kann es nicht sein von seiten der Form der Kulturfunktionen; das wäre ein unerlaubter Eingriff und Heteronomie der Kultur. Er kann es nur von seiten des Gehalts; aber der Gehalt kommt zur kulturellen Bestimmtheit nur in der Form. Insofern muß gesagt werden: Der Kulturtheologe ist nicht direkt kulturschöpferisch. Weder auf wissenschaftlichem, noch auf sittlichem, noch auf rechtlichem, noch auf künstlerischem Gebiet ist der Kulturtheologe als solcher produktiv. Aber er nimmt den autonomen Produktionen gegenüber auf Grund seines konkreten theologischen Standpunktes eine kritische, verneinende und bejahende Stellung ein; er entwirft mit dem vorhandenen Material ein religiöses Kultursystem durch Ausscheidung und Vereinigung nach Maßgabe seines theologischen Prinzips. Er kann auch über das vorhandene Material hinausgehen, aber nur in Forderung, nicht in Erfüllung; er kann der vorhandenen Kultur vorwerfen, daß er in ihren Schöpfungen nichts finde, was er als Ausdruck des in ihm lebendigen Gehalts anerkennen könnte; er kann ganz im allgemeinen die Richtung zeigen, in der er die Erfüllung eines wahrhaft religiösen Kultursystems sieht, aber er kann das System nicht selber schaffen. Versucht er es doch, so hört er damit auf, Kulturtheologe zu sein, und er wird an einer oder mehreren Stellen Kulturschöpfer, tritt damit aber in die volle und gänzlich autonome Kritik der Kulturformen, die ihn dann oft mit souveräner Kraft zu ganz anderen Zielen führen wird, als er sie erreichen wollte. Darin liegt die Begrenzung der systematischen Aufgabe des Kulturtheologen. Eben daraus aber ergibt sich seine universale Bedeutung. Fern von jeder Beschränkung auf ein bestimmtes Gebiet kann er vom Gehalt her die übergreifende Einheit der Kulturfunktionen zum Ausdruck bringen, er kann die Beziehungen zeigen, die von einer Erscheinung der Kultur zur anderen führen, durch die substantielle Einheit des in ihnen zum Ausdruck gebrachten Gehaltes; er kann dadurch die Einheit der Kultur vom Gehalt her in der gleichen Weise verwirklichen helfen, wie es der Philosoph von den reinen Formen, den Kategorien, her tut.

Kulturtheologische Aufgaben sind oft gestellt und gelöst worden von theologischen, philosophischen, literarischen und politischen Kulturanalytikern (z. B. Simmel); aber die Aufgabe als solche ist nicht erfaßt und in ihrer systematischen Bedeutung erkannt worden. Man hat nicht gesehen, daß es sich hier um eine Kultursynthese von eminenter Bedeutung handelt, eine Synthese, die nicht nur die verschiedenen Kulturfunktionen zusammenfaßt, sondern auch den kulturzerstörenden Widerspruch von Religion und Kultur überwindet durch den Entwurf eines religiösen Kultursystems, in dem an Stelle des Gegensatzes von Wissenschaft und Dogma eine an sich religiöse Wissenschaft, an Stelle der Unterscheidung von Kunst und Kultform eine an sich religiöse Kunst, an Stelle des Dualismus von Staat und Kirche eine an sich religiöse Staatsform usw. tritt. Erst in dieser Weite des Zieles ist die kulturtheologische Aufgabe erfaßt. Einige Beispiele sollen erläutern und weiterführen.

4. Kulturtheologische Analysen

Im Folgenden möchte ich mich wesentlich auf den ersten analytischen Teil der kulturtheologischen Arbeit mit gelegentlichem Übergreifen auf den zweiten, typologischen Teil beschränken, da ich es hier vermeiden möchte, ein konkretes theologisches Prinzip begründungslos einzuführen; für die Erfüllung der geschichtsphilosophischen und systematischen Aufgabe der Kulturtheologie wäre das aber nötig. Immerhin werden einige systematische Andeutungen durch die Analyse hindurchschimmern.

Ich beginne mit einer kulturtheologischen Betrachtung der Kunst und zwar der expressionistischen Richtung in der Malerei, weil sie mir ein besonders eindrucksvolles Beispiel für das oben besprochene Verhältnis von Form und Gehalt zu sein scheint, und weil jene Begriffsbestimmungen mit unter ihrem Eindruck gebildet sind.

Deutlich ist zunächst, daß hier der Inhalt in höchstem Maße bedeutungslos geworden ist, der Inhalt nämlich im Sinne der äußeren Tatsächlichkeit der Dinge und Vorgänge. Die Natur ist ihres Scheines entkleidet, man sieht ihr auf den Grund. Auf dem Grund aber alles Lebendigen wohnt das Grauen, sagt Schelling, und dieses Grauen weht uns an aus den Bildern der Expressionisten, die mehr wollen als bloße Vernichtung der Form um des flutenden Lebens willen, wie Simmel meint, in denen vielmehr ein formzersprengender religiöser Gehalt nach Form ringt, diese den meisten so unverständliche und ärgniserregende Paradoxie. Und dieses Grauen scheint mir auch mit Schuldgefühl vertieft zu sein, nicht im eigentlich ethischen, sondern mehr im kosmischen Sinne, die Schuld der bloßen Existenz – die Erlösung aber ist der Übergang der einzelnen Existenz in die andere, das Verwischen der individuellen Zuspitzung, die Liebesmystik des Einswerdens mit allem Lebendigen.

So kommt ein Nein und Ja in großer Tiefe in dieser Kunst zum Ausdruck; das Nein aber, das Form-Vernichtende scheint mir noch durchaus die Überhand zu haben, wenn auch nicht in der Absicht der Künstler, in denen ein leidenschaftlicher Wille zu einem neuen, unbedingten Ja lebendig ist.

Daß hier eine starke religiöse Leidenschaft nach Ausdruck ringt, kann man durch vielfache Äußerungen dieser Künstler bestätigt finden, und es ist kein Zufall, wenn in den lebhaften Debatten, die sich vor diesen Bildern entspinnen, die begeisterten Vertreter des Expressionismus sich ständig auf Weltanschauung und Religion, ja auf die Bibel selbst berufen. Der religiöse Sinn dieser Kunst wird von ihren Trägern weithin bewußt bejaht.

Ein Beispiel aus der Wissenschaft: Die autonomen Formen der Wissenschaft sind zu vollendeter Klarheit gebracht in der Neukantischen Schule. Hier ist wahrhaft wissenschaftliche und – unreligiöse Philosophie. Die Form regiert schlechthin. Die Gegenwart will darüber hinaus, aber auf keinem Gebiet wird es ihr schwerer als hier; zu rücksichtslos hatte in der idealistischen Periode der Gehalt, das Realitätserlebnis, die Form überflutet, und nicht nur das, sondern sich auch eine neue Form geschaffen, die im Namen der Intuition den autonomen wissenschaftlichen Formen entgegentrat. Dieser Kampf war nicht ein innerwissenschaftlicher, sondern er war der alte Kampf zwischen einer besonderen religiösen und einer profanen Erkenntnisweise; es war ein Stück Heteronomie, gegen das die Wissenschaft reagieren mußte und mit Recht in voller Schärfe reagiert hat. Wenn nun jetzt, wo dieser Kampf auch gegen das materialistische Schattenbild des Idealismus restlos durchgeführt ist, eine neue Bewegung zur Intuition sich geltend macht, so ist das Mißtrauen der Wissenschaft wohl begreiflich, aber nicht notwendig. Denn eine neue intuitive Methode kann doch niemals in Konkurrenz treten wollen mit den autonomen wissenschaftlichen Methoden; sie kann nur da einsetzen, wo der Gehalt selbst die Form dieser Methoden sprengt und den Weg ins Metaphysische sich öffnet. Metaphysik ist ja nichts anderes als der paradoxe Versuch, das alle Form Überragende, das Unbedingtheitserlebnis in Formen zu bringen; und wenn wir von hier aus – in der Gegenwart gibt es ja noch keine große Metaphysik – auf Hegel zurückblicken, so finden wir in ihm eine der tiefsinnigsten Erfassungen der Einheit des Nein und Ja, freilich unter einem starken optimistischen Überragen des Ja. Es fehlt ihm das Erlebnis des Grauens, das bei Schelling und Schopenhauer so tief vorliegt und keiner modernen Metaphysik fehlen dürfte.

Wir kommen auf das Gebiet der praktischen Werte, zunächst der Individualethik. Für eine Kulturtheologie würde auf diesem Gebiet Nietzsche ein glänzendes und charakteristisches Beispiel geben können. Seine scheinbar gänzlich antireligiöse Orientierung macht eine theologische Analyse seiner Lehre von der Gestaltung der Persönlichkeit besonders interessant; es ist nun festzustellen, daß der Gegensatz zwischen Tugend-Ethik und Gnaden-Ethik in seiner Verkündigung enthalten ist und es seit Jesu Kampf gegen die Pharisäer und Luthers Kampf gegen Rom kaum ein gewaltigeres Zerbrechen der personalethischen Formen durch den Gehalt gegeben hat. „Was ist das Größte, das ihr erleben könnt: die Stunde, wo ihr sagt: Was liegt an meiner Tugend? Noch hat sie mich nicht rasen gemacht!“ Die Tugend aber, die rasen macht, steht jenseits von Tugend und Sünde. Machtvoll steht das theologische Vernichtungsurteil über jedem Einzelnen: „Verbrennen mußt du dich wollen in deiner eigenen Flamme: Wie wolltest du neu werden, wenn du nicht erst Asche geworden bist.“ Zugleich aber erhebt sich das Ja mit unerhörter Inbrunst und Leidenschaft, ob als Predigt des Übermenschen oder als Hymnus an den hochzeitlichen Ring der Ringe, den Ring der ewigen Wiederkunft. Dieses Realitätserlebnis, das Nietzsche dem Persönlichen gegenüber gemacht hat, übersteigt die individualethische Form so weit, daß er sich selbst den Antimoralisten κατ' εξοχην nennen konnte, wie Luther zum Libertinisten gestempelt werden mußte von allen, deren personales Denken sich in den Kategorien Tugend und Lohn vollzieht.

Es ist vom Standpunkt der Form aus schlechterdings paradox, wie ein überwältigender metaphysischer Gehalt die ethischen Inhalte gleichgültig macht, die ihnen angepaßte Form zerbricht und nun doch von sich aus in dieser zerbrochenen Form eine höhere Art der Personwerdung darbietet, als es in jenen Formen hätte geschehen können. Die Person, die im Sinne Nietzsches jenseits von Gut und Böse steht, ist eben, absolut betrachtet, „besser", wenn sie auch relativ, formal-ethisch betrachtet, „schlechter" ist als der „Gute und Gerechte". Sie ist „fromm", während der Gerechte „unfromm" ist.

In der Sozialethik ist es die allenthalben sich neu regende Liebesmystik, die eine theonome Überwindung der autonomen ethischen Form bedeutet, ohne in die Heteronomie einer spezifisch religiösen Liebesgemeinschaft zurückzufallen. Ob in den Reden der idealistischen Sozialisten und Kommunisten, ob in den Gedichten eines Rilke und Werfel, ob in der Neuverkündigung der Bergpredigt durch Tolstoi, überall wird die an Kant orientierte formale Ethik der Vernunft und Humanität durchbrochen. Die von Kant geprägten Formeln der ethischen Autonomie, seine Forderung, gut zu handeln um des Guten willen, sein Formalgesetz der Allgemeingültigkeit sind unantastbare Fundamente der autonomen Ethik, und keine Auffassung der Ethik als göttliches Gebot oder der Liebe als des Gesetzes Überwindung darf diese Grundlegung erschüttern; aber der Inhalt dessen, was Liebe ist, schäumt über den engen Becher dieser Form in unerschöpflichem Strom. Die bloß daseiende, in Einzelwesen zerspaltene Welt wird vernichtet, als leere, unwirkliche Hülle erlebt. Wer vom Einzelnen aus denkt, kann nie zur Liebe kommen, denn die Liebe steht jenseits des einzelnen; wer vom Zweck aus denkt, weiß nicht, was Liebe ist; denn die Liebe ist reines Seins-, reines Realitätserlebnis. Wer der Liebe eine Grenze oder eine Bedingung setzen will, der weiß nicht, daß sie universell, kosmisch ist, eben weil sie alles Reale als Reales bejaht und umfaßt.

Und nun die Theologie des Staates: Sie zeigt den in den verschiedenen Staatsformen eingebetteten Gehalt, sie zeigt, wie dieser Gehalt über die Form des Staates hinauswächst oder umgekehrt die Form des Staates den Gehalt erdrückt. Die rationalen Staatstheorien, aus denen im Kampf gegen die Theokratie der autonome Staat heranwuchs, führten zu einem abstrakten, über der Gesellschaft schwebenden Staat, von dem es im „Zarathustra" heißt, er sei das „kälteste aller kalten Ungeheuer". „Glaube und Liebe schaffen ein Volk, aber das Schwert und hundert Begierden schaffen den Staat" – glänzende Charakterisierung des unreligiösen Macht- oder Nützlichkeitsstaates. Und es wird auch nicht besser, wenn dieser abstrakte, autonome Staat mit allen

Funktionen der Kultur behängt wird, wie bei Hegel, und zum Gott auf Erden wird, denn nun wird der Geist selbst zu einer Macht- oder Nützlichkeitssache. – Der religiöse Gehalt sprengt die autonome Form des Staates, das ist der tiefste Sinn des idealistischen „Anarchismus", aber nicht zugunsten einer neuen Theokratie, sondern einer Theonomie, eines Aufbaus aus den Gemeinschaften heraus und ihrem geistigen Gehalt; auch das ist noch Gesellschaftsform, noch Staat, aber es ist es durch die Negation, durch das Zerbrechen der autonomen Form des Staatlichen, und diese Paradoxie selbst ist die Form des „Anarchismus". Ein solcher aus den Kulturgemeinschaften aufgebauter, im paradoxen Sinn so zu nennender „Staat" ist nun das, was im kulturtheologischen Sinne als „Kirche" zu bezeichnen ist: die universelle, aus Geistesgemeinschaften aufgebaute, alle Kulturfunktionen und ihren religiösen Gehalt in sich tragende Menschengemeinschaft, deren Lehrer die großen schöpferischen Philosophen, deren Priester die Künstler, deren Propheten die Seher einer neuen Ethik der Person und der Gemeinschaft, deren Bischöfe die Führer zu neuen Zielen der Gemeinschaft, deren Diakonen und Armenpfleger die Leiter und Neuschöpfer des wirtschaftlichen Prozesses sind. Denn auch die Wirtschaft kann ihre bloße Autonomie und Selbstzwecklichkeit zerbrechen durch den Gehalt der religiösen Liebesmystik, die nicht produziert um der Produktion, sondern um des Menschen willen und doch nicht heteronom den Produktionsprozeß beschneidet, sondern ihn theonom leitet als die universale Form der ehemaligen spezifisch kirchlichen Armenpflege, die auf dem sozialistischen Boden mit dem Begriff des Armen aufgehoben ist.

Damit wollen wir die Reihe der Beispiele abschließen; sie ist fast zu dem Entwurf eines Systems der Kulturtheologie ausgewachsen; sie kann jedenfalls zeigen, was gemeint ist. – Es könnte hier die Frage gestellt werden, warum die ganze Arbeit auf die Analyse der Kultur beschränkt ist, warum die Natur (oder die Technik) ausgeschlossen sind. Die Antwort ist, daß die Natur für uns überhaupt nur durch die Kultur hindurch zum Gegenstand werden kann; nur vermittelst der Geistesfunktionen, als deren Inbegriff im subjektiven wie im objektiven Sinne wir Kultur auffassen, ist Natur für uns bedeutungsvoll. Ihr „An-Sich" ist schlechterdings unerreichbar und nicht einmal so weit erfaßbar, daß wir positiv von einem solchen „An-Sich" reden können. Wenn aber die Natur nur durch die Kultur hindurch für uns Realität gewinnt, so ist es berechtigt, ausschließlich von „Kulturtheologie" zu reden und einen Begriff wie „Naturtheologie" abzulehnen. Was in der Natur an religiösem Gehalt vorhanden ist, das liegt beschlossen in den Kulturfunktionen, insofern sie sich auf Natur beziehen. Der religiöse Gehalt einer „Landschaft“ ist ein religiös-ästhetisches, der religiöse Gehalt eines astronomischen Gesetzes ein religiös-wissenschaftliches Phänomen; die Technik kann durch ästhetische, sozialethische, rechtliche Auffassungen hindurch religiös wirken; immer aber handelt es sich um Kulturtheologie. Diese umfaßt ohne weiteres die gesamte Natur und Technik mit. Eine eigene Naturtheologie würde die Mythologie der „Natur an sich“ voraussetzen, d. h. sie ist undenkbar.

5. Kulturtheologie und Kirchentheologie

Eine Frage ist jedoch noch zu erledigen, die mehrfach zurückgestellt war: Was wird aus der spezifisch religiösen Kultur: aus Dogma, Kultus, Heiligung, Gemeinschaft, Kirche? Inwiefern gibt es noch eine besondere Sphäre des Heiligen? Die Antwort hat von dem Polaritätsverhältnis auszugehen, das zwischen dem profanen und dem religiösen Moment der Kulturlinie besteht: Sie sind realiter nirgends auseinander, aber sie sind in abstracto unterschieden, und diese Unterscheidung ist der Ausdruck für eine psychologische Notwendigkeit allgemeinster Art. Wir sind immer wieder gezwungen, Dinge, die real ineinander sind, für unser Bewußtsein zu trennen, damit überhaupt etwas erlebt wird. Damit wir in der Kultur religiöse Werte erleben können, damit wir eine Kulturtheologie treiben können, damit wir die religiösen Elemente unterscheiden und benennen können, muß eine spezifisch religiöse Kultur vorangegangen sein. Damit wir den Staat als Kirche, die Kunst als Kultus, die Wissenschaft als Glaubenslehre auffassen können, müssen Kirche, Kultus, Dogma vorangegangen sein und nicht nur vorangegangen. Damit wir das Heilige irgendwie unterschieden vom Profanen erleben können, müssen wir es herausheben und in eine besondere Sphäre des Erkennens, der Anbetung, der Liebe, der Organisation zusammenfassen. Der profane Pol der Kultur, die exakte Wissenschaft, das formal Ästhetische, die formale Ethik, das bloß Staatliche und Wirtschaftliche, nimmt uns gänzlich in Anspruch, wenn ihm der entgegengesetzte Pol nicht ein Gegengewicht hält; eine allgemeine Profanisierung, Entweihung des Lebens wäre unvermeidlich, wenn nicht eine Sphäre des Heiligen im Gegensatz und Widerspruch sich konstituierte. Dieser Widerspruch ist unüberwindlich, solange Form und Inhalt unterschieden werden müssen, solange wir in der Sphäre der Reflexion und nicht der Intuition zu leben gezwungen sind; er gehört zu den tiefsten tragischen Widersprüchen des Kulturerlebens. Das aber ist das Große der Entwicklung der letzten Jahrhunderte, daß sie uns gelehrt hat, diesen Widerspruch zu durchschauen, ihm die reale grundsätzliche Bedeutung zu nehmen – damit hat er die letzte Schärfe verloren.

Daraus ergibt sich auch das Verhältnis der Kulturtheologie zur Kirchentheologie. Unsere ganze Entwicklung ist ausgegangen von der Kultur und ihren Formen und hat gezeigt, wie durch das Einströmen des Gehaltes in die Form die Kultur an und für sich religiöse Qualität erhält und wie sie schließlich um der Bewahrung und Erhöhung ihrer religiösen Qualität willen eine spezifisch religiöse Kultursphäre aus sich herausstellt, nicht als eine Sphäre mit selbständiger logischer, sondern teleologischer Dignität. Für den Kirchentheologen ist diese Sphäre als Ausdruck einer bestimmten religiösen Konkretheit gegeben; sie ist nicht jetzt aus der Kultur geschaffen, sondern sie hat eine selbständige Geschichte, die weit hinter die der meisten Kulturschöpfungen zurückreicht; sie hat ihre eigenen Formen ausgebildet, deren jede eine eigene Geschichte hat, eine Selbständigkeit und Kontinuität trotz aller Einwirkungen der autonomen Kulturformen. Ja, sie hat von sich aus auf das Werden dieser Formen den allergrößten Einfluß geübt. Das ist alles zutreffend; aber es entscheidet noch nicht über die Stellung zur Kulturtheologie.

Es sind drei Stellungen möglich, die der Kirchentheologe zur Kultur einnehmen kann: Er kann sie unter den Begriff „Welt" zusammenfassen und dem „Reiche Gottes", das in der Kirche realisiert ist, gegenüberstellen. Dadurch wird bewirkt, daß die spezifisch religiösen Kulturfunktionen, insofern sie die Kirche ausübt, an der Absolutheit des religiösen Prinzips teilnehmen und es absolute Wissenschaft, Kunstform, Sittlichkeit usw. gibt, nämlich die in der Kirche, ihrem Dogma, ihrem Kultus etc. realisierte. Von dieser typisch katholischen Stellungnahme aus kann es einen Weg zur Kulturtheologie nicht geben.

Die zweite Stellungnahme ist die altprotestantische, in der Kirche, Kultus und Ethik freigegeben, in ihrer Relativität durchschaut sind, aber die erkenntnismäßige Bindung, die absolute Wissenschaft als supranaturale Offenbarung festgehalten wird. Seit der Theologie der Aufklärung ist diese Stellungnahme erschüttert; denn sie ist prinzipiell inkonsequent; die Bevorzugung der intellektuellen Sphäre ließ sich nicht aufrecht erhalten, nachdem die Absolutheit ihres einzig möglichen Trägers, der Kirche, fallen gelassen war.

Die dritte Stellungnahme zu finden, ist die Aufgabe der gegenwärtigen und kommenden protestantischen Theologie. Sie wird einerseits die Unterscheidung von religiöser Potentialität und Aktualität, von religiösem Prinzip und religiöser Kultur streng durchführen und den

Charakter der Absolutheit allein dem religiösen Prinzip, aber keinem einzelnen, auch nicht dem historisch grundlegenden Moment der religiösen Kultur zuerteilen; sie wird anderseits ihr religiöses Prinzip nicht nur abstrakt fassen und seine konkrete Erfüllung jeder Mode der Kulturentwicklung überlassen, sondern sie wird die Kontinuität ihres konkreten religiösen Standpunktes durchzuführen suchen. Nur unter Voraussetzung dieser Stellungnahme gibt es ein positives Verhältnis von Kulturtheologie und Kirchentheologie.

Der Kirchentheologe ist in diesem Verhältnis grundsätzlich der konservativere, auswählende, nicht nur vorwärts, sondern auch rückwärts gewandte. „Die Reformation geht fort" ist sein Grundsatz, aber es ist Reformation, nicht Revolution; denn die Substanz seines konkreten Standpunktes bleibt erhalten, und die neue Formgebung auf allen Gebieten muß sich der alten anpassen.

Der Kulturtheologe hat derartige Rücksichten nicht zu nehmen; er steht frei in der lebendigen Kulturbewegung, offen nicht nur für jede andere Form, sondern auch für jeden neuen Geist. Zwar lebt auch er auf dem Boden einer bestimmten Konkretheit; denn *leben* kann man nur in einem Konkreten; aber er ist jederzeit bereit, diese Konkretheit zu erweitern, zu verändern; er hat als Kulturtheologe kein Interesse an einer kirchlichen Kontinuität; er ist damit freilich auch im Nachteil gegenüber dem Kirchentheologen, weil er in Gefahr ist, religiöser Modeprophet einer in sich unsicheren, zwiespältigen Kulturentwicklung zu werden.

So sind beide auf ein Verhältnis gegenseitiger Ergänzung angewiesen. Am besten wird das erreicht durch Personalunion, die freilich nicht unter allen Umständen wünschenswert ist; denn die Typen müssen sich frei entfalten können. Jedenfalls ist ein realer Gegensatz in dem Augenblick nicht mehr möglich, wo der Kulturtheologe die Notwendigkeit des konkreten Standpunktes in seiner Kontinuität und der Kirchentheologe die Relativität jeder konkreten Form gegenüber der ausschließlichen Absolutheit des religiösen Prinzips selbst anerkennt.

Über den Unterschied aber von Kulturtheologie und Kirchentheologie greift hinaus das kulturtheologische Ideal selbst: Es fordert eine Kultur, in der zwar nicht der Unterschied von profanem und heiligem Pol aufgehoben ist – das ist in der Welt der Reflexion und Abstraktion unmöglich –, in der aber ein einheitlicher Gehalt, eine unmittelbare geistige Substanz die gesamte Kulturbewegung erfüllt und sie dadurch zum Ausdruck eines allumfassenden religiösen Geistes macht, dessen Kontinuität eins ist mit der Kontinuität der Kultur selbst; dann ist der Gegensatz von Kulturtheologie und Kirchentheologie aufgehoben, denn er ist nur der Ausdruck für eine nach Gehalt und Sinn zwiespältige Kultur.

Aber auch in einer neuen Einheitskultur wäre dem Theologen die Bearbeitung der überwiegend religiösen Kulturelemente anvertraut, und zwar auf dem Boden einer spezifisch religiösen Gemeinschaft; nicht real unterschieden von der übrigen Kulturgemeinschaft. Sondern wie die Pietistengemeinschaften sich gern als *ecclesiola in ecclesia* bezeichnen, so soll die Kirche im Sinne der Kulturtheologie *ecclesiola* in der *ecclesia* der Kulturgemeinschaft überhaupt sein. Die Kirche ist gewissermaßen der Kreis, der idealiter beauftragt ist, die in der Kulturgemeinschaft lebendigen religiösen Elemente durch Schaffung einer spezifisch religiösen Sphäre dem Zufall zu entziehen, sie zu sammeln, zu konzentrieren, theoretisch und praktisch, und sie dadurch zu einem kraftvollen, ja dem kraftvollsten, alles tragenden Kulturfaktor zu machen.

Zum Schluß ein paar Worte über die wichtigsten Träger der kulturtheologischen Arbeit, die theologischen Fakultäten: Welches ist der Sinn der theologischen Fakultäten, und welchen Sinn bekommen sie in unserem Zusammenhang? Die theologischen Fakultäten werden unter zwei Voraussetzungen mit Recht mißtrauisch von der Wissenschaft betrachtet: Erstens, wenn man Theologie als wissenschaftliche Erkenntnis Gottes im Sinne eines besonderen Gegenstandes neben anderen definiert; zweitens, wenn man Theologie als Darstellung einer bestimmten begrenzten Konfession mit autoritativen Ansprüchen auffaßt. In beiden Fällen ist die Autonomie der anderen Funktionen bedroht, auch wenn äußerlich alles nebeneinander hergeht. Aber eine *universitas litterarum*, als systematische Einheit gedacht, ist dann nicht möglich. Diese Bedenken hören sofort auf, wenn man Theologie als normative Religionswissenschaft definiert und sie mit der normativen Ethik, Ästhetik usw. in Parallele setzt und sich zugleich klar macht, was in den Kulturwissenschaften „Standpunkt“ bedeutet, wie wir es im Anfang getan haben. Die theologischen Fakultäten erhalten aber nicht nur eine Gleichberechtigung neben den anderen, sondern sie bekommen, ähnlich wie die speziell philosophischen, eine ganz allgemeine überragende Kulturbedeutung, wenn man sich auf den kulturtheologischen Standpunkt erhebt. Dann erfüllen die theologischen Fakultäten eine der größten und schöpferischsten Aufgaben innerhalb der Kultur. Im Zeitalter des Liberalismus, der individualistischen und antithetischen Kultur ist die Forderung nach Abtrennung der theologischen Fakultäten erhoben worden. Der Sozialismus hat sie unbesehen aus seiner Feindschaft gegen die bestehenden Kirchen mit übernommen. Sie widerspricht seinem Wesen, denn sein Wesen ist Einheitskultur. Freilich hat er keinen Platz für eine Hierarchie oder Theokratie oder Heteronomie des Religiösen; wohl aber braucht er zu seiner eigenen Vollendung den übergreifenden religiösen Gehalt, der allein die Autonomie des Einzelnen, sowie der einzelnen Kulturfunktion durch die Theonomie ihrer selbstverzehrenden Vereinzelung entheben kann. Und darum brauchen wir für die neue, auf sozialistischem Boden sich erhebende Einheitskultur theologische Fakultäten, deren erste grundlegende Aufgabe eine Theologie der Kultur ist. Die Theologie, seit fast 200 Jahren in der unglücklichen, aber notwendigen Lage eines Verteidigers, der eine schließlich unhaltbare Stellung verteidigt und Position nach Position aufzugeben gezwungen ist, muß wieder im Angriff kämpfen, nachdem sie auch den letzten Rest ihrer unhaltbaren, kulturheteronomen Stellung aufgegeben hat. Sie muß kämpfen unter dem Banner der Theonomie, und sie wird unter diesem Banner siegen, nicht über die Autonomie der Kultur, aber über die Profanierung, Entleerung und Zerspaltung der Kultur in der letzten Menschheitsepoche. Sie wird siegen, denn die Religion ist, wie Hegel sagt, der Anfang und das Ende von allem, ebenso ist sie die Mitte, die alles belebt, beseelt, begeistet.

KIRCHE UND KULTUR

Hinter der Frage nach dem Verhältnis von Kirche und Kultur, die unser Thema uns stellt, liegen zwei andere Fragen, die man verschieden formulieren kann. Geht man vom Subjekt aus, vom menschlichen Geistesleben, so erwächst die Frage nach dem Verhältnis von Religion und Kultur, geht man vom Objekt aus, auf das sich der menschliche Geist richtet, so ergibt sich die Frage nach dem Verhältnis von Gott und Welt. Religion und Kultur, Gott und Welt, diese Gegensatzpaare stehen hinter dem Gegensatz von Kirche und Kultur. Sobald man sich aber dieser Hintergründe bewußt wird, erscheint in der Formulierung unseres Themas eine gewisse Unangemessenheit: Gott und Welt, Religion und Kultur, das sind deutliche Korrelate. Nicht ebenso Kirche und Kultur. Ist Kirche diejenige soziologische Gruppe, in der es um Religion geht, so müßte zur Entsprechung eine soziologische Gruppe gesucht werden, die Trägerin der Kultur ist. Dafür bietet sich zunächst der Begriff Staat an. Aber längst hat sich dem Staat gegenüber die Gesellschaft als Trägerin des kulturellen Lebens konstituiert. Wohl hat sie dem Staat als der rechtstragenden Gemeinschaft eine Fülle kultureller Aufgaben überlassen, aber es ist nicht mehr so, daß der Staat sich als den Träger des kulturellen Lebens schlechthin betrachten könnte. Der Korrelatbegriff zu Kirche ist darum nur in begrenztem Maße Staat. Für unsere Betrachtung aber ist es die Gesellschaft, nicht im Sinne von soziologischer Wirklichkeit überhaupt, sondern im Sinne von außerkirchlicher, kulturtragender Gesellschaft.

Wir müssen aber noch einen Schritt weiter gehen. Hinter allen genannten Gegensatzpaaren liegt als Wurzel der Gegensatz von heilig und profan. Gehen wir von dieser letzten Polarität, dem Fundament jeder Religions- und Kulturphilosophie, an unser Thema heran, so können wir die Kirche bestimmen als diejenige soziologische Wirklichkeit, in der das Heilige sich darstellen soll, und die Gesellschaft als diejenige, in der das Profane in Erscheinung tritt. Und wir hätten zu fragen nach dem Verhältnis von heiliger und profaner Gesellschaft.

Aber während die Frage so gestellt wird, erhebt sich schon vor jeder weiteren Erörterung ein Angriff auf die Fragestellung selbst. Man erkennt ihre logische Konsequenz an, aber man bestreitet ihr sachliches

Recht. Man behauptet, daß diese einfache Nebenordnung von heilig und profan, von Kirche und Gesellschaft schon eine Aufhebung des einen Gegensatzgliedes, nämlich des Heiligen, bedeute und eine Nivellierung auf dem Boden des Profanen. Man bestreitet, daß die Kirche überhaupt in dieser Weise als Allgemeinbegriff und menschliche Größe betrachtet werden dürfe. Man sieht schon den Verlust des Heiligen darin, daß es mit dem Profanen auf gleiche Stufe gestellt werde. Dieser Einwand geht aus von der durch Kierkegaard bestimmten dialektischen Theologie, nach der das Heilige immer nur in einem negativen, niemals in einem polaren Verhältnis zum Profanen stehen könne. Das Recht dieses Einwandes ist unbezweifelbar. Keine Theologie und Religionsphilosophie kann daran vorübergehen. Es liegt oft eine mehr als dialektische, eine prophetische Kraft und Eindringlichkeit in diesem Kampf für die Unbedingtheit des Göttlichen. Aber Theologie und Religionsphilosophie sind nicht Prophetie. Ihre Form ist notwendig objektivierend und dadurch verendlichend und nivellierend. Wohl handelt die Theologie vom Paradox und von nichts anderem, aber sie muß darum nicht nur in Paradoxen von ihr handeln. Es könnte ihr sonst geschehen, daß sie durch Dogmatisierung dieser Form gerade das wirkliche Paradox verliert.

Wir wollen nun so vorgehen, daß wir uns zuerst um eine Wesensklärung des Sinnverhältnisses von profan und heilig bemühen, dann einen geistesgeschichtlichen Durchblick auf die großen Linien vornehmen, in denen sich dieses Verhältnis verwirklicht hat, endlich zu der eigenen konkreten Lösung vordringen, die auf Grund der Wesensbetrachtung und der Einsicht in die geistesgeschichtliche Lage gefordert ist.

I. Das Wesensverhältnis von profan und heilig

1.

Jedes Leben, das über die Unmittelbarkeit des bloß Biologischen, Psychischen und Soziologischen hinausgeht, ist Leben in einem Sinnvollzug. In jeder unserer logischen und ästhetischen, rechtlichen und sozialen Handlungen ist Beziehung auf Sinn enthalten. In jedem Sinnvollzug liegt aber die stillschweigende Voraussetzung von der Sinnhaftigkeit des Ganzen, der Einheit aller möglichen Sinnvollzüge, d. h. der Glaube an den Lebenssinn überhaupt. Wollen wir dieses näher bestimmen, so müssen wir sagen: In jedem Sinnakt, den wir vollziehen im Theoretischen wie im Praktischen, ist uns gegenwärtig ein bestimmter konkreter Sinn und zugleich als Gegenstand eines schweigenden Glaubens der unbedingte Sinn oder die Sinnhaftigkeit des Ganzen. Daß das so ist, wird besonders deutlich in Augenblicken, wo jeder Sinn verloren zu gehen droht und die Welt in den Abgrund des Nichts und der Sinnleere versinkt. – Betrachten wir beide Seiten näher: Der einzelne Sinn, der erfahren und vollzogen wird, steht immer mit anderen in Beziehung; ohne diese wäre er sinnloser Aphorismus. Sinn ist immer Sinnzusammenhang. Den Inbegriff aller möglichen Sinnzusammenhänge nennen wir objektiv gesprochen *Welt*, subjektiv gesprochen *Kultur*. Der unbedingte Sinn aber, auf den jeder Sinnakt in schweigendem Glauben gerichtet ist und der das Ganze trägt, der es vor dem Sturz in das Nichts der Sinnleere schützt, ist in sich doppelseitig: er trägt den Sinn jedes einzelnen Sinnes sowie den Sinn des Ganzen. Das heißt: er ist der Sinngrund. Aber er ist nie in irgendeinem Sinnakt als solcher erfaßbar. Er ist jedem einzelnen Sinn gegenüber transzendent. Wir können darum von dem Unbedingten zugleich als Sinngrund und als Sinnabgrund reden. Wir nennen dieses Objekt des schweigenden Glaubens an die Sinnhaftigkeit alles Sinnes, diesen alles Faßbare, Einreihbare übersteigenden Grund und Abgrund des Sinnes Gott. Und wir nennen die Richtung des Geistes, die sich ihm zuwendet, Religion.

2.

Bei der näheren Bestimmung dieses Verhältnisses gilt es nun, zwei Abwege zu vermeiden: einmal den, daß man den unbedingten Sinn neben die bedingten Sinnvollzüge oder auch neben die Gesamtheit der Sinnzusammenhänge stellt, daß man also Gott *neben* die Welt, die Religion *neben* die Kultur stellt. Was „daneben" steht, ist eben dadurch ein einzelner, endlicher Sinn, für den dann wieder ein Sinngrund gesucht werden müßte, ein Gott über Gott, eine Religion über der Religion. Kein Superlativ kann einen solchen, wenn auch noch so hoch über der Welt stehenden Gott davor schützen, ein Weltwesen zu werden, denn in jedem „über" liegt ein „neben". Und das gleiche gilt für die Religion. Sie in eine Wertreihe einordnen, in der sie über allen anderen Werten stehen soll, heißt, ihr die Bedeutung rauben, Hinwendung zum Sinngrund selber zu sein, heißt, sie wieder zu einem besonderen Sinnakt zu machen, der vor Sinnentleerung geschützt werden müsse. – Ebenso wie das Neben- oder Überordnen ist aber auch das Ineinssetzen unmöglich: der unbedingte Sinn hat das Merkmal der Unerschöpflichkeit. Ließe er sich in irgendeiner Totalität, einer Welt der Welten, einer Kultur der Kulturen erschöpfen, so wäre dieses Ganze wieder zu einem einzelnen, endlichen Sinn geworden, für das ein neuer Sinngrund gesucht werden müßte. Das ist das Unbefriedigende aller pantheistischen und monistischen Versuche, Gott mit der Welt, Religion mit der Kultur in eins zu setzen, daß sie den Abgrund verlieren, und dadurch den Sinngrund flach machen, daß sie die Unerschöpflichkeit verlieren und dadurch der Schöpfung das Grauen und die Tiefe nehmen. – Noch ein drittes Bedenken ist zu überwinden: Der Begriff des Sinnes könnte intellektuell gedeutet werden und demgemäß der ganzen Darlegung der Vorwurf des Intellektualismus gemacht werden. Demgegenüber ist zu bemerken, daß der Begriff „Sinn" das Gemeinsame aller Sinnfunktionen ausdrücken soll, also mit gleichem Nachdruck von der praktischen wie von der theoretischen Seite gilt. Der Sinngrund ist ebenso Grund der Persönlichkeit und der Gemeinschaft, wie des Seins und der Bedeutung; und er ist der Abgrund von alledem. Er ist Grund und Abgrund der Persönlichkeit und der Gemeinschaft, nicht nur, insofern sie sind (das gehört ins Theoretische), sondern vor allem, insofern sie das Sollen in sich tragen. Nur dadurch wird die Richtung auf den Sinnabgrund, auf das *„tremendum et fascinosum"*, wie Rudolf Otto es nennt, mehr als eine mystisch-ästhetische Erschütterung. Es wird zur Furcht vor dem, „der Leib und Seele verdammen kann in die Hölle", d. h. der den Sinn und Selbstsinn der Persönlichkeit zerbricht vor dem Unbedingt-Persönlichen, vor der göttlichen Majestät. Nur in dieser Doppelheit von Seins-Sinn und Sollens-Sinn ist der unbedingte Sinn zu erfassen. Nur so kann das Unbedingte nicht beiseite geschoben und damit seiner Kraft und seines Gehaltes beraubt werden.

3.

In all dem ist noch nichts von dem Gegensatz heilig–profan ausgesagt. In jedem Sinnakt ist der schweigende Glaube an den unbedingten Sinn aufgedeckt, und zugleich folgt aus der Unerschöpflichkeit des Sinngrundes, daß jeder Glaubensakt immer nur an einem einzelnen Sinnakt sich verwirklichen kann. Von hier aus gesehen gibt es keinen Unterschied von profan und heilig, wohl aber besteht die Möglichkeit, daß es zu einem solchen Unterschied kommt. Es besteht die Möglichkeit, sich auf den einzelnen Sinnakt und die Gesamtheit des Sinnes so zu richten, daß der dabei wesensmäßig mitschwingende Glaubensakt im Bewußtsein ausgeschlossen ist. Das ist dann die profane, ungläubige, weltliche Haltung; ebenso ist es möglich, unter Ausschließung der einzelnen Sinnformen und ihrer Zusammenhänge sich auf den unbedingten Sinngrund zu richten. Das ist dann die heilige, gläubige, religiöse Haltung. Die erste ist gerichtet auf den Einzelsinn und seine Erfüllung im Gesamtsinn der Welt. In der zweiten ist der Einzelsinn nur Medium, Symbol, Gefäß des unbedingten Sinnes. Auf ihn allein richtet sich alle theoretische und praktische Sinnerfüllung. Wir stellen also fest eine wesensmäßige Einheit von profaner und heiliger Sphäre, verbunden mit der Möglichkeit intentionaler Verschiedenheit. Man kann nicht wesensmäßig profan sein, aber man kann es bewußtseinsmäßig sein. Man kann nicht wesensmäßig heilig sein, aber man kann es bewußtseinsmäßig sein. Weil es aber wesenswidrig ist, das eine oder das andere ausschließlich zu wollen, so führt beides in letzter Konsequenz zur Verzweiflung. Die Verzweiflung der profanen Haltung ist die Sinnleere, und die Verzweiflung der heiligen Haltung ist die Formleere. In beiden Formen der Verzweiflung aber kündigt sich das Wesensverhältnis an. In der Verzweiflung der Gesellschaft, daß sie dazu bestimmt ist, Kirche zu sein, und in der Verzweiflung der Kirche, daß sie dazu bestimmt ist, die Gesellschaft zu umfassen. In der Verzweiflung der Gesellschaft, daß sie nicht unbedingte Gemeinschaft, nicht Reich Gottes ist, in der Verzweiflung der Kirche, daß sie nicht universale Gemeinschaft, Reich der Erde werden kann.

Das Heilige und die heilige Gemeinschaft ist also nicht das, wodurch das Profane und die profane Gemeinschaft erlöst werden kann. Die Kirche kann die Gesellschaft nicht erlösen. Und doch kann das Profane nicht in der Verzweiflung der Unerlöstheit bleiben. Aber es kann sich auch nicht selbst erlösen durch Schaffung von Formen und Verwirklichung einer Sinnganzheit. Noch weniger kann es die Kirche erlösen. Beides muß erlöst werden, das Profane und das Heilige, die Gesellschaft und die Kirche. Der Zustand des Gegensatzes ist das zu Erlösende; denn er ist das Wesenswidrige. Aber er ist das Wirkliche. Denn die Wirklichkeit steht nicht im Wesen. Daß Kirche ist und daß Gesellschaft ist, und daß beide, je ernster sie sich nehmen, desto sicherer der Verzweiflung entgegengehen, das ist die große Offenbarung der Wesenswidrigkeit der Welt.

4.

Daß dieses so ist, ist schlechthin positiv und unableitbar. Wäre es ableitbar aus dem Wesen des Sinngrundes und seinem Verhältnis zu den Sinnformen, so wäre der Sinngrund nicht Abgrund auch für das Denken. Im Denken wenigstens wären wir mit Gott eins. Daß wir aber die Sünde nicht denken können und doch denken müssen, daß wir sie weder als Zufall, noch als Notwendigkeit verstehen können, das ist die im Denken offenbare Tiefe des göttlichen Abgrundes. – Damit hat aber auch der Sinngrund eine neue Tiefe bekommen. Er ist nicht mehr nur zu bezeichnen als der schaffend-sinngebende, sondern auch als der erlösend-sinnerfüllende. Daß wir noch nicht der Verzweiflung erlegen sind, daß Kirche und Gesellschaft noch leben, daß sie noch leben können, ist darin begründet, daß sie in der Sinnwidrigkeit die Sinnvollendung erfahren haben und erfahren können. – Dadurch kommt nun in unser Problem eine Wendung, die Wendung, die schon in den einleitenden Worten vorbereitet war: Es gibt eine Bedeutung von heilig, in der die Nebenordnung und die Polarität zum Profanen aufgehoben ist. Das Heilige in Religion und Kirche erhält einen transzendenten Sinn, eben darum aber einen Sinn, der zugleich für das Profane in Kultur und Gesellschaft gilt. Das Heilige hört auf, Intention zu sein, Wille zu sein zu einer Heiligkeit, die im Gegensatz zum Profanen steht. Es ist die Heiligkeit, die in keiner der beiden Sphären wirklich ist und darum imstande ist, beide Sphären zu erlösen. Das Heilige heißt jetzt Tat Gottes, Offenbarung im Gegensatz ebenso zur Religion wie zur Kultur, ebenso zur Kirche wie zur Gesellschaft. Und heilig sein heißt, in dieser Spannung stehen, in der Religion über der Religion und in der Kultur über der Kultur und kraft dieses Darüberstehens beiden Kräfte der Erlösung zuführen, die profanen Formen erfüllen mit dem Gehalt des Heiligen und den Gehalt des Heiligen ausdrücken in den profanen Formen.

Wir wissen also: von Gott aus gesehen hat die Kirche nichts voraus vor der Gesellschaft. Daß sie ist, als Kirche ist, als heilige Sphäre ist, das ist ja schon das Gericht, unter dem sie steht. Aber ebensowenig hat die profane Kultur, die Gesellschaft, etwas vor der Kirche voraus. Daß sie im Gegensatz zur Kirche steht, daß sie sich losgelöst hat vom unbedingten Sinn, in profaner Autonomie, das ist das Gericht, unter dem sie steht. Und so kommt es denn, daß die Kirche das ständige böse Gewissen der Gesellschaft und die Gesellschaft das ständige böse Gewissen der Kirche ist.

5.

Und doch folgt aus dem allen, daß in der Polarität von Religion und Kultur beide Seiten notwendig sind. Das bloße Sein der Kirche würde all unsere Sinnakte zu Symbolen machen. Im Theoretischen würde sich alles Erkennen in Mythos auflösen, im Praktischen alles Handeln in Kultus. Jede heilige Sphäre hat die innere Tendenz daraufhin. Jede Kirche will die Wirklichkeit in Ausdrucksformen, in Transparente des unbedingten Sinnes auflösen; das ist ihr inneres Schicksal, dem sie nie entrinnen kann. Das ist ihre Kraft, die nie zu brechen ist;

und doch ist es auch ihr Unrecht. Denn damit sie recht hätte, müßte sie das Reich Gottes sein. Und so nennt sie sich wohl auch, aber sie ist es nicht. Denn sie hat neben sich die Gesellschaft und kann nicht sein, ohne selbst Formen der Gesellschaft anzunehmen. Und sie hat neben sich den Staat und kann nicht sein, ohne selbst Formen des Staates anzunehmen. Setzt sie nun diese ihre angenommenen Formen, in denen sie als irdische Gesellschaft leben muß, unbedingt, nennt sie sich Reich Gottes, so verfällt sie der *hybris* und vergewaltigt in dämonischer Heteronomie Kultur und Gesellschaft.

Demgegenüber steht die Aufgabe des Profanen, der außerkirchlichen Gesellschaft. Ihr Werk ist es, die einzelne Sinnform zu verwirklichen, sie einzuordnen in den übergreifenden Sinnzusammenhang. Denn das Heilige ist zugleich das Richtige und Gerechte; und Gott ist nur insofern Sinngrund und -abgrund, als er der Fordernde ist. Das aber ist die Bedeutung des Profanen, der autonomen Kultur, der freien Gesellschaft, daß sie dem eigenen, inneren Sinn der logischen, rechtlichen, ästhetischen und sozialen Gesetze nachgeht, daß sie die Gesetze des Seins erfaßt und verwirklicht in Natur und Gesellschaft. So geht dem Gebot gemäß des fordernden Sinngrundes aus dem Mythos Wissenschaft und Kunst, aus dem Kultus Recht und Ethos hervor. Und weil das Werden dieser profanen Kultur Forderung des Sinngrundes ist, darum hat sie göttliche Kraft und göttliches Recht. Gegen die Heteronomie des Heiligen erhebt sich die Autonomie des Profanen. – Aber in diesem Gegensatz liegt zugleich ihr Unrecht: durch den Gegensatz zum Heiligen verliert sie ja die Verbindung mit dem Sinngrund, der ihr selbst ihr Recht gab. Und während die Kirche dämonisch vergewaltigt, treibt die Gesellschaft zu profaner Entleerung, um dann selbst anderen dämonischen Gewalten zum Opfer zu fallen. So stehen Kirche und Gesellschaft unter gleichem Gericht und sind angewiesen auf die gleiche Erlösung, die nicht aus der Kirche und nicht aus der Gesellschaft kommt, sondern aus der Tat Gottes, die die eine wie die andere verleugnen und von der die eine wie die andere zeugen kann.

II. Zur Geistesgeschichte und Gegenwartslage

1.

Aus den grundsätzlichen Erörterungen erwächst eine geistesgeschichtliche Betrachtung des Verhältnisses von Kirche und Gesellschaft, sobald die allgemeinen Kategorien auf die konkrete Mannigfaltigkeit der Geschichte angewendet werden. Die herausgearbeiteten Begriffe sind konstitutiv. Sie betreffen das Wesensverhältnis von profan und heilig. Sie sind also gültig für jede Erscheinung. Aber sie sind nie und nirgends rein verwirklicht. Daher die ungeheure Mannigfaltigkeit der möglichen und geschichtlich wirklichen Verhältnisse. Und doch dreht sich in einer gewissen Tiefenschicht alles und überall um das herausgearbeitete Grundproblem, und es lassen sich gewisse Grundrichtungen feststellen, in denen im geschichtlichen Leben die Lösung gefunden wird.

Wenn wir in die Menschheitsgeschichte blicken, so tritt uns bei der überwiegenden Mehrheit der menschlichen Gesellschaften eine Geisteslage entgegen, die wir als die sakramentale bezeichnen wollen. Sie ist dadurch bestimmt, daß die Formen des gesellschaftlichen Lebens mythisch-kultischen, also kirchlichen Sinn haben und ihm ihre Heiligkeit und Kraft verdanken. Kirche und Gesellschaft sind wesensmäßig eins. Eine solche Haltung bedeutet nun keineswegs einen Verzicht auf rationale, der Form zugewandte Elemente im Erkennen und Handeln. Diese können vielmehr hoch entwickelt sein. Aber die Rationalität ist nicht grundsätzlich entwickelt. Sie ist nicht frei, und sie hat darum ganz bestimmte Grenzen. Wer diese geheiligten Grenzen überschreitet, begeht ein Sakrileg. Auch hier gibt es Spannungen, aber sie führen nicht zum Bruch. Es kann auf diese Weise die Höhe indischer Spekulation oder chinesischer Sittenbildung erreicht werden, zu einer freien Entfaltung des rationalen Prinzips aber kommt es nicht. An irgendwelchen sehr entscheidenden Punkten bleiben antirationale Elemente übrig. Mythos und Kultus heiligen Unrichtiges und Unrechtes. Das bedeutet aber, daß in der sakramentalen Geisteslage die Wesenseinheit von profan und heilig, von Kirche und Gesellschaft nicht erreicht ist. Denn das Profane, die Gesellschaft, die Richtung auf die Sinnformen und ihre Einheit kommen nicht zu wirklicher Erfüllung.

Nun aber ist auch das Profane, das Wahre und das Gerechte, eine Wesensforderung des Unbedingten. Und es kann geschehen, daß die Gottheit selbst sich dieser Forderung annimmt und sie im Kampfe gegen heilige Unrichtigkeiten und vor allem heilige Ungerechtigkeiten durchsetzt. Man kann einen solchen Kampf theokratisch nennen, nicht im Sinne von Priesterherrschaft, sondern im Sinne der Herrschaft des Gottes, der Träger der unbedingten Forderung ist. Die Theokratie will die Gesellschaft im Namen Gottes dieser Forderung unterwerfen. Sie will keine neue Hierarchie, vor allem keine sakramentale, aufrichten; sie reduziert darum den Mythos auf das göttliche Gesetz, den Kultus auf den Gehorsam (Prophetismus, Puritanismus). – Aber Theokratie ist noch nicht Autonomie. Irgendwelche Elemente der sakramentalen Geisteslage bleiben übrig und schaffen einen Mythos und Kultus, die zwar keine selbständige Bedeutung mehr haben, sondern der Verkündigung des göttlichen Gesetzes dienen sollen, aber dennoch oft mit unzerbrechlicher sakramentaler Kraft wirken. Die Einheit von Kirche und Gesellschaft ist nicht aufgehoben, sondern besonders nachdrücklich und auch bedrückend hergestellt.

Zu einer vollen Entfaltung der Autonomie kommt es erst, wenn auch diese Reste übergreifender Bindungen verschwunden sind und die Vernunft sich völlig auf sich selbst, d. h. auf den einzelnen Träger stellt. Das ist einmal grundlegend und radikal geschehen, nämlich in der griechischen Geschichte. Eben darum ist sie charakteristisch und maßgebend für die Entwicklung der Autonomie überhaupt. Erst wendet sie sich im Namen des spekulativen Gottesbegriffes gegen die heiligen Unsittlichkeiten und Unrichtigkeiten der Volksreligion. Sie drängt diese in die Verteidigung und schließt sie von der großen kulturellen Entwicklung ab. Am zweckmäßigsten und gründlichsten geschieht es da, wo sie sich offiziell vor ihr verbeugt. Sie selbst aber sucht die gereinigte Form des Heiligen zu verwirklichen und rückt dabei ganz in die Nähe der theokratischen Auffassung, nur mit dem Unterschied, daß sie vom Einzelnen und seiner freien Erkenntnis ausgeht, während jene getragen ist von einem Glauben der Gemeinschaft. Hier liegen die Berührungen und zugleich die Unterschiede etwa zwischen Stoizismus und spätem Judentum. Der antisakramentale Protest geht einmal von der autonomen, rationalen Form aus, die göttliche Weihe erhält; das andere Mal von dem Gott, der als der Heilig-Gerechte sich immer mehr der autonomen Form annähert. So kommt es, daß in der autonomen im Unterschied von der theokratischen Geisteslage die Gesellschaft immer mehr profanisiert und die religiösen Funktionen Staatsfunktionen werden, wie vor allem im späteren Rom. Während vorher das Heilige der Gesellschaft und ihrem Leben Kraft und Substanz gab, wird jetzt das Heilige zu einer Unterfunktion des gesellschaftlichen Lebens. Das bedeutet aber in Wahrheit, daß es aufgehoben wird. Selbständige religiöse Sphären mit nichtöffentlichem Kultus und Mythos treten neben die profanisierte Staatsreligion. Nur in den unteren Schichten bleibt die bodenständige Volksreligion erhalten. Kirche und Gesellschaft klaffen auseinander.

Aber die autonome Gesellschaft verfällt notwendig der Entleerung. Sie ist auf die Sinnformen und ihre rationale Einheit gerichtet, und sie verliert darüber den Sinngrund und -abgrund. Um ihn wieder zu finden, wirft schließlich der religiöse Geist alle für ihn entleerten Formen, profane wie heilige, beiseite und endigt in einer die Welt übersteigenden Mystik: Kirche und Gesellschaft werden in gleicher Weise verneint.

Aber dieses Nein ohne Ja ist unmöglich. Der Wille, eins zu werden mit dem göttlichen Abgrund ohne Gott anzuschauen als den Grund in allem Wirklichen, ist lebensunmöglich. Und so geschah es denn, daß nicht die Mystik das Ende war, sondern eine neue Vereinigung von Heiligem und Profanem, von Kirche und Gesellschaft, wie die große Zeit des Mittelalters sie uns darstellt. Sie ist eine einzigartige und trotz aller Kämpfe und Spannungen in sich vollendete Wesenserfüllung des Verhältnisses von profan und heilig. Aber sie konnte sich nicht halten, weil sie auf der einen Seite immer mehr ins Heteronom-Sakramentale geriet, auf der anderen Seite die griechisch-rationalen Elemente, die sie aufgenommen hatte, sich verselbständigten und in antisakramentale Opposition traten. Zum Sieg gelangte diese Opposition nicht aus sich, sondern mit Hilfe des Protestantismus, d. h. des großen theokratischen Kampfes gegen die Verhärtung der mittelalterlichen Einheit von Kirche und Gesellschaft. Erst infolge der durch diesen Kampf unüberbrückbar gewordenen Zerspaltung erwuchs die neue Autonomie der abendländischen Völker. Sie führte zur Bildung der profanen bürgerlichen Gesellschaft und zur Beiseitedrängung der Kirchen in einem Ausmaße, das selbst das ausgehende Altertum weit übertrifft.

2.

Soweit die geistesgeschichtliche Betrachtung. Sie zeigt wechselnde Verbindungen von profaner und heiliger Sphäre, von Kirche und Gesellschaft. Eben wegen dieser Nebenordnung aber ist sie die eigentlich profane Betrachtung, die zwar tiefer dringt als die empirische, selbst aber Oberfläche bleibt gegenüber einer metaphysisch-offenbarungsgeschichtlichen Auffassung. Es ist die grundlegende Opposition, die vom Unbedingten her sich jedesmal erhebt, wenn der Schein einer Gleichordnung von Heiligem und Profanem entsteht, der wir jetzt das Wort geben müssen. Offenbarung ist überall da, wo das Göttliche durchbricht, nicht als Religion, sondern als Aufhebung der Religion und als Aufhebung des Gegensatzes von Kultur und Religion. Das aber geschieht, wo eine schlechthin neue Wirklichkeit zugleich gesetzt und als niemals setzbar verheißen wird. Von solchen Offenbarungen und Durchbrüchen leben Religion und Kultur, Kirche und Gesellschaft. Sie leben von dem, was ihren Gegensatz aufhebt, dem Göttlichen. Aber sie verwirklichen das Göttliche in ihrem Gegensatz. Denn der ist unüberwindlich und war auch da nicht überwunden, wo so machtvolle Einigungen in Erscheinung traten wie im frühen und hohen Mittelalter. Das Reich Gottes steht nicht nur jenseits des Gegensatzes von Autonomie und

Heteronomie, sondern auch jenseits der zeitlichen und darum immer nur teilweisen und vorübergehenden Überwindung dieses Gegensatzes, die wir Theonomie nennen. Denn auch Theonomie ist nicht Reich Gottes, sondern Hinweis darauf, wenn auch als solcher Sinn und Ziel der Geistesgeschichte.

Der entscheidende Durchbruch, die Offenbarung schlechthin, kann aber nur da geschehen, wo dieser Gegensatz der Offenbarung gegen Kultur und Religion in gleicher Weise anschaubar wird. Der entscheidende Durchbruch kann also nicht als neue Religion oder neue Einheit von Kultur und Religion sich darstellen, sondern nur als Aufhebung jeder endlichen Form, d. h. als Wort vom Kreuz. Auch das Wort vom Kreuz wurde Religion in dem Augenblick, wo es erging, und es wurde Kultur in dem Augenblick, wo es vernommen wurde. Aber das ist seine Größe und der Erweis seiner offenbarerischen Unbedingtheit, daß es die Religion und die Kultur, die von ihm spricht, immer wieder verneint und in sich selber aufhebt. Die Gemeinde, die um diese ihre Selbstaufhebung weiß, steht jenseits von Kirche und Gesellschaft, aber diese Gemeinde ist unsichtbar. Sie ist nicht identisch mit der christlichen Kirche und nicht identisch mit der bürgerlichen Gesellschaft. Sie ist auch nicht identisch mit der theonomen Einheit von profan und heilig, wie sie in der Vergangenheit verwirklicht war und in Zukunft verwirklicht sein wird. Sie ist darum auch nicht begrenzt durch die christliche Kirchengeschichte oder christliche Kulturgeschichte. Sie kann überall da gesucht und doch nicht aufgezeigt werden, wo die Unbedingtheit des Göttlichen gegen Religion und Kultur durchbricht. Je stärker und deutlicher das geschieht, desto stärker ist auch die religion- und kulturschaffende Kraft der Offenbarung. Aber dies ihr Schaffen ist zugleich ihr Eingang in die Verendlichung, in den Zwiespalt, in das, dem sie selbst immer von neuem widersprechen muß. Das ist die eigentliche Tiefengeschichte, die hinter der Geistesgeschichte und hinter der empirischen Geschichte steht.

3.

Das also ist das Ergebnis unserer geistesgeschichtlichen Betrachtung: Dem Wesen nach sind Kirche und Gesellschaft eins; denn der tragende Gehalt der Kultur ist die Religion, und die notwendige Form der Religion ist die Kultur. In der geschichtlichen Wirklichkeit aber liegen sie nebeneinander und gegeneinander, wenn auch das Wesensverhältnis immer wieder zu neuen Versuchen treibt, die Einheit zu verwirklichen, den Gegensatz von autonomer Gesellschaft und heteronomer Kirche zu überwinden durch eine theonome Gemeinschaft. Jenseits dieser ganzen Spannungen und Kämpfe aber und sie durchbrechend, steht die Tat Gottes, die in gleicher Weise sich gegen Kirche und Gesellschaft wendet und die unsichtbare Gemeinde schafft. Sein Tun ist das im Tiefsten Schöpferische und Tragende in Kultur- und Religionsgeschichte. Sobald es aber in endliche Form eingeht, werden wieder Kirche und Gesellschaft und die Verzweiflung ihres Zwiespaltes, damit keine Kirche und keine Gesellschaft sich rühmen kann.

Was bedeutet dieses Ergebnis für unsere Lage? Es bedeutet dieses, daß wir frei sind, grundsätzlich frei von der Kirche, aber nicht durch Antithese der Gesellschaft, sondern durch Offenbarung Gottes. Und es bedeutet weiter dieses, daß wir frei sind, grundsätzlich frei von der Gesellschaft; und sie ist die drückendere Herrin in unserer Zeit. Wir sind frei von ihr, aber nicht durch Antithese der Kirche, sondern durch Offenbarung Gottes. Und weil wir von beiden frei sind, darum sind wir auch frei für beide, für den Dienst an beiden. Für die Kirche, weil wir wissen, daß wir durch den Dienst an ihr nicht in Gegensatz zur Gesellschaft treten, sondern der Gesellschaft nur symbolisch den Sinngrund verkünden, auf dem auch sie ruht, und die Forderung, Reich Gottes zu werden, der auch sie unterworfen ist. Für die Gesellschaft, weil wir wissen, daß wir durch den Dienst an ihr nicht in Gegensatz zur Kirche treten, sondern der Kirche nur gehorsam die Sinnformen verkünden, an die auch sie gebunden ist. Für beide, indem wir ihren Gegensatz zu überwinden suchen und um die theonome Einheit ringen, in der sie zwar nicht Reich Gottes, aber vollendetes Symbol des Reiches Gottes sein können.

Daß wir in dieser Freiheit der Kirche gegenüberstehen, ist das, was uns im letzten Grunde vom Katholizismus unterscheidet, der das Gericht, das er immer wieder über die Kultur und Gesellschaft ergehen läßt, von sich selbst fern hält. Daß wir dagegen die Wesenseinheit von Kirche und Gesellschaft sehen, das macht uns denjenigen Katholizismus, der noch nicht heteronom, sondern theonom war, zu einem bedeutungsvollen Symbol für unsere zukünftige Arbeit, für das Ringen nicht um die alte, wohl aber um eine neue, auf unserem Boden erwachsene Theonomie.

Auch auf protestantischem Boden ist absolutes, gegen die Gesellschaft heteronomes Kirchentum möglich. Auch aus dem Kampf gegen den Katholizismus, d. h. gegen die sich absolut setzende Religion kann neue absolute Religion hervorgehen, sei es absolute Bibelreligion, sei es absolute Christus- oder Jesusreligion. Aber gerade dieses Vorzeichen „absolut“ bedeutet, daß der Protestantismus, d. h. der Protest gegen die Vertauschung des Göttlichen und Menschlichen, vergessen ist. Eine protestantische Kirche, die sich mit diesem Anspruch gegen die Gesellschaft stellt, ist in Wahrheit eine abgeschwächte Form der katholischen Kirche.

4.

Eine protestantische Kirche mit Absolutheitsanspruch in irgendeiner Richtung, auch bzgl. der Lehre, ist ein Widerspruch in sich. Das scheint die Möglichkeit einer Kirche überhaupt aufzuheben und die heilige Gemeinschaft aufzulösen in die wechselnden profanen Gesellschaften. Menschlich gesprochen trifft das auch zu, wie auch das Andere zutrifft, daß die profanen Gesellschaften sich immer wieder und notwendig zurückfinden in die heilige Gemeinschaft. Von der Offenbarung her gesprochen aber kann es eine protestantische Kirche geben als Gemeinschaft derer, die auf die Offenbarung hören und sie verkünden und verwirklichen wollen, ganz gleich, ob von der religiösen oder der kulturellen Seite her. Die protestantische Kirche reicht also in Zeiten der Zerspaltenheit weiter als die religiöse Sphäre. Sie greift über sich selbst hinaus und faßt alle die in sich, die in der Gesellschaft auf ihre Weise von der Offenbarung zeugen. Eben damit aber, daß sie über sich selbst hinausgreift, daß ihre Opposition gegen die profane Gesellschaft zugleich eine Opposition gegen sich selbst als heilige Gesellschaft ist, eben damit hebt sie die Zerspaltenheit auf und schafft den Keim der neuen Einheit, der neuen Theonomie. So und nicht anders ist die Haltung einer der Göttlichkeit des Göttlichen bewußten Kirche. Es ist eine Haltung, die im Grunde Selbstaufhebung ist, die eben dadurch aber Schöpfung im weitesten Sinne und Neuschöpfung im Geist der Theonomie ist.

Diese Stellung zu allen Seiten der Kultur und des Gesellschaftslebens bedeutet nun zugleich eine Überwindung des einseitigen Begriffs von Wortverkündigung. Wort ist nicht nur da, wo gesprochen und begriffen wird, sondern Wort ist auch da, wo anschaulich gemacht und gehandelt wird in wirkungskräftigen Symbolen. *Verbum* ist mehr als *oratio*. Das hat der Protestantismus weithin vergessen. *Verbum*, Offenbarungswort, kann in allem sein, worin der Geist sich ausdrückt, auch in den schweigenden Symbolen der Kunst, auch in den Werken der Gemeinschaft und des Rechts. Und darum muß eine Kirche in all diesen Formen reden können. Sie alle müssen Symbole werden für das Wort der Offenbarung. Und das heißt ja nichts anderes, als daß das gesamte Leben der Gesellschaft nach allen Seiten dazu bestimmt ist, symbolkräftig zu sein für Gott. Kirche und Gesellschaft sind dafür bestimmt, eins zu werden.

Eine solche Kirche, eine solche Gesellschaft haben wir nicht. Wohl haben wir eine Kirche, in der der Widerhall des Offenbarungswortes in Schrift und Tradition sich fortpflanzt, wohl haben wir eine Gesellschaft, in der auf allen Gebieten der reinen Form des Denkens und Handelns, der Erkenntnis und Gerechtigkeit gedient wird. Aber die Symbole der Kirche sind unkräftig geworden. Das „Wort“ klingt nicht mehr durch ihre Rede. Die Gesellschaft versteht sie nicht mehr. Und umgekehrt, das Werk der Gesellschaft ist leer geworden, und in ihren leeren Raum sind Mächte des Gegengöttlichen, des Unwahren und Ungerechten eingedrungen, denen sie gerade entgehen wollte. Ihre Symbole sind eher dämonisch als göttlich. Daß die Kirche der Gesellschaft und ihrem Leben nicht Sinn und Tiefe geben kann, daß sie nicht symbolkräftig reden kann von dem, was jenseits von Kirche und Kultur steht, und daß die Gesellschaft der Kirche nicht gefüllte und lebendige Formen entgegenbringt, in denen die göttliche Wahrheit und die göttliche Gerechtigkeit sich aussprechen können, das ist die Heillosigkeit unserer Lage. Daß wir aber um diese Heillosigkeit wissen und daß wir nicht mehr glauben, die Kultur durch die Kirche oder die Kirche durch die Kultur erlösen zu können, das ist das erste und wichtigste Zeichen des Heils.

5.

Und nun die Frage, was zu tun sei. Aus der Religion wird keine neue Religion geboren und aus der Kultur keine neue Kultur und aus beiden keine neue Einheit von beiden. Wohl aber geschieht dies alles durch Offenbarung. Darum ist der Wille zur neuen Kirche oder zur neuen Gesellschaft unreligiös und ungeistig. Die neue Kirche und die neue Kultur und die Einheit von beiden wächst aus der neuen Offenbarung oder besser – da es immer und überall nur die eine Offenbarung gibt – aus dem neuen Durchbruch des Offenbarungswortes. Ein neuer Durchbruch aber kann nicht gemacht, sondern nur empfangen werden. Zuerst und entscheidend heißt es also: wir können nichts tun. – Harmloser, aber ebenso unmöglich ist es, neue Symbole in Kultur und Religion machen zu wollen. Auch Symbole wachsen und werden nicht gemacht. Und es ist eine Erfahrung, daß sie am schöpferischsten da erwachsen, wo die Durchbruchsstelle der Offenbarung ist. Die prophetischen Persönlichkeiten, und nicht die Priester der Religion und nicht die Führer der Kultur sind es, von denen die entscheidenden Symbole geschaffen werden. Aber mit Hilfe neuer Symbole eine neue Kirche oder eine neue Kultur machen zu wollen, das ist der Versuch, am Offenbarungswort vorbeizukommen.

Das Entscheidende also können wir nicht tun. Was wir tun können, ist Wegbereitung. So war es immer und so muß es bleiben in jeder Zeit, die sich nach Offenbarung sehnt. Die Kirche kann den Weg bereiten, indem sie sich und ihre Formen unter das Gericht des alten Offenbarungswortes stellt und frei wird von allen Formen, die symbolunkräftig geworden sind, und offen wird für das Werk des Gesetzes, das die Kultur in Gehorsam geleistet hat. Und die Kultur kann den Weg bereiten, indem sie in all ihren Funktionen, in Wissenschaft und Technik, in Kunst und Philosophie, in Recht und Wirtschaft, in Sozialem und Personalem, in Gesellschaft und Staat, sich der Leere der bloßen Form, des Dienstes am Gesetz bewußt wird und dadurch imstande wird, zu hören auf das Offenbarungswort und sich zu füllen mit dem lebendigen Gehalt der Gnade, die das Gesetz durchbricht. Es gibt viele in der Gesellschaft und manche in der Kirche, die dieser Wegbereitung dienen. Wenn es genug geworden sind, und wenn ihr Warten und ihr Handeln tief genug geworden ist, so ist ein neuer *kairos,* eine neue Zeitenfülle da. Wir alle stehen in diesem Werden, die einen näher der Kirche, die anderen näher der Gesellschaft – keiner aber ganz ohne das eine oder das andere. Wir alle sind darum für beide verantwortlich, für die Kirche, daß sie frei werde von sich und offen für das Offenbarungswort, für die Gesellschaft, daß sie sich mit dem lebendigen Gehalt fülle und Symbole schaffen könne im Dienst des Wortes der Offenbarung. Beides aber nicht für sich selbst, sondern für das, was mehr ist als Kultur und Religion, und von dem sie beide zeugen.

KIRCHE UND HUMANISTISCHE GESELLSCHAFT

Humanistische Gesellschaft ist diejenige Gesellschaft, deren Denk- und Lebensformen bestimmt sind durch die Autonomie oder, was dasselbe ist, durch das Sich-Stellen des Menschen auf sich selbst und die von ihm erfaßte Gesetzlichkeit seines Seins und Sinnes. Dabei ist das Wort Gesetzlichkeit zu unterstreichen, um die in der theologischen Polemik häufige Verwechslung von Autonomie und Willkür abzuwehren. Nennt man die Seinsgesetzlichkeit der Natur und die Sinngesetzlichkeit des menschlichen Geistes Vernunft, so ist humanistische Gesellschaft die ihrer Idee nach ausschließlich durch Vernunft bestimmte Form menschlichen Daseins. Getragen und verwirklicht ist diese menschliche Möglichkeit durch die bürgerliche Gesellschaft im weitesten Sinn.

Zur bürgerlichen Gesellschaft gehören in der Gegenwart folgende vier Gruppen: 1. die bürgerliche Gesellschaft im engeren Sinn, d. h. die Träger der liberalen und kapitalistischen Marktwirtschaft und diejenigen Kreise besonders der höheren Beamtenschaft, die mit ihnen geistig und gesellschaftlich verbunden sind. – 2. die Intellektuellen-Schicht, die einerseits den Sinn und das innere Leben dieser Gesellschaft zum Ausdruck bringt, die andrerseits in Opposition steht gegen das typisch Bürgerliche, sofern dieses Sicherung und Erstarrung bedeutet. Diese Intellektuellen-Schicht ist gerade für unsere Problematik außerordentlich wichtig. – 3. die von der ersten Gruppe abhängige, sie nachahmende, ständig wachsende und gegenwärtig in schwerster Krisis befindliche Angestelltenschicht; sie hat in der letzten Zeit eine besondere Aktualität gewonnen. – 4. das von der ersten Gruppe beherrschte und zugleich mit ihr im Klassenkampf stehende Proletariat.

Damit ist im wesentlichen das erschöpft, was man soziologisch die bürgerliche Gesellschaft nennt und worin die humanistische Möglichkeit des Menschen verwirklicht ist. – Das bedeutet aber negativ: Nicht zur humanistischen Gesellschaft, wenn auch in stärkster Zersetzung durch ihren Geist und ihre Wirtschaftsform begriffen, gehören folgende vier Gruppen: 1. die Reste der noch nicht ökonomisierten Feudalität, vor allem also Großgrundbesitzer sowie Offiziers- und Beamtenkreise mit alter feudaler Tradition. 2. das Bauerntum, soweit es noch nicht ökonomisiert ist, was heute schon eine wesentliche Einschränkung bedeutet. 3. das handwerkliche Kleinbürgertum und die zu ihm gehörigen unteren Beamtenschichten. 4. sehr kleine Gruppen des ländlichen und städtischen Proletariats, die noch durch vorbürgerliche Elemente gebunden sind. – Diese Gruppen sind nicht eigentlich Glieder der humanistischen Gesellschaft; sie gehören früheren Situationen an und stehen in einem sehr dialektischen und spannungsreichen Verhältnis zu den tragenden Gruppen des Humanismus.

Man hat die Entstehung der bürgerlichen Gesellschaft in der Renaissance suchen wollen. Das ist nur zum Teil richtig. Es gibt eine Reihe von Tatbeständen, die für die Entstehung des bürgerlichen Geistes wichtiger sind als die Renaissance. Wichtiger ist sowohl im Geistigen wie auch im Wirtschaftlichen und Politischen die im Nominalismus sich vollziehende Isolierung und Verselbständigung der Kulturgebiete. Wirtschaft und Staat, Philosophie und freie Wissenschaft werden von den nominalistischen Denkern auf sich selbst gestellt, und ihnen gegenüber wird die kirchliche und biblische Autorität für die religiöse Sphäre absolut gesetzt. Die mittelalterliche Einheit des ganzen Lebens bricht auseinander. – Wichtiger als die eigentliche Renaissance ist ferner für die Entstehung der bürgerlichen Gesellschaft die Schöpfung der experimentellen mathematischen Naturwissenschaft durch Galilei und Newton. Hier tritt in der Renaissance selbst ein entscheidender Bruch ein, hier erst entsteht in der wissenschaftlichen Sphäre das eigentliche Neue und Moderne. Wichtiger für die Entstehung der bürgerlichen Gesellschaft ist auch die Zersetzung der feudalen Gesellschaft in Frankreich durch das Eindringen bürgerlicher Finanzmächte in sie und ihr politischer Sieg. Wichtiger ist endlich die Zusammenfassung all dieser Motive in der autonomen Philosophie von Cartesius bis zur Gegenwart.

Die Renaissance ist ihrem eigenen Selbstbewußtsein nach Wiedergeburt der christlichen Gesellschaft aus den Quellen, und zwar aus der Bibel im Urtext, aus den Vätern in ihrer ursprünglichen Form und endlich aus der römischen und griechischen Klassik. Diese Elemente: Bibel, Väter und Antike wurden nicht etwa als Gegensätze empfunden, sondern als Einheit, aus deren Zusammenwirken sich die religiöse und geistige Wiedergeburt der Gesellschaft vollziehen sollte. Ein Widerspruch entstand erst dadurch, daß mit der Antike Elemente des eigentlichen, d. h. religiösen Heidentums aufgenommen wurden, und zwar vor allem in der Form des magischen Weltbildes der Spätantike. Der antike Humanismus zog das antike Heidentum, auf dessen Boden er gewachsen war, teilweise mit sich. Der Humanismus ist nicht selbst Heidentum. Aber es gibt auch einen heidnischen Humanismus, und er war es, der in der Renaissance in die christliche Welt einzuströmen versuchte. Dieser Versuch mißlang. Reformation und Gegenreformation bereiteten ihm ein schnelles Ende. Das bedeutet: der Humanismus wurde nicht als heidnischer aufgenommen, sondern unter Loslösung von dem heidnischen Boden, auf dem er gewachsen ist. Er wurde auf christlichen Boden übertragen, unter Abstreifung der eigentlich heidnischen Elemente, und es entstand ein christlicher Humanismus. Humanismus ist also nichts Allgemeines, das etwa gar als heidnisch zu charakterisieren wäre, sondern Humanismus bezeichnet etwas anderes, ob er auf heidnischem oder ob er auf christlichem Boden steht. Es gibt entweder heidnischen oder christlichen oder sonstwie begründeten Humanismus, aber es gibt nicht Humanismus überhaupt. In der Renaissance wurde nach anfänglichem Eindringen des heidnischen Humanismus die Grundlage für einen christlichen Humanismus gegeben.

Daß dieser Begriff von Humanismus nichts mit einem bestimmten sogenannten humanistischen Bildungsgang zu tun hat, ist nach dem Gesagten selbstverständlich. Das Humanistische hat nur insofern etwas mit dem Griechischen zu tun, als für das abendländische Schicksal im Griechentum zuerst die humanistische menschliche Möglichkeit verwirklicht worden ist. Es sind aber noch sehr andersartige Verwirklichungen des Humanistischen möglich und vorhanden. Erst recht nichts zu tun hat dieser Begriff des Humanistischen mit einer bestimmten Bildungsstufe. Das Proletariat gehört zu diesem Humanismus genauso wie die höchsten Spitzen der Bildung.

Auf Grund dieser begrifflichen Klärung soll das Verhältnis der christlich-humanistischen Gesellschaft zur Kirche in folgenden vier Gedankengruppen behandelt werden:

1. Die Abgabe kirchlicher Gehalte an die humanistische Gesellschaft.
2. Die Abgabe humanistischer Elemente an die Kirche.
3. Der Gegensatz zwischen humanistischer Gesellschaft und Kirche.
4. Die Doppelgestalt der Kirche.

1. Die Abgabe kirchlicher Gehalte an die humanistische Gesellschaft

Nicht der Gegensatz von Kirche und Humanismus, sondern das dialektische Verhältnis von Kirche und christlichem Humanismus ist das eigentliche Problem. Dadurch nämlich, daß der Humanismus erfüllt ist mit christlichen Gehalten, kommt es zwischen Kirche und humanistischer Gesellschaft nicht zu einer einfachen Abstoßung und dementsprechend auch nicht zu einer überwältigenden Anziehung, die von dem ganz Anderen, dem Neuen, dem Durchbrechenden ausgeht, wie es bei dem ersten Erscheinen der Kirche in einer heidnischen Welt der Fall war. Die durchgängige Haltung der humanistischen Gesellschaft, die sich in dem Wort ausdrückt: Wozu brauchen wir die Kirche?, ist sehr viel weniger ein Gegensatz als vielmehr ein Bewußtsein, im Wesentlichen das zu haben, was die Kirche zu geben hat. Der christliche Humanismus weiß sich als eine Entwicklungsform der christlichen Gesellschaft überhaupt; er hält sich für die fortgeschrittenste Entwicklungsform des Christentums, und er meint darum, daß nicht er auf die Kirche zu blicken habe, wo er doch alles, was die Kirche zu geben habe, in sich trage, sondern umgekehrt, daß die Kirche auf ihn als ihre eigene fortgeschrittenste Entwicklungsform zu blicken habe. Um diese für die gegenwärtige Lage entscheidende These deutlich zu machen, soll eine Reihe von kirchlichen Elementen, die in den Humanismus eingeströmt sind und ihn als christlichen charakterisieren, aufgewiesen werden.

1. Der Schöpfungsgedanke und die mit ihm gegebene Beurteilung der Welt setzt voraus, daß die Welt ihrer Substanz nach gut ist. Es gibt nicht wie im Heidentum eine Gegenwelt, einen Gegengott, auch nicht, wie noch bei Plato und Aristoteles, eine widerstrebende Materie, sondern: das, was ist, ist gut, sofern es ist. „*Esse qua esse bonum est.*" Sein und Gutsein sind identische Begriffe. Das christliche Bekenntnis: „Ich glaube an den allmächtigen Gott, Schöpfer Himmels und der Erde", hat dieses zum eigentlichen Gehalt. Damit war eine entscheidende neue Position gegenüber der heidnischen, immer irgendwie dämonisierten Weltauffassung gewonnen. Weil die humanistische Gesellschaft diese Position aufgenommen und nach kleinen Schwankungen in der Renaissance zur Grundlage ihres gesamten Weltbewußtseins gemacht hat, kennt sie im Gegensatz zu allem Heidentum grundsätzlich keine asketische Haltung gegenüber der Materie als Materie. Hier liegen die Wurzeln des Optimismus der Renaissance, der seinem innersten Wesen nach so wenig antik ist, daß er vielmehr die Gegenposition gegen die antik-tragische Weltauffassung darstellt. Hier liegen weiter die Wurzeln der grundsätzlich monistischen Ontologie bei allen auf christlichem Boden auftretenden Philosophen, d. h. einer Ontologie, die keine ursprüngliche Spaltung des Seins als solchem kennt. Allein Schopenhauer macht eine Ausnahme, und er richtete demgemäß folgerichtig seinen Blick auf die östlichen Religionen.

2. Der monotheistische Gottesgedanke des Christentums enthält in sich die Behauptung der Sinneinheit alles Seienden. Auf diesem Boden und nur auf ihm läßt sich die Einheit der naturgesetzlichen Welterkenntnis und die Einheit der ethischen Weltgestaltung aufrecht erhalten. Im

Christentum und dementsprechend im christlichen Humanismus gibt es grundsätzlich keine Zerreißung der Welt in relative Sphären, die mit absolutem Anspruch gegeneinander stehen. Daher der kosmische, geistige und gesellschaftliche Einheitsgedanke des Abendlandes, daher die Möglichkeit, jenseits aller Konflikte eine maßgebende Einheit zu sehen, wodurch die Tragik im echten griechischen Sinne ausgeschlossen ist. Es gibt im christlichen Humanismus kein Gegeneinander göttlicher Mächte, es gibt keine letzte dämonische Gegenposition. Das Dämonische steht unter der letzten Sinneinheit.

3. Damit hängt zusammen der Allmachtsgedanke, das Bewußtsein um eine unbedingte Mächtigkeit, der jede Wirklichkeit unterworfen ist. Darum ist der christliche Humanismus grundsätzlich frei von der Dämonenfurcht. Die Spätantike war voll von dieser Furcht. Der Neuplatonismus hat sie in ein System gebracht, und auch in der Renaissance brach ein Strom dieser Furcht in dem Augenblick ein, wo wirkliches Heidentum Einlaß suchte. Aber die magische Weltanschauung wurde ausgestoßen zugunsten der wissenschaftlichen und technischen. Die Überwindung der Dämonenfurcht durch den Allmachtsgedanken ermöglichte es, daß auf dem Boden des christlichen Humanismus die Naturbeherrschung radikal durchgeführt werden konnte. Die Natur ist nirgends „tabu", sie kann in jeder ihrer Gestalten erkannt und beherrscht werden. Daher jene abendländische Haltung, die in den übrigen Teilen der Welt immer wieder Erstaunen erregt hat: die Tabu-Freiheit der Natur, die Kühnheit und die Herrschaftlichkeit des abendländischen Menschen, die sich darauf gründet.

4. Der historische Aspekt der Welt, die Betrachtung der Welt als einer geschichtlichen, ist Ausdruck der grundsätzlich eschatologischen Haltung des Christentums. Im Heidentum (mit teilweiser Ausnahme des persischen, das infolgedessen in Judentum und Christentum weitgehend rezipiert werden konnte) wird die Wirklichkeit ungeschichtlich gesehen. Die ewig sich wiederholende Natur ist Symbol dieser Welthaltung. Demgegenüber wird im Christentum die Welt aufgefaßt als geschichtlich im Sinne des Auf-etwas-Zugehens. Dieses Auf-etwas-Zugehen ist allen Formen des christlichen Humanismus gemeinsam. Hier liegen die Wurzeln des jetzt so viel verlästerten Fortschrittsgedankens. Aber er ist auch noch in seiner profanisiertesten Form Ausdruck des christlichen Sieges der Zeit über den Raum und damit der Entdeckung der Geschichte als einer ontologischen Wirklichkeit. In jedem christlichen Humanismus ist eschatologischer Geist enthalten: ein Zeichen, daß der Humanismus christlich und nicht heidnisch ist. Dem Auf-etwas-Zugehen entspricht das Etwas-hinter-sich-Lassen, das Hinaus-

gehen über ein Vergangenes, das als Schuld negiert wird. Ein Philosoph wie Rousseau mit seiner Lehre vom Sündenfall der Gesellschaft ist, wenn auch profanisiert und rationalisiert, so nur auf christlichem Boden möglich. Nicht Schicksal, sondern Sündenfall, das ist ein Gedanke, der allen Formen des christlichen Humanismus gemeinsam ist.

5. Die christliche Idee der Menschwerdung wirkt sich in der Sphäre des christlichen Humanismus aus als die konkrete und doch paradoxe Immanenz des Göttlichen in der Wirklichkeit. Das zeigt sich z. B. im deutschen Idealismus, in der Verwendung des Identitätsprinzips, das nicht einfach eine natürliche Einheit von Gott und Mensch bedeutet, sondern eine paradoxe, nur der *docta ignorantia* zugängliche, jeweilig konkrete Immanenz des Göttlichen in der Wirklichkeit. Auf dem Boden des christlichen Humanismus ist die Überwindung der heidnisch-neuplatonischen Stufenlehre als selbstverständlich vorausgesetzt. Nicht eine langsame durch Askese und Ekstase sich vollziehende Erhebung durch die Stufen des Seienden zum Überseienden führt zu Gott, sondern er erscheint gegenwärtig, sofern er erscheint, auch in der niedrigsten Wirklichkeit, im räumlich und zeitlich gebundenen Geschehen. Von hier aus gesehen darf der Idealismus nicht einfach als philosophische Umformung des mystischen Identitätsprinzips beurteilt werden. Wohl hat er geschichtlich und sachlich das Identitätsprinzip aufgenommen, das für die Mystik maßgeblich ist. Aber er hat es eben in der konkreten, innergeschichtlichen Form aufgenommen, die bei Nicolaus Cusanus vorgebildet ist und an der Wirklichkeit und ihrer konkreten Fülle festhält, anstatt aus ihr herauszutreiben. Es ist also, wenn überhaupt, so eine erst christlich, dann philosophisch umgewandelte Mystik, was im Idealismus vorliegt.

6. Die Unerforschlichkeit Gottes, wie sie von Paulus, Luther und mehr philosophisch von Duns Scotus machtvoll verkündigt ist, steht in philosophischer Umformung im Hintergrund des abendländischen Positivismus. Die Anerkennung des nur Gegebenen, die Ehrfurcht vor dem, was ist, weil es so ist, die gehorsame Unterwerfung unter das Vorgefundene, diese für die positiven Wissenschaften charakteristische und vom philosophischen Positivismus grundsätzlich gefaßte Haltung hängt sowohl geistesgeschichtlich wie auch sachlich mit jener Anerkennung des irrationalen Willensmomentes in Gott zusammen, die zuerst bei Scotus und dem Nominalismus maßgebend formuliert ist.

7. Der christliche, namentlich protestantische Rechtfertigungsgedanke drückt sich im christlichen Humanismus aus in Elementen jenes lutherischen Trotzes, der nichts mit der stoischen Haltung der Einheit von Resignation und Trotz zu tun hat, die die Erhabenheit des stoischen Weisen ausmacht; sondern der das tapfere Ja zu der Wirklichkeit ent-

hält, das den abendländischen Menschen zu immer neuer Aktivität und Schöpfung treibt: jener Mut, der zu sagen scheint, daß trotz aller Sinnlosigkeit und trotz des Verzichtes auf die beglückenden Vorstellungen eines mythisch vorgestellten Jenseits irgendwo ein verborgener Sinn vorhanden ist, auch wenn jeder Zugang zu ihm versperrt ist.

8. Die Überwindung des Gesetzes, wie sie Paulus, besonders im Galaterbrief, als Befreiung vom Dienst der Naturelemente charakterisiert, ist völlig in den christlichen Humanismus eingegangen. Erst auf christlichem Boden ist echte Profanität möglich, und dieses Erbe hat der christliche Humanismus übernommen. Nirgends, mit Ausnahme gewisser Renaissanceerscheinungen und gelegentlicher, im Verborgenen auftretender heidnischer Reaktionen, findet sich ein wirklicher (nicht nur ästhetischer) Dienst der Naturmächte. Rituelle Bindungen an Tage und Wochen gibt es grundsätzlich nicht, und wo sie sich im Zusammenhang mit Kultus und christlicher Sitte wiedereingestellt haben, erhebt sich ein heimlicher oder offener Protest von echt protestantischem Charakter auf dem Boden des christlichen Humanismus.

9. Die Seele im Sinne der unendlich wertvollen Innerlichkeit des einzelnen Menschen ist eine Entdeckung, die ausschließlich dem Christentum zuzuschreiben ist. Auf griechischem Boden gibt es einen solchen Gegensatz von Innerlichkeit und Äußerlichkeit nicht. Darum fehlt hier auch die Möglichkeit, das Äußere durch Rückzug auf die Fülle des Inneren zu kompensieren. Es fehlt die Kategorie der Innigkeit, die für zahlreiche Schöpfungen des christlichen Humanismus eine entscheidende Rolle spielt. Für diesen Unterschied ist das Verhältnis der Goetheschen zur griechischen Iphigenie symbolisch.

10. Das Prinzip der Liebe als maßgebende Norm des menschlichen Miteinander hat grundsätzlich zu einer Aufhebung der Schranken im Begriff des Menschen geführt. Zwar gibt es im griechischen Ethos, wenn auch erst bei den Stoikern, eine Gleichheit aller Menschen in bezug auf Rationalität; aber der Stoizismus führt im günstigsten Fall zu einer formalen Rechtsgleichheit, nicht zu der aktiven Aufnahme aller Menschen in eine übergreifende, auf Liebe gegründete Einheit. Im Ideal der Humanität wirkt sehr viel mehr christliches als stoisches Erbe nach. Es ist die Humanisierung und Profanisierung des christlichen Liebesgedankens und nicht der stoischen Vernunftgleichheit.

Betrachten wir die Bedeutung dieser zehn Punkte, in denen der christliche Humanismus christliche Gehalte in sich aufgenommen hat, für die Gesamtstruktur des abendländischen Humanismus und berücksichtigen wir, daß diese Punkte noch erheblich vermehrt werden könnten, so ist deutlich: Der christliche Humanismus ist die humanistische

Entwicklungsform des Christentums, wie der griechische Humanismus die humanistische Entwicklungsform des griechischen Heidentums war. Es gibt keinen Humanismus überhaupt und darum auch keinen Gegensatz von Christentum und Humanismus überhaupt, sondern es gibt unter anderem einen von christlichen Gehalten getragenen, durch sie bestimmten, also christlichen Humanismus.

2. *Die Abgabe humanistischer Elemente an die Kirche*

Die Kirchen konnten sich den Einwirkungen des christlichen Humanismus nicht entziehen. Sie nahmen entsprechend dem, was sie an den Humanismus abgegeben hatten, selbst von ihm auf. Sie nahmen nämlich das System der Kategorien auf, unter dem der Humanismus die Wirklichkeit anschaut. Das bedeutet: Dinge, Menschen und Einrichtungen werden betrachtet und gestaltet unter dem Gesichtspunkt ihres welthaften Zueinander. Nicht das überweltliche Bedeuten der Dinge, nicht ihre Beziehung zu dem sie tragenden Grunde und dem ihnen bestimmten Ziel sind maßgebend für die theoretische und praktische Begegnung mit ihnen, sondern ihre Eigenformen und das Stehen der einzelnen Formen im Zusammenhang der Weltform überhaupt.

Wird nun diese Art der Wirklichkeitserfassung verwendet für die Inhalte des kirchlichen Lebens und Denkens, so entsteht ein innerer Widerspruch zwischen Inhalt und Form. Denn der Sinn alles dessen, was in der Kirche im Denken und Handeln gemeint ist, ist ja gerade das transzendente Bedeuten und nicht das welthafte Zueinander. Dieser Widerspruch hat Wurzeln, die sehr weit zurückliegen, nämlich im Kampf der mittelalterlichen Philosophie zwischen Augustin und Aristoteles. Während in der augustinisch-franziskanischen Tradition die Begriffsbildung unter dem Gesichtspunkt des transzendenten Bedeutens steht, dringen mit Aristoteles die Kategorien des welthaften Zueinander der Dinge ein. Im Thomismus wird der Gegensatz noch verdeckt durch den Stufengedanken, im Nominalismus bricht er auseinander, in der Aufklärung findet der siegreiche Angriff des gegenständlichen Denkens gegen das System der überlieferten Bedeutungsbegriffe statt.

Für die theoretische Sphäre hat das zur Folge, daß all diejenigen Begriffe, die im Augustinismus noch etwas mystisch Schwebendes hatten, nunmehr gegenständlich fixiert werden, so z. B. der Gottesbegriff. Er wird zum Abschluß des gegenständlichen Weltbildes benutzt, Gott wird entweder zum allgemeinen Weltwesen oder zu einem übermächtigen Einzelwesen, das neben der Welt steht, eben damit aber selbst Welt ist. Die Wendung vom ontologischen zum kosmologischen Gottesbeweis ist eine Wendung vom ungegenständlich-symbolischen zum gegenständlich-kosmologischen Denken. Aus dem vorgegebenen Dasein einer gegenständlichen Welt wird das Dasein eines gegenständlichen Gottes mit Kategorien des Weltgedankens erschlossen. Damit wird Gott selbst zu einem Weltgegenstand. Und von da aus wird Gottes Handeln zu einer Folge einzelner Akte, in denen ein welthaftes Einzelwesen kausale Wirkungen auf die Welt ausübt. Schon bei Thomas von Aquino spielen infolgedessen die *causae secundae*, d. h. die selbständigen Ursachen der Dinge eine erhebliche Rolle. Immanente und transzendente Kausalität treten auseinander bis zu dem Moment, wo die transzendente Kausalität überhaupt beseitigt wird.

Für die religiöse Erkenntnishistorie bedeutet die Rezeption der humanistischen kategorialen Apparatur, daß die Unmittelbarkeit der religiösen Erkenntnis aufgehoben, die Einheit von profaner und Glaubenserkenntnis zerrissen, die Glaubenserkenntnis als heteronome Unterwerfung, die wissenschaftliche Erkenntnis als außergöttliches und außerreligiöses Erkennen gedeutet wird.

In der praktischen Sphäre bedeutet die Anwendung der gegenständlichen Kategorien des Weltdenkens auf die religiösen Inhalte Soziologisierung des religiösen Handelns. Die religiöse Gemeinde wird eine gesonderte soziologische Gruppe, in der es um etwas anderes geht als in den andern soziologischen Gruppen. Die religiöse Gruppe hat einen gesonderten Willen, der sich dem Willen der andern Gruppen unterwerfen oder gegen den sich der Wille der andern Gruppen auflehnen kann. Das entspricht der besonderen Erkenntnis, die die religiöse Gruppe hat. Zur Kirche kann man sich stellen, da sie eine selbständige soziologische Gruppe ist. Man steht zunächst außer ihr, auch wenn man juristisch zu ihr gehört. Sie wird eine bestimmte Institution, die in ihren Trägern angeschaut wird, in Priestertum, Geistlichkeit, Behörden usw. Dadurch wird sie eine soziologische Gegenstandsgruppe, die hineingezogen wird in die realen Gegensätze der jeweiligen gesellschaftlichen Lage, in der sie sich auf die eine oder die andre Seite des Gegensatzes stellen kann. Das entspricht genau der Vergegenständlichung des Gottesgedankens.

Auch das religiöse Verhältnis selbst wird soziologisiert. Dementsprechend, daß Gott ein besonderes Wesen geworden ist, wird der religiöse Akt zum Akt einer besonderen Hinwendung, zu einem unbedingt mächtigen personhaften Einzelwesen. Es entsteht das, was man den „Verkehr mit Gott“ genannt hat. Man kann mit ihm Verkehr haben wie mit einem andern Gliede der Gemeinschaft. Man kann ihn haben, man braucht ihn aber nicht zu haben. Gerade in diesem Begriff des

Verkehrs liegt die Soziologisierung deutlich auf der Hand. Ganz anders, wenn es bei Augustin heißt: „Schlecht liebt, wer etwas liebt, was er nicht um deinetwillen liebt“ – ein klassischer Ausdruck theonomen Gemeinschaftsgedankens. – Dadurch, daß der religiöse Akt ein besonderer Akt ist, wird er der Psychologie im Sinne einer gegenständlichen Wissenschaft zugänglich. Die Religion wird hereingezogen in die seelische Dynamik, wie die Kirche in die soziologische Dynamik.

All diese Konsequenzen, die sich aus der Übernahme der Kategorien des gegenständlichen Weltdenkens auf die religiöse Sphäre ergeben, betreffen nicht nur die gegenwärtige Kirche, sondern alle Kirchen, seit Entstehung der humanistischen Gesellschaft. Sie betreffen in gleicher Weise Katholiken und Protestanten, Orthodoxe und Liberale, Supranaturalisten und Rationalisten. Denn niemand konnte sich der Wandlung des Weltbildes entziehen, die sich in tiefsten Bewußtseinsschichten und Gesellschaftsvorgängen vollzog.

3. Der Gegensatz zwischen humanistischer Gesellschaft und Kirche

Aus diesen Voraussetzungen ergibt sich nun die Vielfältigkeit des Verhältnisses von Kirche und humanistischer Gesellschaft in der Gegenwart. Nur wer diese Vielfältigkeit verstanden hat, hat die gegenwärtige Situation verstanden. Wer einen einfachen, undialektischen Gegensatz behauptet, geht an der Wirklichkeit radikal vorbei.

Angriff und Verteidigung im Kampf zwischen Kirche und humanistischer Gesellschaft drehen sich um das vergegenständlichte Transzendente sowohl im Logischen wie im Soziologischen. Nennen wir die Sphäre der vergegenständlichten religiösen Inhalte supranaturale Sphäre, so bedeutet das, daß der Kampf zwischen Kirche und christlichem Humanismus um Recht und Unrecht der supranaturalen Sphäre geht.

Die humanistische Gesellschaft lehnt das vergegenständlichte und soziologisierte Transzendente, lehnt die supranaturale Sphäre ab, da sie im welthaften Zueinander der Dinge und der gesellschaftlichen Gruppen keinen begründeten Platz mehr hat. Begründet sein könnte der Platz der Kirche und ihrer Denk- und Lebensinhalte nur in der Erschütterung und Durchbrechung der gegenständlichen Kategorien. Aber gerade diese Möglichkeit ist ja durch den Sieg der kategorialen Apparatur des humanistischen Weltbewußtseins auch in der religiösen Sphäre geschwunden. Im welthaften Zueinander können aber weder Gott noch die Kirche einen begründeten Platz finden. – Und umgekehrt, die Kirche wehrt sich und verteidigt die supranaturale Sphäre, weil diese Sphäre für sie ja das Mittel ist, auf dem Boden der welthaften Kategorien die Transzendenz zu fassen. – Beide haben also recht. Die humanistische Gesellschaft hat recht, sofern sie die supranaturale Sphäre ablehnt, die im welthaften Zueinander keinen Grund hat. Die Kirche hat recht, sofern sie das transzendente Bedeuten des Begegnenden, das sie nur in dieser Form konservieren konnte, verteidigen muß.

Schon hier wird klar, daß der Gegensatz ontologisch schief ist. Die Theologie, welche diese Schiefe des Gegensatzes übersieht, übersieht den Ernst und die Problematik der gegenwärtigen Lage. Sie sucht gerade zu biegen, was schief ist, um auf diese Weise vor primitive Alternativen zu stellen. Solche Alternativen mögen im Augenblick eine erschütternde Wirkung hervorrufen, eine reale Wandlung können sie nicht bewirken, da sie an der Realität vorbeigehen.

Dieses Allgemeine kommt nun an einzelnen wichtigen Punkten zu besonders deutlichem Ausdruck. In der theoretischen Sphäre wird von der humanistischen Gesellschaft die supranaturale Gegenstandssphäre abgelehnt. Der Protest Nietzsches gegen die „Hinterwelt" ist von der gesamten humanistischen Gesellschaft aufgenommen worden. Daraus ergibt sich die Ablehnung aller in der religiösen Tradition wichtigen Begriffe, weil sie alle für das gegenwärtige Bewußtsein ihren mythischen Klang verloren haben. Sobald aber dieser mythische Klang verschwunden ist, sobald es Begriffe der gegenständlichen Welterfahrung geworden sind, sind sie innerlich widersinnig und müssen notwendigerweise abgelehnt werden. Daraus ergibt sich die Schwierigkeit, ja Unmöglichkeit fast aller Formen der christlichen Apologetik. Sofern die Apologetik eine Rechtfertigung der supranaturalen Sphäre versucht, muß sie mißlingen. Das Höchste, was sie leisten kann, ist eine Vertiefung des welthaften Zueinander, unter dem der Humanismus die Wirklichkeit sieht, bis zu der transzendenten Wurzel, auf der er, wie alle seine Begriffe und Lebensformen, ruht. Das bedeutet aber, daß die Apologetik mit einem radikalen Verzicht auf die supranaturale Gegenstandssphäre zu beginnen hat. Jeder Mangel an Radikalität in dieser Beziehung verurteilt sie zu völliger Erfolglosigkeit.

Noch schärfer ist der Widerspruch der humanistischen Gesellschaft in der soziologischen Sphäre. Sobald der mit jeder Kirche wesensmäßig verbundene Absolutheitsanspruch zum Absolutheitsanspruch einer besonderen soziologischen Gruppe geworden ist, muß er von den anderen soziologischen Gruppen mit Notwendigkeit abgewiesen werden. Zu offener Feindschaft wird diese Ablehnung, wenn die Kirche, nachdem sie eine besondere soziologische Gruppe geworden ist, sich mit andern soziologischen Gruppen und ihrer politischen Vertretung verbindet und auf diese Weise in die Arena des politischen Kampfes eintritt. Dabei ist der offene Kampf, den die gegnerischen Gruppen gegen die mit ihren politischen Gegnern verbundene Kirche führen, noch nicht einmal so schlimm wie die politisch positive Wertung, die die Kirche von denjenigen Gruppen erfährt, für die sie aus machtpolitischen Gründen nützlich ist. Hier gilt, daß die Kirche vor ihren politischen Freunden mehr geschützt werden muß als vor ihren politischen Feinden.

Was der Kirche als einer besonderen mit Absolutheitsanspruch auftretenden soziologischen Gruppe widerfährt, das widerfährt dem religiösen Akt als einem besonderen, ebenfalls mit Absolutheitsanspruch auftretenden psychischen Vorgang. Auf der einen Seite wird die psychische Schädlichkeit der religiösen Akte behauptet. Namentlich die Psychoanalytiker haben diese Grundhaltung. Auf der anderen Seite wird der religiöse Akt gerechtfertigt aus seiner psychologischen Nützlichkeit. So im amerikanischen Pragmatismus, wo die Wahrheit des Religiösen auf seiner Fähigkeit begründet wird, seelische Harmonie und Gesundheit zu schaffen. Auch hier ist die Nützlichkeitserklärung zweifellos schädlicher als die Schädlichkeitserklärung. Soziales und Psychisches entsprechen sich hier wie so oft.

Diese Ablehnung der supranaturalen Sphäre durch die humanistische Gesellschaft vollzieht sich in so tiefen Schichten des humanistischen Bewußtseins, daß sie fast den Charakter der Selbstverständlichkeit angenommen hat. Da keine verborgene Zuneigung zu jener Sphäre mehr zu verdrängen ist, vollzieht sich die Ablehung ohne Haß. Nicht der Haß gewisser Kreise der humanistischen Gesellschaft, wie etwa der russischen „Gottlosen", ist das Gefährliche der Situation, sondern die Selbstverständlichkeit und Affektlosigkeit, mit der die weitaus größten Kreise der humanistischen Gesellschaft die Ablehnung vollziehen.

Die Kirche hat demgegenüber zwei Verteidigungsmethoden: die eine ist die grundsätzlich orthodoxe – die supranaturale Gegenstandswelt wird festgehalten. Der Gegensatz von Kirche und humanistischer Gesellschaft wird radikal und eindeutig gemacht. Hier stehen Karl Barth und die Orthodoxie auf der gleichen Ebene. Die humanistische Gesellschaft kann von dieser Seite nur dann getroffen werden, wenn in der Form dieser Abwehr etwas zum Ausdruck kommt, was mehr ist als Verteidigung supranaturaler Gegenstandswelt. Darauf beruht die erschütternde Wirkung der Anfänge der dialektischen Theologie. Abgesehen von solchen Ereignissen aber ist die orthodoxe Gegenwehr völlig bedeutungslos, die humanistische Gesellschaft antwortet mit der Widersinnigkeits-Feststellung.

Die zweite Form kirchlicher Verteidigung ist die liberale. Man gibt die supranaturalistische Begriffsbildung preis, wenn auch im großen und ganzen nicht konsequent. Man fordert die humanistische Gesellschaft auf, sich selbst in Begriffen und Lebensformen der Kirche wiederzufinden, sie als Symbole ihrer eigenen Existenz zu werten. Aber dieser Versuch bleibt wirkungslos, eben weil die religiösen Gehalte dem Humanismus selber zugrunde liegen. Die humanistische Gesellschaft antwortet mit der Überflüssigkeits-Feststellung.

Man könnte noch hinzufügen, daß es infolge der Soziologisierung der Kirche und des Versuches bestimmter Machtgruppen, im Namen der Kirche andere Machtgruppen zu bekämpfen, zu einer noch gefährlicheren und verhängnisvolleren Ablehnung kommen kann: die bekämpften Gruppen antworten mit der Böswilligkeits-Feststellung. So hat z. B. der Kampf zwischen Sozialismus und Kirche hier seinen eigentlichen Ort.

4. Die Doppelgestalt der Kirche

Die Schilderung der Kampfposition zwischen Kirche und humanistischer Gesellschaft zwingt zu einer Auffassung von der gegenwärtigen Kirche als einer Doppelgestalt. Um diesen Begriff deutlich zu machen, müssen eine Reihe von Tendenzen aufgezeigt werden, die in der humanistischen Gesellschaft vorliegen und auf Kirche an und für sich hinweisen. In der humanistischen Gesellschaft sind die transzendenten Bezüge, auf denen sie ruht und von denen sie herkommt, in wachsendem Maße durchschnitten worden. Der christliche Hintergrund des humanistischen Ausgangspunktes ist mehr und mehr zurückgetreten, verblaßt und wirkungslos geworden. Das bloße welthafte Zueinander genügt aber nicht als Ausdruck der wirklichen menschlichen Situation. Die wertvollsten Träger des humanistischen Denkens und Handelns fühlen sich bedroht. Daraus erklärt sich, daß man die Existenz der Kirche nicht ernsthaft angreift. Man will, daß die transzendenten Bezüge an irgendeinem Ort sichtbar werden, auch wenn man selbst keinen Zugang mehr hat. Man will, daß die Kirchenglocken läuten, man will in bestimmten Augenblicken des Lebens die Weihe des Transzendenten. Fanatisch in ihrem Kampf gegen die Kirche sind nur diejenigen, die eine andere Kirche an ihre Stelle setzen wollen, auch wenn es eine Kirche der Gottlosen ist. Ja, noch einen Schritt weiter geht die Konvergenz. Man erwartet eigentlich von der Kirche, daß sie anders wäre, als sie ist. Es ist eine Sehnsucht da nach einer anderen erfüllten, symbolkräftigen Kirche. Man fühlt, daß die humanistische Form in ihrem reinen In-Sich-Schwingen aufgezehrt ist, daß der Lebenssinn zu zerbrechen droht. Das drückt sich insonderheit aus in einem neuen Geborgenheitswillen. Stellt man die Frage: Was willst du von der Kirche? so erhält man häufig die Antwort: Geborgenheit. Nicht nur für das Proletariat, sondern ebenso für weite Kreise der übrigen Gruppen bedeutet die humanistische Situation Ungeborgenheit, innere und äußere. Es besteht weithin in der humanistischen Gesellschaft eine Neigung, die Autonomie von sich zu werfen. Die Autonomie kann vielfach nicht mehr getragen werden, man hat nicht mehr die Kraft und den Heroismus, sie auf sich zu nehmen. Sie zerspaltet und belastet, und man will von ihr weg. Die Konsequenz dieser Haltung wäre eine Rückkehr der Kirche zu ihrer Frühzeit; sie würde zu einer Institution der Geborgenheit werden. Soziologisch würde das dazu stimmen, daß anscheinend der Typus des beamteten, irgendwie gesicherten Angestellten das Ziel ist, auf das die Entwicklung der Gesellschaft von allen Seiten her zugeht. Religiöser und gesellschaftlicher Sicherungswille könnten ein Bündnis eingehen zur Abwehr all der Unsicherheit, die auf dem Boden der humanistischen Gesellschaft durch geistige und wirtschaftliche Eroberertypen entstanden ist. Man kann auch im Hinblick auf zahlreiche Beobachtungen an der jüngeren Generation von dieser Tendenz annehmen, daß sie die größte Wahrscheinlichkeit hat, sich zu verwirklichen.

In diesem Falle müßte die Kirche in all ihren Formgebungen, auch in ihren kultischen Bestrebungen, archaisieren, genau wie die Spätantike. Sie müßte sich von neuem dogmatisch fixieren und den heteronomen Tendenzen zur Herrschaft verhelfen. Die Gefahr einer Rückentwicklung zum Katholizismus läge unter diesen Voraussetzungen sehr nahe.

Es gibt aber noch eine andere Möglichkeit: die nämlich, daß wieder Kräfte in die Kirche hereingehen, nicht aus der Sehnsucht nach Geborgenheit, sondern aus schöpferischem Willen; aus dem Willen, aus neuer Tiefe heraus Lebens- und Wahrheitsformen zu schaffen. In diesem Falle aber würde ein Eingehen der Kirche in die Formen der humanistischen Gesellschaft nötig sein. Und damit würde das Problem der Doppelgestalt der gegenwärtigen Kirche aktuell werden.

In den bisherigen Ausführungen war durch die thematische Gegenüberstellung von Kirche und humanistischer Gesellschaft gegeben, daß unter Kirche eine bestimmte, äußerlich sichtbare soziologische Gruppe verstanden war, diejenige Gruppe, die durch Geschichte und Tradition zur Trägerin der religiösen Denk- und Lebensformen bestimmt ist. Aber dieser Kirchenbegriff ist unzulänglich. Die evangelische Kirche ist immer zugleich sichtbar und unsichtbar. Das aber bedeutet für die gegenwärtige, durch den christlichen Humanismus bestimmte Situation, daß es außerhalb der ausdrücklich sich als Kirche fühlenden Kirche in der humanistischen Gesellschaft Kirche geben könnte, die gleichfalls zugleich sichtbar und unsichtbar ist. Die Kirche könnte in der gegenwärtigen Situation eine Doppelgestalt haben. Es könnte Gestaltungen des christlichen Humanismus geben, die mit dem gleichen Recht wie die verfaßte Kirche als Kirche im protestantischen Doppelsinne anzusprechen wäre. Man müßte dann zu einem neuen Begriffspaar kommen. Die offizielle, als Kirche verfaßte Kirche wäre als manifest zu bezeichnen. Jene humanistischen Gruppen, in denen unausdrücklich Kirche lebendig wäre, würden als latente Kirche zu bezeichnen sein. Zu ihr würden Menschen gehören, die die christliche Wirklichkeit in der humanistischen Form in sich aufgenommen haben, die aber infolge der oben geschilderten Kampfposition in Widerspruch zur manifesten Kirche stehen. Aus dieser Doppelgestalt der Kirche in der gegenwärtigen Situation würde folgen, daß Menschen, die in beiden Gestalten der Kirche stehen und doch in keiner von beiden eindeutig beheimatet sind, sich sowohl für die eine wie die andere Seite verantwortlich fühlen. Für sie würde sich die Aufgabe ergeben, in dem Willen, die Doppelgestalt der Kirche – in wenn auch noch so ferner Zukunft – zu überwinden, von jeder der beiden Seiten in Richtung auf die andere zu gestalten: von der latenten Kirche her in Richtung auf die manifeste und von der manifesten in Richtung auf die latente.

Für die Berneuchener Bewegung besteht die Gefahr, daß sie in vielleicht unbewußter Berücksichtigung des Geborgenheitswillens zahlreicher Glieder der humanistischen Gesellschaft die manifeste Kirche auszugestalten sucht zu einem kommenden Ort der Geborgenheit; es besteht die Gefahr, daß sie archaisiert. Das würde aber bedeuten, daß sie die in der latenten Kirche und überhaupt im christlichen Humanismus wirkenden schöpferischen Kräfte von sich fern halten würde. Und jedenfalls in der Gegenwart sind solche Kräfte noch vorhanden und müssen ihren Ort finden können in einer Kirche, die dem Sinn dessen entspricht, was Kirche sein soll. Darum ist es notwendig, in der latenten Kirche selbst zu gestalten in Richtung auf die eine und allgemeine Kirche. Ob die Berneuchener Bewegung geeignet ist, diese Doppelaufgabe zu erfüllen, wage ich nicht zu entscheiden. Vermag sie es nicht, so werden andere Bewegungen diese Aufgabe übernehmen müssen. Sie selbst aber wird darauf zu achten haben, daß sie, wenn auch nicht selbst in der latenten Kirche mitgestaltend, sich doch so verhält, daß sie die schöpferischen und Kirche suchenden Kräfte innerhalb des christlichen Humanismus nicht abstößt. Und was hier von der Berneuchener Bewegung gesagt wird, gilt für die evangelische Kirche in ihrer Gesamtheit. An dem Verständnis für ihre Doppelgestalt in der Gegenwart hängt ihre Gegenwarts- und Zukunfts-Mächtigkeit.

KIRCHE
UND HUMANISTISCHE GESELLSCHAFT

Zu Paul Tillichs Vortrag

Erwiderung von Wilhelm Stählin

Beim wiederholten Lesen des nun gedruckten Vortrags fand ich den Eindruck, den er mir seinerzeit in Pätzig gemacht hatte, bekräftigt und gesteigert. Wir haben in der Arbeit der Berneuchener Konferenz von allem Anfang an uns verpflichtet gefühlt, unseren Ort innerhalb der Kirche so zu sehen und unsere Arbeit an dieser Stelle so zu tun, daß dadurch unsere Schicksalsverbundenheit mit denen „draußen“ und unsere Verantwortung gegenüber der geistigen Gesamtsituation nicht verleugnet werde. Wir haben es immer als eine sehr wertvolle, ja entscheidende Tatsache dankbar empfunden, daß uns Verpflichtung und Verantwortung nach dieser Richtung durch Freunde wie Paul Tillich ins Bewußtsein gehoben wurden, soweit es dessen noch bedurfte. So habe ich auch Tillichs Vortrag vom vorigen Herbst als Erweiterung des Blickfeldes und als eine Warnung vor einer allzu einfach konstruierten Gegensätzlichkeit (hie Kirche – dort humanistische Gesellschaft) dankbar begrüßt. Aber das Unbehagen, das mir Tillichs mündlicher Vortrag eingeflößt hatte, hat sich beim wiederholten Lesen noch mehr als der Dank für mannigfache Anregung verstärkt und gesteigert. Und zwar meldet sich sehr deutlich als Grund dieses Unbehagens nicht etwa die Sorge, man müßte unter der überzeugenden Wirkung der vorgetragenen Gedanken wieder einmal umlernen und die Richtung der eigenen Front in etwa verändern, sondern vielmehr die Frage, ob denn die uns vorgetragene Schau des Verhältnisses zwischen Kirche und humanistischer Gesellschaft richtig ist und ob hier nicht doch – trotz oder vielleicht gerade wegen der bei Tillich ungewohnten Leidenschaftlichkeit bestimmter Behauptungen – hier der Blick auf die Wirklichkeit durch eine falsche Konstruktion verdeckt wird.

Tillichs Gedankengang steht und fällt mit der Behauptung, daß die Kirche christliche (Tillich sagt „kirchliche“, aber gemeint ist „christliche“) Gehalte an die humanistische Gesellschaft abgegeben und gleichzeitig humanistische Gehalte selbst aufgenommen habe, so daß wir es gar nicht mit einem abstrakten Humanismus als solchem, sondern mit einem „christlichen Humanismus" zu tun haben und demgemäß nicht „Humanismus und Kirche", sondern eben ein christlicher Humanismus und eine ihr Anliegen in humanistischen Denkkategorien vortragende Kirche einander gegenüberstehen. Nun soll natürlich mit keiner Silbe bestritten werden, daß eine solche gegenseitige Beeinflussung weithin stattgefunden hat, und man wird manchem der Hinweise, die Paul Tillich im einzelnen gibt, zustimmen müssen. Aber hier erheben sich nun die ersten Fragen.

1. Sind es wirklich christliche Gehalte, die in der humanistischen Gesellschaft aufgenommen sind? Sind es nicht vielmehr nur bestimmte christliche oder kirchliche Begriffe, die in der humanistischen Gesellschaft, weil sie zunächst selbstverständlich zugleich christliche Gesellschaft bleiben will und zu bleiben glaubt, aufgenommen, aber eben zugleich in ihrem Sinn völlig verändert werden? Ich frage nur: Kann die optimistische Wirklichkeitsbetrachtung *(esse qua esse bonum est)* als Rezeption des christlichen Schöpfungsgedankens verstanden werden? Wird der Schöpfungsbegriff, indem er aus dem Zusammenhang der Sünden- und Heilslehre gelöst wird, indem also von der empirischen Welt das ausgesagt wird, was die Bibel vom Urstand aussagt (1. Mose 1,31), nicht etwas völlig anderes, als was er im Zusammenhang des Christentums bedeutet? –

2. Tillich erklärt die grundsätzliche Freiheit des Humanismus von der Dämonenfurcht und die darin begründete Unbefangenheit der Naturbetrachtung und der Naturbeherrschung aus dem Eindringen des christlichen Allmachtsgedankens und erklärt in ähnlicher Weise die positivistische Wertung des als wirklich Gegebenen als Auswirkung der christlichen Ehrfurcht vor der Unerforschlichkeit Gottes. Ich frage auch hier: Liegt in diesen Wesensmerkmalen der humanistischen Weltbetrachtung nicht etwas völlig anderes vor? Nämlich eine völlige Unempfindlichkeit gegenüber dämonisch-zerstörerischen Mächten, so daß also gerade nicht wie bei Paulus eine Erlösung von den Dämonen (die übrigens auch bei Paulus nicht durch den Allmachtsgedanken, sondern durch das in Christus vollbrachte Erlösungswerk überwunden sind), sondern eine vollendete Ignorierung der Dämonen vorliegt, wobei dann die Rezeption einer christlichen Terminologie – vollendet in der Aufklärung – diese Zerstörung christlicher Gehalte verdeckt? Daraus und nicht aus einer Rezeption christlicher Gehalte würde dann der Mangel an Askese im Humanismus und seine unbefangene Hingabe an die Wirklichkeit der Welt in Forschung und Gestaltung sich erklären.

3. Die Rezeption einer geschichtlichen Betrachtung der Welt aus dem Christentum hat nach Tillich auch auf dem Boden des Humanismus die Betrachtung der Geschichte als einer auf ein Ziel gerichteten Bewegung (selbst noch in der Form des Fortschrittsglaubens) hervorgerufen. Ich frage: Kann man noch von einer Rezeption christlicher Gehalte reden, wo dieses Ziel der Geschichte nicht mehr als die Vollendung des in Christus gesetzten Anfangs verstanden wird? Wird nicht vielmehr auch hier durch die Rezeption gewisser christlicher Termini die Tatsache verdeckt, daß die Beziehung auf ein geschichtliches Ereignis (wie sie in der Zählung der Jahre von Christi Geburt an zum Ausdruck kommt) aufgegeben und dadurch auch die ähnlichen Begriffe wie Wachstum und Vollendung in ihrem Sinn völlig verändert sind?

4. Kann der heroische und tragische Mut, der dem Humanismus eigentümlich ist, der Mut, unter Verzicht auf einen erkannten Sinn des Geschehens und darum auch unter Verzicht auf irgendeinen konkreten Hoffnungsinhalt dennoch das Leben vorwärtszutreiben, auf den durch den Rechtfertigungsglauben entbundenen Mut zurückgeführt werden? Steht es nicht vielmehr auch hier so, daß die Rezeption bestimmter christlicher, insbesondere protestantischer Termini und die betonte Verehrung des lutherischen „Heldentums" vielmehr verdeckt, daß jener Mut eben nicht gläubig, sondern heroisch und tragisch ist?

Ich frage also an allen diesen Punkten, ob hier wirklich ein Eindringen christlicher Gehalte in den Humanismus und nicht vielmehr eine Überdeckung des tatsächlich geschehenen Bruches durch die weitgehende Rezeption umgedeuteter christlicher Sprachsymbole vorliegt.

5. Ist überhaupt von der „Abgabe kirchlicher Gehalte an die humanistische Gesellschaft" und von einer „Abgabe humanistischer Elemente an die Kirche" als einer im vollen Sinn gegenseitigen Bewegung zu reden? Wird durch diese Gegenüberstellung der beiden ersten Teile in Tillichs Vortrag nicht vielmehr der Tatbestand verwischt, daß mit dem Aufkommen der humanistischen Gesellschaft die „Kirche" selbst (die ja durch Jahrhunderte wesentlich mit der humanistischen Gesellschaft identisch war) verführt wurde, nicht nur Denkkategorien, sondern ein darin wirksames Lebensgefühl zu rezeptieren, das mit dem eigentlichen Anliegen der Kirche, mit der „biblischen Botschaft" eben nicht zu einer Einheit verschmolzen werden kann?

6. Tillich findet den Einfluß des Humanismus auf die Kirche wesentlich darin, daß Dinge, Menschen und Einrichtungen „unter dem Gesichtspunkt ihres welthaften Zueinander" betrachtet und gestaltet werden; hierin wurzele ebenso die Wendung von der ungegenständlich-symbolischen zur gegenständlich-kosmologischen Auffassung der

Glaubensinhalte wie auch die Auffassung der Kirche als einer selbständigen soziologischen Gruppe. Ich brauche nicht auszusprechen, daß ich Paul Tillich zustimme in der Behauptung, daß das supranaturale Verständnis der Glaubensinhalte („es gibt einen Gott") und diese soziologische Auffassung der Kirche, die die Kirche (z. B. in der Jugendarbeit oder in der Wohlfahrtsarbeit) in den Konkurrenzkampf mit anderen sozialen Gruppen zwingt, unsere eigentliche Not ist; die ganze Berneuchener Arbeit hängt mit dem Kampf gegen diese doppelte Fehlentwicklung untrennbar zusammen. Aber gerade hier ist zu fragen, in welchem Sinn Paul Tillich hier von einer Wirkung der humanistischen Gesellschaft auf die Kirche spricht, da er ja doch selbst die Wurzeln dieser Entwicklung in sehr viel früheren geistesgeschichtlichen Zusammenhängen, nämlich in den mit dem Nominalismus zusammenhängenden theologischen und religionspolitischen Wandlungen aufdeckt. Oder will Paul Tillich sagen, daß der Sieg der humanistischen Gesellschaft im Grunde schon durch das Aufkommen der nominalistischen Auffassung der Offenbarung und der nominalistischen Auffassung der christlichen Gesellschaft entschieden war?

7. Es ist Tillich natürlich darin unbedingt zuzustimmen, daß die Abwehr einer supranaturalen Gegenständlichkeit des Glaubens eine Lebensnotwendigkeit jeder wirklichen Apologetik und nicht minder die Abwehr einer soziologischen Isolierung und Verfestigung eine Lebensnotwendigkeit jeder sinnvollen kirchlichen Gestaltung ist. Aber ist es dann gerecht, die Kirche in ihrer Auseinandersetzung mit der humanistischen Gesellschaft gerade auf jene Form des Denkens und der Gestaltung festzulegen, die ihr von eben dieser humanistischen Gesellschaft her aufgezwungen worden ist? Natürlich ist der Gegensatz einer einfachen Bejahung oder Verneinung der supranaturalen Sphäre schief; aber er ist nicht nur deswegen schief, weil die humanistische Gesellschaft mit der Ablehnung dieser supranaturalen Gegenständlichkeit in einem relativen Recht ist, sondern vor allem deswegen, weil auch die Wirklichkeit der Kirche durch diesen Gegensatz nicht völlig getroffen ist. Auch wenn einmal zugegeben wird, die orthodoxe Position sei als Festhalten und die liberale als Preisgabe der supranaturalen Gegenstandswelt zutreffend beschrieben, so handelt es sich doch in beiden Fällen um einen sehr ungenügenden Versuch, das eigentliche Anliegen der Kirche, sei es in der Sache zu sichern, sei es in einer ihr freilich wesensfremden geistigen Form verständlich zu machen. Das Sein der Kirche aber erschöpft sich wahrhaftig nicht in solchen Versuchen. Ist hier in dem dritten Abschnitt des Tillichschen Vortrags überhaupt von der Kirche die Rede oder nur von ihrem Zerrbild unter der

Herrschaft eines humanistischen Denkschemas? Wird hier etwas anderes gesagt als die selbstverständliche Wahrheit, daß die humanistische Gesellschaft eine Kirche, die sich selbst in ihrem Gedankengehalt und als soziologische Gestalt als Glied dieser humanistischen Gesellschaft zur Geltung bringen will, als überflüssig, widersinnig oder böswillig ablehnen und bekämpfen muß?

8. Mein Unbehagen und mein Bedürfnis, durch Fragen von Tillich weitere Aufschlüsse zu erhalten, war und ist am stärksten gegenüber dem letzten Teil. Unsere Berneuchener Konferenz darf und kann nicht verschlossen sein der Erfahrung, daß das, was Gemeinde ist, ja was Evangelium und Gnade ist, z. T. an anderen Orten stärker und eindringlicher als innerhalb der verfaßten Kirche und ihrer Lebensformen spürbar wird. Gerade diese Erfahrung hat uns vor acht Jahren in der Sorge um die evangelische Kirche verbunden und zur Arbeit in ihr verpflichtet. Aber ich hatte bisher aus Tillichs Schrift über die religiöse Lage der Gegenwart eine Bestätigung für unsere eigene Erfahrung gefunden, daß diese Orte, an denen derart etwas von der „Gestalt der Gnade" aufleuchtet, gerade da zu finden waren, wo die humanistische Gesellschaft abgelehnt und die Voraussetzungen auch eines christlichen Humanismus in Frage gestellt waren. Auch nach Tillichs neuen Andeutungen bleibt mir die Frage, in welchen ganz konkreten Tendenzen und Bewegungen innerhalb der humanistischen Gesellschaft er einen Hinweis auf „Kirche an und für sich" findet. Fallen diese Tendenzen nach Tillichs Meinung zusammen mit jenen Erschütterungen, in denen die humanistische Gesellschaft an ihren eigenen Voraussetzungen irre wird? Und wenn das seine Meinung ist, kann und darf dann von einer latenten „Kirche" innerhalb der humanistischen Gesellschaft geredet werden?

9. Unter dem Ausdruck „Geborgenheitswille", den Tillich als eine Erscheinungsform dieser aus dem Humanismus zur Kirche strebenden Wandlung anführt, werden, wie mir scheint, zwei gänzlich verschiedene und einander ausschließende Erscheinungsformen begriffen. Der gesellschaftliche Sicherungswille ist nicht eine Entsprechung für das Bedürfnis nach Geborgenheit im religiösen Sinn, sondern er wird vielmehr da zur beherrschenden Macht, wo die „existentielle" Bedrohung gar nicht verspürt und darum eine Geborgenheit „in Gott" gar nicht mehr begehrt wird. Im besten Fall könnte von einer profanisierten Ersatzbildung, aber gerade nicht von einer Analogie geredet werden.

10. Können die Ausdrücke „manifeste" und „latente" Kirche wirklich das bezeichnen, was Tillich damit bezeichnen will? Steht es nicht vielmehr so, daß innerhalb der „manifesten" Kirche die „Gestalt der

Gnade“ vielleicht gerade nicht „manifest“ wird, sondern umgekehrt in solchen Gestaltungen, die sich selbst für profan halten und profan sein wollen? Der Gegensatz bezeichnet vielmehr eine Kirche, die bewußt und ausdrücklich Kirche sein will, als Ort, an dem das „transzendente Bedeuten“ eine repräsentative Gestalt findet, im Unterschiede von einem Geschehen, an dem vielleicht dieses transzendente Bedeuten hindurchleuchtet, aber ohne daß das irgendwie bewußt und ausdrücklich geschieht. Könnten nicht die Ausdrücke „betont“ und „unbetont“ das unmißverständlicher sagen als die von Tillich gewählte Terminologie? Das ist aber nicht nur eine Formfrage. Die letzte Wurzel meines Unbehagens gegenüber der von Tillich hier vorgetragenen Theorie von der Doppelgestalt der Kirche liegt tiefer: Geschieht hier nicht bei Tillich auf einer ganz anderen Ebene genau das Gleiche, was wir bei Otto Dibelius bekämpfen, daß nämlich die Kirche wesentlich als soziologische Gestalt begriffen wird, daher er auch von „Kirche an und für sich“ reden kann, daß aber die Kirche als Ort eines konkreten geschichtlichen und übergeschichtlichen Zusammenhanges biblisch gesprochen als der „Leib Christi“ nicht beachtet wird? Diese Kirche ist natürlich hundertfältig in die jeweilige geistesgeschichtliche Situation, also auch in die humanistische Gesellschaft verflochten. Aber sie ist doch zugleich etwas völlig anderes. Wer so unter der gegenwärtigen Gestalt unserer Kirche leidet, wie es vielen von uns Berneuchenern widerfährt, den braucht man, glaube ich, nicht aufmerksam machen darauf, daß die konkrete, sichtbare, verfaßte, „betonte“ Kirche immer wieder die Gestalt der Gnade (ich gebrauche absichtlich Tillichs eigenen Ausdruck) vermissen läßt, ja verleugnet, und daß gänzlich außerhalb dieser Kirche sich Wandlungen und Neuansätze vollziehen, die sich auf die Kirche zu bewegen. So gewiß wir uns aber diese Mahnung immer wieder sagen lassen müssen und sagen lassen wollen, so wenig ist es doch in unser Belieben gelegt, welchen Ort als unsere Heimat und Wirkungsstätte wir uns zu wählen haben. Könnte nicht – das ist meine letzte und entscheidende Frage – aus den Beobachtungen, die uns Tillich vorträgt, eine ganz andere Folge gezogen werden, nämlich die, daß wir mit um so größerem Ernst, mit um so entschiedenerem Radikalismus an der Gestalt der sichtbaren, verfaßten und betonten Kirche zu arbeiten haben, gerade in dem verantwortungsvollen Blick auf alles das, was um uns her geschieht, was zwar keine zweite Kirche neben der einen Kirche ist und sein kann, wohl aber eine innere Erschütterung des humanistischen Denkens und das Aufbrechen eines Verlangens, das nur in der Kirche zu seiner Erfüllung kommen kann? Ich frage.

NOCH EINMAL: KIRCHE UND HUMANISTISCHE GESELLSCHAFT

Erwiderung von Wilhelm Thomas

Was Paul Tillich und Wilhelm Stählin in diesen Blättern zu der Frage eines christlichen Humanismus gesagt haben, scheint mir von so weittragender Bedeutung für die geistige Gesamtlage Deutschlands und darüber hinaus der abendländischen Kultur zu sein, daß der Versuch gemacht werden sollte, die von beiden Theologen geltend gemachten Gesichtspunkte zusammenzuschauen. Wenn ich mich hier dieser Aufgabe unterziehe, so prüfe ich zunächst die Bedenken, zu deren Wortführer sich Wilhelm Stählin gemacht hat, um dann positiv die Bedeutung des Tillichschen Vorstoßes zu würdigen. Mir scheint, um das gleich vorweg zu sagen, als bedeuteten Tillichs Ausführungen weniger einen Angriff auf eine bestehende Fehlentwicklung – als das geben sie sich ohne Zweifel – denn vielmehr die Deutung eines Geschehens, das sich in unsrer Mitte abspielt, aber bisher noch nicht beim Namen genannt und ins volle Bewußtsein erhoben wurde.[1] Wenn Tillichs Vortrag ursprünglich vor einem engen Kreise gehalten, hier wiedergegeben und ausführlich erörtert wird, so kann dies ja nur deshalb geschehen, weil er auf einen solchen Tatbestand von weitreichender Bedeutung hinzielt, dessen Kenntnis für eine Lösung etwa auch der von dieser Zeitschrift von jeher gesehenen Aufgaben als unerläßlich erscheint. Müssen gelegentlich auch historische und fachtheologische Dinge in dieser Erörterung gestreift werden, so geschieht es jedenfalls mit äußerster Beschränkung auf das für diesen praktischen Zweck Notwendige.

I.

1. (Zu Tillich I., Stählin 1–4). Wilhelm Stählin legt uns die Frage zur Prüfung vor, ob es sich bei den Anleihen des Humanismus bei der

[1] Ähnlich ist die Lage bei Tillichs Sakramentsaufsatz in der „Religiösen Verwirklichung“, der in ähnlicher Angriffshaltung gegen die Berneuchener Liturgik vorgeht und dabei doch nur ein bis dahin unausgesprochenes Grundanliegen dieser Bewegung zum – gewiß nur vorläufigen – begrifflichen Ausdruck bringt.

Kirche um etwas anderes als um die (irreführende) Übernahme von Begriffen handle, „ob hier wirklich ein Eindringen christlicher Gehalte in den Humanismus und nicht vielmehr eine Überdeckung des tatsächlich geschehenen Bruches durch die weitgehende Rezeption umgedeuteter christlicher Sprachsymbole vorliegt."

Demgegenüber möchte ich darauf hinweisen, daß es sich bei weitaus den meisten der von Tillich behaupteten (zehn) Abhängigkeiten gerade nicht um die Entlehnung von Sprachsymbolen handelt, vielmehr um Übereinstimmungen, die erst dem durch die Verschiedenheit der Begriffsbildung hindurchschauenden Beobachter sichtbar werden. Tillich stellt gerade nicht die Rezeption christlicher Begriffe fest, sondern eher das Gegenteil, nämlich die Auswirkung der Wirklichkeitslage, die durch die Auferstehung Christi geschaffen worden war und in der christlichen Predigt verkündigt wurde, auf eine Welt, die selbst begrifflich dieses Heilsgeschehen zu leugnen versuchte. Wir wollen einzelne Beispiele herausgreifen. Stählin selbst nennt das des Schöpfungsglaubens. Mir scheint: wer die Verwurzelung der humanistischen Seinsauffassung im christlichen, monotheistischen Schöpfungsglauben sehen will, braucht nur einen Blick zu tun in eine wirklich heidnische Welt, wie ihn uns etwa die Neger- oder Papuamission tun läßt. Man lese in Christian Kayßers „Anutu im Papualande" (2. Aufl. Kassel 1929, S. 55 ff.) nach! Gewiß, niemals anders als durch die christliche Sünden- und Heilserfahrung konnte die christliche Schöpfungserkenntnis gewonnen werden. Dieser Obersatz ist Tillich und Stählin gemeinsam. Aber nun sie für's Abendland gewonnen war, wurde sie nicht etwa durch die Emanzipation des weltlichen Denkens im Humanismus für diesen annulliert, sondern sie blieb ihm als wesentliches Fundament erhalten in der (auf heidnischem Boden, außerhalb der vollkommenen Offenbarung in Christus, undenkbaren) Behauptung der Sinneinheit und Ungespaltenheit alles Seienden. Man mag sagen: diese Behauptung stand dem Humanismus nicht zu; aber die Tatsache sollte nicht bezweifelt werden.

Weiter gibt Stählin die „Unempfindlichkeit" des Humanismus „gegenüber dämonisch-zerstörerischen Mächten" zu. Kann man sich diese Unempfindlichkeit geben? Kann sie irgendwo eintreten, wo nicht zuerst Christus von den Dämonen real befreit hat? Man mache sich klar, daß das Bild einer harmonischen Welt des Griechentums, wie es noch im Neuhumanismus lebt, die Züge eines radikal entdämonisierten Heidentums trägt, also eine Schau darstellt, die nur von christlicher Voraussetzung aus möglich ist, nämlich von dem in der Kirche real gewordenen Siege Christi über die Dämonen der Antike aus.

Damit ist gesagt, daß der Humanismus so tief christlich entdämonisiert war, daß er den Gedanken einer wirklich heidnischen dualistisch-dämonischen Welt nicht einmal denken konnte.

Dagegen soll mit diesen Beispielen nicht im geringsten gesagt werden, so wenig wie Tillich das meint, daß der Humanismus den Vollgehalt christlicher Erkenntnis verkörpere, sondern nur, daß es sich bei der dämonenfurchtfreien Wirklichkeitsbetrachtung, bei der geschichtlichen Weltauffassung und bei der getrosten Skepsis des Humanismus nicht um Dinge handle, die auch anderswo irgendwie aus Heidentum hervorgehen können, sondern sowohl tatsächlich wie dem Wesen nach um Dinge, die nur innerhalb des christlichen Abendlandes entstehen konnten. Dies ist vor jeder Untersuchung über die Vollchristlichkeit dieser Ideen – gemessen an einem christlichen Ideal – zunächst einmal das Entscheidende. Von einem Ideal der Kirche aus gesehen, können diese humanistischen Ideen durchaus als Zerfallsprodukte und irreführende Umdeutungen erscheinen, ohne daß an der Tatsache etwas geändert würde, daß sie nur aus christlichen Voraussetzungen in ihrem Was und Wie erklärt werden können. Die theologische Lage des Augenblicks bietet gewiß der Anerkennung des christlichen Ursprungs der humanistischen Gedankenwelt große Schwierigkeiten. Diese Anerkennung wäre aber nur so zu umgehen, daß man die Ideen des christlichen Humanismus an einer rein christlichen Normaltheologie mäße und so ihr Zurückbleiben feststellte.[2]

Ist dieser Umgehungsversuch unmöglich, so besteht die Feststellung Tillichs zu Recht, daß der Humanismus, wie er geschichtlich vorliegt, eine christliche Größe ist und die Möglichkeit in sich schließt, seine reine Weltlichkeit in sich selbst zu überwinden und also kraft der ihn durchzitternden Erschütterungen, wie Stählin richtig erinnert (S. 66), latente Kirche zu sein. Dann aber hat die Kirche tatsächlich Doppelgestalt – eine Feststellung, die so unerhört nicht ist, nachdem sie durch Ferdinand Kattenbusch schon für den Kirchenbegriff Luthers gesichert ist.[3]

2. (Zu Tillich II, Stählin 5,6). Vollkommen berechtigt ist die Frage Stählins, „... in welchem Sinn Paul Tillich von einer Wirkung der humanistischen Gesellschaft auf die Kirche spricht, da er ja doch selbst

[2] Es ist ein schwerer Schaden unseres heutigen theologischen Lebens, daß viele (nicht Stählin!) die Substanz christlicher Erkenntnis einzig und allein in dem Sondergut zu finden glauben, worin sich ihre persönliche Spezialtheologie von der der anderen unterscheidet, statt daß eine umfassende geschichtliche Schau dessen zugrunde gelegt wird, was sich als christliche Seins- und Erkenntnishaltung aus der Fülle heidnischer Lebenswirklichkeiten auf der Erde heraushebt.

[3] Die Doppelschichtigkeit in Luthers Kirchenbegriff 1928.

die Wurzeln dieser Entwickelung in sehr viel früheren Zusammenhängen aufdeckt". Das aristotelisch-gegenständliche Denken ist gewiß nicht aus christlichen Wurzeln abzuleiten, für die geschichtliche Betrachtung aber liegt es so, daß dem Humanismus dies Element genau so aus der Kirche zugewachsen ist wie die bisher genannten urtümlich christlichen Gehalte. Das bedeutet aber, daß zwischen Kirche und Humanismus nicht Rechnung und Gegenrechnung aufgemacht werden kann, sondern der christliche Humanismus an allen bei Tillich erwähnten Punkten restlos – wie er sich ausdrückt – eine Entwicklungsstufe der christlichen Kirche ist. Nur das ist zuzugeben, daß der Protestantismus teilweise Ansätze zu einer Ausscheidung des gegenständlichen Denkens gemacht hat (Luthers Stellung zu Aristoteles!), aber dieses dann unter dem Einfluß des ihm nunmehr schon als gesonderte Macht gegenüberstehenden Humanismus doch wieder rezipiert hat.

3. (Zu Tillich III, Stählin 7). Die dritte Grundfrage Wilhelm Stählins scheint mir zu sein: „Ist in dem dritten Abschnitt des Tillichschen Vortrags überhaupt von der Kirche die Rede oder nur von ihrem Zerrbild unter der Herrschaft eines humanistischen Denkschemas?" Hier drängt sich die Gegenfrage auf: Ist bei Tillich von der humanistischen Gesellschaft als von einer Idee oder von einer geschichtlichen Wirklichkeit die Rede? Wenn letzteres, dann darf doch auch als Gegenspieler die Kirche nur in ihrer geschichtlichen Wirklichkeit in Betracht gezogen werden. Mag diese Wirklichkeit der Kirche von einer reinen Idee der Kirche aus als Zerrbild erscheinen: es ist – während des in Betracht gezogenen Zeitabschnittes – die einzige Wirklichkeit der Kirche.[4] Ich habe an dieser Stelle den Eindruck, als habe Stählin vergessen, was Romano Guardini in seinen Vorträgen „Vom Sinn der Kirche" (Mainz 1923, S. 35) und Karl Adam im „Wesen des Katholizismus" (Augsburg 1924, S. 169) – wahrlich nicht nur für den Katholizismus! –, was an seinem Ort auch Karl Barth darüber geschrieben hat, daß gegenüber der Kirche die Flucht aus der empirischen Wirklichkeit in die Idee nicht zulässig sei. Es wäre doch wohl zugleich individualistisch und idealistisch gedacht, wollte man deshalb, weil ich persönlich eine reinere Erkenntnis dessen, was Kirche eigentlich sei, besitze, erwarten, daß die humanistische Gesellschaft statt auf die wirkliche Kirche, die als kompakte Macht (oder Ohnmachtsgestalt) vor ihr steht, auf meine Idee der Kirche schaue und

[4] Die Kirche haftet, wie alle Gemeinschaften, solidarisch! Die Tatsache, daß es in der Kirche verborgen immer auch „bessere Christen" gegeben hat, wird nicht bestritten, konnte aber ihrem Gegenspieler nicht so sichtbar werden, daß er über die Kirche als Ganzes deshalb anders hätte urteilen können.

danach ihr Verhalten einrichte. Ist es nicht immer und immer wieder ein Grundschaden unseres Denkens, daß wir eine fremde Wirklichkeit am eignen Ideal messen wollen?[5]

II.

Wenn Wilhelm Stählins Fragen in dem Sinne beantwortet werden müssen, daß es sich um die wirkliche Kirche und um wirkliche Auswirkungen ihres Seins auf die in ihrer Mitte entstandene humanistische Gesellschaft handelt, daß also bei Paul Tillich im Ansatz seiner Darstellung außerordentlich Wichtiges über die Lage, in der sich Kirche und Humanismus befinden, ausgesagt ist, und wenn dabei gerade die unidealistische Betrachtungsweise besonders stark bejaht zu werden verdient, so ist damit nicht gesagt, daß die eigentliche Bedeutung seiner Worte in der Richtung zu suchen sei, in der er sie zugespitzt hat. Die erste Folgerung aus dieser Schau der Dinge muß vielmehr die sein, daß der gegenseitige Exterritorialitätsanspruch von Kirche und humanistischer Gesellschaft Selbsttäuschung ist. Das heißt einerseits, daß die Kirche zu Unrecht die humanistische Gesellschaft, den „Idealismus", die „moderne Kultur" usw. als außer ihr stehenden Gegenspieler ansieht, für dessen Fehler sie nicht in erster Linie Verantwortung trüge. In dieser Richtung sind Tillichs Ausführungen ja durchaus deutlich. Das heißt aber andererseits auch, daß die humanistische Gesellschaft sich selbst zu Unrecht außerhalb der Kirche fühlt, ja, vielleicht sogar die Kirche als außerhalb ihrer selbst und des „eigentlichen Lebens" stehend sieht. Diese Seite der Sache ist in Tillichs Vortrag nicht so deutlich ausgesprochen, aber, wie ich annehmen darf, ganz in seinem Sinne gesagt. Mit anderen Worten: die Taufe darf und muß ernst genommen werden,[6] das *corpus christianum,* die Einheit der Christenheit, besteht trotz des Zerbrechens der mittelalterlichen Form der Einheit; der bewußte Wille, ob einer die Kirche will oder nicht will, das bewußte

[5] Stählin glaubt seinerseits, Tillich einen Kirchenbegriff nachweisen zu können (S. 67), bei dem einer bloß soziologischen Betrachtung der Wirklichkeit Kirche ein idealistisches Reden von einer „Kirche an und für sich" gegenüberstünde. Mir scheint aber der genannte Ausdruck am gegebenen Ort (S. 59) durchaus ohne Bedenken zu sein, da von einer geschichtlichen Größe durchaus gesagt werden kann, daß sie auf das „An und für sich" einer andern geschichtlichen Größe hinweise.

[6] Damit ist nicht gemeint, daß nicht auch mit der Möglichkeit zu rechnen sei, daß Getaufte ungläubig werden und aus der Taufgnade fallen; die Taufe ernst nehmen heißt nur: diese Möglichkeit nicht ohne weiteres da annehmen, wo kirchliches Bewußtsein und bewußte Kirchlichkeit verloren gegangen sind.

Empfinden, ob einer sich in der Kirche oder außerhalb der Kirche stehend fühlt, ist gegenüber der durch die Taufe markierten Schicksalsgemeinschaft, dem prinzipiell entdämonisierten Bereich der Kirche anzugehören, unwesentlich. Es ist ganz im Sinne dieser Feststellung, wenn Stählin (S. 62) bei der Unterscheidung der innerkirchlich Arbeitenden und der draußen Stehenden das „Draußen“ in Anführungszeichen gesetzt hat: es handelt sich um einen Anspruch, der um keinen Preis anerkannt werden darf, soll eben nicht jene Schiefe des Gegensatzes entstehen, von der Tillich spricht.

Die zweite Folgerung aus der geschichtlichen Lage, wie sie Tillich zeigt, ist die, daß auch innerhalb der festgestellten Einheit von Kirche und Humanismus diese beiden Größen nicht nebeneinander stehen, sondern sich gegenseitig durchdringen. Es ist vergleichsweise so wie in der Natur zwischen männlich und weiblich: jedes Einzelwesen ist eine Mischung beider Wesenselemente, und doch ist das echte Zwitterwesen eine große Seltenheit, die Regel dagegen das deutliche Zugehören jedes einzelnen zu einem der beiden Geschlechter. So wenig also die Tatsache vertuscht werden darf, daß es kirchliche und weltliche Menschen, Gruppen, Einrichtungen innerhalb des *corpus Christi* nebeneinander gibt, so wenig gibt es unter uns einen humanistischen Menschen, der nicht Christ, oder einen Christen, der nicht Humanist wäre. Wenn also der im Rahmen und in den Formen kirchlicher Tradition, der „manifesten“ Kirche, Arbeitende nicht vergessen soll, daß es auch ein christliches Sein, ein Kirche-Werden in ganz anderen Bereichen geben kann und tatsächlich gibt, so ist doch noch viel dringender die Mahnung, daß er nicht vergißt, wie sehr er selber ein Humanist, ein durch eine humanistische Schule (die realistischen Schulen sind ja in diesem Sinne ebenso humanistisch!) Gebildeter, an humanistische Denkvoraussetzungen Gefesselter ist; oder mit anderen Worten: es steht einem manifesten Humanismus, wie er in profaner Wissenschaft, in Politik und Wirtschaft, in profaner Kunst und Literatur verwirklicht ist, ein latenter Humanismus gegenüber, über dessen Bereich noch einiges zu sagen wäre.

Humanismus besteht nicht nur in gegenständlichem Denken, sondern seinem innersten Kern nach, wie der Name andeutet, in der Aufhebung der heteronomen (fremdgesetzlichen) Zerbrechung des Menschen im christlichen Mittelalter: der erlöste, d. h. vom Druck der Fremdgewalten zu seiner Schöpfungsbestimmung befreite Mensch wird als Inbegriff aller Eschatologie ganz ernst genommen. Das zeichnet sich in der Metaphysik des Humanismus dann in dem von Tillich gekennzeichneten „Optimismus“ ab. Für wen nun Autonomie und Theonomie ein reines Gegensatzpaar sind, für den stehen hier Kirche und Humanismus als Christentum und Heidentum gegeneinander. Wer aber erkennt, daß der Gegensatz zur Autonomie die Heteronomie ist und daß die heteronome Unterwerfung des Menschen unter die Kirche gegenständlichem Denken entspringt, der weiß, daß Theonomie etwas drittes ist und daß in der fremdgesetzlichen Unterwerfung unter Gott und Kirche eine vorchristliche Seinsstufe verwirklicht ist, während die eigentlich christliche, die evangelische Lösung die Theonomie des autonomen Willens ist, d. h. die wirklich freie Unterwerfung des Menschen unter Gott, die zugleich, in den Grenzen seiner Schöpfungsbestimmung, seine Entfaltung und Vollendung ist. So gesehen gibt es dann neben dem manifesten Humanismus in der profanen Kultur einen latenten Humanismus in der Kirche überall da, wo man sich von fremdgesetzlicher Kirchlichkeit freihält und Theonomie in der Autonomie zu verwirklichen weiß.

Wenn alles, was hier gesagt ist, in seinem vollen Gewicht anerkannt wird, dann ergibt sich noch eine dritte Folgerung. Wir fanden in dem einen *corpus christianum* humanistische und kirchliche Tradition als eine den ganzen Raum kontinuierlich ausfüllende Mischung, die doch nirgends neutrales Grau zeigt, sondern immer je nach dem vorwiegenden Element entweder humanistische oder kirchliche Farben trägt. Wir wissen, wie der Humanismus diese Sachlage beurteilt: er antwortet mit der Widersinnigkeitsfeststellung, mit der Überflüssigkeitsfeststellung oder mit der Böswilligkeitsfeststellung im Hinblick auf das Dasein der Kirche. Wie aber antwortet die Kirche? Ohne Zweifel mit sehr ähnlichen Feststellungen von ihrer Seite aus! Wir kennen den Typus von Kirchenchristen, der auf die Existenz der Welt, der autonomen Kultur, nur mit der Widersinnigkeits- und Böswilligkeitsfeststellung antworten kann: „Offenes Widerstreben gegen Gottes heiligen Willen, Antichristentum!" Punktum. Wo aber gibt es Kirchenchristen, die das Nebeneinander von Kirche und Kultur nicht zum mindesten für höchst überflüssig halten?

Damit ist die praktische Aufgabe für jeden, der diese Zusammenhänge überblickt, gegeben; sie heißt: das Schicksal des *corpus Christi permixtum* (wörtlich: des untermischten Leibes Christi) auf sich nehmen. Für den, der kirchlich zu arbeiten hat: das grundsätzliche Recht des humanistischen profanen Weges (als Weges zur Theonomie) und das ebenso tief grundsätzliche Unrecht des eigenen Weges (einer als Weltgröße auftretenden gesonderten Kirchlichkeit) anzuerkennen. Für den kulturell Arbeitenden: die grundsätzliche Notwendigkeit des kultischen Weges (als Weges zum erlösten Menschen) und das ebenso tief grundsätzliche Unrecht des eigenen Weges (einer in sich ruhenden endlichen Lebensgestalt) zu bejahen. Es ist bei uns, die wir heute irgendwie am

Rande von Kirche und humanistischer Gesellschaft im Ringen um die Kirche stehen (weit über den Kreis der „Berneuchener" hinaus), durchaus nicht so, daß sich das Nebeneinander von kirchlichen und humanistischen Traditionen, von Kirche und Kultur, von kultischen und profanen Wurzeln des Daseins eines jeden von uns als der Gegensatz von Christus und Antichrist erwiese, oder auch als das Nebeneinander berührungsloser Substanzen – jenes die Auffassung der Orthodoxie, die zum Vernichtungskampf zwischen beiden Mächten führt, dieses eine liberale Anschauung, bei der beide Gebiete überhaupt nicht in Wechselwirkung gebracht werden können. Es ist vielmehr unsere beglückende Erfahrung – und Gedankengänge wie die von Tillich angeschlagenen haben m. E. die Aufgabe, uns diese Erfahrung ins klare Licht des Bewußtseins zu heben –, daß dies Nebeneinander, das zugleich ein Ineinander ist (siehe oben!), in dem Augenblick fruchtbar zu werden beginnt, wo die falschen Ansprüche auf beiden Seiten fallen gelassen und die gültigen Ansprüche von beiden Seiten anerkannt werden. Haben wir nicht alle die Spannung zwischen humanistischer Welt und Kirche in der Form fruchtbar werden sehen, daß Lebenskräfte, wie sie in der profanen Sphäre hervorbrechen, und Erkenntnisse, wie sie in der kirchlichen Sphäre verkapselt lagen, uns in ihrer Durchdringung erste Ansätze neuer Leibwerdung der Kirche schenkten?

Wie ist es z. B. mit dem Bild der Gemeinde, wie es heute in uns lebt? Dieses Bild war im Traditionsgut der Kirche, im Neuen Testament und in den gottesdienstlichen Formen aller Zeiten immer irgendwie vorhanden und bekam für uns Heutige doch erst Fleisch und Blut von der gänzlich unkirchlichen Wirklichkeit der Jugendbewegung her. Ähnlich liegt es mit dem gottesdienstlichen Singen und Beten und mit dem Ideal klösterlich-meditativer Einsamkeit – auch diese Dinge haben erst aus den Lebensformen der Jugend- und Singbewegung (Singwoche, Landheim) für uns Leben und Farbe bekommen. Auch die philosophischen Strömungen und politischen Bewegungen der Zeit haben das ihre tun müssen, daß wir angefangen haben, im Dogma und Ethos der Kirche Dinge der Wirklichkeit wiederzuerkennen, die wir vorher nicht dahinter vermutet haben. Rührt nicht die starke Rückbesinnung auf altkirchliche und reformatorische Erkenntnisse in der heutigen Theologie ebenfalls von einem kräftigen Zuschuß zeitgenössischer Philosophie her (Barth, Gogarten, Bultmann!)? Wie das kirchliche Erbe auf diesem Wege für uns seine Unfruchtbarkeit verlor, so beginnt durch diesen Vorgang gleichzeitig die Profanität ihre Sinn- und Ziellosigkeit zu verlieren. Die Bewegungen der Zeit geben die Kraft, christliche Erkenntnisse, bisher im Schatz der Kirche vergraben, geben die Form. So entstehen aus der wechselseitigen Befruchtung von Kirche und Kultur Ansätze zu einer lebendigen Kirche jenseits der heutigen Gegensätze. Hier sind die Erscheinungen unseres Gesamtschicksals, die irgendwie, keimhaft, wenn auch vielleicht starken Gefahren ausgesetzt, die Zukunft in sich bergen.

Was da entsteht, kommt im Entstehen notwendig – solange der Gegensatz Kirche–Kultur noch im alten Sinne beherrschend ist – auf die Seite der „Kirche" zu stehen, weil es ja durch und durch Kirche meint. Dieser Umstand verführt die Träger der Neubildungen leicht dazu, den Doppelursprung dieser kirchlichen Neuansätze rasch zu vergessen, ja zu verleugnen. Sie bleiben aber nur fruchtbar, wenn ihre Träger ihren Ursprung nicht verleugnen. Das berechtigt Paul Tillich zu der Mahnung, die uns aus seinem ganzen Vortrag entgegenklang: Ihr seid aber von einem Jenseits der Spannungen von Kirche und Kultur ausgegangen! Und wenn Wilhelm Stählin abschließend die Frage stellt, ob wir nicht, je deutlicher wir die Lage gerade auch der „Unkirchlichen" sehen, um so entschiedener an der Gestalt der verfaßten Kirche zu arbeiten haben, so liegt in diesen gleichen Tatsachen auch die Antwort darauf: Ja, wir stehen mit unsrer Arbeit auf der Seite der sichtbar verfaßten Kirche, aber – als die um die Doppelgestalt der Kirche und um Sinn und Notwendigkeit dieser Doppelgestalt Wissenden!

DIE DOPPELGESTALT DER KIRCHE

Antwort Tillichs auf die Erwiderungen von Stählin und Thomas

Zu meinem Aufsatz „Kirche und humanistische Gesellschaft" haben Stählin und Thomas in den letzten Nummern des Neuwerk das Wort ergriffen. Stählin kritisch und fragend, Thomas bestätigend und ergänzend. Den Darlegungen von Thomas habe ich nichts hinzuzufügen, auch an den Punkten nicht, wo sie kritisch sind, oder besser, wo sie weiterführen. Ich bin mit seiner Art der Weiterführung einverstanden, besonders da, wo er die Dialektik von Kirche und humanistischer Gesellschaft in beiden sich wiederholen läßt. Das entspricht meinem Ansatz, der in der Tat an dieser Stelle einer ergänzenden Durchführung bedurfte. Wenn ich noch einmal das Wort ergreife, so geschieht es, um den präzisen Fragen von Stählin möglichst präzise Antworten zu geben. Ich halte mich dabei genau an seinen eigenen Gedankengang.

1. Für die Wirksamkeit christlicher Gehalte in der humanistischen Gesellschaft kommt es gerade nicht auf die Übernahme und Umdeutung christlicher Begriffe an. Die christlichen Begriffe werden in den revolutionären Formen des Humanismus bekämpft und nur in den konservativ-idealistischen Ausprägungen benutzt, gedeutet und umgedeutet. Mein Nachweis richtet sich aber gerade darauf, daß die Substanz auch des polemischen Humanismus christlich ist, daß also auch in den Gegenbegriffen nicht griechische, sondern christliche Substanz wirksam ist. So ist der Schöpfungsgedanke in der Tat die gemeinsame Grundlage des christlichen und humanistischen Optimismus, wobei das Wort Optimismus den Glauben ausdrückt, daß es keine gegengöttliche Kraft, keine endgültig widerstrebende Materie gibt, die dem göttlichen Schöpfungsakt einen unüberwindlichen Widerstand entgegensetzt. Daß die Dinge als geschaffen auch „nach dem Fall" gut und darum erlösungsfähig sind, ist gemeinsame Lehre der christlichen Dogmatiker und wird nur von Ketzern in des Wortes ursprünglicher Bedeutung, nämlich manichäischen Katharern und ihren Nachfolgern bestritten. Jeder Blick auf wirkliches, auch griechisches Heidentum zeigt den vollkommenen Unterschied der heidnischen Auffassung von der christlichen und die substantielle Gleichheit der christlichen mit der des abendländischen Humanismus. Um das zu sehen, ist es freilich nötig, Begriffssubstanz

und Begriffsform zu unterscheiden. Aber das ist überhaupt die erste und grundlegende Voraussetzung für das Verständnis geistesgeschichtlicher Zusammenhänge.

2. Der Begriff „Rezeption christlicher Gehalte“ ist insofern mißverständlich, als er den Eindruck erwecken kann, als wäre die humanistische Gesellschaft auch abgesehen von dieser Rezeption da und hätte irgendeinmal im Lauf ihrer Geschichte christliche Gehalte aufgenommen. Das ist aber nicht so. Der christliche Humanismus ist ebenso ein Entwicklungsprodukt des Christentums und völlig getragen von dessen Substanz wie der griechische Humanismus ein Entwicklungsprodukt des griechischen und später auch orientalischen Heidentums war und völlig getragen war von dessen Substanz. Wenn also die Stellung des Humanismus zur Natur, wie sie in der abendländischen Naturerkenntnis und Naturbeherrschung zum Ausdruck kommt, auf die christliche Freiheit von Dämonenfurcht zurückgeführt wird, so ist damit gesagt, daß die grundsätzliche Überwindung des Dämonischen, die in der christlichen Urtatsache geschehen ist, eine Welthaltung ermöglicht, die ohne jene einmal eingetretene Veränderung des realen menschlichen Seins nicht möglich gewesen wäre. Je realistischer wir die Wandlung menschlichen Seins durch die christliche Tatsache fassen, desto verständlicher ist das Wort von der christlichen Substanz im abendländischen Humanismus.

3. Auch die Frage nach der Bedeutung des humanistischen Fortschrittsgedankens, die Stählin stellt, zeigt, daß er Rezeption von Begriffen (die gar nicht stattgefunden hat) mit Gleichheit der Substanz verwechselt. Der Gedanke, daß die Welt in einer einheitlichen Entwicklung auf ein einheitliches Ziel zugeht, ist überhaupt nur auf dem Boden der jüdisch-christlichen Prophetie möglich. Hier fehlt selbst im Griechentum jede Analogie. Ich würde nicht anstehen zu behaupten, daß das Christentum (einschließlich des Judentums) nicht nur der erste, sondern auch der einzige Ort wirklichen Geschichtsbewußtseins ist, und ich würde noch einen Schritt weitergehen und aus philosophischen Gründen behaupten, daß der Ort, in dem die Geschichte sich selbst erfaßt, zugleich der Ort ist, in dem die Geschichte sich verwirklicht. Der Gedanke der einheitlichen Menschheitsgeschichte, der in allen Formen des christlichen Humanismus durchklingt, ist und bleibt ein christlicher Gedanke, und die Sache, die er denkt, eine christliche Sache, ganz gleich, ob sie sich in mythischer oder rationaler Symbolik ausdrückt.

4. Stählin meint, auf humanistischem Boden stoische und tragische Elemente zu entdecken. Wäre er im Recht, so würde damit in der Tat eine teilweise Widerlegung meiner Grundthese gegeben sein, d. h. es wäre reale heidnische Substanz auf abendländischem Boden nachge-

wiesen. Nun ist aber leicht zu zeigen, daß es im Abendland mit verschwindenden Ausnahmen (z. B. Schopenhauer, der infolgedessen mit Recht nach Indien blickt) kein im ursprünglichen Sinne tragisches Bewußtsein und ebensowenig echten Stoizismus gibt. Gerade die Auffälligkeit dieser Tatsache ist eine der stärksten Stützen meiner Grundthese. Der abendländische „Mut" ist weder resignierter noch tragischer Heroismus, sondern paradoxes Ja zur Wirklichkeit auch da, wo alle sakramentalen und rationalen Stützen zerbrochen sind. Es scheint mir unmöglich zu sein, dieses Phänomen anders zu verstehen als durch Verweisung auf die Paradoxie des christlichen Rechtfertigungsgedankens, dessen paulinische und lutherische Ausformung ja nur *eine* Möglichkeit seiner begrifflichen Erfassung neben anderen ist.

5. und 6. Es muß Stählin zugegeben werden, daß die Formulierung „wechselseitige Abgabe humanistischer und kirchlicher Elemente" eine Vereinfachung bedeutet, die unter Umständen Mißverständnisse zur Folge haben kann. Sie hat den Fehler, Kirche einerseits, humanistische Gesellschaft andererseits von vornherein als statische Größen nebeneinander zu stellen. In Wirklichkeit ist das Verhältnis überaus dialektisch und noch dadurch kompliziert, daß zu gewissen Zeiten des Mittelalters (vor Einsetzen der nominalistischen Geistes- und Gesellschaftsbewegung) kirchliche und humanistische Elemente verschmolzen waren. Mit der Auflösung dieser augustinisch-thomistischen Einheit setzt die Entwicklung ein, die zu dem Nebeneinander beider Größen geführt hat. Ich bin also in der Tat der Meinung (und beantworte damit die sechste Frage von Stählin), daß die im Nominalismus beginnende Zersetzung des Mittelalters die Wurzel derjenigen Lage ist, der wir heute in ihren letzten Konsequenzen, ja vielleicht schon wieder in ihrer Umwendung gegenüberstehen. Das Eigentümliche dieser Lage aber ist die Loslösung der Denk- und Lebensformen der Gesellschaft von ihren transzendenten Bezügen, der Versuch des Menschen, sich radikal auf sich selbst und die Gesetze des welthaften Zueinander der Dinge zu stellen. Dieses autonome Lebensgefühl der humanistischen Gesellschaft steht allerdings im Widerspruch zu dem theonomen Lebensgefühl der christlichen Verkündigung, genau wie das autonome Lebensgefühl der Antike in Widerspruch stand zu dem dämono- und theo-nomen Lebensgefühl des antiken Heidentums.

7. Den Einwand dieses Abschnittes verstehe ich nicht ganz. Ich habe doch keineswegs beabsichtigt, mit meiner Ausführung die Kirche in ihrem Wesen und ihrer Wirksamkeit vollständig zu beschreiben, sondern es handelte sich darum, die tatsächliche Begegnung zwischen Kirche und Humanismus ihrer entscheidenden Struktur nach aufzudecken; und

das kann m. E. am besten geschehen durch den Hinweis darauf, daß die Kirche sich entweder heteronom fixiert oder autonom preisgegeben hat. Was die Kirche abgesehen von diesen typischen Begegnungsformen bedeutet, auch heute noch, davon war hier nicht zu sprechen.

8. Die hier gestellte Frage ist entscheidend für das Problem der Doppelgestalt der Kirche. „Latente" Kirche ist überall da auf dem Boden der autonomen Gesellschaft zu finden, wo die christliche Substanz sich im Widerspruch zu dem autonomen Lebensgefühl des Humanismus in gebrochen humanistischen Formen durchsetzt. Solche Brechungen liegen da vor, wo die transzendenten Bezüge unserer Existenz negativ und positiv sichtbar werden. Es ist also keineswegs so gemeint, daß das ungebrochene autonome Lebensgefühl als solches das Urteil von der latenten Kirche rechtfertigen könnte. Aber mit dieser Ungebrochenheit haben wir es ja nur noch selten zu tun. Freilich liegen die Dinge auch nicht so, wie es christliche Apologetik gerne sehen möchte, als wären diese Brechungen der gegebene Einsatzpunkt für „die volle christliche Verkündigung." Das Verhältnis ist viel dialektischer, d. h. in der Brechung selber wird Positives sichtbar, z. B. Reich-Gottes-Erwartung. Und dieses Positive würde sich aufs äußerste dagegen sträuben, unmittelbar in die Form der überlieferten christlichen Verkündigung gefaßt zu werden. – Aber auch auf das Umgekehrte muß hingewiesen werden. Es gibt eine ungebrochene kirchliche Heteronomie, die zwar im Unterschied von der humanistischen Gesellschaft ihrer Absicht nach Christentum darstellt und insofern „manifeste" Kirche ist, ihrer Wirklichkeit nach aber dem Wesen Kirche um nichts näher steht als die humanistische Autonomie. Auch in der kirchlichen Sphäre müssen, damit wirkliche Kirche sichtbar wird, die Orte der Gebrochenheit des kirchlichen Supranaturalismus aufgezeigt werden. Und das dürfte zur Zeit nicht leichter sein als der Aufweis der entsprechenden Gebrochenheiten in der humanistischen Gesellschaft.

9. Wenn Stählin fragt, ob religiöser und gesellschaftlicher Geborgenheitswille nicht eher Widersprüche als Analogien sind, so sieht er nicht den Ernst und die Wucht soziologischer Tatbestände. Der gesellschaftliche Geborgenheitswille, von dem ich rede, entstammt ja gerade der Erfahrung immer wachsender Schichten in der kapitalistischen Gesellschaft, daß die liberale Autonomie für sie völlige Preisgegebenheit an die unbekannten und unbeherrschbaren Gesetze des wirtschaftlichen Prozesses bedeutet. Wie nun der Dynamik der bürgerlichen Gesellschaft und der liberalen Isolierung des Einzelnen eine dynamische und individualistische Form der Frömmigkeit entsprach, so ist zu erwarten, daß eine neue statische, den Einzelnen relativ sichernde Gesellschaftsform

entsprechende religiöse Denk- und Lebensformen schaffen wird. Die Tatsache, daß die heranwachsenden Generationen sich freiwillig jeder Heteronomie in die Arme werfen, muß in dieser Richtung nachdenklich machen. Selbstverständlich war meine Meinung nicht, daß das Religiöse als solches, etwa der Rechtfertigungsgedanke, Geborgenheitswille bedeutet; sondern nur von einem bestimmten Typus des Religiösen, der sich gelegentlich auch darin ausprägt, daß er gerne archaisiert, war die Rede.

10. Die Schlußfrage von Stählin, ob nicht aus allem von mir Gesagten die Forderung sich ergibt, radikaler und ernsthafter als bisher an der manifesten Kirche zu arbeiten und die humanistische Gesellschaft als Ort aufbrechenden Verlangens nach der Kirche zu werten – diese Frage stellt noch einmal das ganze Problem und den Gegensatz zwischen ihm und mir heraus. Trotz aller Kritik an der „manifesten" Kirche (die man auch „ausdrückliche" Kirche nennen könnte) stellt sich Stählin nicht nur in ihren Dienst – das ist sein Recht und seine Pflicht –, sondern er stellt sich auch grundsätzlich auf ihren Boden und wertet von diesem Boden aus das, was ich „latente" (oder „unausdrückliche") Kirche genannt habe, lediglich unter dem Gesichtspunkt aufbrechender Erwartung. Damit aber wird er der Lage nicht gerecht. Ich könnte mir jemanden denken, der mit dem gleichen Recht und Unrecht sich auf den Boden der unausdrücklichen Kirche stellt und die ausdrückliche Kirche unter dem Gesichtspunkt aufbrechenden Verlangens nach Befreiung von all ihren überlieferten Begriffs- und Lebensformen wertet. Ich weiß von solchen Menschen und halte ihnen genau das gleiche entgegen, was ich auf der anderen Seite Stählin entgegen halte: Es ist Widerspruch gegen die Forderung der Lage, sich in seiner grundsätzlichen Haltung (etwas ganz anderes ist der Ort der konkreten Arbeit) so für die eine oder die andere Seite zu entscheiden, daß man von ihr aus die gegenüberliegende Seite nur unter dem Gesichtspunkt des „Wiederzurückkehrens" oder des „Endlichnachkommens" würdigt. Darin liegt noch ein falsches Absolutheitsbewußtsein, das zu brechen – auch gerade für Berneuchen zu brechen – der Sinn meines Vortrages war.

RELIGION UND KULTUR

Ein Vortrag über „Religion und Kultur“ stellt den Vortragenden zunächst vor das Problem, daß er im Rahmen einer kurzen Abhandlung eigentlich den Inhalt von wenigstens zwei Büchern – einer Religionsphilosophie und einer Kulturphilosophie – darstellen müßte. Da dies nur in der Form einer abstrakten und wenig überzeugenden Zusammenfassung geschehen könnte, will ich mich auf einen Hauptbegriff beschränken, nämlich den der theonomen Kultur, und diesen Begriff in einer Art autobiographischer Rückschau vom Ende des ersten Weltkrieges bis zum Ende des zweiten entwickeln und daran einige systematische Analysen über den theonomen Charakter von Symbolen anfügen.

I.

Als wir aus dem ersten Weltkrieg heimkehrten, bemerkten wir eine tiefe Kluft zwischen kultureller Revolution und religiöser Tradition in Mittel- und Osteuropa. Die lutherischen und die römisch- und griechisch-katholischen Kirchen verwarfen die kulturellen (und mit einigen Ausnahmen im römischen Katholizismus) die politische Revolution. Sie verwarfen sie als den rebellischen Ausdruck einer profanen Autonomie. Die revolutionären Bewegungen andererseits lehnten die Kirchen als Ausdruck einer transzendenten Heteronomie ab. Für diejenigen unter uns, die geistig mit beiden Seiten verbunden waren, war es klar, daß diese Situation unerträglich und auf die Dauer sowohl für die Religion als auch für die Kultur verhängnisvoll sein mußte. Wir hielten es für möglich, diese Kluft zu schließen, teils durch Bewegungen wie den religiösen Sozialismus, teils durch eine neue Interpretation der gegenseitigen Immanenz von Religion und Kultur. Indessen hat die Geschichte gezeigt, daß es für einen solchen Versuch zu spät war, als daß er zu jener Zeit noch erfolgreich hätte sein können. Es erwies sich als unmöglich, den ideologischen Säkularismus und den mechanistischen (nicht marxistischen) Materialismus der Arbeiterparteien zu zerbrechen. Die alte Garde siegte über uns und über die Jugend ihrer eigenen Bewegungen. Im religiösen Bereich steinigten uns nicht nur die konservativen Vertreter des „Christentums der herrschenden Klasse“ – wir wurden auch durch jene dynamische Theologie angegriffen, die hier „Neo-Orthodoxie" genannt wird und die prophetische Kräfte mit einer unprophetischen Loslösung von der Kultur verbindet – auf diese Weise die Kluft bejahend und vertiefend. Unser Versuch wurde vereitelt, aber wir haben die Niederlage nicht anerkannt und werden sie nicht anerkennen, soweit die Wahrheit unserer Konzeption in Frage steht. Denn den Gedanken, den ein konsequenter Pragmatismus schwer vermeiden kann – daß der Sieg als Wahrheitsbeweis genommen wird –, lehnen wir ab.

Die wechselseitige Zusammengehörigkeit von Religion und Kultur versuchte ich zum erstenmal in einer Vorlesung herauszustellen, die ich in Berlin unmittelbar nach dem Ende des Krieges hielt unter dem Titel „Die Idee einer Theologie der Kultur". Sie war geschrieben mit dem Enthusiasmus jener Jahre, in denen wir glaubten, daß ein neuer Anfang, eine neue Periode der radikalen Verwandlung, eine Erfüllung der Zeit oder, wie wir es mit einem neutestamentlichen Ausdruck nannten, ein *kairos* über uns gekommen sei, trotz Zusammenbruch und Elend. Wir teilten allerdings nicht das Gefühl vieler amerikanischer religiöser und weltlicher Humanisten der zwanziger Jahre, wir glaubten nicht, daß das Reich Gottes mit Frieden, Gerechtigkeit und Demokratie erreicht sei. Wir erkannten sehr früh jene dämonischen Strukturen der Wirklichkeit, die in jüngst vergangener Zeit von allen denkenden Menschen hierzulande erkannt wurden. Aber wir sahen auch eine neue Chance: einen Augenblick trächtig von schöpferischen Möglichkeiten. Der Zusammenbruch der bürgerlichen Kultur in Mittel- und Osteuropa schien den Weg für eine Wiedervereinigung von Religion und Kultur zu ebnen. Das war es, was wir erhofften und wofür der religiöse Sozialismus kämpfte, und dem versuchten wir eine philosophische und theologische Grundlage zu geben. Die Idee einer theonomen Kultur schien diesem Ziel adäquat zu sein, sie wurde das Prinzip der Religions- und der Kulturphilosophie, welche die Kluft von beiden Seiten her auszufüllen versprachen.

Die Kirchen hatten die säkularisierte Autonomie der modernen Kultur verworfen, die revolutionären Bewegungen hatten die transzendente Heteronomie der Kirchen verworfen. Beide hatten etwas verworfen, von dem sie letztlich selber lebten, und dieses Etwas ist die Theonomie. Die Worte Autonomie, Heteronomie und Theonomie beantworten die Frage des *nomos* oder des Lebensgesetzes auf dreifach verschiedene Art: Die Autonomie behauptet, daß der Mensch als der Träger der universalen Vernunft die Quelle und das Maß der Kultur und Religion sei, daß er sein eigenes Gesetz sei. Die Heteronomie behauptet, daß der Mensch, unfähig, der universalen Vernunft gemäß zu leben, einem Gesetz unterworfen werden muß, das ihm fremd und das höher ist als er. Die Theonomie behauptet, daß das höhere Gesetz zur gleichen Zeit das innerste Gesetz des Menschen selbst ist. Es wurzelt im göttlichen Grund, der des Menschen eigener Grund ist: das Lebensgesetz transzendiert den Menschen, obwohl es zur gleichen Zeit sein eigenes Gesetz ist. Indem wir diese Begriffe auf die Beziehung von Religion und Kultur anwandten, nannten wir den Versuch, die kulturellen Formen des persönlichen und sozialen Lebens ohne Bezug auf etwas Letztes und Unbedingtes zu schaffen, sondern nur den Forderungen der theoretischen und praktischen Rationalität zu folgen, autonome Kultur. Eine heteronome Kultur dagegen unterwirft die Formen und Gesetze des Denkens und Handelns den autoritären Kriterien einer Religion oder einer politischen quasi-Religion, sogar um den Preis der Zerstörung der rationalen Strukturen. Eine theonome Kultur jedoch drückt in ihren Schöpfungen etwas aus, das uns unbedingt angeht, einen transzendenten Sinn, nicht als etwas ihr Fremdes, sondern als ihren eigenen geistigen Grund. Religion ist die Substanz der Kultur und Kultur die Form der Religion. Dies war die präziseste Formulierung der Theonomie.

Mit diesen begrifflichen Unterscheidungen war es möglich, eine theonome Analyse der Kultur zu schaffen, eine „Theologie der Kultur" sozusagen, die ihren theonomen Grund nicht nur da zeigt, wo er deutlich zu Tage liegt, wie in den archaischen Perioden der großen Kulturen und dem frühen und hohen Mittelalter unserer westlichen Kultur, sondern auch in jenen Perioden, in denen die Heteronomie siegreich war, wie im Spätmittelalter und in der arabischen und protestantischen Orthodoxie und sogar in den autonomen oder säkularisierten Epochen wie im klassischen Griechenland, der Renaissance, der Aufklärung und dem neunzehnten Jahrhundert. Keine kulturelle Schöpfung kann ihren religiösen Grund oder ihre rationale Formung verbergen. Gegen die kirchliche Heteronomie kann immer aufgezeigt werden, daß alle Riten, Doktrinen, Institutionen und Symbole eines religiösen Systems eine religiöse Kultur konstituieren, die aus der umgebenden allgemeinen Kultur abgeleitet ist – aus ihrer sozialen und ökonomischen Struktur, ihren charakteristischen Zügen, ihren Meinungen und ihrer Philosophie, ihren sprachlichen und künstlerischen Ausdrucksformen, ihren Komplexen, Traumata und Sehnsüchten. Man kann zeigen, daß, wenn eine solche besondere religiöse Kultur andersdenkenden oder fremden Kulturen aufgezwungen wird, sie dann nicht jene letzte Gültigkeit hat, die den Anspruch auf die Herzen der Menschen rechtfertigt, sondern etwas Vorläufiges und Bedingtes ist, das aber religiöse Ausschließlichkeit für seine Forderungen in Anspruch nimmt. Die thomistische Philosophie ist genau wie das protestantische Persönlichkeits-Ideal ein vergänglicher Ausdruck religiöser Kultur, beide aber haben keinen Anspruch auf Ausschließlichkeit und Endgültigkeit. Und das gleiche gilt von den griechischen Begriffen im Dogma der Kirche, von der feudalen Ordnung in der römischen Hierarchie, von den patriarchalischen Sitten des Luthertums, von den demokratischen Idealen des Sekten-Protestantismus und sogar von den kulturellen Traditionen, die z. B. in der biblischen Sprache und dem biblischen Weltbild zum Ausdruck kommen. Das theonome Denken steht Seite an Seite mit der autonomen Kritik, wenn sich derartige Formen der religiösen Kultur absolut setzen.

Für unsere Situation aber war und ist eine andere Aufgabe der theonomen Analyse der Kultur wichtiger: zu zeigen, daß in der Tiefe jeder autonomen Kultur etwas eingeschlossen liegt, das uns unbedingt angeht, etwas Unbedingtes und Heiliges. Die Aufgabe besteht darin, den Stil einer autonomen Kultur in all ihren charakteristischen Ausdrucksformen zu entziffern und deren verborgene religiöse Bedeutung zu finden. Dies unternahmen wir mit allen möglichen Hilfsmitteln der historischen Forschung und der vergleichenden Interpretation und mit nachfühlendem Verständnis, und wir taten es mit besonderem Bemühen bei solchen Kulturstadien, die, wie z. B. das späte neunzehnte Jahrhundert, völlig säkularisiert waren. Die autonome Kultur ist säkularisiert in dem Maße, in dem sie ihren letzten Bezug, ihre Sinnmitte, ihre geistige Substanz verloren hat. Die Renaissance war ein Schritt hin zur Autonomie, aber noch in der geistigen Kraft des unverbrauchten mittelalterlichen Erbes. Die Aufklärung verlor rasch ihre prostestantische und sektiererische Substanz und wurde in einigen, wenn auch nicht in vielen Ausdrucksformen, vollkommen säkularisiert. Das späte neunzehnte Jahrhundert zeigt mit seiner Unterwerfung unter das technische Schema des Denkens und Handelns die charakteristischen Merkmale einer äußerst entleerten und säkularisierten Autonomie in einem vorgeschrittenen Stadium der Auflösung. Aber selbst hier war die religiöse Substanz, ein Rest von etwas Letztem, spürbar und ermöglichte die flüchtige Existenz einer solchen Kultur. Aber stärker als in der sich auflösenden bürgerlichen Autonomie war der religiöse Bezug in den Bewegungen wirksam, die oft mit einer prophetischen Leidenschaft gegen diese Situation protestierten. Auch da konnte die theonome Analyse so verwickelte Erscheinungen entziffern wie die der visionären Zerstörung des bürgerlichen Idealismus und Naturalismus in Kunst und Literatur durch den Expressionismus und Surrealismus. Sie konnte den religiösen Hintergrund der Rebellion der vitalen und unbewußten Seite der menschlichen Persönlichkeit gegen die moralische und intellektuelle Tyrannei des Bewußtseins zeigen, sie konnte dem quasi-religiösen fanatischen und absolutistischen Charakter der Reaktionen des zwanzigsten Jahrhunderts gegen das neunzehnte deuten. Solche Analysen konnten vorgenommen werden, ohne daß die „organisierte Religion" einbezogen wurde (die Kirchen waren nur ein Teil des Gesamtbildes), und sie richteten sich entscheidend auf das religiöse Element, das in all diesen antireligiösen und antichristlichen Bewegungen verborgen war und ist. In allen liegt etwas von letzter und unbedingter Bedeutung, etwas absolut Ernstes und darum Heiliges, selbst wenn es in profanen Worten ausgedrückt wird.

Auf diese Weise überbrückt die „Theologie der Kultur" die Kluft zwischen Religion und Kultur – die Religion ist dann mehr als ein System spezieller Symbole, Riten und Emotionen, die auf ein höchstes Wesen gerichtet sind. Religion ist unbedingtes Angegangensein, ist der Zustand des Ergriffenseins von etwas Unbedingtem, Heiligem, Absolutem. So verstanden gibt sie jeder Kultur Sinn, Ernst und Tiefe und schafft aus dem kulturellen Material eine eigene religiöse Kultur. Der Gegensatz zwischen Religion und Kultur wird reduziert auf die Dualität von religiöser und weltlicher Kultur mit unzähligen Übergängen dazwischen. So repräsentieren z. B. die revolutionären Bewegungen etwas Unbedingtes, ein religiöses Prinzip, das zwar verborgen, aber doch in ihnen wirksam ist. Die lutherischen Kirchen z. B. repräsentieren eine besondere kulturelle Epoche, in der sich etwas Unbedingtes, ein religiöses Prinzip, offen und unmittelbar manifestiert. Beide sind religiös und beide sind zugleich kulturell. Warum dann ein Unterschied? Die Antwort kann nur sein: weil das Reich Gottes noch nicht gekommen ist, weil Gott noch nicht „alles in allem" ist, was auch immer dieses „noch nicht" meinen mag. Wenn ich gefragt werde, was der Beweis für den Sündenfall der Welt ist, pflege ich zu antworten: die Religion selber, nämlich eine religiöse Kultur neben einer weltlichen Kultur – ein Tempel neben einem Rathaus, das Abendmahl des Herrn neben einem täglichen Abendessen, das Gebet neben der Arbeit, Meditation neben Forschung, *caritas* neben *eros*. Aber wenn auch diese Dualität niemals in Zeit, Raum und Geschichte überwunden werden kann, so ist es doch ein Unterschied, ob diese Dualität in eine nicht zu überbrückende Kluft vertieft wird, wie in den Perioden, in denen Heteronomie und Autonomie miteinander kämpfen, oder ob die Dualität als etwas erkannt wird, das nicht sein sollte und das fragmentarisch, sozusagen durch Antizipation, in einer theonomen Periode überwunden werden kann. Der *kairos,* den wir nahe herbeigekommen wähnten, war das Kommen eines neuen theonomen Zeitalters, das die zerstörerische Kluft zwischen Religion und Kultur beseitigen sollte.

Aber die Geschichte ging einen anderen Weg, und die Frage nach Religion und Kultur kann nicht einfach mit den Begriffen Autonomie, Heteronomie, Theonomie beantwortet werden. Ein neues Element ist in das Bild hineingekommen – die Erfahrung des Endes. Etwas davon erschien schon nach dem ersten Weltkrieg, aber wir fühlten es noch nicht in seiner schrecklichen Tiefe und ungeahnten Absolutheit. Wir sahen mehr auf den Anfang des Neuen als auf das Ende des Alten. Wir vergegenwärtigten uns nicht den Preis, den die Menschheit für das Kommen einer neuen Theonomie zu bezahlen hat, wir glaubten noch an Übergänge ohne Katastrophen. Wir sahen nicht die Möglichkeit von Endkatastrophen, wie die wahren Propheten, die Unheilspropheten, sie ankündigten. Deshalb hatte unsere theonome Deutung der Geschichte einen leichten Anflug von Romantik, wenn sie auch jeden Utopismus zu vermeiden suchte. Sie ging zu Ende, weil das Ende selbst wie ein Blitzschlag vor unseren Augen erschien, und nicht nur unter den Ruinen von Mittel- und Osteuropa, sondern auch im Überfluß dieses Landes wurde es gesehen. Herrschte nach dem ersten Weltkrieg die Stimmung eines neuen Anfangs vor, so nach dem zweiten Weltkrieg die Stimmung des Endes. Heute ist eine „Theologie der Kultur“ vor allem eine Theologie des Endes der Kultur, nicht in allgemeinen Ausdrücken, sondern in einer konkreten Analyse der inneren Leere fast all unserer kulturellen Ausdrucksformen. Wenig ist in unserer heutigen Kultur übriggeblieben, das nicht einem sensiblen Geist der Gegenwart ein Vakuum fühlbar machte – das Fehlen von Letztgültigkeit und substantieller Macht in Sprache und Erziehung, in Politik und Philosophie, in der Entwicklung der Persönlichkeit und im Leben der Gemeinschaft. Wer von uns hat noch nie einen Schock durch diese Leere erfahren, wenn er die traditionelle oder untraditionelle weltliche oder religiöse Sprache brauchte, um sich verständlich zu machen, ohne daß es ihm gelungen wäre, und hat sich dann Schweigen gelobt, nur, um es einige Stunden später zu brechen? Das ist symbolisch für unsere ganze Kultur. Man gewinnt oft den Eindruck, daß nur solche kulturellen Schöpfungen Größe besitzen, in denen die Erfahrung der Leere ausgedrückt ist, denn sie kann machtvoll nur zum Ausdruck gebracht werden, wenn sie auf einem Fundament ruht, das tiefer ist als alle Kultur, das unbedingt ist, auch dann, wenn es die Leere bejaht, selbst die der religiösen Kultur. Wo dies geschieht, kann das Vakuum der Auflösung ein Vakuum werden, aus dem heraus Schöpfung möglich ist, eine „heilige Leere" sozusagen, die die Qualität des Wartens, eines Noch-nicht, eines Von-obenher-Gebrochen-seins in all unsere kulturelle schöpferische Tätigkeit hineinbringt. Das ist kein leerer Kritizismus, wie radikal und gerechtfertigt ein solcher Kritizismus auch sein möge. Es ist kein Schwelgen im Paradoxen, das ein Hinuntersteigen zum Konkreten verhindert. Es ist kein zynisches „Ohne mich" mit seiner letztlich geistigen Unehrlichkeit, es ist einfaches kulturelles Handeln aus der Erfahrung der heiligen Leere heraus und durch sie bestimmt. Dies ist der Weg – vielleicht der einzige Weg –, auf dem unsere Zeit eine theonome Einheit zwischen Religion und Kultur erreichen kann.

Eines muß klar erkannt werden: Die Erfahrung des Endes untergräbt die Idee der Theonomie in keiner Weise. Im Gegenteil, sie ist deren stärkste Bestätigung. Zwei Ereignisse mögen dies illustrieren. Das erste ist die Wendung Karl Barths von einer Theologie der radikalen Distanz zur Kultur – sei es weltlicher oder religiöser – zu einer ebenso radikalen Teilnahme am Kampf gegen ein dämonisch verzerrtes kulturelles System. Barth hat sich plötzlich vergegenwärtigt, daß Kultur niemals indifferent sein kann, wenn es um das Letzte und Unbedingte geht. Wenn die Kultur aufhört, theonom zu sein, wird sie zunächst leer, dann fällt sie, wenigstens eine Zeitlang, unter dämonische Herrschaft. Die Forderung nach einer reinen Sachkultur ist unehrlich oder eine Illusion und überdies noch eine verhängnisvolle Illusion. Dies führt zu dem zweiten Ereignis, auf das ich Bezug nehmen will: den Wechsel der Haltung zur Kultur in Amerika. Es war wahrhaft symbolisch für den Zusammenbruch unserer weltlichen Autonomie, als die Atomwissenschaftler ihre Stimme erhoben und das Ende predigten – nicht bedingungslos, sondern unter Heilsbedingungen, die die heutige Menschheit kaum willens ist zu erfüllen. Es war und ist ein Symptom der veränderten Stimmung, wenn einige dieser Männer und andere mit ihnen, Staatsmänner, Erzieher, Psychologen, Physiker, Soziologen, ganz zu schweigen von Künstlern und Dichtern, deren Visionen unsere kulturelle Katastrophe schon lange vorwegnahmen – wenn diese Menschen nach Religion schreien als der erlösenden Macht unserer Kultur. Sie tun es oft in der häßlichen und falschen Phraseologie, die die Bewahrung der Kultur durch die Religion fordert, als wenn die Religion ein Werkzeug zu höherem Zwecke sei. Aber selbst in dieser unangemessenen Form wird das Ideal einer theonomen Kultur transparent.

II.

Nach dieser geschichtlichen und dialektischen Deutung der Beziehung zwischen Religion und Kultur möchte ich meine Behauptungen dadurch erhärten, daß ich einige religiöse Symbole und ihre Bedeutung für die kulturelle Situation, aus der sie stammen, analysiere. Religiöse Symbole benutzen eine endliche Wirklichkeit, um unsere Beziehung zum Unendlichen auszudrücken. Aber die endliche Wirklichkeit, die sie benutzen, ist nicht ein willkürliches Mittel zu einem Zweck; sie ist dem Unendlichen nicht fremd. Sie hat vielmehr teil an der Macht des Unbedingten, für das das religiöse Symbol steht. Ein religiöses Symbol ist zweischneidig: es manifestiert nicht nur das, was es symbolisiert, sondern auch das, wodurch es zum Symbol wird.[1]

Die Begriffe für Erlösung z. B. sind in vielen Sprachen aus Wurzeln abgeleitet, wie *salvus, saos, whole, heil,* die alle Gesundheit bedeuten, das Gegenteil von Auflösung und Zerfall. Erlösung ist Heilen im tiefsten Sinn, es ist letztes kosmisches und individuelles Heilen. In solch einer theonomen Terminologie steht das Werk des Arztes symbolisch für die letzte Wiederherstellung. Aber die entscheidende Frage ist, ob es aus Zufall oder aus innerer Notwendigkeit dafür steht. Wenn es ein Symbol durch Zufall ist, kann es durch jedes andere Symbol ersetzt werden, und dann ist es in Wirklichkeit kein Symbol, sondern nur eine Metapher. Das ist die Lage in einer profanen Kultur, in der religiöse Erlösung und ärztliches Heilen getrennt sind. In einer theonomen Kultur ist Heilen ein Ausdruck der Erlösung, und infolgedessen kann es ein echtes Symbol der erlösenden Macht des Unbedingten werden. Vielleicht ist es ein Symptom für die Sehnsucht nach einer neuen Theonomie, daß überall Versuche zur Zusammenarbeit von Geistlichen, Ärzten und Psychiatern gemacht werden.

Historiker des Mittelalters wissen, daß der offizielle Willkommensgruß für Fürsten, Könige und Kaiser durch Stadtbehörden etc. oft in messianischer Ausdrucksweise gefaßt war. Nicht dieser oder jener König wurde begrüßt, sondern *der* Friedenskönig, *der* messianische König. Nun ist es offensichtlich, daß das Wort „König“, wenn es auf Jahwe oder auf seinen Messias angewandt wird, ein Symbol ist, das jeden menschlichen König unendlich transzendiert. Trotzdem ist das Symbol „König“ nicht willkürlich: der König ist von Gott berufen; die Gnade, die auf ihm ruht, ist göttliche Gnade. Das Symbol wirkt in beiden Richtungen. Es verleiht dem König, und d. h. dem politischen

[1] Die Funktion des Symbols ist ausführlicher behandelt in Ges. Werke, Bd. V. (D. Hrsg.)

Bereich, theonome Würde, und es macht das „Königtum Gottes" zu einem echten Symbol. Als der König zu einem Funktionär des autonomen Staates wurde, wurde er entweder ein Tyrann (und wurde entfernt) oder eine Marionette ohne die Macht des religiösen Symbolismus. Für uns ist „Königtum" noch ein traditionelles, aber nicht mehr ein echtes Symbol.

Die christliche Kirche als der „mystische Leib Christi" ist ein streng theonomes Symbol. Es ist nur solange sinnvoll, als man menschliche Gemeinschaften als organische Einheit, d. h. als Gebilde mit einer geistigen Mitte, versteht. In diesem Falle haben menschliche Beziehungen den Charakter eines gemeinsamen Sichgründens in etwas, das alle unbedingt angeht, und dann ist „Leib" ein echtes Symbol und nicht eine austauschbare Metapher. Es verlor seine symbolische Macht, als die Kirche ein freiwilliger Bund von Einzelpersonen wurde und die Gesellschaft der Bereich sozialer Verträge für vorläufige Zwecke. Die philosophischen und politischen Organologen des neunzehnten Jahrhunderts begingen einen Fehler, als sie den Gedanken einer „organischen Politik" ohne ihre theonome Grundlage zu retten versuchten. Und allgemein gesprochen ist dies der Grund für das unvermeidbare Scheitern aller Restaurationspolitiken, -ethiken und -philosophien. Sie versuchen, Theonomie auf einer autonomen Grundlage wiederherzustellen.

„Persönlichkeit" ist das am meisten betonte Ideal des modernen religiösen und weltlichen Humanismus, und „Persönlichkeit" wird als das unerläßlichste Symbol für Gott angesehen. Gott wird sogar als die Person beschrieben, in der alle menschlichen Vollkommenheiten vollkommen verkörpert sind. In einer solchen Redeweise hat das Symbol seinen Symbolcharakter eingebüßt, und daher hat man es weithin aufgegeben. In der klassischen Theologie wurde „Person" nur für die Prinzipien im göttlichen Leben verwandt, nicht für Gott selbst, und das Wort „Persönlichkeit" wurde überhaupt nicht in diesem Zusammenhang gebraucht. Der Gottesgedanke der klassischen Theologie vereinte persönliche mit überpersönlichen Zügen. Gott war weniger und mehr als „persönlich", und er war ebensosehr auch „persönlich" – er war die Einheit aller Potentialitäten. In diesem Sinne konnte das Symbol „Person" auf ihn angewandt werden, d. h. wenn es auf dem Hintergrund der menschlichen Existenz verstanden wurde, insofern diese vorpersonale und nachpersonale Elemente mit der „Person-Idee" verbindet. In dem Maße, in dem zuerst der Protestantismus, dann der Humanismus zugunsten des Bewußtseins die nichtpersonalen Elemente im Menschen vernachlässigten, nämlich seine vitale und mystische Seite, wurde Gott zu einer Person neben anderen. Er hörte auf, das tragende und transzendierende Zentrum jedes persönlichen Lebens zu sein. Damit wurde er überflüssig – er war nur eine starke autonome Persönlichkeit neben anderen, mochte er sie auch an Macht und Wert übersteigen. Die menschlichen Personen wurden sich selbst überlassen, hatten ihr Zentrum in sich selber und waren sehr bald unfähig, diese Situation der monadischen Einsamkeit auszuhalten. Das Symbol und mit ihm die Wirklichkeit, aus der es genommen war, lösten sich durcheinander auf. Als Gott *eine* Person wurde, wurde die Persönlichkeit des Menschen in neurotische Desintegration hineingetrieben.

In der klassischen Theologie wird Gott vor allem anderen das „Sein als solches" genannt – *deus est esse.* „Sein" in diesem Sinne ist nicht eine hoch abstrakte Kategorie, wie der Nominalismus irrtümlich behauptet. Es ist die Macht des Seins in allem, was ist, in allem, was teilhat am Sein. Solange dies die Grundbehauptung über Gott ist, sind wir in einer theonomen Situation, da diese Behauptung einschließt, daß jede endliche Wirklichkeit im schöpferischen Grund wurzelt – im Sein selbst. Deshalb ist es möglich, Spuren des Unbedingten in allem zu finden, und die wissenschaftliche Annäherung an das Sein ist eine Annäherung an das, was uns unbedingt angeht. Als der Begriff Sein seine Symbolkraft unter dem Einfluß des Nominalismus verlor und als Sein in der zweiten Hälfte der Renaissance ausdrücklich zu einem Objekt für ein Subjekt wurde, das berechnet und beherrscht werden konnte, hörte Gott auf, das „Sein selbst" zu sein, und das Sein hörte auf, göttlich zu sein. Sagt man heute „Gott ist das Sein", so klingt das beinahe blasphemisch. Die Folge dieser ganzen Entwicklung war, daß die Naturwissenschaft die Beziehung alles Seienden zueinander, die berechenbaren Regeln ihres Verhaltens, beobachtete, aber daß sie das „Sein selbst", seine Einheit, seine Macht, seinen Sinn verlor. Die Naturwissenschaft hatte die Wirklichkeit zerstört, noch ehe sie lernte, jede gegebene Struktur der Wirklichkeit in ihren Einzelheiten zu erkennen. Sie bekennt offen, daß sie nichts mehr mit dem Sein zu tun hat, sondern nur noch mit mathematischen Gleichungen. Als das Sein als Symbol verloren ging, war das Sein selbst verloren. Wenn der Satz *„deus est esse"* geleugnet wird, dann wird sowohl *deus* als auch *esse* aufgegeben.

Wenn Gott *ipsum esse,* das „Sein selbst" genannt wird, kann er und muß er auch *ipsum verum,* die „Wahrheit selbst", genannt werden. Wenn Gott ein Seiendes neben anderen ist, das existieren kann oder nicht, oder eine Person neben anderen, die wir entdecken können oder nicht, hat eine Behauptung wie: *deus est veritas,* „Gott ist die Wahrheit", keinen Sinn. Es gibt vielleicht keinen Punkt in der Geschichte des menschlichen Denkens, an welchem der Übergang von der Theonomie zu der Kluft zwischen autonomer Kultur und heteronomer Religion deutlicher ist und klarer erörtert werden kann als an dieser Frage. In einer kürzlich veröffentlichten Arbeit über die zwei Typen der Religionsphilosophie habe ich zu zeigen versucht, wie der erste Bruch sich im theonomen Denken anbahnte, als Thomas von Aquino das augustinisch-franziskanische Prinzip, daß Gott die Wahrheit ist (daher unmittelbar gewisser als irgend etwas anderes, auch gewisser, als ich mir selbst bin), in aristotelischen Begriffen deutete und sagte, daß Gott sich selber unmittelbar gewiß sei, aber er ist es nicht für uns. Wir brauchen vermittelnde Predigt und kirchliche Autorität, um ihn zu erreichen. Diese Kluft wurde durch Duns Scotus vertieft, und sie wurde durch die Nominalisten unüberbrückbar, die in dieser Hinsicht, wie in vielem anderen, den Weg zu einer säkularisierten Kultur eröffneten. Wenn die Behauptung, daß Gott die Wahrheit ist, ihre symbolische Kraft verloren hat, so ergeben sich zwei Folgen: Die erste ist, daß es keine Wahrheit über Gott in dem Sinne eines *prius* jeder anderen Wahrheit gibt, d. h., daß die Wahrheit über Gott sekundär ist, und dies führt notwendigerweise zu einer säkularisierten Welt ohne Gott. Die zweite Folge besteht darin, daß innerhalb dieser säkularisierten Welt die Idee der Wahrheit auf den Bereich der beobachtbaren und, wenn möglich, berechenbaren Beziehungen beschränkt wird, während die Wahrheit über die Existenz an sich und ihren Sinn für uns Emotionen und Meinungen überlassen bleibt, eine Situation, die dem Aufstieg und Sieg unkontrollierter Autoritäten nur zugute kommt. Sein und Wahrheit sind verloren, wenn sie nicht mehr auf Gott angewandt werden können, und Gott ist verloren, wenn Sein nur reine Objektivität und Wahrheit nur reine Subjektivität ist. Der zweischneidige Charakter jedes Symbols, das für Gott gebraucht wird, ist sogar in Begriffen wie Sein und Wahrheit deutlich, die, wenn auf Gott angewandt, ein symbolisches und ein nicht-symbolisches Element vereinen.

Ich möchte mit ein paar Worten schließen, die jenen Bereich der Kultur betreffen, der nicht ein unabhängiger Bereich ist, sondern der Weg, alle anderen Bereiche denen nahe zu bringen, die durch sie geformt werden sollen – die Erziehung. Das theonome Wort für Erziehung ist „Einführung". Während das Wort Erziehung auf den *terminus a quo* deutet, das „Woher", so weist das Wort Einführung auf den *terminus ad quem*, das „Wohin". Die säkularisierte Kultur hat einen letzten und beherrschenden *terminus ad quem* verloren, weil sie ihr letztes und unbedingtes Ziel verloren hat. In der Rede der Diotima in Platos Gastmahl sehen wir noch die Stufen der Einführung in die letzte Weisheit erhalten. Und in Platos Höhlenmythos im „Staat" erfahren wir, daß der Weg zur Weisheit eine radikale Umwandlung, eine Befreiung von Knechtschaft und Dunkelheit in sich schließt. Diese Gedanken setzen voraus, daß es eine Ebene im Leben gibt, die wichtigste und letztlich die einzig wichtige, die nicht unmittelbar erreicht werden kann. Es ist die Ebene der *gnosis* oder *sapientia* oder Weisheit im Unterschied zu der Ebene der *episteme* oder *scientia* oder Wissenschaft. Es ist die Ebene von Sein und Wahrheit als solche, bevor sie als Subjekt und Objekt auseinandergingen, und deshalb hat sie den Charakter des Mysteriums. Alles, das nur Objekt ist, kann unmittelbar durch wissenschaftliche Überlegung und mit technischen Hilfsmitteln erfaßt werden. Das, was der reinen Objektivität vorangeht, erfordert Einführung. Unzählige Initiationsriten bei allen Völkern bis zur christlichen Taufe und Konfirmation zeigen, daß die Menschheit sich der heiligen Tiefe in den Dingen bewußt war, der man sich nicht auf gewöhnliche Weise nahen kann. Als das Element der Einführung verlorenging, verlor die Erziehung den *terminus ad quem* und sucht nun verzweifelt danach. Aber keine Fülle der höchsten Möglichkeit, die den kommenden Generationen gezeigt wird, kann etwas Letztes, Unbedingtes ersetzen. Können wir es ihnen durch Einführung oder durch Erziehung zeigen? Wir können es heute nicht tun, indem wir auf bestimmte Inhalte verweisen – seien sie religiös oder profan –, sondern wir können es nur in der Weise tun, daß wir die „Leere" bejahen, die das Schicksal unserer Zeit ist, und daß wir sie als eine „heilige Leere" annehmen, die unser Denken und Handeln umzuwandeln vermag.

Ich habe in diesem Vortrag keine harmonisierende Synthese von Religion und Kultur zu geben versucht. Vielmehr habe ich ihre gemeinsame theonome Wurzel zu zeigen versucht, und ich habe die „Leere" beschrieben, die notwendigerweise aus dem Getrenntsein von Religion und Kultur folgt. Vielleicht ist dabei etwas von der Sehnsucht unserer Zeit sichtbar geworden – nach etwas, das uns letztlich und unbedingt angeht inmitten alles Vorläufigen und Bedingten.

ÜBER DIE GRENZEN VON RELIGION UND KULTUR

Es ist meine Aufgabe, heute mit Ihnen über die Grenzen von Kultur und Religion nachzudenken. Kultur ist das, was der menschliche Geist über das Gegebene hinaus schafft – von der Technik, von dem primitivsten Werkzeug bis zu den höchsten Formen des künstlerischen und gedanklichen Lebens. Das heißt, Kultur umschließt das gesamte geistige Leben des Menschen, und nichts kann davon ausgeschlossen sein, was im geistigen Leben des Menschen geschieht, also auch nicht Religion. Auf der anderen Seite hat Religion einen ähnlichen universalen Anspruch. Religion ist die Erfahrung dessen, was uns unbedingt angeht, und was, weil es uns unbedingt angeht, den ganzen Menschen in jedem Augenblick, zu jeder Zeit und auf jedem Raum verlangt. Nun entsteht die Frage: Wie kann dieser doppelte Anspruch vereinigt werden? Die erste Antwort, die ich geben möchte, ist: Er braucht gar nicht vereinigt zu werden; es brauchen auch keine Grenzen gezogen werden, sondern beide, Kultur und Religion, sind ineinander, das eine im anderen. Dies ist die erste und fundamentale Antwort. Und erst in einer zweiten Antwort komme ich auf die Frage der Grenzen.

Die zweite Antwort ist von der ersten abhängig. Wie kann man sagen, daß Kultur und Religion wesensmäßig ineinander liegen? Man kann es nur sagen, wenn man zwei Begriffe von Religion unterscheidet. Zunächst der eine, der weitere Begriff von Religion: Religion in diesem weitesten und grundsätzlichsten Sinn ist das Ergriffensein von etwas, das uns unbedingt angeht. Man hat dafür in der gewöhnlichen Sprache das Wort „Glaube" gebraucht. Aber das Wort „Glaube" hat viele Mißdeutungen erfahren. Es ist gleichgesetzt worden mit dem Fürwahrhalten von Vorgängen, Ereignissen oder Lehren. Daher vermeide ich dies Wort gern, wenn ich die Probleme der Religionsphilosophie in ihrer Tiefe zu erfassen suche. Und darum sage ich lieber und empfehle Ihnen, wenn Sie über diese Dinge sprechen, zu sagen: Religion im weitesten und fundamentalsten Sinn ist Ergriffensein von etwas, das uns unbedingt angeht. Wenn wir Religion in diesem Sinne verstehen, dann ist Religion der Grund aller Kultur. Dann ist Religion das, was allen Kulturschöpfungen die Tiefe, die Unerschöpflichkeit und den letzten Sinn gibt. Denken Sie an ein großes Gemälde, an eine Schöpfung der bildenden Kunst! Sie sehen Inhalte: eine Landschaft, eine Person, ein Ereignis, ein Stilleben. Aber wenn es ein wirkliches Kunstwerk ist, dann schwingt durch diese Form etwas anderes hindurch. Es schwingt ein Sinn hindurch, der Tiefe hat, der unerschöpflich ist und der uns unbedingt angeht. Kunst, die diese Tiefendimension nicht hat, ist entleerte Kunst. Und so können wir sagen: Malerei kann Offenbarung eines unendlichen Sinnes sein. Und das gleiche gilt von anderen Kulturschöpfungen. Denken wir an die Philosophie! Philosophie ist nicht nur formale Denkarbeit; sondern in jeder der großen Philosophien finden wir, daß eine unbedingte Erfassung des Lebenssinnes hindurchschwingt. Jede große Philosophie versucht eine Antwort zu geben auf die Frage nach dem, was uns unbedingt angeht, was unserem Leben Sinn und Bedeutsamkeit gibt. Oder nehmen Sie eine andere Kulturschöpfung wie den Staat. Auch unser Verhältnis zum Staat – so kritisch wir ihm gegenüber eingestellt sein mögen – ist nur dann sinnvoll, wenn wir sehen, daß in dieser höchsten Form menschlichen Zusammenseins ein unendlicher Sinn mitschwingt, eine unendliche Tiefe gegeben ist. In diesem Sinn ist Religion der Grund aller Kultur, oder – wie ich es gern mit dem räumlichen Bild der Dimension sage – die Tiefendimension aller Kultur.

Aber nun gibt es einen zweiten, einen engeren Begriff von Religion. Wir denken dabei an bestimmte Vorstellungen, an Mythen, an Götterbilder und an bestimmte Akte, die wir Kultus nennen, in denen wir uns auf die Götter beziehen, in denen wir etwas von ihnen wollen, in denen wir uns ihnen unterwerfen. Damit entsteht Religion im engeren Sinne des Wortes, und Religion in diesem Sinne ist eine bestimmte Ausformung dessen, was uns unbedingt angeht. Das geschieht in allen Formen der menschlichen Kultur, in allem, was der menschliche Geist schafft. Es gibt eine religiöse Sprache, es gibt religiöse Kunst, es gibt denkendes Anschauen der religiösen Symbole, es gibt ein persönliches und soziales Darstellen dessen, was uns unbedingt angeht. All dies geschieht in der konkreten Religion, in dem, was für gewöhnlich Religion genannt wird – auf christlichem Boden in dem, was wir Kirche nennen: eine Priesterschaft, Formen des Lebens, juristische Gesetze, künstlerische Traditionen, theologische Ideen und all das, was zur konkreten Religion gehört.

Wir haben also zwei Begriffe von Religion, den weiteren und den engeren. Von hier aus gesehen ist die Frage nach der Grenzziehung von Kultur und Religion unnötig; denn was ineinander ist, hat keine Konflikte und keine Grenze. Aber dieses Verhältnis, das im tiefsten Wesen sowohl der Religion wie der Kultur begründet ist, ist nicht die Realität, in der wir leben. In unserer Wirklichkeit, in unserer tatsächlichen Existenz haben wir eine Spaltung des Religiösen und des Profanen. Religion und Kultur sind auseinandergefallen. Nach dem christlichen Mythos war das nicht so im Anfang, im Paradies, wo Gott gegenwärtig war in allem, was geschah, und wird nicht so sein am Ende, in der Vollendung, wo es keinen Tempel und keine Priester mehr geben wird nach der Weissagung der Offenbarung des Johannes, sondern wo Gott „alles in allem“ sein wird und „unter ihnen wohnen wird“, ohne an einen bestimmten Ort und bestimmte Formen gebunden zu sein.

Dieses Wesensverhältnis zwischen Religion und Kultur ist vom christlichen Mythos an den Anfang und an das Ende gesetzt worden. Aber in der Gegenwart, in unserem wirklichen Leben sind beide nebeneinander und können gegeneinander stehen. Es ist ein Ausdruck der menschlichen Selbstentfremdung, daß das so ist. Ich würde sagen, die Tatsache, daß es Religion im engeren Sinne gibt, ist ein Beweis dafür, daß die menschliche Situation nicht in Ordnung ist, daß der Mensch von seinem wahren Wesen entfremdet ist, daß er im Konflikt steht mit sich selber. Es sollte keine Religion im besonderen Sinne geben, wie es auch keine Kultur im profanen Sinne geben sollte. Sie müßten ineinander sein und nicht nebeneinander und gegeneinander stehen. Aber in der geschichtlichen Wirklichkeit des menschlichen Daseins stehen sie nicht ineinander (oder nur sehr begrenzt), sondern sie stehen nebeneinander, und sie stehen gegeneinander. Und daraus folgt die Notwendigkeit, die das Thema dieser Rede ist, nämlich die Notwendigkeit der Grenzziehung zwischen Kultur und Religion.

Damit kommen wir zu der zweiten Antwort. Die erste Antwort, die ich gegeben hatte, war: Religion und Kultur sind ineinander. Die zweite Antwort, der ich mich nun zuwende, ist, daß Konflikte da sind, daß diese Konflikte tragisch unvermeidlich sind und daß dennoch der Versuch gemacht werden muß, von beiden Seiten immer erneut über diese Konflikte zu der ursprünglichen und wesenhaften Einheit zurückzukehren. Welches ist der Grund dieser Konflikte? Der Grund dieser Konflikte liegt in beiden; er liegt sowohl in der Religion als auch in der Kultur. Wir wollen zunächst sehen, wie er von der Religion her entsteht. Religion hat es mit dem zu tun, was uns unbedingt angeht – die Sphäre des Heiligen, die Sphäre des Grundes und Abgrundes jeder Existenz, auch unserer eigenen Existenz. Wenn das so ist, dann ist es verständlich, daß Religion selbst einen unbedingten Anspruch erhebt. Und es ist verständlich, daß dieser unbedingte Anspruch der Religion sich auch ausdehnt auf die kulturellen Formen der konkreten Religion, in der dieser göttliche Anspruch sich realisiert. Mit anderen Worten: Religion gibt unbedingte Gültigkeit auch den Formen ihres eigenen kulturellen Ausdrucks, z. B. schafft Religion ein spezielles Recht. In der christlichen Geschichte nannte man das „kanonisches Recht". Und dieses Recht stand oft in Konflikt mit dem bürgerlichen Recht. Oder die Religion schuf ein spezielles Gedankensystem, eine Religionsphilosophie und -theologie, und beide erhoben absoluten Anspruch und kamen in Konflikt mit der profanen Philosophie, die sich gegen diese religiös begründete Philosophie wendet. Oder die Religion beanspruchte das Gebiet des Sittlichen und gab den sittlichen Forderungen, die von der Religion her, von einer bestimmten konkreten Religion her, erhoben wurden, unbedingte Gültigkeit, auch wenn das ethische Gefühl diesen Forderungen nicht mehr zustimmte. Im Namen des absoluten Anspruches der Religion, im Namen dessen, was uns unbedingt angeht, wurde eine kirchliche Ethik heilig gesprochen und wurden ethische Entwicklungen, die nicht mit ihr übereinstimmten, verurteilt. Selbst in der Kunst gab es Situationen, in denen eine bestimmte religiöse Kunstform verlangt und bewahrt wurde in einer Zeit, wo die künstlerische Entwicklung sich längst über diese Formen hinaus entwickelt hatte. Man denke z. B. an die moderne Kunst, in deren Zeit gotische Kirchen gebaut werden, weil es der alten Tradition entspricht und weil im Namen bestimmter Religionen die Gotik sozusagen absolut gesetzt wird. Das ist die Gefahr aller Religion, und das ist das, was ich das Dämonische in der Religion nennen würde. Dämonie liegt vor, wenn im Namen des Göttlichen eine zerstörerische Forderung gestellt wird.

Wir wenden uns nun der anderen Seite zu. Die schöpferische Kultur fordert in gleicher Weise, daß sie – nicht ihre speziellen Inhalte, aber ihre Freiheit – unangetastet bleibt. Nur da, wo Freiheit ist, kann geschaffen werden. Kein Künstler kann wirklich schaffen, wenn er nicht Freiheit hat. Wir haben das erlebt in den totalitären Systemen. Kein Philosoph kann schaffen, wenn er nicht allein durch die Realität, wie er sie sieht, bestimmt ist. Kein Politiker kann arbeiten, wenn er nicht die Idee des Staates immer wieder schöpferisch neu erlebt und formt. Und das gleiche gilt von der Persönlichkeit und der Gemeinschaft. Beide müssen im sittlichen Leben in immer neuer Weise schöpferische Antworten auf die Fragen des sittlichen und sozialen Lebens geben. Im Namen dieser Freiheit des Kulturellen entsteht der Konflikt mit denjenigen Bewegungen der Religion, die diese Freiheit beschränken wollen. Warum versucht die Religion, das zu tun? Lassen Sie mich die vielleicht überraschende Antwort dazu geben: aus Angst. Genau wie im Psychologischen die Angst alle Aggression, alle Feindseligkeit schafft, so ist es auch in der Religion. Die Religion hat Angst, oder besser, die Träger der Religion haben Angst, daß die Tiefendimension selbst verlorengeht, wenn eine bestimmte Form, eine bestimmte Theologie, eine bestimmte Kunst, eine bestimmte Ethik von der schöpferischen Kultur unter Kritik gestellt wird. Und umgekehrt: auch die Angriffe der Kultur sind aus Angst entstanden, aus der Angst, die dadurch entsteht, daß in einem lebendigen Organismus, der sich immer wieder erneuern muß, ein Fremdkörper vorhanden ist. Das ist so im Geistigen, wie es im Biologischen ist – ein Fremdkörper in unserem Leib verursacht ständige Angst. Ein Fremdkörper in unserem geistigen Leben verursacht Angst, Neurose und vielleicht im äußersten Fall Bewußtseinsspaltung, Psychose. Und das gleiche gilt für die Kultur. Die schöpferische Kultur ist voller Angst davor, daß die Religion einen Fremdkörper in ihr darstellt – daß mitten im freien Erkennen Antworten gefordert werden von der Religion, die nicht mehr der kritischen Methode des Erkennens unterworfen sind, daß mitten im freien künstlerischen Schaffen Formen befohlen oder verboten werden, die nicht aus dem Ja oder Nein des Künstlers selber stammen, daß politische Forderungen gestellt werden, die nicht aus dem Leben des politischen Körpers selbst hervorgehen. Diese Angst vor dem bewußtseinsspaltenden Eindringen der Religion als Fremdkörper ist der Grund, warum die Kultur sich gegen die Religion wehrt, warum sie sie angreift. Und wenn ich sagte, daß die Religion in ihrem Angriff dämonisch ist, so würde ich sagen, daß die Kultur in ihrem Angriff entleert und profanisiert ist. In ihrem Angriff wird sie zu dem Punkt geführt, wo sie nicht nur die speziellen Formen der Religion angreift, sondern wo sie darüber hinaus die Tiefendimension des Religiösen wirklich verliert. Und wenn immer eine Kultur die Tiefendimension verloren hat – und das war der Fall in der spät-griechischen, das war der Fall in unserer modernen Kultur seit nahezu 400 Jahren und insonderheit im neunzehnten Jahrhundert, vielfach auch im Beginn des zwanzigsten –, wenn immer das geschieht, dann entsteht eine Situation der Entleerung, ein leerer Raum, ein Vakuum. Aber es gibt im Geistesleben so wenig wie im physikalischen Leben ein Vakuum. Wo immer ein Vakuum, ein leerer Raum ist, da dringen Mächte herein, und wenn die göttlichen nicht hereindringen, dann dringen die dämonischen herein. Was ich vorher von der Religion sagte, muß ich jetzt von der Kultur sagen: In dem Augenblick, wo sie leer geworden ist, steht sie unter dem Angriff dämonisch-zerstörerischer Mächte. Es war eine der wichtigsten Erfahrungen des zwanzigsten Jahrhunderts, zu erleben, wie in eine leer gewordene Kultur die dämonischen Mächte der totalitären Staaten mit ihrem Terror und ihrer

Entmenschlichung eindrangen. So viel zur Situation des Konflikts.

Zum Schluß die Frage: Wie kann dieser Konflikt geschlichtet werden? Ich hatte ihn vorhin als tragisch bezeichnet, und das Tragische kann nicht durch guten Willen beseitigt werden, wie ein falscher Optimismus meint. Dem Tragischen gegenüber kann man sich nur so verhalten, daß man die jeweilige Situation zu verstehen sucht. Wenn wir das Religiöse als Tiefendimension verstehen, dann ist es nicht gleichzusetzen mit irgendeiner speziellen kulturellen Form. Auch die heiligste religiöse Tradition im Denken, in der Kunst, in der Ethik, in der Politik ist niemals absolut, hat niemals unbedingte Gültigkeit. Und andrerseits ist die Form des Religiösen, seine Sprache, sein Ausdruck in allen Gebieten der Kultur, den Gesetzen der kulturellen Bewegung unterworfen. Die Freiheit des Kulturellen gibt dem Religiösen immer neue Ausdrucksformen. Die Tiefe des Religiösen gibt der Kultur einen unendlichen Sinn. Das ist die fundamentale Schlichtung des Konflikts. Es bedeutet nicht, daß der Konflikt aktuell aufhören wird.

Ich möchte zuletzt noch ein paar Worte über den Konflikt im einzelnen Subjekt sagen. Wenn wir Glauben als reines, unbedingtes Ergriffensein verstehen, dann können wir vielleicht das Wort Glaube wieder gebrauchen. Es ist dann gereinigt von all den falschen Bedeutungen, die mit ihm verbunden waren. Glaube hat immer ein Element des Wagnisses in sich, aber wo Wagnis ist, da ist auch die Möglichkeit des Scheiterns, d. h. im echten Glauben ist ein Moment des Zweifels enthalten, und dieses Moment des Zweifels ist auch die treibende Kraft in aller Kultur. Lassen Sie mich schließen mit dem Gedanken, von dem ich glaube, daß er für die Grenzschlichtung zwischen Religion und Kultur und für unsere Situation nicht nur im Gesellschaftlichen, sondern auch im Persönlichen und im Seelischen von entscheidender Bedeutung ist: Wir müssen einen Glauben haben, und wir alle haben einen Glauben, nämlich etwas, das uns unbedingt angeht; aber wenn wir es ausdrücken wollen, dann müssen wir wissen, daß wir etwas wagen. Wagender Glaube, der den Zweifel in sich trägt, ist die Antwort im persönlichen Leben. Glaube umfaßt sich selbst und den Zweifel an sich selbst. Und weil das so ist, darum können wir sagen: Religion umfaßt sich selbst und die kulturellen Formen, die für und gegen die Religion stehen. Damit kommen wir auf das zurück, wovon ich ausgegangen war. Über die Grenzen zwischen Kultur und Religion sollte ich reden – von dem Ineinander von Kultur und Religion habe ich geredet.

ASPEKTE EINER RELIGIÖSEN ANALYSE DER KULTUR

Wenn wir den Begriff Religion von dem großen Gebot „Du sollst den Herrn, Deinen Gott, liebhaben von ganzem Herzen, von ganzer Seele, von allem Vermögen" (5. Mose 6,5) ableiten, dann können wir Religion definieren als das, was uns unbedingt angeht und was uns allein unbedingt angehen sollte. Mit anderen Worten: Glaube ist das Ergriffensein von etwas, das uns unbedingt angeht, und Gott ist der Name für den Inhalt dessen, was uns unbedingt angeht. Eine solche Definition hat wenig zu tun mit dem Glauben an ein höchstes Wesen, Gott genannt, und den fragwürdigen Konsequenzen aus einem solchen Glauben. Dagegen betonen wir das existentielle Verständnis dessen, was Religion ist.

Das Christentum behauptet, daß der Gott, der in Jesus dem Christus offenbar wurde, der wahre Gott sei, und daher der wahre Gegenstand eines letzten und unbedingten Anliegens. Er ist der Maßstab für alle anderen Götter, die an ihm gemessen nicht Gegenstand des letzten und unbedingten Anliegens sein können. Werden sie doch dazu gemacht, werden sie zu Götzen.

Das Christentum kann einen solchen außerordentlichen Anspruch erheben, weil das Ereignis, auf das es gegründet ist, von außerordentlichem Charakter ist: die Schöpfung einer neuen Wirklichkeit unter den Bedingungen der entfremdeten menschlichen Existenz. Jesus als der Träger dieser neuen Wirklichkeit ist den gleichen Bedingungen unterworfen: Endlichkeit und Angst, Gesetz und Tragik, Konflikt und Tod. Aber er hält siegreich die Einheit mit Gott aufrecht, er opfert das, was nur Jesus in ihm ist, für das, was ihn zum Christus macht. Dadurch schafft er die neue Wirklichkeit, deren soziale und geschichtliche Verkörperung die Kirche ist.

Daraus folgt, daß der unbedingte Anspruch, den das Christentum stellt, sich nicht auf die christliche Kirche bezieht, sondern auf das Ereignis, das das Fundament der Kirche ist. Wenn sich die Kirche nicht selbst dem Gericht unterwirft, das sie verkündet, fällt sie der Vergötzung ihrer selbst anheim. Solche Vergötzung ist ihre ständige Versuchung, gerade weil sie der Träger des Neuen Seins in der Geschichte ist. Als solcher richtet sie die Welt schon durch ihre Gegenwart. Aber die Kirche ist selbst ein Teil dieser Welt und fällt selbst unter das Urteil, mit dem sie die Welt richtet. Eine Kirche, die versucht, sich diesem Gericht zu entziehen, verliert das Recht, die Welt zu richten, und wird mit Recht von der Welt gerichtet. Das ist die Tragik der römisch-katholischen Kirche. Ihre Haltung gegenüber der Kultur beruht auf ihrer Weigerung, sich selbst dem Urteil zu unterwerfen, das sie selbst an der Kultur vollzieht. Im Prinzip widersteht der Protestantismus dieser Versuchung, obwohl er ihr in der Praxis oft auf die verschiedenste Weise anheimfällt.

Als zweites folgt aus dem existentiellen Religionsbegriff, daß die Kluft zwischen einer heiligen und einer profanen Sphäre im Prinzip aufgehoben ist. Wenn Religion das Ergriffensein von dem ist, was uns unbedingt angeht, so kann sich dieser Zustand nicht auf einen bestimmten Bereich beschränken. Der unbedingte Charakter unseres letzten Anliegens bedeutet, daß es sich auf jeden Moment unseres Lebens richtet, auf jeden Ort und jeden Bereich. Das Universum ist Gottes Heiligtum. Jeder Tag ist ein Tag des Herrn, jedes Mahl ist ein Herrenmahl, jedes Werk ist die Erfüllung einer göttlichen Forderung, jede Freude ist eine Freude in Gott. In allen vorläufigen Anliegen ist ein letztes Anliegen gegenwärtig und heiligt es. Ihrem Wesen nach sind das Religiöse und das Profane keine getrennten Bereiche. Sie liegen vielmehr ineinander. So sollte es sein, aber so ist es nicht in der Wirklichkeit. In der Wirklichkeit strebt das profane Element danach, sich selbständig zu machen und sich einen eigenen Bereich zu schaffen. Und im Gegensatz dazu strebt das religiöse Element danach, sich ebenfalls einen eigenen Bereich zu schaffen. Die Lage des Menschen ist durch diese Situation bestimmt. Es ist die Situation der Entfremdung des Menschen von seinem wahren Wesen. Man könnte sogar mit gewissem Recht sagen, daß die Existenz der Religion als eines besonderen Bereichs der deutlichste Beweis für den gefallenen Zustand des Menschen ist. Damit soll nicht gesagt sein, daß unter den Bedingungen der Existenz, die unser Schicksal bestimmen, das Religiöse vom Profanen verschlungen werden soll, wie der Säkularismus es erstrebt, oder umgekehrt das Profane vom Religiösen, wie der kirchliche Imperialismus es wünscht, sondern es bedeutet die Unterscheidung der Sphären.

Das dritte, was aus dem existentiellen Religionsbegriff folgt, bezieht sich auf die positive Beziehung von Religion und Kultur. Religion als das, was uns unbedingt angeht, ist die sinngebende Substanz der Kultur, und Kultur ist die Gesamtheit der Formen, in denen das Grundanliegen der Religion seinen Ausdruck findet. Kurz gefaßt: *Religion ist die*

Substanz der Kultur, und Kultur ist die Form der Religion. Eine solche Auffassung verhindert endgültig einen Dualismus von Religion und Kultur. Jeder religiöse Akt, nicht nur in der organisierten Religion, sondern auch im geheimsten Winkel unserer Seele, ist kulturell geformt.

Schon die Tatsache, daß jeder geistige Akt des Menschen – gleich, ob in Worten ausgesprochen oder nur gedacht – untrennbar mit der Sprache verknüpft ist, ist genügender Beweis für das Gesagte. Denn Sprache ist grundlegende Schöpfung der Kultur. Andererseits gibt es keine Kulturschöpfung ohne ein unbedingtes Anliegen, das sich in ihr ausdrückt. Das gilt sowohl für alle theoretischen Funktionen des menschlichen Geistes, z. B. künstlerische Intuition und erkennendes Ergreifen der Wirklichkeit, als auch für die praktischen Funktionen, z. B. persönliches und soziales Umgestalten der Wirklichkeit. In jeder dieser Funktionen, d. h. in der Gesamtheit seines kulturellen Schaffens, ist ein unbedingtes Anliegen gegenwärtig. Dieses findet seinen unmittelbaren Ausdruck in dem Stil einer Kultur. Wer den Stil einer Kultur lesen kann, kann auch ihr letztes unbedingtes Anliegen entdecken – und das heißt: ihre Substanz. In den folgenden Abschnitten soll der Versuch gemacht werden, den Stil unserer gegenwärtigen Kultur zu entziffern.

1. Die gegenwärtige Situation der Kultur

Unsere gegenwärtige Kultur kann nicht anders beschrieben werden als in der Doppelheit einer dominierenden Strömung und ihrer Gegenströmung. Der Geist der dominierenden Strömung ist der Geist der technischen Naturbeherrschung. Der Geist der Gegenströmung ist der Geist der existentialistischen Analyse der menschlichen Situation. Der Lebensstil des achtzehnten und neunzehnten Jahrhunderts ist der Ausdruck einer noch ungebrochenen Macht der industriellen Gesellschaft. Davon zeugen zahlreiche Analysen dieses Stils, seiner Denkformen, seiner Lebensformen oder seiner Kunstformen. Eine der Schwierigkeiten solcher Stilanalyse beruht auf dem dynamischen Charakter und dem daraus folgenden Wandel der Stile, der oft schon Protest in sich schließt und den herrschenden Stil bereits beeinflußt. Trotz dieser Schwierigkeiten können zwei Hauptcharakteristika des Menschen in der industriellen Gesellschaft erkannt werden.

Als erstes Charakteristikum ist zu nennen das starke Interesse für wissenschaftliche Forschung und technische Gestaltung der Welt und des Menschen unter deren Einfluß. Als unausbleibliche Folge dieser Haltung verlor der Mensch die Dimension der Tiefe. Die Wirklichkeit verlor ihre innere Transparenz oder, in einer anderen Metapher ausgedrückt, ihre Transparenz für das Ewige. Das System endlicher Relationen, das wir das Universum nennen, ruhte nur noch in sich selbst. Es war zu berechnen, zu manipulieren und zu verbessern, je nach des Menschen Wünschen und Bedürfnissen. Seit dem Beginn des achtzehnten Jahrhunderts war Gott aus dem Wirkungsfeld der menschlichen Tätigkeit ausgeschaltet. Er hatte nur noch einen Platz neben der Welt ohne die Erlaubnis, in sie einzugreifen, denn jeder Eingriff würde eine Störung der menschlichen Berechnungen und Projekte bedeuten. Im Endstadium dieses Prozesses war Gott völlig überflüssig geworden, und das Universum war dem Menschen als seinem Herrn und Meister überlassen.

Um seine Bestimmung erfüllen zu können, muß der Mensch im Besitze schöpferischer Kräfte sein, wie sie früher Gott zugeschrieben wurden. Der Konflikt zwischen dem, was der Mensch seinem Wesen nach ist, und dem, was er in Wirklichkeit ist – dem Zustand der Entfremdung oder in traditionell-biblischen Begriffen: dem Zustand der Gefallenheit –, wurde vergessen. Tod und Schuld verschwanden in der frühen industriellen Gesellschaft sogar aus der kirchlichen Verkündigung. Die Angst der Endlichkeit und die Angst der Schuld wurden verdrängt, weil sie den Fortschritt in der Eroberung der Natur, sowohl im Menschen selbst wie auch außerhalb seiner, hemmen würden. Man räumte höchstens ein, daß der Mensch noch nicht so weit sei, wie er kommen könnte, aber man lehnte den Sündenbegriff ab und noch mehr die Schuld, unter der die Wirklichkeit als Ganzes steht. Die Knechtschaft des Willens, von der Luther sprach, die dämonischen Kräfte, von denen im Neuen Testament immer wieder die Rede ist, die Strukturen der Destruktion im persönlichen und gesellschaftlichen Leben wurden bestritten oder nicht ernst genommen. Man glaubte, daß die Erziehung in der Lage sei, die Mehrheit der Menschen an die Formen der produzierenden und konsumierenden bürgerlichen Gesellschaft anzupassen. Der wirkliche Zustand des Menschen wurde fälschlich als sein wahrer Zustand und als eine Stufe in der fortschreitenden Erfüllung seiner Möglichkeiten angesehen. Diese Auffassung bezog sich nicht nur auf den Menschen als Einzelnen, sondern auch auf die Gemeinschaft als ganze. Die wissenschaftliche und technische Eroberung von Raum und Zeit wurde als ein Weg betrachtet, auf dem die Menschheit zu einer Einheit zusammengeführt werden kann. Die dämonischen Strukturen der Geschichte, die Machtkämpfe in jedem Akt der Verwirklichung des Lebens, wurden als vorläufige Hindernisse betrachtet. Ihr tragisch-unentrinnbarer Charakter wurde geleugnet: wie das Universum Gott ersetzt, der Mensch im Zentrum des Universums den Christus ersetzt, so ersetzt die Erwartung eines Reiches des Friedens und der Gerechtigkeit innerhalb der Geschichte die Erwartung des Reiches Gottes. Die Dimension der Tiefe im Göttlichen und im Dämonischen war verschwunden. Das ist der Geist der industriellen Gesellschaft, wie er sich im Stil ihrer Schöpfungen ausdrückt.

Die Haltung der Kirchen dieser Situation gegenüber war widerspruchsvoll. Einerseits verteidigten sie sich, indem sie sich auf ihre traditionelle Vergangenheit in Lehre, Kultus und Leben zurückzogen. Anderseits gebrauchten sie in diesem Rückzug Kategorien, die ihnen die industrielle Gesellschaft lieferte, gegen die sie kämpften. Sie zogen die religiösen Symbole, in denen sich die Tiefe des Seins ausdrückt, herab auf die Ebene gegenständlichen – man könnte sagen zweidimensionalen – Denkens. Sie verstanden sie im wörtlichen Sinn und verteidigten sie, indem sie einen supranaturalen Bereich über dem natürlichen Bereich etablierten. Aber der Supranaturalismus ist nur der auf gleicher Ebene stehende Partner des Naturalismus und umgekehrt. Der eine ruft den anderen auf den Plan, und ihr Kampf ist immer unentschieden. Keiner kann ohne den anderen leben.

Die Unmöglichkeit, auf diese Art die Tradition zu verteidigen, wurde von den Kirchen schließlich eingesehen, und sie versuchten einen anderen Weg, um dem Geist der industriellen Gesellschaft Widerstand zu leisten. Sie erkannten die neue Situation und versuchten, sich selbst ihr anzupassen, indem sie die traditionellen Symbole auf moderne Weise interpretierten. Das ist die Größe und die Rechtfertigung dessen, was wir heute „liberale Theologie" nennen. Aber die liberale Theologie zahlte einen hohen Preis für ihre Anpassung. Die Botschaft vom Neuen Sein, die von den supranaturalistischen Verteidigern bewahrt worden war, ging ihr verloren. So erwiesen sich beide Versuche der Kirche, sich dem Geist der industriellen Gesellschaft entgegenzustellen, als unangemessen.

Während Naturalismus und Supranaturalismus, Liberalismus und Orthodoxie sich in unentschiedenen Kämpfen verloren, bereitete die Vorsehung einen anderen Weg für die Verbindung der Religion mit der gegenwärtigen Kultur. Diese Vorbereitung geschah in der Tiefe der industriellen Gesellschaft selbst, teilweise sogar durch Menschen, die eine antireligiöse Haltung einnahmen – ich meine die große Bewegung, die unter dem Namen Existentialismus bekannt geworden ist und mit Pascal begann. Sie wurde fortgeführt durch einige prophetische Geister im neunzehnten Jahrhundert und errang ihren vollen Sieg im zwanzigsten Jahrhundert.

Im weitesten Sinne des Wortes ist der Existentialismus der Protest gegen den Geist der industriellen Gesellschaft innerhalb der industriellen Gesellschaft selbst. Der Protest richtet sich gegen die Stellung des Menschen in dem System von Produktion und Konsumtion. Der Mensch, der Herr über sich und über seine Welt sein sollte, war zu einem Stück innerhalb der Wirklichkeit geworden, die er geschaffen hatte – Objekt unter anderen Objekten, ein Ding unter Dingen, ein Rädchen in einer Riesenmaschine, an die er sich anpassen mußte, wenn er nicht von ihr zermalmt werden wollte. Aber diese Anpassung machte ihn selbst zum Mittel für Zwecke, die ihrerseits wieder Mittel sind und kein letztes Ziel haben. Dieser Zustand des Menschen in der industriellen Gesellschaft führte zu der Erfahrung der Leere und Sinnlosigkeit, der Entmenschlichung und Entfremdung. Der Mensch hatte aufgehört, in der Wirklichkeit einen Sinn zu sehen. Die Wirklichkeit in ihren gewöhnlichen Formen und Strukturen sprach keine Sprache mehr, die er verstand.

Ein Ausweg aus dieser Situation war, daß der Mensch sich selbst auf einen begrenzten Teil der Wirklichkeit zurückzog und diesen Bezirk gegen das Eindringen der gesamten Wirklichkeit wie seine Burg verteidigte. Dies ist der Ausweg der Neurose, der zur Psychose führen kann, wenn es zu einer völligen Loslösung von der Wirklichkeit kommt. Ein anderer Ausweg ist die Unterwerfung unter die Forderungen der Kultur und ein Konformismus, der die Sinnfrage unterdrückt. Demgegenüber haben einige die Kraft und den Mut, die Angst und Sinnlosigkeit auf sich zu nehmen und die Situation der meisten sensitiven Menschen unserer Zeit in geistigen Schöpfungen auszudrücken. Diese Menschen sind es, denen wir die künstlerischen und philosophischen Werke in der ersten Hälfte des zwanzigsten Jahrhunderts verdanken. Ihre Werke sind ein konstruktiver Ausdruck der destruktiven Tendenzen unserer gegenwärtigen Kultur – die großen Werke der bildenden Kunst, der Dichtung, der Literatur, der Architektur, des Tanzes, der Philosophie zeigen in ihrem Stil sowohl die Begegnung mit dem Nichtsein als auch die Kraft, diese Begegnung auszuhalten und schöpferisch umzusetzen. Ohne diesen Schlüssel zu ihrem Verständnis ist uns die gegenwärtige Kultur verschlossen. Mit diesem Schlüssel kann sie verstanden werden als die Enthüllung der Situation des Menschen sowohl in der gegenwärtigen Periode wie in seiner Geschichte überhaupt. So verstanden wird das Element des Protestes der gegenwärtigen Kultur theologisch bedeutsam.

2. *Die kulturellen Formen, in denen sich die Religion verwirklicht*

Die Form der Religion ist Kultur. Das wird besonders deutlich in der Tatsache, daß jede Religion die Sprache ihrer Kultur gebrauchen muß. Jede Sprache, auch die biblische, ist das Ergebnis unzähliger Akte kulturellen Schaffens. Alle Funktionen des menschlichen Geistes beruhen auf der Fähigkeit des Menschen, sich in der Sprache auszudrücken – sei es wirkliches oder gedankliches Sprechen. Die Sprache ist der Ausdruck für die menschliche Freiheit gegenüber der gegebenen Situation und ihren konkreten Forderungen. Sie stellt dem Menschen die Universalien zur Verfügung, die es ihm ermöglichen, Welten über der gegebenen Welt zu schaffen – z. B. die Welt der Technik und die Welt des Geistes.

Umgekehrt bestimmt die Entwicklung solcher Welten die Entwicklung der Sprache. Es gibt keine sakramentale Sprache, die von einem supranaturalen Himmel heruntergefallen und zwischen den Deckeln eines Buches festgelegt wäre. Dagegen gibt es menschliche Sprache, die aus der Begegnung des Menschen mit der Wirklichkeit hervorgegangen ist. Diese Sprache hat im Laufe der Jahrtausende unzählige Veränderungen erfahren. Sie wurde für die Bedürfnisse des täglichen Lebens gebraucht, als Ausdruck und Mitteilung, in Literatur und Dichtung, und auch als Ausdruck und Mitteilung dessen, was uns unbedingt angeht. Die religiöse Sprache ist gewöhnliche Sprache, aber verwandelt kraft dessen, was sie ausdrückt: das letzte Anliegen in Sein und Sinn. Die religiöse Sprache kann erzählend sein (mythologisch, legendär, historisch), oder sie kann prophetisch, poetisch, liturgisch sein. Und sie kann heilig werden für alle die, die in ihr den Ausdruck ihres letzten Anliegens finden und von Generation zu Generation weitergeben. Aber es gibt keine heilige Sprache als solche, wie Übersetzungen und Neuübersetzungen und revidierte Übersetzungen der Bibel zeigen.

Diese Betrachtung führt zu einem zweiten Beispiel, das uns zeigt, wie sich die Religion kultureller Formen bedient: der religiösen Kunst. Dabei muß immer wieder betont werden, daß Voraussetzung für alle religiöse Kunst das Prinzip der künstlerischen Ehrlichkeit ist. Im Protestantismus gibt es keinen geheiligten religiösen Stil wie beispielsweise in der griechisch-orthodoxen Kirche. Ein künstlerischer Stil ist ehrlich, wenn er der tatsächlichen Situation des Künstlers und der Kulturperiode, in der er lebt, Ausdruck verleiht. Wir können auch an künstlerischen Stilen der Vergangenheit partizipieren, sofern sie wahrer Ausdruck der Begegnungen dieser Menschen mit Gott, Mensch und Welt waren. Aber wir können sie ehrlicherweise nicht nachahmen. Ebensowenig sollten wir kirchliche Kultwerke schaffen, die nicht aus unserem eigenen ekstatischen Erlebnis gewachsen, sondern gelehrte Reproduktionen vergangener Ekstasen sind. Es war eine religiös bedeutsame Errungenschaft der modernen Architektur, daß sie sich von den traditionellen architektonischen Formen befreite, die für unsere Zeit nur sinnlose Verzierung bedeuten und daher weder künstlerischen Wert noch religiöse Ausdruckskraft haben.

Ein drittes Beispiel für die These „Kultur ist die Form der Religion" bezieht sich auf die Sphäre des Erkennens, und zwar auf die Frage: Welche Elemente gegenwärtigen philosophischen Denkens können wir übernehmen, um die christlichen Symbole theologisch zu interpretieren? Wenn wir den existentialistischen Protest gegen den Geist der industriellen Gesellschaft ernst nehmen, müssen wir die Mittel des Naturalismus und Idealismus für die theologische Interpretation ablehnen. Beide sind Schöpfungen des Geistes, gegen den unser Jahrhundert seinen Protest richtet. Beide sind von der Theologie in einander radikal entgegengesetzten Methoden gebraucht worden, aber keiner von beiden ist ein Ausdruck der gegenwärtigen Kultur.

Statt dessen muß die Theologie den ganzen Reichtum der existentiellen Analysen in allen Kulturbereichen benutzen, einschließlich der Tiefenpsychologie, aber sie darf deren Ergebnisse nicht einfach übernehmen, sondern sie muß das existentialistische Material in Beziehung zur christlichen Botschaft setzen. Die Konfrontierung der existentiellen Analyse mit dem Symbol, in dem das Christentum das, was uns unbedingt angeht, ausgedrückt hat, ist die einzige Methode, die sowohl der Botschaft von Jesus als dem Christus als auch der menschlichen Situation in der gegenwärtigen Kultur angemessen ist.

Die Antwort kann nicht aus der Frage abgeleitet werden. Sie wird dem Menschen gegeben, aber nicht *von* ihm gegeben. Daher kann auch der Existentialismus keine Antworten geben, er kann nur die *Form* der Antworten bestimmen. Wenn ein existentialistischer Künstler oder Philosoph Antworten gibt, nimmt er sie aus einer anderen Tradition, sie stammen letztlich aus Offenbarungserfahrungen. Die Funktion der Kirche ist es, Antworten zu geben, und zwar nicht nur den Menschen innerhalb, sondern auch denen außerhalb der Kirche.

3. Der Einfluß der Kirche auf die Kultur der Gegenwart

Die Funktion der Kirche ist es, die Frage zu beantworten, die mit der Existenz des Menschen gestellt ist – die Frage nach dem Sinn seiner Existenz. Eine der Antworten, die die Kirche gibt, ist Evangelisation. Die Evangelisation sollte es sich zum Prinzip machen, den Menschen am Rande bzw. außerhalb der Kirche zu zeigen, daß die Symbole, in denen sich das Leben der Kirche darstellt, Antwort auf die Frage ist, die in der Existenz jedes menschlichen Wesens enthalten ist.

Da die christliche Botschaft die Botschaft des Heils ist und Heil Heilung bedeutet, so ist die Botschaft vom Heil im Sinne der Heilung (in allen Dimensionen, die dieses Wort hat) die angemessene Botschaft für unsere Situation. Das ist der Grund, warum Bewegungen am Rande der Kirche – Sekten- und Evangelisationsbewegungen von meist sehr primitivem und ungesundem Charakter – oft großen Erfolg haben. Angst und Verzweiflung über ihre Existenz veranlassen Millionen von Menschen, nach jeder Art Heilung, die Erfolg verspricht, Ausschau zu halten.

Die Kirche kann diesen Weg nicht gehen. Aber sie sollte verstehen, daß die traditionelle Predigt die Menschen unserer Zeit nicht erreicht. Diese Menschen müssen wieder erfahren, daß das Christentum nicht eine Reihe von Lehren oder rituellen und moralischen Gesetzen ist, sondern die „frohe Botschaft" von der Überwindung des Gesetzes, vom Erscheinen einer neuen heilenden Wirklichkeit. Sie müssen das Gefühl bekommen, daß die christlichen Symbole keine Absurditäten sind, unannehmbar für denkende und fragende Menschen unserer Epoche, sondern daß sie hinweisen auf das, was uns unbedingt angeht, auf den Grund und Sinn unserer Existenz und der Existenz überhaupt.

Als letztes bleibt die Frage, wie sich die Kirche zum Geist der industriellen Gesellschaft stellen sollte, die für viele der Krankheiten verantwortlich ist, die der Heilung durch die christliche Botschaft bedürfen. Hat die Kirche die Aufgabe und auch die Kraft, den Geist der industriellen Gesellschaft zu bekämpfen und umzuformen? Sie kann sicherlich die gegenwärtige soziale Wirklichkeit nicht durch eine andere ersetzen, die der Errichtung des Reiches Gottes näher käme. Sie kann selbst keine sozialen Strukturen entwerfen oder konkrete Reformen vorschlagen. Kulturelle Veränderungen entstehen durch die innere Dynamik der Kultur selbst. Die Kirche nimmt zwar an ihnen teil, manchmal sogar in führender Rolle, aber nur als eine kulturelle Macht neben anderen und nicht als Repräsentant der neuen Wirklichkeit in der Geschichte.

In ihrer prophetischen Rolle ist die Kirche der Wächter, der dynamische Strukturen der Gesellschaft enthüllt und sie durch diese Enthüllung ihrer dämonischen Macht beraubt. Eine solche Funktion erfüllt sie auch gegenüber sich selbst. In der Erfüllung dieser Aufgabe gehorcht sie den prophetischen Stimmen, die von außen kommen, und richtet sowohl die Kultur als auch sich selbst, insofern sie Teil der Kultur ist. Wir haben uns auf solche prophetischen Stimmen in unserer Kultur berufen. Viele, die so gesprochen haben, gehören nicht als aktive Glieder zur manifesten Kirche, aber vielleicht könnte man sie Glieder der „latenten Kirche" nennen, Gruppen, in denen die Erfahrung dessen, was uns unbedingt angeht und was in der manifesten Kirche offenbar wird, unter kulturellen Formen verborgen ist.

Gelegentlich kommt die latente Kirche zur Erscheinung. Dann sollte die manifeste Kirche erkennen, daß in deren kritischer Stimme das hörbar wird, was sie selbst hätte verkündigen sollen, und sie selbst sollte die Kritik der latenten Kirche annehmen, selbst dann, wenn sie ihr feindlich entgegentritt. Aber die Kirche sollte die dämonischen Verzerrungen bekämpfen, der alle Bewegungen zum Opfer fallen, die sich nicht unter das Urteil dessen stellen, was uns in Wahrheit unbedingt angeht: des Göttlichen. Dieser Versuchung verfiel die kommunistische Bewegung. Die Kirche hatte ihre Wächterfunktion nicht genügend ernst genommen, als die kommunistische Bewegung über ihren eigenen Weg noch nicht entschieden war. Die Kirche hatte die prophetische Stimme im Kommunismus nicht gehört und dessen dämonische Möglichkeiten nicht erkannt.

Die Kirche richtet die Kultur einschließlich der Formen ihres eigenen Lebens, denn diese Formen sind von der Kultur geschaffen, wie umgekehrt die religiöse Substanz Kultur schafft. Kirche und Kultur liegen ineinander, nicht nebeneinander. Und das Reich Gottes umfaßt sie beide und transzendiert sie beide.

HUMANITÄT UND RELIGION

I.

Mein Dank für die Verleihung des Hansischen Goethe-Preises wird vertieft durch Gedanken über mein Lebensschicksal, das mich zwang, unter dem Druck höchster Inhumanität Deutschland zu verlassen, und das mir nun im Namen der Humanität eine der höchsten Ehrungen zuteil werden läßt, die es in Deutschland gibt. Es ist darum angemessen, daß meine Worte bei dieser Gelegenheit sich auf die Idee der Humanität konzentrieren. Ist es doch die Idee der Humanität, in deren Namen die Stiftung dieses Preises erfolgt ist, und für die wohl alle, die heute hier versammelt sind, gekämpft haben und weiter kämpfen wollen. Denn dieser Kampf ist jederzeit nötig; er kann nie zu Ende kommen. Es ist der Kampf um den Menschen als Menschen. Im Rahmen des Problems Humanität und Religion will ich von diesem Kampf um den Menschen reden und zu zeigen suchen, was das Religiöse in diesem Kampfe bedeutet: als Dimension der Tiefe, als Hindernis der Entfaltung, als Kraft der Verwirklichung.

Das Wort „Humanität" bedarf, wie so viele Worte unserer philosophischen und theologischen Sprache, der Reinigung und Klärung, ja der Rettung. Das wurde mir klar, als ich vor zwei Wochen anfing, Enzyklopädien und Freunde zu befragen, was Humanität und was Humanismus für sie bedeuten, und wir uns sofort in Labyrinthe möglicher Antworten verirrten. Dabei erwies sich die Formel „Humanität ist eine Haltung, Humanismus ist eine Richtung" zwar nicht als falsch, aber als unzureichend. In der Wortverbindung „das Ideal der Humanität" ist viel von dem enthalten, was im Humanismus mitklingt, und „humanistisch" steht vorzugsweise für einen an der Antike orientierten Studiengang. Unter diesen Umständen scheint es mir richtig, auf die gemeinsame Wurzel der verschiedenen Wortbedeutungen zurückzugreifen und von dem „Humanen" auszugehen, von dem, was den Menschen zum Menschen macht und ihn abgrenzt gegen das Untermenschliche, das Übermenschliche und das Unmenschliche. Aus dem Untermenschlichen, dem, was noch nicht Mensch ist, steigt der Mensch auf, ihm bleibt er verhaftet, auch im höchsten Aufstieg. Vom Übermenschlichen ist der Mensch ergriffen, ihm dankt er den Aufstieg zum Menschsein und die Kraft, Mensch zu bleiben. Von beiden Seiten aber droht die

Gefahr der Entmenschlichung. Wenn Untermenschliches und Übermenschliches sich *gegen* ihn verbünden, zerbricht seine Menschlichkeit unter dem Angriff dessen, was der Mythos „dämonisch" nennt. Und Rettung seiner Menschlichkeit ist nur möglich, wenn das Übermenschliche und das Untermenschliche sich *für* ihn verbünden und ihn das ergreift, was der Mythos „göttlich" nennt. Der Kampf um den Menschen ist immer und überall ein Kampf dieser Mächte, was auch ihre Namen sein mögen: Götter oder Dämonen, Strukturen der Konstruktion oder der Destruktion, Ideen oder Illusionen im Seelischen wie im Sozialen. In jedem Menschen, vom ersten bis zum letzten Tag, in jeder Gruppe und Periode, geht dieser Kampf vor sich. Er reicht hinab in die vorbewußten Dimensionen unseres Seins und hinauf in die feinsten Regungen unseres bewußten Lebens. Unser Leib nimmt an ihm teil, und unser Geist ist durch ihn in Bewegung gehalten. Beide nehmen teil nicht als Teile, sondern als Funktionen jener vieldimensionalen Einheit, die wir Mensch nennen. Der Mensch ist Mensch als Kampfplatz der Mächte, die in jeder Zelle seines Leibes und in jeder Bewegung seines Denkens für oder gegen sein Menschsein kämpfen.

Wenn Humanität in dieses Licht gestellt wird, ist deutlich, daß das Menschsein nicht einfach das Werk guter Erziehung oder guten Willens ist. Davon wußten die Männer etwas, die in den zwanziger Jahren unseres Jahrhunderts, in jener reichen Zeit schöpferischer Keime und bald zertretener Anfänge, von einem Real-Humanismus sprachen. Sie dachten dabei – zum Teil im Anschluß an die Frühschriften von Marx – an einen Humanismus, der das Politisch-Soziale einschließt und sich nicht, wie es der reine Bildungs-Humanismus tat, von der Gestaltung der Wirklichkeit zurückzieht. Real-Humanismus in diesem Sinne war den Deutschen – im Unterschied zu den Angelsachsen und Romanen – immer fremd. Darum hatte der Humanismus formende Kraft nur für eine kleine Schicht und einzelne große Persönlichkeiten. Er hat Goethe ermöglicht, aber den Durchschnittsbürger und den Arbeiter unberührt gelassen. Es ist dies ein wichtiges und noch heute Gefahr-schwangeres Element in dem so häufig tragischen Verlauf der deutschen Geschichte. Aber auch wenn es den Verkündern des Real-Humanismus gelungen wäre, sich durchzusetzen, sie hätten das Gesamtschicksal nicht wenden können. Denn so wichtig die gesellschaftliche Einbettung des Menschen für sein Menschsein ist, der Kampf um den Menschen wird in einer anderen Dimension als der gesellschaftlichen entschieden. Daher waren die real-humanistischen Bestrebungen der zwanziger Jahre eine leichte Beute des systematischen Anti-Humanismus der dreißiger Jahre, des Faschismus und Nazismus. Und da, wo der Real-Humanismus in seiner marxistischen Form siegreich war, verwandelte er sich schnell in den praktischen Anti-Humanismus der kommunistischen Gesellschaftsform. In beiden Fällen endete der Kampf um den Menschen mit dem Verlust der Humanität. In den westlichen Ländern ist der Real-Humanismus noch wirksam und hat bis jetzt eine erstaunliche Widerstandskraft gegen die theoretischen und praktischen Systeme der Inhumanität gezeigt. Aber bedroht ist er allenthalben, und selbst in Amerika muß er verlieren, wenn der Kampf um den Menschen nicht in einer Tiefe geführt wird, in der die entmenschlichenden Wirkungen der technischen Zivilisation überwunden werden können.

II.

Die Tiefe, von der ich hier spreche, ist die Tiefe, von der die Religion zeugt, obgleich die Religion selbst nicht diese Tiefe ist. Die Religion selbst ist den Mächten unterworfen, die um den Menschen kämpfen; und Religion kann darum der Entmenschlichung ebenso dienen wie der Rettung des Menschlichen. Ja, noch mehr: Da Religion von der Dimension des Lebens zeugt, in der die Kämpfe um den Menschen entschieden werden, so ist sie mehr als irgendeine andere Funktion des menschlichen Geistes dem Dämonischen ausgesetzt. Sie, die am ursprünglichsten und wirksamsten von dem Kampf um den Menschen zeugt, war immer die ursprünglichste und kann oft die wirksamste Macht des Anti-Humanen sein.

Diese Doppelwirkung der Religion fordert einen doppelseitigen Religionsbegriff. Und ohne diese Doppelseitigkeit kann niemand etwas von der Geschichte der Religion und von den Problemen seines eigenen religiösen Lebens verstehen. Und sicherlich kann er nichts Grundsätzliches über das Verhältnis von Humanität und Religion aussagen. Religion ist auf der einen Seite das Ergriffensein von etwas, das uns unbedingt angeht, weil es unserem Sein den letzten Sinn gibt. In der Religion wird die Frage nach dem Sinn unseres Seins gestellt und eine Antwort gegeben. Und darum, wo immer diese Frage mit unbedingtem Ernst und unendlicher Leidenschaft gestellt wird, da ist Religion, ganz gleich, ob in der Antwort von Gott die Rede ist oder nicht. Wo die Frage nach dem Sinn des Seins so gestellt wird, da ist heiliger Grund, selbst wenn im Heiligen das Dämonische überwiegt. Und dann müssen wir sagen, daß keine Humanität möglich ist, die nicht auf diesem Grunde erwachsen ist und ihm dauernd verbunden bleibt.

Die andere Seite des Religionsbegriffes weist auf den konkreten Charakter des Fragens und den konkreten Charakter jeder Antwort hin, und damit auf die Religionen der Völker in ihrem Werden und Wandel, in ihren Symbolen und Kulturen, auf die göttlichen Kräfte, durch die sie gezeugt sind, und auf die dämonischen Verzerrungen, an denen sie sterben. Aus den göttlichen Kräften, durch die sie gezeugt sind, wächst Humanität in immer neuen Formen, mit immer neuen Einsichten. Denn es gibt kein absolutes Ideal der Humanität, auch nicht das klassische. Durch die dämonischen Verzerrungen, denen die Religionen unterliegen, verzerren und verderben sie die von ihnen geschaffene Humanität. Die Religionen sind beides: Stätten der Menschwerdungen und Stätten der Menschenopfer.

Es ist verständlich, daß die Menschenopfer, die in den Religionen gebracht wurden, daß die Inhumanität, die im Namen des Heiligen Leiber zerstört und Geister zerbricht, das Ideal einer Humanität ohne Religion hervorgerufen hat. Religion als die Sphäre, in der das erfahren und geformt wird, was uns unbedingt angeht, ist in der ständigen Versuchung, besonderen Erfahrungen und besonderen Formungen die Unbedingtheit zuzusprechen, die nur dem Unbedingten selbst zukommt. Wo immer ein Endliches – eine heilige Lehre, eine heilige Institution, ein heiliges Buch, eine heilige Person, eine heilige Gemeinschaft – der unendlichen Quelle alles Heiligen gleichgesetzt wird, versucht das Endlich-Heilige sich jedes andere Endliche zu unterwerfen; es versucht, jeden Widerstand gegen seinen absoluten Anspruch zu brechen, und das erste Opfer dieses Versuches ist die Humanität. Aber es ist das Paradox, daß dabei die Humanität im Namen der Humanität geopfert wird. „Wer dem absoluten Anspruch einer konkreten Religion widersteht, gefährdet sich selbst", so sagt solche Religion; nach ihr wäre es inhuman, den Feind der Religion human zu behandeln. Man muß sein unreines Menschsein zerstören, um sein reines Menschsein zu retten. Und man muß das Menschsein anderer vor der Verunreinigung durch ihn schützen. Es ist die *humanitas,* die der inhumanen Religion das gute Gewissen gibt – ein paradoxer Triumph der Humanität selbst im Abgrund religiöser Inhumanität.

Aber vielleicht haben wir damit den tiefsten Abgrund des religiösen Anti-Humanismus noch nicht erreicht. Vielleicht müssen wir ihn in einem feineren, geistigeren Vorgang suchen als in der religiösen Verfolgung. Vielleicht muß man ihn in einem Glauben und einer Theologie suchen, die den Menschen zu einem Werkzeug für die Ehre Gottes macht, zu einem Ding, das von Gott gebraucht wird um Gottes willen, ganz gleich, was diesem Ding geschieht. Wenn ich sage, daß dieser Punkt in der Lehre von der doppelten Prädestination aller Menschen erreicht ist, so soll dies keine Kritik an dem frommen Calvinisten sein, der von der Majestät Gottes überwältigt ist; aber es soll eine Theologie verurteilen, die glaubt, der göttlichen Ehre zu dienen, wenn sie den Menschen zum Ding entehrt. Wo die Ehre Gottes mit der Entehrung des Menschen erkauft ist, da ist in Wahrheit Gottes Name entehrt. Es war ein wichtiges Ereignis in der gegenwärtigen Theologie, als Karl Barth sich in seiner Schrift „Die Menschlichkeit Gottes" von einem Teil seiner eigenen Vergangenheit und von denjenigen seiner Anhänger trennte, die die Größe Gottes seiner Inhumanität gleichsetzten.

Und doch haben wir noch nicht die letzte Tiefe religiöser Inhumanität erreicht. Sie stellt uns vor ein neues Paradox. Sie öffnet sich da, wo man zu jeder konkreten Religion nein gesagt hat – um der Humanität willen, und wo nun die dämonischen Kräfte in profaner Verhüllung die Humanität bewußt und radikal zerstören. Der Vorgang, von dem ich rede und der unser aller Schicksal bestimmt hat, ist auch entscheidend für das Problem Humanität und Religion. Die totalitären Systeme des zwanzigsten Jahrhunderts setzen die Säkularisierung der westlichen Kultur durch die Entwicklung der industriellen Gesellschaft voraus. Das ist oft genug gezeigt worden. Aber selten ist gesehen worden, was in der Tiefe der Kultur, in ihrer tragenden Substanz geschehen ist. Man hat die Loslösung der Kultur von der Religion beklagt, man hat – und nicht nur von theologischer Seite – die Rückkehr zur Religion empfohlen, man hat versucht, das Haus der Religion wohnlicher zu machen, als es vor dem Auszug des Humanismus war. Das alles hat seinen Sinn, aber es trifft nicht das Entscheidende: den Kampf um den Menschen, der in der säkularen Kultur genauso unerbittlich geführt worden ist wie in den religiösen Kulturen. Man erkannte nicht mehr die streitenden Mächte unter der Decke der humanen Zivilisation. Man wollte nicht das Dämonische sehen, und man beraubte sich damit der Möglichkeit, das Göttliche zu sehen. Man suchte ein Menschliches, das von beiden Polen gleich weit entfernt ist. Man übergab den Kampf um den Menschen dem Menschen selbst und sah darin den wahren Humanismus.

III.

Dem aber steht die Erfahrung aller Zeiten entgegen. Mythos und Dichtung zeugen von dem Kampf um den Menschen. Nach Mythos und Philosophie hat er ein Vorspiel im Werden der Natur. Die Kräfte der Integration und Desintegration, der Produktion und der Zerstörung, des Vorstoßens und des Rückfalls, die in allen Dimensionen und Bereichen der Natur, die in allen Lebensprozessen wirksam sind, bereiten den Kampf um den Menschen vor, machen ihn allererst möglich und wirken ständig in ihn hinein. In den höchsten Manifestationen des Göttlichen, in den furchtbarsten Erscheinungen des Dämonischen ist Natur gegenwärtig. Der Kosmos nimmt teil am Kampf um den Menschen, so sagt es der Mythos. Nur als die Ungeheuer der Urschöpfung überwunden waren, konnte der Mensch auftreten. Und er kann nur als Mensch sein, wenn in ihm und um ihn die Mächte des Chaos in der Tiefe bleiben, Schöpfung ermöglichen, aber nicht Zerstörung bewirken. – Wieder zeigt heute die Natur ihre Macht im Kampf um den Menschen. Durch das Eindringen des Erkennens in die Urelemente der Natur ist die Drohung entstanden, daß die Entwicklung der Natur, in der der Kampf um den Menschen siegreich gefochten wurde, zurückgenommen wird und der Kampf dadurch zu Ende kommt, daß auf dem Weg über den Menschen die Existenz des Menschen aufgehoben wird. Mit Bangen blickt der heutige Mensch auf diese Möglichkeit. Die Tatsache, daß durch ihn allein diese Selbstvernichtung geschehen kann, gibt ihm keine Beruhigung. Wie schal würde heute ein Appell an die Menschen guten Willens oder an alle Vernünftigen klingen, den Atomtod zu verhindern. Das ist gerade das Wesen der dämonischen Kräfte, daß sie die Vernünftigen untereinander und mit sich selbst in Widerspruch bringen und guten Willen gegen guten Willen schalten. Was die Natur vor dem Erscheinen des Menschen für und gegen den Menschen getan hat, das tut sie heute durch den Menschen für und gegen ihn. Und wir wissen nicht, was stärker ist, das Für oder das Gegen. So einen sich Urzeit-Mythos und Gegenwartserfahrung des Kampfes um den Menschen.

Der Kampf der Mächte um den Menschen erscheint an vielen Stellen der Literatur und Kunst in historischer Zeit. Im Homerischen Epos sind nicht die kämpfenden Heroen die in letzter Instanz Handelnden, sondern es sind die Götter, die auf beiden Seiten Partei nehmen und *durch* den Menschen *um* den Menschen kämpfen. Sie sind den Heroen Schicksal, aber nicht im Sinne einer von außen wirkenden Kausalität, sondern entsprechend dem Charakter, dem Ethos der Handelnden, wie Heraklit sagt. Auch in der Tragödie, in der sich die Humanität von der dämonischen Sphäre zu befreien sucht, bleiben es die göttlichen Mächte, die durch den Menschen des Menschen Schuld und Sühne schaffen. Erst später erscheint der auf sich gestellte Mensch, der aber bald, an sich verzweifelnd, in die geistige und leibliche Wüste der radikalen Skepsis getrieben wird oder sich, wie im Platonismus und Stoizismus, den Mächten wieder zuwendet, die in der religiösen Erfahrung bewußt werden.

Das in seiner Schlichtheit eindrucksvollste Bild des Kampfes der

Mächte um den Menschen ist in den drei ersten Evangelien gegeben. Der Mensch, in dem nach der Überzeugung der Evangelisten die Menschlichkeit Gottes und die Menschlichkeit des Menschen voll erschienen sind, lebt unter ständigem Angriff der dämonischen Mächte, die er in sich und anderen durch die Gegenkraft des ihn treibenden göttlichen Geistes überwindet. Auch hier sind es Mächte, die um den Menschen kämpfen und im Kampf um *diesen* Menschen zugleich um den Menschen überhaupt kämpfen.

Als die abendländische Aufklärung gegen die Inhumanität des Mittelalters kämpfte und ihre wohlverdienten Siege errang, vergaß sie, daß auch die Inhumanität des Mittelalters Kampf um den Menschen war. Sie sah nur die Methoden dieses Kampfes und übersah sein Ziel. Das Ziel war der Sieg der göttlichen über die dämonischen Kräfte im Menschen, es war Begnadetheit gegenüber Besessenheit. Aber dieses Ziel suchte man auf Wegen zu erreichen, die wir heute selbst als Besessenheit empfinden. In dem mittelalterlichen Kampf um den Menschen siegten die dämonischen Mächte weithin dadurch, daß sie sich in Erscheinungen wie Inquisition und Hexenprozessen in den Dienst des Kampfes gegen sie selbst stellten. Wer die Dämonen ruft, um die Dämonen zu bekämpfen, bleibt in ihrer Gewalt und verliert an sie den Menschen, den er vor ihnen retten wollte. Daran zerbrach schließlich das Mittelalter.

Wenn wir nun auf die Höhe desjenigen Humanismus blicken, der unsere Kultur weithin geformt hat, so finden wir hier eine Darstellung des Kampfes um den Menschen, die wenig ihresgleichen in der Weltliteratur hat, Goethes „Faust". Sie ist besonders bedeutsam für unsere Frage, weil sie *nach* den Siegen der Aufklärung geschaffen ist, weil sie frei ist *von* der Bindung an irgendeine konkrete Religion und doch frei *für* konkrete Symbole, weil sie Motive des Buches Hiob und des mittelalterlichen Mythos aufnimmt, und weil sie die Mächte, die um den Menschen kämpfen, in neuer Weise beschreibt. Ich hatte den Vorzug, im Hamburger Schauspielhaus vor einigen Wochen die Aufführung von „Faust, 2. Teil" zu sehen, und es waren zwei Dinge, die mich besonders packten. Das eine war die Tatsache, daß in all den profanen Vorgängen, die auf der Bühne abrollten, niemals die Dimension der Tiefe verdeckt wurde. Die Zweideutigkeiten aller Lebensprozesse, des Geldes, des Krieges, des Karnevals, des klassischen Humanismus, der Technik (wie in Faust, 1. Teil, der Wissenschaft, der Liebe), sind überall gezeigt. Mephisto fehlt nie, aber auch die Gegenkräfte fehlen nicht. Es sind die Mächte, die in allen Gebieten um Faust, um den Menschen, kämpfen.

Und das andere, das mir wichtig wurde, war die Tragödie Mephistos, die Tragödie des Negativen, deren Darstellung nicht nur eine überragende schauspielerische Leistung war, sondern auch einen Einblick gewährte in die Natur der um den Menschen kämpfenden Mächte. Das Negative ist tragisch, weil sein Sieg immer und notwendig seine Niederlage ist. Denn das Negative lebt von dem Positiven, das es negiert, das reine Negative hat kein Sein. Selbst die Lüge lebt von der Wahrheit, die sie verzerrt. Darum nennen wir die Macht, die vom Negativen her um den Menschen kämpft, nicht satanisch, sondern dämonisch. Sie ist, in zweideutiger Einheit, schöpferisch und zerstörerisch zugleich. Sie hat Macht nur, solange sie dem Schöpferischen unterworfen bleibt, dessen Werk sie zerstören will. Sie kann vieles zerstören, z. B die gegenwärtige Menschheit, aber sie kann nie endgültig Sieger bleiben. Das Humane selbst ist dem Dämonischen unerreichbar, auch wenn alle Menschen von ihm vernichtet wären. Das ist die Tragik des Negativen und die Gnade des Seins.

IV.

Wenn wir nun zum Schluß einen Blick auf unsere Gegenwart werfen, so finden wir beides in überwältigender Fülle: den realen Kampf um den Menschen und den künstlerisch-literarischen Ausdruck dieses Kampfes. Von Dostojewskis Gestalt des Iwan Karamasow, der mit Gott und Teufel kämpft, bis zu dem Teufelsgespräch von Leverkühn in Thomas Manns Dr. Faustus findet sich ein reiches Material, in dem der Kampf der Mächte um den Menschen das Thema ist. Dagegen finden sich kaum noch Darstellungen eines Humanismus, der den Menschen auf sich selbst stellt und behauptet, daß der Mensch aus sich selbst sein Humanum verwirklichen kann. Nur selten noch findet sich in der großen Literatur, in Dichtung, Drama und Roman, ein Bild vom Menschen, in dem die Tiefendimension ausgeschaltet ist, in dem der göttlich-dämonische Grund des Lebens verdeckt bleibt. Eins aber ist deutlich: Es ist nicht die volle Humanität, die heute aus diesem Boden erwächst. Es ist eine gebrochene, sich selbst widersprechende, unorganische und unideale Humanität, in der wir uns selbst erkennen. Das Übergewicht der dämonischen Mächte ist das Schicksal des Jahrhunderts der Weltkriege.

Das zeigt sich vielleicht noch deutlicher als in der Literatur in der bildenden Kunst. Schon im Impressionismus ist das Bild des Menschen hineingesunken in die optische Natur der Licht- und Farbreflexe. Der Mensch ist ein Stück subjektiv gesehener Natur, nachdem er vorher im objektiven Naturalismus ein Stück wissenschaftlich gesehener Natur geworden war. Seit Beginn des zwanzigsten Jahrhunderts wird der Mensch Träger von Expressionen, in denen die Dimension der Tiefe durch sein alltäglich begegnetes Bild hindurchbricht und es zerbricht. Die natürlichen Relationen des Gesichtes und des Leibes werden zerschnitten, beide sind schwer oder gar nicht erkennbar, das Porträt wird unmöglich, Gruppen verlieren ihre verständliche Ordnung, schließlich verschwindet alles Organisch-Gegenständliche. In der abstrakten Kunst ist der Mensch zurückgeschlungen in die anorganischen Elemente des Daseins. All das sagt uns, daß in dem Kampf um den Menschen der Mensch verloren gegangen ist. Und es ist die Größe der jüngsten Kunst, daß sie dieses anerkennt. Die Situation ist besonders deutlich in der religiösen Kunst. Nachdem sie den Sonntagsblätter-Kitsch eines idealisierenden Naturalismus hinter sich gelassen hat, wurde sie fähig, den Menschen unserer Zeit zu sehen, nämlich den Menschen am Kreuz, den Menschen, der von dämonischen Mächten ergriffen ist und zerstört wird, dessen „Humanum" aber auch in diesem Äußersten unzerstörbar durchscheint. Es ist unserer Kunst noch nicht gegeben, den Sieg dieses Humanum zu zeigen, weil ein, wenn auch noch so fragmentarischer, Sieg uns nicht gegeben ist.

Der Kampf der Mächte um den Menschen hat einen Zeugen gefunden, den man nicht leicht als Zeugen für die religiöse Dimension des Humanismus ansprechen würde – Sigmund Freud. Seine Wirkung ist sichtbar in aller großen Kunst, Literatur und Philosophie unserer Zeit. Seine Wiederentdeckung des Unbewußten – ein Begriff, den Goethe und Schelling längst gebraucht haben – zeigt den Ort, von dem aus die Mächte im Menschen um den Menschen kämpfen. Sein Werk ist die monumentale Kritik an einem Humanismus, der von seinem Bewußtsein her das Menschliche im Menschen verwirklichen will. Er gibt den Mächten psychologische Namen, ohne ihnen damit den Charakter als Mächte zu nehmen. Und zuweilen, zum Mißbehagen seiner Anhänger, gibt er ihnen mythische Namen und spricht von dem Kampf zwischen *eros* und *thanatos*, zwischen der Macht der Liebe und der Macht des Todes.

Der Kampf um den Menschen hat in unserer Periode eine solche Intensität erreicht, daß im Bewußtsein, zumindest der jüngeren Generation, ein Humanismus, der von diesem Kampf nichts weiß und an die Einsicht und an den Willen des Einzelnen appelliert, völlig wirkungslos ist. Das bedeutet nicht, daß der Mensch ein Spielball geworden ist, ein Ding unter Dingen. Daß er das nicht ist und nicht werden darf, darum geht ja der Kampf der Mächte. Sondern es bedeutet, daß durch die Entscheidung des Menschen hindurch etwas wirkt, was mehr ist als er – im Schöpferischen wie im Zerstörerischen. Das Humanum schließt Freiheit ein, aber nicht freischwebende, sondern in die Mächte des Schicksals eingebettete Freiheit.

Damit sind wir zu unserer Grundfrage zurückgekommen: Was bedeutet all das für das Verhältnis von Religion und Humanität? Die erste Antwort kann nicht sein: Kehrt zurück in den Schoß der historischen Religionen, entwickelt Humanität innerhalb der Kirchen oder anderer religiöser Gruppen! Dies kann eine Antwort sein, eine bedingte, abgeleitete, aber keine unbedingte, ursprüngliche. Die erste und immer bleibende Antwort auf die Frage nach Religion und Humanität ist das Gewahrwerden dessen, was in der Tiefe geschieht, im Kampf der Mächte, der in jedem Einzelnen und in der Menschheit als ganzer gekämpft wird. Hier liegen die religiösen Wurzeln der Humanität, hier wird über die Möglichkeit des Menschseins entschieden.

Man hat gefragt, ob das Experiment Mensch mißlungen sei oder ob der Mensch verdiene, zurückgenommen zu werden; ganz gleich, ob biologisch dadurch, daß er sich selbst vernichtet, oder soziologisch dadurch, daß er sich in ein Ding unter Dingen verwandelt, die er im technischen Prozeß selbst produziert hat. Nur der Weg, den der Mensch tatsächlich gehen wird, nur der Weg, den *wir* zu gehen uns entscheiden, kann diese Frage beantworten. Noch sind die Mächte, die *für* den Menschen kämpfen, nicht verschwunden. Noch ist der Mensch und seine Freiheit nicht versunken. Der Mut der Künstler und Philosophen, die Niederlage jener Mächte zu beschreiben, ist vielleicht der Anfang ihrer Siege. Man hat von unserer Zeit als gnadenloser Zeit gesprochen. Sicher haben viele unserer Zeitgenossen Gnade nicht mehr sehen können. Aber keine Zeit ist ohne Gnade. Und aus solcher Gnade mag das ewige Humanum neue Gestalt in der Geschichte annehmen. Wir kennen es nicht, wir können es nicht erzwingen, aber wir können wagen, es zu erhoffen.

EINZELANALYSEN

Politik

DER STAAT ALS ERWARTUNG UND FORDERUNG

1. Erwartung und Forderung

Es gibt zwei polare Möglichkeiten, aktuell, also weder historisch noch systematisch vom Staat zu reden. Die eine Möglichkeit ist die, einen Staat zu fordern, in dem das Staatsideal zur Erfüllung gekommen ist. Die andere Möglichkeit ist die, den Staat zu berechnen, der auf Grund der gegenwärtigen Staatswirklichkeit zu erwarten ist. Die erste Art in konsequenter Ausgestaltung ist die utopische, die zweite in bestimmter Einschränkung ist die dialektische. Der Utopismus schaut auf das Ideal und stellt es gegen die Wirklichkeit als Forderung an sie und als Ziel der Arbeit an ihr. Die Dialektik schaut auf die Wirklichkeit und die ihr innewohnenden Tendenzen und stellt sich in den Dienst dieser Tendenzen. Der Kampf des Marxismus gegen die älteren sozialistischen Gruppen war ein Kampf der Dialektik gegen die Utopie, der Wirklichkeits-Berechnung gegen die Ideal-Anschauung.

Und doch besteht kein reiner Gegensatz beider Haltungen. Der Utopismus kann sein Ideal nicht bilden, ohne mitbestimmt zu sein durch die wirkliche Lage, ob er von ihr weiß oder nicht; je mehr er aber von ihr weiß, desto mehr nähert er sich der dialektischen Auffassung. Und umgekehrt: Die dialektische Betrachtung der in der Wirklichkeit herrschenden Tendenzen ist nicht möglich ohne Mitwirkung einer Idealbildung, die bewußt oder unbewußt treiben kann; je mehr sie ins Bewußtsein erhoben ist, desto mehr nähert sich die dialektische der utopischen Haltung an. Der Marxismus war zwar ein Kampf der Dialektik gegen die Utopie, aber in die marxistische Dialektik war das utopische Element aufgenommen. Der Marxismus war zwar Partei, aber er stand zugleich über den Parteien.

Es gibt also eine Haltung, in der Utopie und Dialektik geeint sind, eine Haltung, die zugleich Forderung und Erwartung ist. Aber nicht so, als ob Forderung in einigen Punkten sich mit Erwartung in anderen Punkten verbindet, sondern so, daß beide eine Einheit sind. Die Berechnung des Kommenden darf nicht zuschauende Betrachtung, sondern muß verantwortliche, mitschaffende Schau sein. Und die Setzung des

Ideals darf nicht abstrakte Konstruktion, sondern muß gegenwartsgeborenes Herausdrängen über das Gegenwärtige sein. Verantwortliche Schau ist die Einheit von Dialektik und Utopie. Sie ist das methodische Ideal einer aktuellen Betrachtung von Wirklichkeiten wie der Staat. Und um dieses methodischen Ideals willen ist im Thema Erwartung und Forderung verbunden worden.

Verantwortliche Schau ist gegenwartsgeboren. Gegenwart aber ist ein vieldeutiger Begriff. Es kommt alles auf die Tiefe an, in der Gegenwart gemeint ist. Die Aktualität des Gegenwärtigen liegt in verschiedenen Tiefenschichten. Die sogenannte Realpolitik suchte das Gegenwärtige in einer sehr flachen Schicht, in der Sphäre des Opportunismus, der augenblicks-, aber nicht gegenwartsgeboren ist. Die Verantwortung dieser Schicht ist eine Verantwortung in rein intellektuellen Bezirken der Seele, nicht aber eine Verantwortung in der letzten Seinsschicht. Demgemäß ist hier die Einheit von Verantwortung und Forderung spannungslos und ohnmächtig. Gegenwart muß mehr sein als Augenblick, Handeln und Erkennen aus Gegenwart mehr als realpolitisches Handeln und impressionistisches Erkennen. Die Tiefe der Gegenwart ist der Punkt in ihr, an dem ein Unbedingtes, Sinngebendes in sie einbricht und sie über sich und ihre Zufälligkeiten hinausreißt. Verantwortliche Schau des Staates ist da, wo der Staat gesehen wird unter dem Blickpunkt eines sinngebenden Prinzips, das dem gegenwärtigen Staat seine Tiefe und seine Grenze gibt. Nur in einer solchen Schau ist Erwartung und Forderung machtvoll und spannungsreich geeint.

2. Der Staat

Staat ist rechtsmäßige Gemeinschaft. Darin liegt ein doppeltes: einmal, daß Staat da ist, wo Recht gesetzt wird. Der Staat trägt das Recht, und wo Recht getragen ist, da ist Staat. Ob der patriarchalische Familienverband oder das einen Erdteil besiedelnde Volk Rechtsträger ist, spielt für die formale Begriffsbestimmung keine Rolle. Die Funktion, Recht zu tragen, zu setzen und durchzusetzen, bestimmt das Wesen des Staates. Zugleich aber gehört zum Staat eine Gemeinschaft, die des Rechtes mächtig ist, eine Gemeinschaft, die ihrer selbst mächtig ist und dieses in der Setzung ihres Rechtes zum Ausdruck bringt. Wo keine Selbstmächtigkeit, da ist kein Staat; wo keine Macht, Recht zu setzen und durchzusetzen, da ist kein Staat. In der Staatwerdung gewinnt die Macht einer Gemeinschaft Form und damit Existenz. Staat ist die in der Rechtssetzung sich verwirklichende Macht einer Gemeinschaft.

Weder die Beziehung auf das Recht noch die auf die Macht darf der Bestimmung des Staatlichen fehlen. Ja, es ist nicht einmal möglich, Recht ohne Macht und Macht ohne Recht zu definieren. Darum ist die Auffassung des Staates durchaus unzulänglich, die ihn aus der Unterwerfung einer Klasse oder eines Stammes durch siegreiche Unterdrücker erklärt: Der Zusammenschluß von Siegern und Besiegten zu einem Staat setzt die grundsätzliche Unterordnung unter ein für beide Teile bindendes Recht voraus. Dieses Recht kann dem siegreichen Teil zahlreiche Privilegien gewährleisten: Auch Privilegien sind Bindungen und verdanken ihre Existenz als Privilegien dem Recht, durch das sie gewährleistet sind. Die Machttheorien können für gewisse historische Fälle die Entstehung einer bestimmten staatlichen Form erklären. Aber das Staatliche als Wesensform ist immer schon vorausgesetzt, wenn die Entstehung von Staaten durch Unterwerfung erklärt werden soll. Das liegt im Wesen der Macht selbst, die sich von aktueller Überwältigung des einen durch den anderen dadurch unterscheidet, daß sie Ausdruck einer realen und darum innerlich anerkannten Mächtigkeit eines Einzelnen oder einer Gruppe ist. Insofern sich diese Mächtigkeit im Recht ausdrückt, ist die Rechtsbezogenheit der Macht konstitutiv für ihren Begriff.

Aber auch die Isolierung des Rechtes hebt das Verständnis des Staatlichen auf. Das in sich und seiner Gültigkeit schwingende Recht ist eine Illusion. Im Recht drückt sich eine bestimmte konkrete und vital begründete Lebenstendenz aus. Ein abstraktes, von solcher vitalen Grundlage losgelöstes Recht gibt es nicht. Es hätte weder Gehalt noch Existenzmöglichkeit. Es kommt zur Existenz nur durch die es setzende und tragende Macht; und aus eben dieser Macht kommt ihr der konkrete, Leben ausdrückende und Leben schaffende Gehalt. Das übersehen alle abstrakt demokratischen Theorien, die das Recht von der Machtbasis, auf der es ruht, loslösen wollen, die den Staat zu einer vital unfundierten Rechtsmaschine machen. Sie übersehen, daß jede Rechtssetzung und Durchsetzung zuletzt auf Entscheidung beruht und daß in jedem, auch dem demokratischsten, Staatsrecht eine Entscheidung gebende Instanz da ist, die in ihrer Entscheidung selbst nicht mehr unter dem Recht steht, wenn sie auch zur Entscheidung durch das Recht bevollmächtigt ist. In dieser Instanz kommt die rechtstragende Macht der Gemeinschaft zum Ausdruck. Das bedeutet aber, daß, wenn Geltung zum Wesen des Rechts gehört, Macht dazu gehört, die es in Geltung setzt. Auch von hier aus gesehen, gehören Recht und Macht in der Sphäre des Staatlichen unlöslich zusammen. Auf der Grundlage dieser allgemeinsten Wesensbestimmung soll nun gefragt werden zuerst nach dem Inhalt, dann nach der Form des Staates. Der Inhalt des staatlichen Lebens ist bestimmt einerseits durch das geistige, andererseits durch das wirtschaftliche Leben, während die Form des Staates sich einerseits als sein innerer Aufbau, andererseits als seine Grenze nach außen hin darstellt.

3. Staat und Geist

Das Verhältnis des Staates zu den geistigen Werten drückt sich entscheidend aus in seinem Verhältnis zum öffentlichen Kultus und zum öffentlichen Unterricht. Die neueren Staatstheorien können nach ihrer Bestimmung dieses Verhältnisses unter drei Symbolen geordnet werden. Das erste Symbol hat Hobbes gegeben in seinem „Leviathan". Es ist ein dämonisches Symbol und bezeichnet die alles verzehrende Gewalt des Staatlichen. Alle geistigen Werte sind ihm untergeordnet, werden von ihm zugelassen oder ausgeschlossen. Er bestimmt den öffentlichen Kultus, er bestimmt, was unterrichtet, was an Kunst geschaffen werden soll. Er entscheidet über das Privatleben, soweit es für seinen Aufbau in Frage kommt. Nur die reine Innerlichkeit bleibt frei. Aber sie darf sich nach außen hin nicht weiter ausdrücken, als es dem Staatsinteresse entspricht, wobei es zu einem völligen Widerspruch zwischen dem kommen kann, was der Einzelne meint und was er als Staatsbürger nach außen hin zu tun verpflichtet ist. Wenn Hobbes sagt, daß der Staat ein „sterblicher Gott" sei, so muß man von seinem Staatsideal vielmehr sagen, daß es einem nicht sterben wollenden Dämon ähnlich sieht.

Das andere Symbol ist der Staat als Gott auf Erden, wie ihn Hegel gesehen hat, gegenüber dem dämonischen ein göttliches Symbol. Seine Göttlichkeit kommt ihm nicht von seiner alles verzehrenden Gewalt, sondern von seinem Charakter als Träger aller geistigen Werte. Er gebietet nicht von außen, was im öffentlichen Leben als Geist-, Kult- und Lebensform zugelassen ist, sondern er selbst ist die Verwirklichung des Geistes in der Geschichte. Kunst, Wissenschaft, Sittlichkeit, Religion sind in ihm wirklich. Er läßt sie nicht zu, sondern er ist sie. Der Sinn der Geschichte, die Verwirklichung des Weltgeistes in einzelnen Volksgeistern kommt in ihm und durch ihn zur Erscheinung. Und darum ist er der „irdische Gott"; er hat alle Heiligkeit in sich konzentriert.

Das dritte Symbol ist der „Nachtwächterstaat", wie er sich im Liberalismus durchgesetzt hat als Reaktion gegen den Druck landesherrlicher Fürsorge in allen Dingen des Geistes und des Lebens. Anstelle des dämonischen und des göttlichen Symbols ist ein extrem profanes Symbol getreten. Der Staat hat keine Weihe. Die geistigen Dinge, Religion und Lebensformung, vollziehen sich in freier Entwicklung, vom Staat in ihrer äußeren Existenz beschützt. Die Funktion des Staates ist rein negativ. Er bekämpft die Mächte der Nacht, die den ruhigen Lebensprozeß bedrohen. Dazu bedarf es keiner göttlichen Weihe, auch keiner dämonischen Machtfülle; es genügt genau so viel Macht wie nötig ist, um das Recht zu schützen. Alle innere Mächtigkeit fällt der von ihm geschützten Gesellschaft zu. Sie, die Einzelnen in ihr und ihre freien Vereine, sind Träger von Kunst und Wissenschaft, von Religion und sittlichem Leben, von Kultus und Unterricht. Die „Grenzen des Staates zu bestimmen", wie es Humboldt in einer Jugendschrift versucht hat, ist der Gegenstand der Staatstheorie.

Unter dem Gesichtspunkt dieser drei Symbole für den Staat, des dämonischen, des göttlichen und des profanen, treten wir nun an die Gegenwart heran, zunächst an die außerdeutsche. Hier liegen die Dinge in großen Zügen so: Auf englisch-amerikanischem Boden ist Träger der geistigen Werte, des Kultus und der Erziehung die Gesellschaft. Eine Ausnahme bildet allein die aus der Feudalzeit gebliebene anglikanische Kirche. Aber da sie eine Ausnahme ist, so ist sie für die englische Staatsauffassung nicht von maßgebender Bedeutung. Daß das englische Parlament über Einzelheiten des anglikanischen Gebetsbuches entscheiden kann, hat für den Staatsgedanken selbst keine Folgen. Und doch kann der englische Staat nicht einfach unter dem profanen Symbol erfaßt werden; er ist viel mehr als Nachtwächterstaat. Er ist unmittelbarer Ausdruck des englischen Seins, wie der amerikanische Staat des amerikanischen Seins. In ihm ist verwirklicht und durch ihn wird zur Existenz geführt die eigentümliche Einheit von nationalem Machtwillen und theokratischer Weltdurchdringung, die das englische und in wichtigen Abwandlungen das amerikanische Sein ausmacht. Zugleich aber ist diese Einheit unmittelbar ausgedrückt im englischen Geistes- und Sozialleben mit seinen stark konservativen Zügen. In Staat und Geist drückt sich in gleicher Weise englisches Sein aus. Darum kann der Staat den Geist frei lassen. Die englische Gesellschaft sorgt dafür, daß der Geist nicht gegen den Staat tritt und der Staat nicht gegen den Geist. Beide entstammen dem gleichen Blut. Und ähnlich liegt es in Amerika. In beiden Ländern ist darum das Verhältnis des Staates zum Geist kein Vordergrundsproblem.

Ganz anders in den diktatorischen Ländern, vor allem Italien und Rußland. Hier gibt es keine regulierende Gesellschaft, die Staat und Geist in gleicher Weise als Ausdruck ihres Wesens empfinden könnte. Hier gibt es vielmehr eine herrschende Gruppe, deren Geist weithin im Widerspruch steht zu dem Geist der Beherrschten. Hier bleibt darum nichts übrig als zwangsweise Einprägung dieses Geistes namentlich in die junge Generation. Die Erziehung geht ausschließlich vom Staat, d. h. von der den Staat regierenden Machtgruppe aus. Doch versucht auch dieser Staat, sich ausdrücklich eine Weihe zu geben. Denn seine Träger wissen, daß der rein profane Staat die Begeisterung nicht wecken kann, die nötig ist, um eine Diktatur zu tragen. In Italien z. B. sucht der Faschismus alt-heidnische Staatsideologien neben ein Bündnis mit dem Papsttum zu stellen, ein Versuch, der allerdings wenig Aussicht auf Bestand hat. In Rußland steht der religiös-eschatologische Schwung der Revolutionszeit als weihende Kraft hinter dem Staat und erlaubt immer noch Bedrückungen des griechischen Katholizismus. Aber auch wenn der Bolschewismus zu einer völligen Neutralität käme, würde er auf die unausgesprochene religiöse Weihung seiner Herrschaft nicht verzichten können und wäre darin dem apokalyptischen Element der russischen Frömmigkeit nicht einmal ganz fern. Wenn auch in diesen Formen der Diktatur vom Staat als „Gott auf Erden" nicht die Rede sein kann, in Rußland schon deswegen nicht, weil die Aufhebung des Staatlichen zur eschatologischen Erwartung des Marxismus gehört, so ist doch eine stark ans Dämonische streifende Gewalt des Staates über den Geist vorhanden.

In Deutschland finden sich zahlreiche Reste der mittelalterlichen Situation, in der die Kirchen Träger der Geistes- und Lebensgestaltung sind, aber als Beauftragte und Geschützte des Staates. Geschützt nicht nur im Sinne des „Nachtwächterschutzes", sondern auch im Sinne einer Privilegierung gerade der von ihnen vertretenen Formen und einer Benachteiligung andersartiger Gruppen. Dieses Verhältnis wirkt vielfach noch mit erstaunlicher Stärke nach. Und doch ist es innerlich gebrochen, und zwar durch die Tatsache des Gegensatzes der Konfessionen und Weltanschauungen, der seit Reformation und Aufklärung für die geistige Lage Deutschlands maßgebend ist. Es könnte nun scheinen, als wäre unter diesen Voraussetzungen die englische Lösung angemessen. Aber das ist nicht der Fall. Es fehlt die von einem gemeinsamen Geist- und Lebensstil geformte Gesellschaft, die Staat und Geist in gleicher Weise als ihr Eigenstes trägt. Die deutsche Gesellschaft ist radikal gespalten und ohne einheitliche Formung. Die einigende Kraft ist allein der Staat. Darum kann sich der Staat in Deutschland nicht darauf beschränken, der Gesellschaft das Geistesleben zu überlassen. Er muß eine Gegenwirkung ausüben gegen das geistige Auseinanderfallen, das ja notwendig auch ein Auseinanderfallen im Verständnis von Staat und Recht ist. Er muß mehr sein als äußerer Schutz, aber er muß zugleich weniger bleiben als Gott oder Dämon. Darin liegt die außerordentliche Schwierigkeit, aber zugleich die unumgängliche Notwendigkeit einer Kulturpolitik auf deutschem Boden. Der Versuch, durch neuhumanistische Grundlegung der Pädagogik einen Ausweg zu schaffen oder gar eine autonome Pädagogik zu fordern, kann nicht wesentlich weiterführen. Denn eine autonome Pädagogik im Sinne der Unabhängigkeit von Weltanschauung und Konfession gibt es nicht, und ein neuer Humanismus könnte schwerlich als einheitliche Grundlage der widerstrebenden Richtungen dienen. Weder könnte er den Deutschen eine einheitliche Geist- und Lebensform, noch könnte er ihnen ein einheitliches nationales Sendungsbewußtsein vermitteln. Die Gegensätze protestantisch-katholisch, proletarisch-bürgerlich, übernational-national, um nur die wichtigsten zu nennen, sind im Humanismus nicht aufgehoben. Die Situation der Gebrochenheit auf deutschem Boden ist nicht zu beseitigen. Weder kann der Staat zum Gott-Dämon noch zum lediglich profanen „Funktionär" werden. Vielmehr muß er die Situation der Gebrochenheit anerkennen und ihr die Tiefe geben, durch die sie zum Ausdruck der Gebrochenheit der menschlichen Lage überhaupt werden kann.

Zuerst und vor allem muß der Staat sich dessen bewußt bleiben, daß er niemals Träger des letzten unbedingten Lebenssinnes sein kann. Das Leben im Staat, die Hingabe an ihn, selbst das Opfer des Lebens für ihn kann niemals Sinnerfüllung schlechthin sein. Der Staat ist nicht die Lebenssphäre, in der die Wahrheit und die Liebe und das Heilige als solches gemeint sind. Dieses alles ist über ihm, wenn es auch nicht ohne ihn zur Existenz kommen kann. Kann es aber nicht ohne ihn zur Existenz kommen, so nimmt der Staat teil an der Heiligkeit dessen, dem er zur Existenz verhilft, so nimmt er teil an Wahrheit und Liebe und hat seine Würde durch sie. Daß er sich nicht selbst zum Ort der Heiligkeit macht, stellt sich jenem Element von Heuchelei entgegen, das bei jeder Verbindung von staatlichem Machtwillen und religiösem Anspruch unvermeidlich ist auch dann, wenn diese Verbindung subjektiv ehrlich ist wie vielfach im Krieg der calvinistischen Länder gegen Deutschland. Daß er sich nicht zum bloß negativen Funktionär herabdrücken läßt, stellt ihn gegen jene Entleerung des staatlichen Lebens, die seinen Handlungen die Würde echter Wertschöpfung nimmt und unverantwortlichen Mächten die Herrschaft zuspielt – dazu die geistigen Dinge ins Private drängt und sie der Schwere einer öffentlichen Angelegenheit beraubt. In dieser doppelten Negation drückt sich die protestantische Haltung des Staates gegenüber Geist und Kultus aus; eine Haltung, die auf der einen Seite alles in die Ebene der Profanität gegenüber dem Unbedingt-Transzendenten rückt und keine direkten Heiligkeiten weder der Kirche noch des Staates kennt, und die andererseits kein Profanes in seiner Profanität ruhen läßt, sondern es erschüttert und begründet durch die Beziehung auf das Heilige.

Man kann dieses Verhältnis konkret als „stillschweigende Übertragung" der geistigen und kultischen Dinge durch den Staat an die innerlich bevollmächtigten Träger bezeichnen. Innerlich bevollmächtigt, Träger des Geistes zu sein, ist die in freier Verantwortung dem Geist dienende Gruppe, die keine oder nur sehr unbestimmte soziologische Formung hat. Innerlich bevollmächtigt, Träger des Heiligen zu sein, ist die der Intention nach mit einer „Gestalt der Gnade" geeinte soziale Gruppe, d. h. die Kirche. Beide Gruppen aber stehen in einer verborgenen oder offenen Verbundenheit, in der die eine oder die andere das Übergewicht haben kann, so z. B. im Mittelalter die Kirche, gegenwärtig die Geistigen. Auch diese Polarität ist nicht ganz aufhebbar, weder zugunsten der Kirche, noch zugunsten des Geistes. Denn Kirche ohne freie Geistigkeit führt zu Erstarrung und Vergötzung und Geist ohne Kirche führt zu Entleerung und Auflösung. Und eben diese Polarität ist es, die dem Staat die Distanz zu beiden zur Pflicht macht und ihn selbst in ein gebrochenes Verhältnis zu Geist und Kultus zwingt. Er überträgt den Geistigen die Verantwortung für den Geist und der Kirche die Verantwortung für das Heilige; er überträgt stillschweigend. Darin liegt: Der Staat überträgt, d. h. er gibt beides nicht aus der Hand. Er darf es nicht um seiner selbst willen, denn Recht ohne Geist und Heiligkeit ist Gewalt und Willkür. Und zweitens liegt darin: Der Staat überträgt, d. h. er übt beides nicht selbst aus, er anerkennt die notwendige Freiheit des Geistigen und die Unantastbarkeit des Heiligen; er weiß, daß er hier nur dienen, nicht schaffen kann durch Rechtssetzung. Und drittens liegt darin: Der Staat überträgt stillschweigend, d. h. der Akt der Übertragung ist kein ausdrücklicher Rechtsakt. Wohl ist er den Rechtssetzungen immanent, aber er ist nicht ein ausdrücklicher selbständiger Rechtsakt. Wäre er das, so würde der Staat zugleich mehr beanspruchen, als ihm zukommt, und mehr weggeben, als er missen darf. Der stillschweigende Akt läßt die Grenzen nach beiden Seiten hin unbestimmt und stellt die Entscheidung allein in die jeweiligen konkreten Gesetze. So kann er z. B. die Schulhoheit nicht preisgeben, aber er ist auch außerstande, von sich aus der Erziehung Ziel und Gehalt zu schaffen. Er muß diese Aufgabe stillschweigend übertragen, und zwar an die Polarität von Geist und Kirche, wobei zur Zeit bei der geringen Symbolkraft der Kirche dem Geist auch in der Erziehung das Übergewicht zukommt. Eine evangelische Schulpolitik hätte sich diese Grundsätze zu eigen zu machen und sich gleich fern zu halten von konfessionellen Machtansprüchen und von der Forderung einer autonomen staatlichen Erziehung. Protestantisch ist es, die stillschweigende Übertragung entsprechend der jeweiligen schöpferischen Mächtigkeit der geistigen und kirchlichen Gruppen zu fordern.

4. Staat und Wirtschaft

Die Stellung des Staates zur Wirtschaft hat durchgängige Analogien mit dem Verhältnis des Staates zum Geist. Beides, Wirtschaft und Geist, sind die unmittelbar produktiven Faktoren, denen der Staat durch Macht und Recht die Existenz gibt. Dem Leviathansymbol entspricht die merkantilistische Wirtschaftstheorie, und es kehrt wieder im Staatssozialismus und gewissen Formen der Planwirtschaft. Dem Nachtwächtersymbol entspricht die liberale, den Freihandel einschließende Auffassung, während der Staat als Gott auf Erden die Wirtschaft als Element mit geringsten Heiligkeitsgraden einschränkt und seinen höheren Funktionen ein- und unterordnet. Der Merkantilismus macht den Staat zum Wirtschaftssubjekt, und zwar den Staat, der sich als gesonderte Wirklichkeit über die feudalen Hierarchien erhoben hat und ein selbständiges Dasein führt, repräsentiert im absoluten Fürsten und getragen von Beamtenschaft und Berufsmilitär. Die Träger des Staates sind zugleich die Führer des Wirtschaftsprozesses. Wirtschaft (wie auch Geistesleben und Kultus) ist ein Ressort der Staatsverwaltung. Es ist die Herrschaft der subjektiven Vernunft, die sich in dieser Haltung ausdrückt.

Ihr steht gegenüber die Herrschaft der objektiven Vernunft, d. h. der Vernunft, die sich in der von ihr gesetzten Gegenstandswelt wiederfindet als natürliche Harmonie widerstrebender Interessen. Die liberale Auffassung, die von dieser Voraussetzung ausgeht, stellt die Produktivkraft der Wirtschaft auf die unbegrenzte Wirtschaftsenergie des einzelnen Wirtschaftenden, die durch den Widerstreit aller gegen alle zu höchster Steigerung angefacht wird. Der Staat kann hier nur ein Hindernis sein. Er darf nicht hemmen und er darf nicht fördern. Die Vernunft des Wirtschaftsprozesses ist ohne ihn garantiert durch die Harmonie, in der das wahre Interesse aller mit dem wirklichen Interesse jedes einzelnen steht. Der Glaube an diese Harmonie macht Eingriffe des Staates überflüssig und schädlich. Er hat nichts zu tun, als die freie Entfaltung der wirtschaftlichen Produktivkräfte mit seinen Machtmitteln zu schützen. – So ist es prinzipiell, aber so ist es nicht in Wirklichkeit. Die autonome Wirtschaft benutzt den Staat, um ihre Autonomie zugunsten einer begrenzten Machtgruppe einzuschränken, und zwar nach außen und nach innen. Der nationalen Wirtschaft wird durch Machtmittel eine möglichst weitgehende Monopolstellung erkämpft; Zölle, koloniale Eroberungen, imperialistische Kriege bedeuten die Indienststellung des Staates für die Zwecke einer nationalen Wirtschaftsgruppe, durch deren Vormacht das freie Widerspiel der Kräfte eingeschränkt wird. Und das Gleiche gilt im Innern. Die Garantie des einmal, z. T. auf Grund feudaler Eigentumsverteilung errichteten Kapitalmonopols bedeutet die tatsächliche Ausschließung der allermeisten von der freien Konkurrenz. Der absolute Eigentumsbegriff und seine gesetzliche Fixierung verkehren die liberale Idee für die weitaus größten Massen des Volkes in ihr Gegenteil. Auf diesem Boden erheben sich dann die sozialen Forderungen, in deren Erfüllung die Autonomie der Wirtschaft ständig von unten her eingeschränkt wird, wie sie es durch das Kapitalmonopol von oben her wurde. Jede sozialpolitische Errungenschaft, jede Wandlung auf dem Gebiete des Arbeitsrechts im Sinne der Einschränkung des freien Arbeitsvertrages bedeutet Eindringen des Staates in die Wirtschaftssphäre, von Staatsbetrieben und Staatsmonopolen ganz abgesehen. Aber die Einschränkung der liberalen Idee vollzieht sich auch auf dem Boden des Kapitalismus selbst. Die Kartellierungstendenz drängt den Typus des freien Unternehmers mehr und mehr zurück. Es entsteht eine hierarchisch gegliederte, durch Kooptation ergänzte, zum Teil modern-feudale Formen annehmende Schicht der Kapitalherrschaft, die den Staat in seiner Eigenmächtigkeit unterhöhlt. Der Staat wird zum Instrument der Kapitalherrschaft, an dessen formaler Unabhängigkeit man nicht tastet, um ihn um so leichter in sachliche Abhängigkeit bringen zu können.

Diese Überlegungen zeigen, daß das Verhältnis von Staat und Wirtschaft weder merkantilistisch noch liberal gedacht werden kann. Aber auch die romantische Einordnung der Wirtschaft als dienendes Glied des Gott-Staates ist nicht möglich. Der Wirtschaft kommt in der staatlichen Machtsphäre eine Bedeutung zu, die sehr viel größer ist als die Stellung, die ihr in einer ethischen Werthierarchie angewiesen zu werden pflegt. Es ergibt sich also zunächst dieses: Der Staat kann niemals Wirtschaftssubjekt sein, die Freiheit der Produktivkräfte gehört zur wirtschaftlichen wie zur geistigen Produktion, die rechtsmächtige Gemeinschaft ist als solche nicht Trägerin der Produktivkräfte. Ebenso aber gilt: Der Staat kann niemals nur der äußere Garant einer ungestörten Produktion sein. Die Antinomie der wirtschaftlichen Produktivkräfte würde sonst genau wie die Antinomie der geistigen Kräfte die Einheit des Staates zerstören, seinen Charakter als rechtsmächtige Gemeinschaft aufheben. Das Verhältnis ist also auch hier gebrochen. Die staatliche Gesetzgebung muß das Gegeneinander der Produktivtendenzen und Produktivkräfte überdecken, ohne es aufzuheben. Auch hier muß „stillschweigende Übertragung" eintreten. Der Staat ist der Übertragende. Er behält die Wirtschaftshoheit wie die Erziehungshoheit. Er bestimmt das Ziel und die Einheit der sozialen Gestaltung der Produktion. Er läßt sich seine Hoheit nicht durch das Kapitalmonopol einer begrenzten Gruppe entreißen. Er unterwirft Monopolmächte, die das Produktionsziel im Interesse ihrer Macht zu bestimmen versuchen. Er bricht die Kapitalherrschaft, und er wird es in dem Maße können, als er sich stützen kann auf einen einheitlichen Produktionswillen, der allein die Grundlage eines irgendwie bestimmenden Produktionsplanes sein könnte. Aber der Staat ist nicht Produzent. Er überträgt die Produktion stillschweigend jenen Kräften, die sie nur in Freiheit verwirklichen können. Stillschweigend bedeutet auch hier, daß diese Übertragung nicht als Institution, sondern nur in Institutionen erscheint. Dadurch bleibt die Spannung offen, die in dem Begriff der Übertragung gegeben ist. – Auch für das Verhältnis von Staat und Wirtschaft sind also Bestimmungen möglich und notwendig, die der protestantischen Voraussetzung entsprechen: die grundsätzliche Offenheit des Verhältnisses, das Teilnehmen des Staates auch am Sinn der Wirtschaft, ihrem Ziel und ihrer sozialen Einordnung, der Verzicht des Staates auf eigene Produktivität, kurz: die Gebrochenheit, wesenhafte Zweideutigkeit des Verhältnisses, durch die Staats- und Wirtschaftsabsolutismus in gleicher Weise überwunden sind.

5. Die innere Form des Staates

Die rechtsmächtige Gemeinschaft bedarf einer wirklichen, konkreten Machtkonzentration, um sich als rechtsmächtig zu beweisen. Der Staat ist nicht identisch mit dieser Machtkonzentration, aber er kommt allein durch sie zur Wirklichkeit. Normalerweise ist sie eins mit den strukturell tragenden Kräften einer Gemeinschaft. Der unmittelbarste und wirksamste Ausdruck der tragenden Kraft einer Gruppe ist die sakrale Weihe, die sie im Bewußtsein aller ihr Unterworfenen hat und die völlig unabhängig ist von der rationalen Eignung der individuellen Vertreter der Herrschaft. Nicht die Person, sondern der Ort ist heilig. Wohl kann es hier einen Kampf einzelner um den Ort geben, nie aber einen Kampf gegen den Ort. Der einzelne Herrscher und die einzelne Aristokratie können ersetzt werden. Der Ort aber, an dem sie stehen, ist unantastbar.

Völlig anders ist die Lage, wenn nicht mehr der einzelne Träger, sondern der Ort als solcher angegriffen wird, wenn die Kategorie des

„Ortes" im Sinne einer statischen Ordnung der Mächtigkeiten in Frage gestellt ist. Das ist der Fall in der bürgerlichen Gesellschaft. Sie kennt grundsätzlich keinen heiligen Ort, der durch sich selbst unantastbar ist und seinen schicksalsgegebenen Inhaber unantastbar macht. Sie kennt keine vorgefundene Hierarchie der Mächtigkeiten als tragende Struktur des Staates. Die Macht ist gleichmäßig verteilt auf jeden Einzelnen, sofern er teil hat an der allgemeinen menschlichen Vernünftigkeit. Die wirkliche konkrete Machtausübung wird grundsätzlich widerruflich übertragen. Sie ist abhängig von der vorausgesetzten Eignung und gibt den Inhabern den Charakter des „Funktionärs", d. h. dessen, der im Auftrage aller eine Sonderfunktion für alle und im Namen aller auszuüben hat. Eine Art von Weihe und Unantastbarkeit hat der Funktionär in diesem Sinne nur, sofern er die Gesamtheit repräsentiert. Denn die Gesamtheit, das Volk, hat etwas von der Weihe der alten Hierarchien. Diese selbst aber, also alle strukturierenden Mächte der Gesellschaft, sind verneint.

Sie sind verneint; sie sind niedergekämpft. Die bürgerliche Gesellschaft kann sie nicht stehen lassen, da sie Hindernisse der ökonomischen Entfaltung sind. Und doch fehlen sie nicht. Denn die Wirklichkeit ist strukturell und nicht strukturlos-egalitär aufgebaut. Der Staat ist auch in den extremsten Demokratien getragen von bestimmten Gruppen. Seine Mächtigkeit ist immer an bestimmten Orten konzentriert. Nur wird das in der Demokratie nicht, wie im Feudalismus, anerkannt, gesetzlich fixiert, geweiht. Es bleibt vielmehr im Verborgenen. Es vollzieht sich indirekt, ohne Weihe und Gesetz, darum aber nicht weniger nachdrücklich. Zunächst sind es die Funktionäre, die sich immer irgendwie zu einem selbständigen, vielfach durch Kooptation ergänzten Herrschaftsgebilde fixieren. Dann ist die Entscheidung durch Majorität selbst nur zu verstehen als gewaltloser Machtkampf, hinter dem aber die Drohung eventueller Gewaltanwendung durch die Majorität steht. Und endlich werden Funktionäre und Majoritäten tatsächlich geschaffen durch die eigentlich machttragenden Gruppen. So etwa auf kapitalistischem Boden durch die Gruppe der Kapitalherrschaft. Hinter der abendländischen Demokratie steht fast durchweg als strukturell tragende Gruppe die großkapitalistische: nicht eindeutig, vielfach in sich gespalten, oft eingeschränkt durch Mächte, die noch nicht vom Markt eingesogen sind, immer aber vorhanden und schließlich immer siegreich.

Es wäre falsch und dem Wesen des Staates als rechtstragender Gemeinschaft zuwider, wollte man den Bestand solcher strukturierenden Mächte einfach verwerfen. Zu verwerfen ist aber, daß sie unsichtbar, unverantwortlich, indirekt wirken, gedeckt durch die Demokratie, die Demokratie benutzend und aushöhlend, tragend und zugleich zerstörend. Die bisher wirksamste Opposition gegen diese Sachlage ist ausgegangen von den Diktaturen. Diktatur scheint der radikale Gegensatz zur Demokratie zu sein, er ist es aber nicht. Diktatur steht auf dem Boden der Demokratie. Der Ort des Diktators hat als solcher keine Weihe. Der Diktator ist Funktionär, auch wenn zeitweise oder dauernd auf seine Zurücknehmbarkeit verzichtet werden muß. Die Drohung aber, die mit der Ungeweihtheit des Ortes der Diktatur gegeben ist, bleibt bestehen. Sie führt dazu, daß der Diktator eine machttragende Gruppe zu schaffen sucht, durch die die Demokratie strukturiert wird und der Diktator einen notwendigen Ort innerhalb der Struktur erhält. Gelingt das, so ist jene Drohung beseitigt, und die Weihung des Ortes ergibt sich unmittelbar.

Die Frage ist aber, ob auf dem Boden der kapitalistischen Demokratie eine andere als wirtschaftlich begründete Machtstruktur möglich ist, ob der Versuch, vergangene Hierarchien wiederherzustellen oder ihre Reste aufzublähen, sinnvoll und möglich ist. Es ist charakteristisch, daß die Diktaturländer Rußland und Italien kapitalistisch relativ wenig durchsetzt sind, daß in Rußland das Bauerntum, in Italien die mittleren Schichten die eigentlich tragende Bedeutung haben. Darum ist hier eine außerkapitalistische Strukturierung bis zu einem gewissen Grade möglich. In hochkapitalistischen Ländern kommt derartiges nicht in Frage. Die Mächtigkeit liegt bei den Trägern des kapitalistischen Arbeitsprozesses, und um die Übermacht ringen Kapital und Arbeit. Eine von diesem Widerstreit unabhängige Struktur als „Volksgemeinschaft“ aufzusuchen oder zu fordern, ist Romantik, die wie jede Romantik heimlich verbündet ist mit der jeweils herrschenden Macht.

Die wirkliche Machtstruktur soll offen hervortreten und den Ort verantwortlich ausfüllen, den sie unverantwortlich in Besitz genommen hat. Das bedeutet aber nicht, daß der Staat sich einfach mit diesem realen Machtaufbau in eins setzen soll. Vielmehr ist auch hier die Gebrochenheit der Lage Ausdruck eines dem Geist des Protestantismus angemessenen Staatsaufbaus. Die Spannung von Demokratie und tragender Machtgruppe ist, von dieser Tiefe aus gesehen, Spannung von Kritik und Verwirklichung, Spannung von gültiger Forderung und unmittelbarer Seinsmächtigkeit, Spannung von Sollensrecht und Seinsrecht. Die bloße Seinsmacht ist dämonisch-zerstörerisch, die bloße Sollensmacht abstrakt-entleerend. In der Polarität beider, d. h. in der Polarität von strukturierender Machtgruppe und demokratischem Korrektiv ist der wesensgemäße innere Aufbau des Staates gegeben. Es ist wichtig festzustellen, daß in aristokratisch fundierten Monarchien die Stellung des Monarchen vielfach dieses demokratische Element in sich trug. Von einer sich absolut setzenden Aristokratie wird der Monarch und gerade der absolute Monarch demokratisch empfunden; nicht mit Unrecht, denn als Repräsentant des Staates trägt er außer der aristokratischen Mächtigkeit, die in ihm gipfelt, die allgemeine Gegentendenz in sich, die auch die Aristokratie dem Recht unterwirft. Die hier geforderte Polarität ist also keine Utopie, sondern hängt aufs innigste mit dem Wesen der staatlichen Machtverwirklichung zusammen.

6. Die Basis des Staates

Noch ist die Frage nicht gestellt, welches die rechtsmächtige Gemeinschaft sein soll, die den Staat trägt, welches also die Basis des Staates ist. Für die bisherigen Fragen konnte das vorläufig in der Schwebe bleiben, für die Sache selbst in Erwartung und Forderung hat es fundamentale Bedeutung. Richtet sich doch der ganze innere Aufbau sowie das Verhältnis zu Geist und Wirtschaft weithin nach der äußeren Lage, d. h. nach dem Verhältnis einer selbstmächtigen Gemeinschaft zu den übrigen. Die zur Zeit maßgebende staatstragende Gruppe ist die Nation. Der Nationalstaat ist die weit überwiegende Verwirklichungsform des Staatlichen. Ihm entspringen die Tendenzen, die als Nationalismus und Imperialismus den unmittelbaren Machtwillen der nationalen Gemeinschaft zum höchsten sozialen Lebensprinzip erheben, uneingeschränkt durch übergreifende Rechtsformen. An dieser Stelle nun entsteht ein schwieriger Konflikt zwischen Macht und Recht. Die ihrer selbst mächtige rechtsetzende Gemeinschaft ist eben durch diese ihre Funktion souverän. Sofern sie Recht setzt, scheint für sie kein Recht gesetzt zu sein. Die Korrelation Macht-Recht scheint in der Souveränität aufgehoben zu sein. Damit aber wäre die definitorische Zusammengehörigkeit beider zerstört, die Voraussetzung alles Vorhergehenden in Frage gestellt.

Die rechttragende Gemeinschaft ist Gemeinschaft, d. h. die Basis der staatlichen Bindung ist eine unmittelbare Verbundenheit. In bezug auf diese Gemeinschaft hatten wir Macht und Recht durcheinander definiert. Es fragt sich nun, wie das Verhältnis zu denen gedacht ist, die außerhalb dieser Gemeinschaft stehen. Dafür gibt es drei Möglichkeiten. Die erste ist die, daß das „Außerhalb" grundsätzlich nicht anerkannt wird und jede tatsächlich außerhalb stehende Gruppe in dem Augenblick, wo sie in den Gesichtskreis tritt, in die Staatseinheit aufgenommen wird, *in potestatem redigitur:* das Prinzip des naturhaft-imperialistischen Raubstaates. In diesem Falle kann von einem Gegensatz von Macht und Recht keine Rede sein, da überhaupt keine Macht anerkannt wird, die außerhalb steht, sondern nur Massen und Gruppen, denen die Rechtsmächtigkeit abgesprochen wird. Die zweite Möglichkeit ist die, daß andere rechtsmächtige Gruppen anerkannt werden, aber jedes Rechtsverhältnis zu ihnen abgelehnt wird: der Standpunkt der absoluten Souveränität und des bewußten Imperialismus. Auch hier ist kein Gegensatz von Recht und Macht vorhanden. Entweder nämlich wird die fremde Souveränität ernsthaft anerkannt. Dann wird der fremden souveränen Gruppe eben damit Rechtsmächtigkeit zugesprochen und ihre Unterwerfung oder Beschränkung als Rechtsbruch gestempelt. Auf diesem Boden werden tatsächliche Angriffe dadurch gerechtfertigt, daß man entweder der fremden Gruppe den Rechtsbruch zuschiebt oder daß man die fremde Gruppe als wesensmäßig nicht rechtsfähig und darum als Gegenstand der Kolonisation hinstellt. Würden solche Versuche der Rechtfertigung fehlen, so würde es sich um einen naiven Raubstaatimperialismus handeln, die Theorie der Souveränität wäre also verlassen. Will man das nicht, so bedarf man jener Rechtfertigungen und zeigt damit, daß man Macht und Recht ineinander denken will. Die Konsequenz des Gedankens führt dann aber notwendig weiter zu einer dritten Auffassung. In dieser wird die Souveränität relativiert und damit eigentlich erst in ihren Konsequenzen verstanden. Mit der Statuierung fremder Souveränität ist ein Element der Gemeinschaft gesetzt, das über die national oder sonst irgendwie bedingte Basis des einzelnen Staates hinausweist und das notwendig einen Ausdruck im Recht finden muß. Das übergreifende Recht ist Ausdruck von Elementen übergreifender Gemeinschaft.

Damit ist genau wie für den inneren Aufbau des Staates jeder Versuch abgelehnt, unter Bestreitung der relativen Souveränität und unter Verleugnung der Gemeinschaftsgrundlage des Staates ein abstraktes Recht zu schaffen, in dem sich keine konkrete Machtgruppe mehr wiederfinden kann. Vielmehr gilt auch hier, daß Recht ohne rechtsmächtige Gemeinschaft wesenlos ist.

Es fragt sich nun, von wem die Beschränkung der absoluten zur relativen Souveränität ausgehen soll. Auch hier muß strukturell, nicht egalitär gedacht werden. Die übergreifende rechtsmächtige Gemeinschaft der Völker hat Orte der Konzentration der ihr innewohnenden Mächtigkeit, seien es bestimmte Völker, seien es – und das ist in diesem Falle entscheidend – bestimmte gleichartige Gruppen innerhalb verschiedener Völker, wie z. B. die Kapitalherrscher oder das Proletariat.

Es ist angemessen, daß solche die Struktur bestimmenden Gruppen auch äußerlich repräsentativ hervortreten. Zugleich aber, daß die ihnen gegenüberstehende, die Souveränität beschränkende Tendenz zu wirksamer Darstellung kommt. Die Polarität von Kritik und Gestaltungskraft, von Sollen und Sein gilt wie für den inneren Aufbau des Staates so auch für das Verhältnis der Staaten zueinander.

Voraussetzung dafür ist aber das Vorhandensein von Gemeinschaft und Elementen übergreifender Selbstmächtigkeit zwischen den bisher in souveränen Staaten abgegrenzten Gemeinschaften. Es gibt keine grundsätzliche Entscheidung über das, was in dieser Beziehung zur Zeit vorhanden und in Zukunft möglich ist. Jedenfalls ist die „Menschheit" als letzte rechtsmächtige Gemeinschaft so wenig Utopie wie es die großen nationalen Einheitsstaaten vor ihrer Entstehung waren. Sie ist vielmehr unausweichliche Konsequenz des Überganges vom naiven Raubstaat zur prinzipiellen Anerkennung fremder Souveränität. Da die Sphäre, in der Rechtsentscheidungen getroffen werden, um so allgemeiner sein muß, je umfassender die rechtssetzende Gemeinschaft ist, so bliebe in solch universaler Verstaatlichung weitester Raum für relative Souveränität in allen konkreten Sphären – eine Möglichkeit, die ja auch zur Zeit innerhalb der übergreifenden Einheit der großen Nationalstaaten verwirklicht ist. Auf dem Boden der Spannung von tragenden Machtgruppen und übergreifender Einheit ist ein Stufenbau relativer Rechtsmächtigkeit denkbar, in der Macht als Recht und Recht als Macht wirklich werden und beide Ausdruck konkreter und zugleich universaler Gemeinschaft sind.

Es ist offenbar, daß eine solche Gemeinschaft nur möglich ist auf Grund einer in letzter Schicht einheitlichen Sinngebung. Repräsentant und tragende Gruppe letzter Sinngebung ist ihrem Wesen nach die Kirche. Daraus kann der Satz folgen: Staatliche Einheit kann auf die Dauer nur so weit reichen wie kirchliche Einheit. Dieser Satz, auf dem die mittelalterliche Staats- und Kirchenpolitik ruhte, ist wahr, wenn er nicht mittelalterlich, sondern protestantisch gedeutet wird: Wenn Kirche nur Kirche ist in Polarität mit der sie eingrenzenden autonomen Geistigkeit, und wenn Kirche darum immer dialektisch steht zu ihrer eigenen Form und Existenz, wenn die Kirche immer auch über sich selbst steht. Ist es aber so, dann überwindet die protestantische Staatsauffassung in gleicher Weise die humanistische des Vernunftstaates, die heidnische des nationalen Raubstaates und die katholische des der konkreten Kirche unterworfenen Staates. Das Bewußtsein der Gebrochenheit jedes menschlichen Seins, das den Protestantismus erfüllt, führt ihn zu einer gebrochenen und eben darum wahren Auffassung vom Staat.

RELIGION UND WELTPOLITIK

(Ein Fragment)

1. Einleitung: Die Fragestellung

Es soll die Frage gestellt und, soweit in unseren Kräften, beantwortet werden: Was hat Religion zur Weltpolitik zu sagen, was kann sie sagen, was muß sie sagen? Welche Bedeutung kann das, was sie sagt, für die Weltpolitik haben, welche Bedeutung sollte es haben? Wer darf und wer soll im Namen der Religion zur Weltpolitik sprechen, und wer darf und wer soll im Namen der Weltpolitik auf das hören, was die Religion sagt? Welche Kräfte sind am Werk, die solch Reden und solch Hören begünstigen, und welche Kräfte versuchen, es zu hindern und seine Wirkung zu beseitigen? Welches sind die Perspektiven, die sich aus dem Zusammenwirken von Religion und Weltpolitik ergeben, für die religiöse wie für die weltpolitische Lage?

Eine Antwort auf all diese Fragen soll im voraus gegeben werden. Sie ist das Thema des ganzen Buches und die Leitidee für alle Lösungen, die in ihm vorgeschlagen werden. Diese Antwort kann sehr einfach, ja scheinbar tautologisch formuliert werden: Die Forderung der Religion an die Weltpolitik ist, daß sie *Welt*-Politik sei. Wer immer Träger politischen Handelns sei, Nationalstaaten, Parteien, Bündnissysteme, internationale Bewegungen – die Religion fordert von ihnen, daß ihre Politik weltpolitischen Charakter habe. Das gilt zuerst und in schärfster Zuspitzung von der Politik der „souveränen Staaten", die zur Zeit die letzte Instanz für alle politischen Entscheidungen sind, durch die allein Parteien, Bewegungen, Allianzen zur Durchsetzung ihrer Forderungen gelangen können. Die Forderung der Religion kann darum auch so formuliert werden: Die nationale Politik soll sich zum Werkzeug für Weltpolitik machen, da das politische Ziel nicht „Nation", sondern „Welt" ist.

Die Religion fordert, daß „Welt" politische Wirklichkeit werde. Der Erklärung und Begründung dieser Forderung dient alles Folgende.

Der erste Teil dient der Erörterung der Begriffe, die in diesem Leitsatz verwendet, sowie der allgemeinen Probleme, die in dem Verhältnis von Religion und Politik enthalten sind. Der zweite Teil sucht die vorhandenen Kräfte und Gegenkräfte für Weltpolitik in der gegenwärtigen Lage, ihr Gewicht und die Grenzen ihrer Wirkungskraft aufzuweisen. Der dritte Teil will zeigen, wo trotz der überwiegenden Zwangsläufigkeit des gegenwärtigen weltpolitischen Geschehens Einsatzstellen für weltpolitisches Handeln im Sinne der religiösen Forderungen gegeben sind.

Grundlegend ist der erste Teil. Die in ihm gegebene historisch-systematische Entfaltung von Religion und Weltpolitik würde auch dann gültig sein, wenn das Verhältnis der Kräfte und Gegenkräfte und damit die Einsatzpunkte und Perspektiven der gegenwärtigen Lage sich verschieben würden. Daß die Forderung der Religion Weltpolitik im materialen Sinne des Wortes ist, bleibt wahr in jeder politischen Situation, auch in der für die Erfüllung ungünstigsten. Religion würde sich selbst aufgeben, gäbe sie diese Forderung auf.

2. *Historisches Vorspiel*

Weltpolitik ist eine Richtung politischen Handelns und fällt unter den allgemeinen Begriff Politik. Es scheint demnach angemessen, zuerst das Wesen von Politik überhaupt zu bestimmen und dann die besonderen Merkmale des „Welthaften" hinzuzufügen. Das kann getan werden, führt aber nicht weit. Denn die Idee der Weltpolitik läßt den allgemeinen Begriff von Politik nicht unverändert. Wenn Politik als dasjenige Handeln verstanden wird, das die Organisation des menschlichen Zusammenlebens zum Ziel hat, so ist Weltpolitik dasjenige Handeln, das die Organisation des Zusammenlebens der Menschheit als ganzer zum Ziel hat. Daß solch ein Ziel angegeben wird, geht über den Sinn von Politik hinaus, wie er sich in der ursprünglichen griechischen Konzeption des Begriffs und in seiner modernen Entfaltung durchgesetzt hat. Für griechisches Bewußtsein ist Politik die Kunst der Leitung eines Stadtstaates im Dienst seiner inneren und äußeren Selbstverwirklichung. Für modernes Bewußtsein ist der souveräne Nationalstaat Subjekt und Objekt des politischen Handelns. Weder der griechische Imperialismus Alexanders des Großen noch der moderne Kolonial-Imperialismus hat diese Begriffsbestimmung des Politischen geändert, obgleich in beiden Fällen welthafte Zusammenhänge sichtbar wurden. Erst in der stoischen Philosophie und unter dem Eindruck der römischen Welteroberung konnte sich im Altertum weltpolitisches Denken durchsetzen. Doch entsprach dem Gewinn ein Verlust. Die Zerstörung der Stadt- und Nationalstaaten durch das römische Imperium und die Zentralisierung der Politik in Rom führte zur Entpolitisierung des allgemeinen Bewußtseins, zur Trennung von kulturellem und politischem Leben und zur Identifizierung von politischem mit obrigkeitlichem Handeln. Das λάθε βιώσας (lebe privat) der Epikureer drückt die Entfremdung des politischen vom übrigen Leben klassisch aus. Die Mahnung des Paulus an die römische Gemeinde, der Obrigkeit untertan zu sein, die Gewalt hat, zeigt ebenso klassisch die Identifizierung von politischem mit polizeilichem Handeln. Das Politische war abstrakt geworden, losgelöst von den Lebensinhalten des Bürgers, der nicht mehr Bürger im griechischen Sinn, sondern Untertan war. Es ist verständlich, daß unter diesen Umständen für Paulus und die erste Christenheit die politische Bürgerschaft zugunsten der Bürgerschaft im Reiche der Himmel entwertet wurde. Die relative Verwirklichung des weltpolitischen Ideals, wie sie im römischen Imperium erreicht war, hatte den Sinn des Politischen überhaupt entleert. Eine abstrakte Machtkonzentration schloß die Massen der Menschheit von jeder Anteilnahme an der politischen Gestaltung aus. Lebenssinn und Politik fielen auseinander. Bis auf den heutigen Tag wirkt diese spätantik-urchristliche Stimmung gegenüber der Politik, vor allem im Luthertum, nach. Dem politischen Handeln wird lediglich ein negativer Sinn zugeschrieben: Unterdrückung und Bestrafung des Bösen, Polizei-Funktion, nicht schöpferische Gestaltung.

Und doch hat das Christentum aus seiner überweltlichen Reichsidee dem Politischen indirekt einen neuen Gehalt zugeführt. Die Kirche übernahm mehr und mehr politische Funktionen, die entsprechend der Würdigung der Kirche als Repräsentantin des Reiches Gottes auf Erden selbst Heiligkeitsqualität erhielten. Die Politik wurde wiedergeboren als Kirchenpolitik. Die politischen Ansprüche der Päpste bis zu Gregor VII. und Innozenz III. müssen von hier aus verstanden werden. Sie beruhen auf der neuen Sinngebung des Politischen: Politik ist Weltpolitik entsprechend dem stoischen Ideal des römischen Imperiums. Aber sie ist zugleich Gestaltung aus dem Sinn und Gehalt des Lebens entsprechend dem platonischen Ideal des griechischen Stadtstaates. Die großen Päpste erstrebten die politische Ordnung der Menschheit aus dem Geiste der Reichgottes-Idee. Sie gaben der Politik ihren Sinn wieder, den sie in der weltpolitischen Zentralisation des römischen Polizeistaates verloren hatte. Aber sie verzichteten nicht auf das weltpolitische Ideal, sondern gaben ihm ein religiöses Fundament: das Bewußtsein der christlichen Kirche, die universale Einheit des Reiches Gottes in der Geschichte zu repräsentieren.

Auf diese Weise verbanden sie den politischen Willen mit der prophetischen Geschichtsdeutung, für die Geschichte Vorbereitung und Durchsetzung der Gottesherrschaft auf Erden ist. Während für die Propheten das auserwählte Volk, Israel, das Werkzeug und der geschichtliche Ort der Aufrichtung der Gottesherrschaft ist, hat für die frühchristliche und mittelalterliche Hierarchie das wahre Israel, die Kirche, diese Funktion. In beiden Fällen ist das politische Ziel die Theokratie, der Sinn des politischen Handelns die Verwirklichung des Reiches Gottes. Die nationalen Imperien werden als Vorläufer der vollendeten Theokratie gedeutet, der Gang der Geschichte wird dementsprechend periodisiert, die widerstrebenden Fürstentümer werden als gegengöttlich beschrieben und ihr Ende vorausgesagt. Die Päpste versuchen, alles politische Handeln in den Bann des kirchlichen Handelns zu zwingen, eine Universalmonarchie aufzurichten, deren Spitze sie selbst darstellen. In Innozenz III. erreicht die weltpolitisch-theokratische Interpretation des politischen Handelns ihren praktischen und theoretischen Höhepunkt.

Der Sieg der weltpolitisch-theokratischen Deutung des Politischen zeigt sich fast noch deutlicher in der Tatsache, daß von staatlicher Seite das gleiche Ideal übernommen wurde. Der byzantinische Cäsaro-Papismus sowie die kirchlichen Ansprüche des germanischen Kaisertums haben theokratisch-weltpolitischen Charakter. Daher die Schärfe der Konkurrenz zwischen Papst und Kaiser, das Übergewicht des im theokratischen Sinne konsequenteren Papsttums und die Entmächtigung beider durch die neue nationalistische Sinngebung des Politischen.

Der völlige Sieg des nationalpolitischen Ideals über das theokratisch-weltpolitische ist in wesentlichen Schwächen des letzteren begründet: erstens darin, daß jede bisherige Theokratie weit davon entfernt war, ihre welthaften Ansprüche praktisch durchsetzen zu können. Die alttestamentlichen Propheten verzichteten von vornherein auf eine natürlich-politische Durchsetzung des theokratischen Anspruchs ihres Volkes auf Weltherrschaft und überließen die Erfüllung dem göttlichen Wundereingriff. Ihr Bemühen geht allein auf die sittliche Zubereitung des Volkes für das göttliche Eingreifen, und in ihrem politischen Urteil widersetzen sie sich jedem Versuch, die göttliche Tat politisch, durch Bündnisse, Aufrüstung etc. vorwegzunehmen. Damit brechen sie das Politische im Dienste einer religiös-sittlichen Ordnung, die aber zugleich als Prinzip der weltpolitischen Organisation gedacht ist. Die antiprophetische Partei hatte recht, das Vorgehen der Propheten als grundsätzlich antipolitisch zu denunzieren, auch wenn das prophetische Urteil sich gelegentlich als das realpolitisch Richtige erwies.

In anderer Weise zeigt sich die Schwäche des theokratisch-politischen

Denkens in seiner mittelalterlichen Erscheinungsform. Die Konkurrenz zwischen Papst und Kaiser und die Spitzenposition in der Welttheokratie war nur möglich, weil die religiös-theokratische Idee reale politische Macht braucht, um sich zu verwirklichen. Diese Macht aber lag in den Händen der feudalen Gruppen, deren symbolisch-reale Einheit der Kaiser war. Sobald die weltpolitisch-theokratische Idee aus der Sphäre des göttlichen Wunders in die der geschichtlichen Wirklichkeit übertragen wurde, konnte auf eine dem Anspruch nach universale politische Macht, den Kaiser, nicht verzichtet werden. Er mußte sich in den Dienst der theokratischen Idee stellen, indem er sich entweder selbst zu ihrem Repräsentanten machte oder sich den Papst als ihrem ursprünglichen Repräsentanten unterordnete. Keine der beiden Lösungen konnte sich ganz durchsetzen, und in ihrem Widerstreit entwickelte sich der neue antitheokratische und antiweltpolitische Sinn von Politik.

Es ist kein Zufall, daß Machiavelli, der dem neuen Sinn von Politik klassischen Ausdruck gibt, es in Anknüpfung an das Ideal der antiken Stadtrepublik tut. Der durch Kaisertum und Papsttum repräsentierte weltpolitische Gedanke ist verschwunden. Er ist durch den italienischen Nationalismus abgelöst. Die Politik des „Fürsten" dient dem von ihm beherrschten Territorium, das groß oder klein sein mag, das sich erweitern oder durch Niederlagen vermindern kann, das aber keine Tendenzen zu welthafter Ausweitung in sich trägt. Das entsprach der Lage der Zeit, in der nach dem Niedergang des Kaisertums als universaler Macht die einzelnen Herrschaftsgruppen in wachsendem Maße politische Souveränität errangen und ihre begrenzten Machtansprüche in ununterbrochenen Kämpfen durchzusetzen suchten, zumal die andere universale Macht, der Papst, selbst zu einer territorialen Partial-Gewalt herabgesunken war.

Der Sinn des politischen Handelns in der folgenden Periode war Ausdehnung und Verteidigung der territorial-fürstlichen Macht und militärisch-administrative Organisation des Territoriums in zentralistisch-antifeudalen Formen. Toleranz gegenüber konfessionellen Verschiedenheiten betonte den Verzicht auf das theokratisch-weltpolitische Ideal des Mittelalters, das durch die Stabilisierung der reformatorischen Kirchen schon in sich unmöglich geworden war. Campanellas Traum einer spanisch-katholischen Universalmonarchie war zu spät geträumt. Die Unterordnung aller Interessen unter die der „Staatsräson" stärkte die Souveränität der politischen Macht nach innen und außen in unerhörtem Maße. In den protestantischen Territorien wurde die Religion zu einer Sektion der Staatsverwaltung. Hobbes' Leviathan-Staat verkündete den totalitären Anspruch der Politik auf territorialer Basis.

Aber die soziale Gruppe, die hinter dieser Entwicklung stand, die frühkapitalistische bürgerliche Gesellschaft, produzierte aus sich heraus neue weltpolitische Tendenzen, die freilich Tendenzen blieben und zu keinerlei Ansätzen weltpolitischer Gestaltung führten. Das erste ist der bürgerliche Kolonial-Imperialismus, der durch Entdeckung der Erdoberfläche und Einbeziehung aller Teile der Welt in den weltwirtschaftlichen Austausch einen neuen Begriff von „Welt" vorbereitete. In sich aber ist der Kolonial-Imperialismus nicht weltpolitisch. Sobald er seine ursprüngliche religiös-theokratische Färbung verloren hat (was im englischen Imperium auch heute noch nicht ganz der Fall ist), zeigt er sich in seinem Charakter als Handels-Imperialismus einer territorial begrenzten bürgerlich-kapitalistischen Gruppe. Die Kolonialkriege sind weltpolitisch in dem rein formalen Sinn, daß sie welthafte Horizonte erschließen, nicht aber in dem materialen Sinne eines auf einheitliche Weltgestaltung gerichteten politischen Handelns.

Es war darum nicht Weltpolitik, sondern Weltbürgertum, was die bürgerliche Philosophie an die Stelle des mittelalterlich-theokratischen Universalismus setzte; Weltbürgertum aber ist auf Generalität, nicht auf Universalität gegründet. Es gründet sich auf das, was allen gemeinsam ist, nicht auf den konkret-universalen Anspruch einer bestimmten Wirklichkeit wie des römischen Volkes oder der christlichen Kirche. Weltbürgertum geht vom Einzelnen aus. Es wünscht „ewigen Frieden" um des Einzelnen willen, ist aber nicht imstande zu zeigen, wie durch politische Gestaltung der „ewige Friede" herbeigeführt werden kann. Es bleibt abstraktes Ideal und wird nicht zum konkreten Anspruch einer ihn tragenden Gruppe.

Daher fiel das Weltbürgertum widerstandslos dem wachsenden bürgerlichen Nationalismus zum Opfer, der das welthafte Denken grundsätzlich zugunsten des nationalen ausschaltete. Der nationale Machtstaat ist das Ziel politischen Handelns. Das fürstlich-territoriale Prinzip wird durch das demokratisch-nationale abgelöst, das durch Rassenideologie und Boden-Romantik noch verschärft wird. Die kolonialimperialistische Erbschaft wird übernommen, aber nicht betont. Internationale Tendenzen werden verdächtigt, die nationale Idee sucht den religiösen wie den humanistischen Universalismus zu verdrängen.

Aber das weltpolitische Denken ist nicht verschwunden. Es ist als Forderung, freilich ohne die Möglichkeit politischer Verwirklichung, in den antikapitalistisch-proletarischen Bewegungen aufrechterhalten worden. Es lebt als Idee in den Kirchen und zahlreichen Vertretern der humanistischen Intelligenz, es drückt sich, wenn auch unpolitisch, im bürgerlichen Pazifismus aus und hat sich ein, wenn auch überaus schwaches Instrument im Völkerbund geschaffen. Andererseits hat der aggressive Nationalismus der diktatorialen Staaten alle anti-weltpolitischen Kräfte – der eigenen und der von ihnen beherrschten Staaten – in Bewegung gesetzt. Das weltpolitische Problem hat dadurch unerhörte Aktualität bekommen.

I. Der Begriff der Welt

1. Das Haben von Welt

Ursprünglicher als der Begriff der „Welt" ist das „Haben von Welt"; es ist so ursprünglich wie Menschsein ursprünglich ist. Denn Menschsein heißt „Welt-Haben". Vor aller Betrachtung der verschiedenen Weltbegriffe ist es darum erforderlich, den Sinn von Welt-Haben zu entwickeln. Es ist das Verdienst der sogenannten Existentialphilosophie, vor allem Martin Heideggers, hier Bahn gebrochen zu haben. Doch hat der bewußte „Atheismus" der Heideggerschen Analyse zur Folge gehabt, daß er zu keinem historisch-universalen Weltbegriff gelangt ist, sondern sich auf einen raumgebundenen Nationalismus hat festlegen lassen. An diesem Punkt der Beziehung zur Geschichte (hinter der die Beziehung zum Gottesgedanken steht) muß die Kritik und Weiterführung der existentiellen Analyse einsetzen.

„Welt-Haben" heißt die Einheit einer Mannigfaltigkeit haben, der man gegenübersteht und zu der man gehört. Welt-Haben heißt darum zugleich: ein Selbst haben, das in sich geschlossen und doch ein Teil einer umfassenden Einheit ist. Denn nur ein völlig bestimmtes, geschlossenes Selbst kann sich so auf sich selbst beziehen, daß alles Übrige ausgeschlossen ist, ihm gegenübersteht und der Einheit des Selbst gegenüber gleichfalls eine Einheit bildet. Ein Wesen, das sich nicht selbst hat, das nicht in Freiheit sich selbst gegenübersteht, hat Umgebung, ist Teil eines Größeren, das Welt sein kann, aber für ein solches Wesen nicht Welt ist. Der Mensch hat niemals nur Umgebung, sondern immer Umwelt, d. h. ein Gegenüber, zu dem er gehört, mit dem er verbunden ist und das, so begrenzt es auch sein mag, ein Teil seiner Welt ist. Die Umwelt des Menschen hat immer welthaften Charakter. Die Höhle, in der der Primitive wohnt, die Quelle, von der er trinkt, haben für ihn alle welthaften Merkmale, die die wissenschaftlich und technisch entwickeltsten Gegenstände für den modernen Menschen haben.

Welthaften Charakter haben oder zur Welt gehören schließt folgendes ein: 1. zu einer alles einschließenden Einheit zu gehören. Diese Einheit besagt nichts anderes als „zur Welt gehören". Die ontologische Diskussion, die um Monismus oder Pluralismus geht, ist damit noch in keiner Weise berührt. Auch eine pluralistische Lösung der ontologischen Frage will sich im Rahmen der „Welt" halten. Über die Beschaffenheit der Welt soll gesagt werden, daß mehrere gleich ursprüngliche Prinzipien bestehen; aber eben *in* der Welt bestehen, also zu dem Zusammenhang gehören, über den eine solche Aussage gemacht werden kann. Und dieser Zusammenhang ist „Welt". Es ist kein Unterschied, ob gesagt wird, daß dieser Zusammenhang eine Einheit ist, oder daß er alles einschließt. Denn wäre etwas ausgeschlossen, so würde der Zusammenhang ein *Teil* der Welt und nicht „Welt" sein. Erst in Einheit mit dem Ausgeschlossenen würde er Welt genannt werden können. Diese Struktur von Welt-Haben ist so zwingend, daß selbst die Gottesidee, obgleich sie Überweltlichkeit einschließt, welthafte Züge annimmt, sobald sie zu einem Gottesbegriff konkretisiert wird. Das Überweltliche wird zu einem überragenden Weltlichen. Der zwingende Charakter der Struktur von Welt-Haben ist darin begründet, daß das Selbst, das Welt hat, sich nur durch Gegenüberstellung von allem als Selbst behaupten kann. Jede Ausnahme (wenn sie gedacht werden könnte, was nicht der Fall ist) würde sich mit dem Selbst vermengen und seine Geschlossenheit aufheben. Der universale und zwingende Charakter von Welt-Haben beruht auf der Welt-Selbst-Korrelation, die von keiner Seite her auflösbar ist. Für das Problem der Weltpolitik bedeutet dieses Merkmal von Welt-Haben, daß an der Universalität des Gegenüber die Geschlossenheit des Selbst hängt, daß darum die Verneinung von welthafter Universalität das Selbst als Selbst und damit die Voraussetzung des Menschlich-Werthaften verneint. Universalität ist nicht „mehr" als Partikularität, sondern eine andere Struktur. Es ist die Welt-Selbst-Korrelation, auf der das Menschliche als Menschliches beruht.

2. Zur Welt gehören heißt: zu einer Struktur gehören, die den einheitlichen Zusammenhang von Welt (und Selbst) konstituiert. Die Voraussetzung, daß „Welt" eine Struktur, einen sinnhaften (nicht notwendig sinnvollen) Zusammenhang hat, ist so alt wie das Nachdenken über Welt. Der Begriff „Kosmos", mit dem die Pythagoreer die Welteinheit bezeichneten, bedeutet Schmuck, Harmonie, mathematisch-sinnhafter Zusammenhang. Und für Parmenides gehört der *logos*, der das Sein denkt und ausspricht, zur Struktur des Seins selbst. Aber vor jeder ontologischen Interpretation ist es deutlich, daß „Welt-Haben" eine „strukturierte Einheit haben" bedeutet. Ohne eine solche Struktur wäre die Gegenüberstellung von Selbst und Welt, die Objektivierung (und Subjektivierung) nicht möglich, auf der das Welt-Haben beruht. Das

„Chaos" wäre indifferent gegen Welt und Selbst und ließe keines von beiden in Erscheinung treten. Daher ist das strukturierende Prinzip, der *logos*, das „Wort", das schöpferische Prinzip. Es ist schöpferisch, weil es Selbst und Welt ineinander und miteinander setzt. Unmythologisch und unontologisch gesprochen: Welt-Haben oder ein geschlossenes Selbst sein bedeutet notwendigerweise „eine Struktur haben" als Struktur der Welt und als entsprechende Struktur des Selbst. Ein Ding, das sich dieser Struktur völlig entzöge, z. B. ein Ereignis, das schlechthin ohne Kausalität gedacht wäre, würde zum Chaos, nicht zur Welt gehören und würde, wenn es in unserer Welt, in unserem Bewußtsein aufträte, unsere Welt ins Chaos stürzen und unser Bewußtsein spalten und damit zerstören. Ein noch-nicht welthaftes Bewußtsein, wie wir es beim Tier vermuten, oder ein nicht-mehr welthaftes Bewußtsein, wie wir es bei uns selbst in gewissen Dämmer- oder Krankheitszuständen erleben, verwischt die Grenzen zwischen Welt und Chaos, wie es die Grenzen zwischen Selbst und Welt verwischt. Mit dem Entschwinden der Strukturen entschwinden Kategorien, Universalien, Gesetze, entschwinden Welt und Selbst. Diese Analyse erscheint sehr fern von dem Problem der Weltpolitik, ist es aber nicht. Denn sie zeigt, in wie tiefen Schichten das Menschliche negiert ist, wenn das Weltpolitische negiert ist.

Das gilt in noch höherem Maße von dem dritten Merkmal des Welthaften, seiner Unendlichkeit. Auch hier muß sofort davor gewarnt werden, dieses Merkmal ontologisch zu deuten und es in die „Kantische" Antinomie zwischen der Endlichkeit und Unendlichkeit der Welt hineinzuziehen. Jene Antinomie und ihre spezielle Struktur muß vielmehr aus dem Unendlichkeitscharakter des Welt-Habens verstanden werden. Die Unendlichkeit der Welt ist die Möglichkeit des unendlichen Hinausgehens über jedes welthaft Gegebene. In jedem Teil von Welt ist eine Unendlichkeit von Beziehungen eingeschlossen, zu denen in allen Richtungen fortgeschritten werden kann. Die Freiheit des geschlossenen Selbst von sich selbst, die Freiheit, sich selbst zum Objekt zu machen, löst das Selbst aus jeder Gebundenheit an eine bestimmte Situation und macht es fähig zu „transzendieren". Und diesem Transzendieren sind keine Grenzen gesetzt. Die Unendlichkeit der Welt ist identisch mit der Unendlichkeit der menschlichen Freiheit, über das Gegebene hinauszugehen. Am Tier kann solche Freiheit nicht beobachtet werden; es handelt entsprechend dem mit seiner Struktur gesetzten Lebensplan. Aber es plant nicht selbst; es „ist geplant". Seine Unfreiheit ist nicht Mangel an Spontaneität, es handelt nicht nach Analogie einer Maschine. Auch hier gibt es analoge (wenn auch nicht identische) Erfahrungen in menschlich-vormenschlichen Zuständen, in denen die Situation und ihre unmittelbaren Forderungen alles Transzendieren aufhebt (bestimmte Krankheiten, Betäubungen, frühe Entwicklungsstadien, primitives und kindliches Verhalten). Die so bestimmte Unendlichkeit des Welt-Habens ist die Grundlage alles freien schöpferischen Handelns des Menschen. Wir setzen Welt und darum Unendlichkeit in jedem schöpferischen Akt voraus, auch wenn der Begriff Unendlichkeit nie in unser Bewußtsein tritt. Der Gegensatz zu diesem Unendlichkeitscharakter des Welt-Habens ist nicht etwa „Endlichkeit". Endlich wird etwas nur dadurch, daß es unendlich transzendiert wird. Der Begriff hat Sinn nur als Polar-Begriff zu Unendlichkeit. Wenn der Mensch als „endliches Wesen" bezeichnet wird, so ist in dieser Aussage seine Unendlichkeit als „defizienter Modus" eingeschlossen. Seine potentielle Unendlichkeit ist verneint. Der wahre Gegensatz zu Unendlichkeit (und Endlichkeit) ist Beschränktheit, Fixiertheit, Fertig-Sein. Wo die Unendlichkeit verneint wird, bricht auch die Selbst- und Welthaftigkeit zusammen: ein fixiertes, fertiges, beschränktes Gegenüber, das kein Hinausgehen zuließe, würde das Selbst zu einem beschränkten Teil seiner selbst machen und mit der Freiheit des Selbst Selbst und Welt aufheben. Für das politische Problem bedeutet das, daß Verneinung der weltpolitischen Idee das Politische zu einer unfreien, im Prinzip fertigen Funktion eines begrenzten vegetativen oder animalischen Gruppendaseins macht und ihm die unendliche, welthafte Möglichkeit abschneidet.

Die fundamentale Analyse des Welt-Begriffs hat aber zum Ergebnis gehabt, daß Welt zunächst im Haben-von-Welt erscheint, aber korrelativ zu einem Selbst. Über den Charakter von Welt in dieser Korrelation konnten die drei Aussagen gemacht werden, daß Welt universale Einheit für ein geschlossenes Selbst ist, daß Welt eine sinnhafte Struktur für ein bewußtes Selbst ist, daß Welt Unendlichkeit für ein freies Selbst hat. Für die Idee der Weltpolitik konnte aus allen drei Aussagen die Folgerung gezogen werden, daß die Verneinung des weltpolitischen Denkens auf Zerstörung der fundamentalen menschlichen Struktur des Welt-Habens hinauskommt. Dieses Ergebnis kann erprobt werden an den verschiedenen menschlichen Funktionen, die auf der Struktur des Welt-Habens beruhen und je einen besonderen Weltbegriff erzeugen. (Angeschlossen soll an dieser Stelle das religiöse Problem sein, das einem besonderen Teil vorbehalten ist.)

2. Der technische Weltbegriff und die Idee des Fortschritts

Der wesensmäßig ursprünglichste Weltbegriff ist der technische. Er ist von Heidegger beschrieben als „Zeughaftigkeit" der Welt. Die Dinge sind noch nicht „Dinge" im theoretischen Sinn, sondern Material und Werkzeug für den besorgenden Gebrauch. So wichtig diese Einsicht in den vortheoretischen Charakter des Welt-Habens ist, noch wichtiger ist es, herauszuarbeiten, was den Zeugcharakter der Welt welthaft macht, wodurch sich das Besorgen im Zusammenhang der Selbst-Welt-Relation von jedem anderen Besorgen unterscheidet, z. B. vom Vorsorge-Treffen des Tieres. In dem Wort „technischer" Weltbegriff ist die Antwort eingeschlossen. Das technische Besorgen hat vor jedem anderen die Qualität des freien Entwerfens und der Schaffung von Werkzeugen als selbständige Gebilde voraus. In dem freien Entwerfen der primitivsten technischen Anlage ist die Möglichkeit unendlichen Transzendierens oder die Unendlichkeit des Welt-Habens vorausgesetzt. In dem beständig sich wiederholenden Konstruieren der kompliziertesten tierischen Wohnanlage ist die Notwendigkeit eines begrenzten, wenn auch hoch entwickelten Lebensplanes ausgedrückt. Das Tier hat nicht die freie Möglichkeit, die das Welt-Haben charakterisiert und die die Voraussetzung des „Entwerfens" ist. Der technische Weltbegriff ist der Begriff einer frei zu gestaltenden Welt.

An dem technischen Weltbild entwickeln sich aber fundamental die Elemente, die Welt überhaupt konstituieren. Die Möglichkeit des Handelns unter Einbeziehung aller denkbaren, aber nicht gegebenen Zusammenhänge, in denen ein Gegenstand steht, hebt diesen Gegenstand aus dem unmittelbaren Handlungszusammenhang heraus und macht ihn zu einem Beziehungspunkt welthafter Zusammenhänge. Es gibt gleichzeitig dem technisch handelnden Selbst das Bewußtsein der Freiheit vom Vorgefundenen durch das Bewußtsein der Freiheit zum Entwerfen von etwas Nichtgegebenem. Daraus entwickelt sich ein nur auf dem Boden des technischen Handelns möglicher Mut, der Mut zur Welt, der unendlich ist. Nietzsche hat recht und unrecht zugleich, wenn er den Menschen das „mutigste Tier" nennt: Der Mensch ist das mutigste Wesen, aber er ist es nicht als Tier, sondern gerade um deswillen, was ihn vom Tier unterscheidet, um der Unendlichkeit seines Welt-Habens willen. Das, was wir im Tier Mut nennen, bestimmte Angriffs- und Verteidigungstendenzen, sind im Lebensplan des Tieres vorgezeichnet und ohne Unendlichkeit und Welthaftigkeit. Dieser Weltmut des Menschen, der dem Wagnis, dem Abenteuer, der Wanderung, dem Spielen mit Möglichkeiten zugrunde liegt, bildet auch eines der wichtigsten Elemente des politischen Denkens und treibt es zum imperialistischen und eventuell weltpolitischen Denken.

Aber der technische Weltbegriff enthält nicht nur das Element unendlichen Weitergehens, sondern auch das Element begrenzter Gestaltung. In den unendlichen Raum wird das „Haus" hineingestellt. Es grenzt ab, es befreit von der Unheimlichkeit des grenzen- und gestaltlosen Weltenraumes. Es schafft den bestimmten Ort, von dem aus zur Welt vorgestoßen und zu dem von der Welt zurückgegangen werden kann. Es macht das „Selbst" geschlossen dadurch, daß es es abschließt, ihm den privaten Raum gibt, in dem es der Welt gegenübersteht. So spiegelt das Verhältnis von Haus und Weltenraum das Grundverhältnis von Selbst und Welt. Das Haus aber ist symbolisch für die ganze Technik. Sie dient dem „Haus", sie gestaltet aus den Welt-Elementen das Haus, und sie intendiert, die Erde und darüber hinaus die Welt zu einem Haus der Menschheit zu machen. „Zum Haus machen" heißt: den Bedürfnissen und Zwecken menschlicher Existenz anpassen, das Fremde, Gegenüberstehende in die Seins-Sphäre des Selbst einbeziehen, die Distanz zwischen Welt und Selbst, die strukturell unendlich ist, aktuell überbrücken. Auf diese Weise wird das Doppelgesicht des technischen Weltbildes verständlich: In unendlicher Aktivität sucht die Technik die gegenüberstehende Welt dem Selbst anzupassen und insofern zu verendlichen. Aber sie kann nie ans Ende kommen, da die Unendlichkeit des Welt-Habens sowohl vom Selbst her wie von der Welt her über jede erreichte Anpassung hinaustreibt. Daher die Fülle und die Leerheit des Technischen, ihre Unendlichkeit im Dienste des endlichen Zweckes, ihre Bedeutsamkeit für das Selbst, solange sie im Vorwärtsgehen ist, und ihre Gleichgültigkeit für das Selbst, sobald sie fertig ist. In dem „Bauen des Hauses" ist Welthaftigkeit, das gebaute Haus ist Mittel, das anderen Zwecken dient, dem „Leben", d. h. Zwecken anderer Ordnung, höherer Grade des Welt-Habens. Unsere Zeit hat beides erfahren: die Bedeutsamkeit und die Gleichgültigkeit des Technischen, die Freiheit, die es gibt als schöpferische, unendliche Selbstverwirklichung des Selbst, und die Knechtschaft unter die menschliche Aktivität, die es mit sich bringt. Unsere Periode ist groß durch Technik und krank an Technik. Und viele politische Vorgänge sind durch diese Doppelgestalt des Technischen bedingt.

Das wird besonders deutlich am Fortschrittsgedanken, der zum technischen Weltbild gehört und für das weltpolitische Problem von unermeßlicher Bedeutung ist. Der Fortschrittsgedanke ist nicht eine willkürliche Interpretation der Welt, sondern er ist in der Sphäre des technischen Weltbildes konstitutiv für Welt. Fortschreiten im Sinne von

Vervollkommnung ist der Verfertigung des ersten Werkzeuges ebenso immanent wie dem Bau der kompliziertesten Maschine in der Gegenwart. Das *bigger and better* des amerikanischen Schlagworts deutet auf die quantitativ umfassendere und qualitativ durchgearbeitetere Aneignung des Gegebenen an die vom Selbst gesetzten Zwecke. Und im Technischen als solchem kann nur von Fortschritt die Rede sein. Jede technische Errungenschaft ist die Basis möglicher neuer Errungenschaften. Dieser Prozeß kann zwar durch gesellschaftliche Vorgänge zum Stillstand, ja durch Vergessen oder Verarmung zum Rückgang gebracht werden. Aber das sind außertechnische Vorgänge. Der technischen Welt ist der Fortschritt eingeboren. Und es war durchaus natürlich, daß das technische Zeitalter den Fortschritt zum Modell von menschlichem Dasein überhaupt machte.

Unterstützt wurde es dabei durch die Tatsache, daß technische Elemente in zahlreichen Gebieten beobachtet werden können, die nicht zur eigentlichen Technik gehören. Am wichtigsten war, daß der Darwinismus das organische Leben unter das Prinzip der fortschreitenden Anpassung des Lebens an die Umgebung auffaßte und die Ausbildung neuer Organe für Zwecke der Selbstverwirklichung des Lebendigen dem technischen Vorgang gleichsetzte. Weiter wurde – zum Teil in direkter Abhängigkeit von den technischen Problemen – Fortschritt in der Naturerkenntnis beobachtet, der als Fortschritt durch die auf ihr beruhende Technik bewiesen wurde. Dadurch wurde auch die Erkenntnis unter das Fortschrittsschema gestellt. Das gleiche geschah mit der Erziehung, in der das Mittel-Zweck-Schema von so großer Bedeutung ist, daß die Idee einer fortschreitenden „Erziehung des Menschengeschlechtes" sich entwickeln konnte. Schließlich griff das technische Muster auch auf Gebiete über, in denen technische Elemente nur äußerlich oder überhaupt nicht vorliegen: Recht und Sittlichkeit, Philosophie und Kunst, Religion. Daher wurde teils die fortschreitende Erkenntnis (in der Kunst auch das technische Können), teils die fortschreitende Erziehung als Begründung benutzt. Es wurde eine Zunahme von Wertverständnis und Wertverwirklichung angenommen. Und die religiöse Idee der fortschreitenden Offenbarung wurde gleichfalls dem technischen Schema des unendlichen Fortschritts unterworfen. Es ist selbstverständlich, und es war für das weltpolitische Problem entscheidend, daß unter all diesen Einflüssen auch der politische Weltbegriff nach dem Muster des technischen konstruiert wurde.

Der zum Teil radikale Rückschlag unserer Zeit gegen den Fortschrittsgedanken, der in erster Linie politische Ursachen hat, macht eine Entscheidung über die Grenzen des technischen Weltbildes erforderlich. Aus unserer Analyse von Welt-Haben überhaupt und von technischem Welt-Haben insbesondere ergeben sich folgende Gesichtspunkte: 1. Der Fortschrittsgedanke ist dem technischen Weltbegriff eingeboren und so fundamental für Welt-Haben wie dieser. Die durchgängige Verneinung des Fortschrittsgedankens muß darum abgelehnt werden. 2. Der Fortschrittsgedanke nimmt teil an der inneren Begrenztheit des technischen Weltbegriffs: Er stellt das unendliche Hinausgehen in den Dienst endlicher Zwecksetzungen – Zwecksetzungen, die vom Selbst als einem Teil der Welt ausgehen und darum an der Begrenztheit dieses Teiles teilhaben. Die Frage „Wozu?" bleibt unbeantwortet im technischen Weltbild. Denn sie kann in ihm nur begrenzt, nicht welthaft beantwortet werden. 3. Diejenigen Gebiete, in denen der Zweck welthaft gesetzt oder der Sinn von Welt entdeckt und verwirklicht wird, können nicht von dem Schema des Fortschritts aus verstanden werden, da bei ihnen die Mittel-Zweck-Relation fehlt. Der unendliche Zweck oder der Sinn kann nur erscheinen, sich verkörpern für ein Selbst, dem er erscheint und durch das er verkörpert wird. Außerhalb dieses Erscheinens für jemand gibt es kein Kriterium und darum auch keinen Maßstab des Fortschrittes. 4. Soweit es sich um Entdecken, Verstehen, Darstellen des menschlichen Zweckes oder Sinnes von Welt handelt, wie in Philosophie und Kunst, sind die Begriffe Fortschritt, Verbesserung, Vervollkommnung unanwendbar, da jede dieser Arten von Schöpfung auf freier Sinnerfassung im Wechselspiel von Welt und Selbst beruht. Fortschreiten in diesen Sphären ist nur möglich als Entfaltung einer speziellen Sinnerfassung aus keimhaften Anfängen zu Reife und Verfall. Der gotische Stil ist dem klassischen weder über- noch unterlegen, aber beide Stile haben Stufen der Entfaltung der in ihrer Ur-Entdeckung liegenden Möglichkeiten. Und es gibt größere und kleinere Repräsentanten in beiden Entwicklungen, wobei der Maßstab „Tiefe der Erfassung" und „Kraft der Darstellung" ist. Das gleiche gilt von den denkerischen Urentdeckungen und ihrer entfaltenden Darstellung. Es ist aber ebenso unangebracht, von Fortschritt von einer philosophischen Periode zur anderen zu reden, wie es unangebracht ist, von Fortschritt von einem Kunststil zum anderen zu reden. 5. Soweit es sich um Entdecken und Durchführen, Verwirklichen, handelt, wie in der sittlichen Sphäre, macht die Freiheit der sittlichen Entscheidung, die immer eine Entscheidung „für" oder „gegen" die sittliche Norm ist, den Fortschrittsgedanken unmöglich. Sittlich gesehen ist jede Persönlichkeit ein Neuanfang, der Entfaltung, Reifung, Vervollkommnung zuläßt. Aber es gibt keinen Fortschritt von einer sittlichen Persönlichkeit zur anderen, auch nicht in der Generationsfolge. Erziehung kann keine sittlichen

Persönlichkeiten schaffen, weil sie nicht die Freiheit determinieren kann. Erziehung kann in den Grenzen, in denen Umwelt und ausdrückliche erzieherische Akte Gewohnheiten schaffen, den sozialen Standard determinieren, innerhalb dessen die sittlichen Entscheidungen erfolgen. Auf diese Weise kann ein Fortschritt in der „Zivilisation" gedacht werden, der dem Mittel-Zweck-Schema unterliegt. Es darf aber nicht übersehen werden, daß auf diese Weise das einzelne Erziehungsobjekt „Werkzeug"-, nicht aber „Persönlichkeits"-Charakter erhält. Es wird Werkzeug für die Verwirklichung eines gesellschaftlichen Zweckes, dessen Bestimmung offen bleibt. Das Selbst als freies macht sich selbst zum unfreien Mittel eines von ihm gesetzten Zweckes. Das bedeutet aber, daß Erziehung abhängig ist von der Freiheit derer, die letzte Subjekte der Erziehung sind, und von dem historischen Schicksal, innerhalb dessen diese Freiheit handelt. Von einer Erziehung des Menschengeschlechtes im Sinne des technischen Welt- und Fortschrittsgedankens kann darum keine Rede sein. 6. Es ist auch nicht möglich, die biologische Entwicklungsreihe zur Grundlage einer allgemeinen Fortschrittslehre zu machen. Folgende Gesichtspunkte sind hierfür maßgebend: Der Begriff der Umgebung eines Lebendigen ist nicht nur durch vorhandene Faktoren, sondern auch durch das bestimmt, was für das Lebendige „Umwelt" ist; und das ist abhängig von der Struktur, dem Lebensplan des Lebendigen, was den technischen Anpassungsorganen vorangeht und nicht nachfolgt. Es ist nicht möglich, irgendein Lebendiges als eine technisch vervollkommnete Maschine im Verhältnis zu anderem Lebendigen zu deuten, wie es der Fortschrittsgedanke erfordern würde. Es ist auch unmittelbar einsichtig, daß das Verhältnis von Pflanze und Tier, obgleich das Tier technisch überlegenere Anpassungsorgane hat, nicht nach Analogie des Fortschritts von der Postkutsche zum Flugzeug gedacht werden kann. Die Pflanze ist nicht veraltet wie die Postkutsche; sie hat ewig ihren eigenen Sinn. Und ebenso ist das Tier nicht veraltet durch den Menschen. Im Menschen aber hört die biologische Vervollkommnung, welchen Sinn sie immer haben mag, grundsätzlich auf. Der „Übermensch" ist selbst bei Nietzsche keine biologische, sondern eine kulturelle Entwicklungsstufe. Von der Analyse des „Welt-Habens" ist das ohne weiteres verständlich: Sobald die Umgebung zur Umwelt wird, beginnt der neue unendliche Prozeß des technischen Weltprozesses, der, weil er immer unendlich ist, keinen höheren Grad mehr zuläßt. 7. Über die Anwendbarkeit des Fortschrittsgedankens auf Religion und Politik ist später besonders zu sprechen. Doch ist aus dem Gesagten schon zu entnehmen, daß das Fortschrittsschema des technischen Weltbegriffs auf keine von beiden Sphären übertragen werden kann. Denn in beiden handelt es sich, wenn auch in sehr verschiedener Form, um Erfassung und Verwirklichung des unendlichen Sinnes und nicht um ein Mittel-Zweck-Verhältnis, obgleich in beiden Gebieten, wie in allen anderen, Elemente des technischen Welt- und Fortschrittsbegriffs zu finden sind.

3. Der theoretische Weltbegriff und das Problem der Ideologie

Technisches Entwerfen ist nur möglich in Anpassung an das gegebene Material. Diese Anpassung setzt aber ein Erfassen des Eigencharakters des Materials voraus, d. h. diejenige Distanz, die im Anschauen oder in der Theorie gegeben ist. Das Theoretische in diesem Sinn ist so ursprünglich wie das Technische. Im menschlichen Besorgen ist es immer schon enthalten, obgleich seine methodische Entfaltung einer Spätzeit angehören mag. Es folgt aus der Selbst-Welt-Korrelation, der in ihr enthaltenen Distanz und Zugehörigkeit von Selbst und Welt. Die theoretische Haltung produziert den theoretischen Weltbegriff. Er besagt, daß die Welt einschließlich des Selbst Seins-Charakter hat, daß die Welt „ist", nicht „nicht-ist" und „so-ist", wie sie ist.

Der theoretische Weltbegriff ist Welt-Begriff im Sinne unserer Grundanalyse. Er faßt die Welt als gegebene Einheit auf, entweder durch Stabilisierung *eines* Prinzips, aus dem alles abgeleitet wird, oder durch Annahme mehrerer, eventuell vieler Prinzipien, die durch ihre Wechselbeziehung die theoretisch zu bestimmende Welt konstituieren. Der Gegensatz der beiden Auffassungen ist geringer, als es auf den ersten Blick erscheinen mag. Denn jeder Monismus muß nach Stabilisierung seines höchsten Prinzips durch eine Art „Sprung" zur Vielheit gelangen; in diesem Sprung aber ist ein pluralistisches Moment enthalten. Und umgekehrt: Jeder Pluralismus muß dasjenige Maß von Identität der Prinzipien zugeben, das Wechselbeziehungen ermöglicht. Ohne ein Element von Identität des Verschiedenen kommt der Pluralismus so wenig aus wie der Monismus ohne ein Element von Verschiedenheit in der Identität. Für das weltpolitische Problem bedeutet das, daß die Welt-Einheit, die mit der Konstitution von Welt gegeben ist, eine Vielheit relativ selbständiger politischer Mächte nicht ausschließt, daß aber die „Souveränität" derselben oder die Verneinung des Elements der Identität zwischen ihnen die „Welt" aufhebt.

Das ist noch deutlicher in dem zweiten Element von Welt, ihrem strukturellen Aufbau, enthalten. Der theoretische Weltbegriff ist ein Ergebnis des Versuches, diese Strukturen zu erfassen und durchsichtig zu machen; und zwar in doppeltem Sinne: die Strukturen von Sein als

Sein – der ontologische Weltbegriff, und die Strukturen des Seienden – der wissenschaftliche Weltbegriff. Es ist bestritten, daß der ontologische Weltbegriff, der gewöhnlich als „metaphysisch" oder „spekulativ" verdächtigt wird, ein selbständiges Recht neben dem wissenschaftlichen hat. Die Gegenwart ist unter dem Eindruck der erfolgreichen Erweiterung und Vertiefung des wissenschaftlichen Weltbildes geneigt, die Möglichkeit eines ontologischen zu verneinen. Und doch zeigt gerade die Gegenwart die Bedenklichkeit solchen Vorgehens: der Wegfall einer ontologischen Grundstruktur von Sein im theoretischen Bewußtsein vieler Zeitgenossen und der Rückzug auf eine verwirrende Unendlichkeit ständig wechselnder wissenschaftlicher Ergebnisse, die ein einheitliches wissenschaftliches Weltbild als reine Illusion erscheinen lassen, demgemäß dogmatisches Festhalten an überwundenen pseudo-wissenschaftlichen Weltbildern oder – was politisch am folgenreichsten war – Unterwerfung des theoretischen Weltbildes unter außertheoretische, z. B. machtpolitische Gesichtspunkte. Die Wehrlosigkeit des wissenschaftlichen Positivismus gegen die Verwandlung des Wahrheitsgedankens in politische Propaganda offenbart die Gefahr des Verzichts auf ein ontologisches Weltbild (das – wenn auch entmächtigt – selbst noch in der sogenannten Erkenntnistheorie versteckt war). Es kann aber auch rein theoretisch gezeigt werden, daß jener Verzicht sachlich unmöglich ist, daß in jedem Wissenschaftsbegriff ontologische Elemente verborgen sind, deren Verheimlichung nicht von methodischer Klarheit zeugt. Auch das dritte Element des Welthaften, die Unendlichkeit, findet sich im theoretischen Weltbild. Es ist angedeutet in der schon erwähnten Antinomie von Endlichkeit und Unendlichkeit der seienden Welt. Diese Antinomie ist auf dem Boden des theoretischen Weltbildes nicht lösbar. Denn eine seiende Unendlichkeit ist so wenig denkbar – da das Denken nie zum Stillstand, zum Ziel kommen könnte – wie eine fixierte Endlichkeit, über die hinauszugehen dem Denken untersagt wäre – da man, schon um Endliches als endlich denken zu können, über es hinaus sein muß. Wenn das physikalische Weltbild Endlichkeit verlangt, so ist dies nur ein Ausdruck der Endlichkeit des Physikalischen, seines Charakters, eine Abstraktionssphäre, aber nicht die Wirklichkeit darzustellen. Die Frage nach dem „Jenseits" der endlichen Welt kann nicht zum Schweigen gebracht werden. Wichtiger als die in der Antinomie enthaltene Form der Unendlichkeit ist die mit dem Erkenntnisprozeß selbst gegebene, die Unendlichkeit des Fragens, der Zwang, über jedes erreichte Ergebnis hinauszugehen. Die theoretische Unerschöpflichkeit der Welt ist der schärfste Ausdruck für die Unendlichkeit des Welt-Habens. Das im Erkenntnisprozeß enthaltene Transzendieren zeigt sich zunächst darin, daß jede wissenschaftliche Frage nach Sein über das scheinbare Sein zu dem wahren Sein durchdringen will. Auch der größte Empirismus nimmt die Welt nicht, wie sie sich unmittelbar bietet, sondern sucht das „Wesentliche", Strukturen, Regeln, Gesetze, Verhaltungsweisen zu entdecken, die also zunächst verdeckt sind. Dieser Prozeß des Fragens nach dem, was noch verdeckt ist, des Entdeckens und Wieder-Fragens ist unendlich, weil die Distanz zwischen dem fragenden Selbst und der befragten Welt (zu der auch das Selbst als Seiendes gehört) unendlich ist. Denn auf der Unendlichkeit oder Unaufhebbarkeit dieser Distanz beruht das Welt-Haben und damit die Möglichkeit jedes theoretischen Weltbildes.

Das führt zu einem letzten, dem für die politischen Fragen wichtigsten Problem des theoretischen Weltbildes, der Korrelation von Selbst und Welt, auf der sowohl die Unendlichkeit als auch die Möglichkeit des theoretischen Weltbildes beruhen. Denn nur weil die Strukturen von Welt und Selbst in bestimmtem, durch die Erkenntnislehre zu definierendem Sinne identisch sind, ist Theorie möglich. Nun aber steht das erkennende Selbst nicht nur der Welt gegenüber, sondern gehört zu ihr, „ist", hat Seinscharakter und teilt diesen Seinscharakter seinem Erkennen mit. Das Erkennen ist nicht nur bedingt durch die Weltstruktur, sondern auch durch das partikulare Sein des erkennenden Selbst. Aus diesem Doppelcharakter der Theorie entsteht das schwere und politisch fundamentale Problem der Seinsgebundenheit des Denkens oder der sogenannten „Ideologie", speziell der „politischen Ideologie". Es ist die Frage, inwieweit ein theoretisches Weltbild Weltstruktur und inwieweit es die Seinsstruktur eines partikularen Selbst (oder einer partikularen Gruppe) ausdrückt.

Das Problem ist von wissenssoziologischer, marxistischer und psychoanalytischer Seite bearbeitet worden, und eine mögliche Lösung kann hier nur angedeutet werden.[1] Zweifellos ist das theoretische Weltbild durch die Distanz von erkennendem Selbst und erkannter Welt charakterisiert, die allein dem Strukturcharakter der Welt gerecht wird. Insoweit sind Aristoteles und alle rationale Philosophie im Recht, wenn sie eine „reine Theorie" erstreben, die von allen Einmischungen des Handelns frei ist, oder wenn alle Wissenschaft die subjektiven Fehlerquellen auszuscheiden trachtet. Andererseits will Theorie Wirklichkeit erfassen, und Wirklichkeit hat niemals nur Objekt-, sondern immer Subjekt-Objekt-Struktur. Darin drückt sich die Selbst-Welt-Korrelation aus, die von der reinen Theorie trotz ihres Distanz- oder Objektivitäts-Charak-

---

[1] Vgl. meine Schrift: Kairos und Logos. In: Ges. Werke, Bd. 4.

ters nicht durchschnitten werden kann. Es entsteht also für das theoretische Weltbewußtsein die Aufgabe, einerseits die objektivierende Distanz so radikal wie möglich durchzuhalten, andererseits sich selbst in den objektiven Strukturen der Welt wiederzufinden. Die damit gestellte Aufgabe ist das zentrale Problem gegenwärtiger Erkenntnislehre. Es ist in allen Erkenntnisgebieten, selbst in der experimentellen Physik, aktuell, und es unterscheidet die doppelt reflektierte Wissenschaftslehre unserer Zeit von der relativ primitiveren der rationalistisch-positivistischen Periode. Die beiden einseitigen Wege, die bei der Lösung vermieden werden müssen, finden sich in zwei zeitgenössischen Richtungen vertreten, deren eine, der „logische Positivismus", das theoretische Weltbild jeder Beziehung zum erkennenden Selbst, damit aber auch – konsequenterweise – jedes „Gehaltes", jedes lebendigen Sinnes und jeder Anwendbarkeit auf Probleme der Existenz, z. B. auf Probleme der politischen Zielbildung, beraubt; während die andere, die politisch-dynamische Wahrheitstheorie, wie sie in extremer Weise von gewissen nationalsozialistischen Philosophen vertreten wird, das theoretische Weltbild als eine Funktion der politischen Machtsituation deutet und es damit seines theoretischen Charakters, der Distanz und Objektivität, beraubt. Diese beiden Richtungen markieren sehr klar die Extreme, zwischen denen ein Weg gesucht werden muß, nicht nur um das theoretische Weltbild zu retten, sondern auch um der zerstörenden politischen Konsequenzen willen, die die Entleerung oder Zerstörung des theoretischen Weltbildes zur Folge hat.

Für die Lösung der Frage und damit des Problems der politischen Ideologie mögen folgende Gesichtspunkte angegeben werden: 1. Die theoretische Welt ist nicht einschichtig, sondern vielschichtig strukturiert. In der Selbst-Welt-Korrelation kann das Element Welt oder das Element Selbst überwiegen; diese Schichtungen, in denen das erste der Fall ist, erlauben einen höheren Grad von Objektivierung, exaktere Methoden, Experiment und Berechenbarkeit. Die Schichten, in denen das zweite der Fall ist, verlangen einen höheren Grad von „Eingehen" in die gegenüberstehende Welt, von Aufhebung der Distanz in Beschreiben, Verstehen und Selbst-Entscheiden in dem Maße, in dem das Selbst sich selbst in seiner Welt wiederfindet, z. B. in geistigen Schöpfungen. Aber die Struktur ist nicht exklusiv. Selbst in der Mathematik ist in der Art des Fragens und den Wegen der Lösung – sowie auch in der mathematischen Prinzipienlehre – der Beteiligung des Subjektiven ein Spielraum gegeben. Und umgekehrt: Selbst in dem Verstehen geistiger Schöpfungen sind objektive Kriterien erreichbar, die solch Verstehen zu einem echten theoretischen Akt machen. Über die Fülle der dazwischen liegenden Schichten kann hier nicht gesprochen werden. Das Problem der politischen Ideologie liegt in verschiedenen Schichten, wie später zu zeigen ist. 2. Mit dem Element der Subjektivität, insonderheit der Entscheidung, erscheint ein Element im theoretischen Weltbild, dessen theoretische Bearbeitung besondere methodische Erwägungen erfordert. Es muß gefragt werden: Welches Selbst hat die größte Chance, bewußt oder unbewußt, Entscheidungen zu fällen, die zugleich allgemeingültig, objektiv oder aus der Distanz gerechtfertigt sind? Es entsteht die implizit vom Marxismus, explizit von der Wissenssoziologie gestellte Frage nach der Erkenntnischance oder, wie es die Kairos-Lehre des religiösen Sozialismus getan hat, die Frage nach dem Erkenntnisschicksal. An welchem sozialen Ort und in welcher seelischen Situation haben Erkenntnisentscheidungen die größte Chance, Ideologie-frei zu sein? Welches historische Schicksal gibt geistigen Entscheidungen am sichersten universalen Charakter, und auf welche geschichtliche Gruppe trifft das in einem bestimmten Zeitmoment zu; wer ist Träger des wahren Erkenntnisschicksals, z. B. die befriedigten oder die unbefriedigten Nationen in der gegenwärtigen Weltkonstellation? Offenbar entgeht auch diese Art zu fragen nicht der Notwendigkeit der Entscheidung. Denn ohne ein Element von Entscheidung kann die Frage nach den Trägern des wahren Schicksals nicht beantwortet werden.

Aber dieses Zurückschieben der Entscheidung bedeutet sehr viel. Es zwingt das erkennende Selbst, auf sich selbst zu reflektieren, ständigen Ideologie-Verdacht gegen sich selbst zu hegen und die Entscheidung in dem Zusammenhang einer Analyse der konkreten Situation zu stellen, in der eine geistige Schöpfung entstehen soll. Dadurch kann primitive Ideologiebildung, wie sie namentlich auf politischem Gebiet zu Hause ist, erheblich eingeschränkt und zugleich positiv eine Theorie entwickelt werden, in der die Erkenntnis der Sachen mit der Erkenntnis der „Situation des Erkennenden" verbunden sind. Es war der Versuch von Marx (in weitgehendem Anschluß an Hegel), eine Theorie der gesellschaftlichen Situation des Erkennenden in der kapitalistischen Gesellschaft zu entwerfen und damit für *unsere* Situation der Doppelforderung zu genügen, die sich aus der Struktur des theoretischen Weltbegriffs ergibt. Für das weltpolitische Problem ist dieser Ansatz von so fundamentaler Bedeutung, daß seine Vernachlässigung infolge des politischen Kampfes gegen den Kommunismus die politische Theorie teils um ein Jahrhundert zurückgeworfen, teils den dynamischen Machtpolitikern ausgeliefert hat. Es gehört zu dem Mangel an geistiger „Aufrüstung" der sogenannten „Demokratien", daß sie Methoden des politischen Denkens gebrauchen, die einen theoretischen Weltbegriff primitiv-rationalistischen Charakters voraussetzen und die Waffe des Ideologie-Begriffs den Gegnern überlassen.

Eine Lösung des Problems „Sache"-„Situation", die über die angedeuteten theoretischen Prinzipien hinausführen und das bleibende Moment der „Entscheidung" einer höheren Notwendigkeit unterordnen würde, könnte nur in der religiösen Sphäre gefunden werden, über die später zu reden ist.

4. Der moralische Weltbegriff und das Problem der Gerechtigkeit

Wir haben den Weltbegriff von der technisch-theoretischen Seite her aufgebaut. Es ist aber nicht möglich, dabei stehen zu bleiben. Weder das unendliche Hinausgehen der technischen Aktivität, noch die innere Unerschöpflichkeit der theoretischen Objektivierung sind imstande, die Selbst-Welt-Relation oder das Welt-Haben zu begründen. Es fehlt beiden die Kraft, die Vermischung von Selbst und Welt und damit die Zerstörung der Korrelation zu verhindern. Die Vermischung von Selbst und Welt droht von zwei Seiten her. Das Selbst kann versuchen, die Welt in sich hineinzuziehen, sich selbst zur Welt auszuweiten; seine Stellung gegenüber der Welt bewirkt, daß die Welt perspektivisch auf das Selbst zuläuft und jedes individuelle Selbst dadurch zum Zentrum der Welt wird. Aus dieser natürlichen Zentralität des individuellen Selbst folgt die Unendlichkeit seiner Tendenz, sich die Welt anzueignen, sie in sich hineinzuziehen und sich selbst welthaft auszuweiten. Die Welt als solche kann dem keinen Widerstand entgegensetzen. Das technische Handeln kann im Prinzip jeden Widerstand brechen, daher die beschriebene Tendenz vom technischen Weltbild her eine wesentliche Unterstützung erfährt. Andererseits ist das Selbst ein Teil der Welt und weiß sich als solches. Je tiefer es in die Strukturen der Welt eindringt, desto mehr erfährt es seine eigene Abhängigkeit von ihnen. Es sieht sich als verschwindend kleines Teilchen eines unermeßlichen Zusammenhanges, durch den es determiniert ist, oder es fühlt sich als ein Lebendiges unter Lebendigem, verwoben in den Kampf alles Lebendigen gegeneinander oder füreinander, und will sich daran verlieren und behaupten zugleich – verlieren durch Aufgabe seiner selbsthaft-zentralen Position, behaupten als ein kämpfendes Lebendiges unter anderem Lebendigen, ein Teil unter anderen Teilen. Es ist deutlich, daß diese Tendenz von dem theoretischen Weltbild unterstützt wird und sich selbst als Naturalismus rechtfertigt, sei es in dem mehr rationalmathematischen Sinn der ersten Form, sei es in dem mehr intuitivvitalistischen Sinn der zweiten Form.

Es ist nun bemerkenswert, daß die beiden beschriebenen Tendenzen des Selbst – die, sich zur Welt zu erweitern, und die, sich an die Welt zu verlieren – sich nicht widersprechen, sondern sich gegenseitig verstärken. Naturalismus und technisches Zeitalter entfalteten sich gleichzeitig. Das Selbst, das sich naturalistisch an die Welt verliert, kann doch seine Unendlichkeit nicht verlieren und versucht darum, als Teil des Lebendigen sich alles Lebendige zu unterwerfen, einen unendlichen Kampf zu kämpfen, der im Grunde eine Verleugnung des naturalistischen Prinzips ist. Denn die reinen Naturwesen kämpfen bis zu einem Befriedigungszustand, nicht aber unendlich. Der philosophisch stärkste und politisch verhängnisvollste Ausdruck dieses widerspruchsvollen Naturalismus ist Nietzsches Lehre vom Willen zur Macht. Auch von der anderen Seite, der Tendenz, sich zur Welt auszuweiten, kann der Übergang zur entgegengesetzten Tendenz gezeigt werden. Die Erweiterung des Selbst zur Welt ist auch im Sinn der technischen Unterwerfung der Welt nur möglich durch Anpassung an die Eigenstruktur der Welt, durch Unterwerfung des Selbst unter die Welt, also einen Prozeß der Naturwerdung, der gleichsam die Praxis zur Theorie des rationalen Naturalismus ist. Der im Dienst der Maschine zur Maschine gewordene Massen-Mensch ist das Symbol für diese Wendung des technischen Herrschaftswillens in sein Gegenteil.

In beiden Formen der Vermischung von Selbst und Welt zerbrechen beide, Selbst und Welt, entsprechend ihrer unlösbaren Korrelation oder genauer: sie würden zerbrechen, falls die Vermischung durchführbar wäre; das Selbst würde statt Welt „Umgebung" haben und sich mit ihr in den Grenzen der gegebenen Struktur auseinandersetzen, d. h. zum „Tier" in dem oben definierten Sinn werden. Aber der Versuch kann nicht gelingen. Zur Struktur von Welt-Haben gehört ein Element, das die Vermischung unmöglich macht: das Moralische. (Wir benutzen das Wort Moral und seine Ableitungen für das Gesamtgebiet des praktischen Sollens und reservieren das Wort Ethos und seine Ableitungen für die sittlichen Werte und ihre objektive Verwirklichung. Moral hat mehr den Beiklang des sittlichen Sollens, der Forderung, Ethos mehr des sittlichen Seins, der Erfüllung.) Das Moralische ist nicht ein System von Regeln, das als Gesetz über dem Menschen steht, obgleich es auch in dieser Form erscheinen kann, sondern es ist primär Ausdruck der Begrenzung, die das individuelle Selbst vom anderen individuellen Selbst erfährt. Das andere Selbst beansprucht, als solches anerkannt zu werden, nämlich als Träger einer Selbst-Welt-Relation. Diese Forderung braucht nicht ausgesprochen zu werden. Sie ist in dem Augenblick da, wo der andere als anderer begegnet, wo er dem „Ich" als ein „Du" erscheint, und umgekehrt: daß er so erscheint, ist eins mit dem Anspruch, den er erhebt und durch den er den menschlichen Anspruch „Ich" begrenzt. In der technischen Sphäre gibt es keine solche Begrenzung. In ihr erscheint das andere menschliche Wesen als Mittel zum Zweck, z. B. als eine zu kaufende Quantität Arbeitskraft. Diese Möglichkeit, verbunden mit der Tatsache, daß in Christentum und Humanismus jeder Mensch „Du-Charakter" erhalten hat, ist die Wurzel des sozialen Problems im technischen Zeitalter und einer der entscheidenden Faktoren in der Bewegung zum weltpolitischen Denken. Im älteren Griechentum hat der Sklave die Qualität eines begrenzenden Du noch nicht erreicht. Seine Unendlichkeit und Welthaftigkeit wurde noch nicht gesehen. Er wurde darum als technisch-ökonomischer Faktor betrachtet, sein Anspruch blieb ungehört – selbst von ihm selbst. Aber auch im theoretischen Weltbegriff existiert der andere nicht. Die theoretische Perspektive sucht zwar das individuelle Selbst zu überwinden zugunsten eines allgemeinen Selbst, das nur das logische Subjekt des Erkenntnisprozesses ist. Aber es kommt deswegen nicht zum anderen Selbst. Es ist einsam und überwindet seine Einsamkeit nur im Eingehen in das, was jenseits von Selbst und Welt ist – wie der Neuplatonismus als das klassische System einer auf theoretische Haltung gegründeten Mystik zeigt. Die gleiche Tendenz findet sich in jeder rein theoretischen Haltung, woraus sich z. B. erklärt, daß von der überwiegenden Mehrzahl der Sozial-Theoretiker der Anspruch, als „Du" und nicht als eine Quantität Arbeitskraft genommen zu werden – wie er vom Proletariat erhoben wird –, überhaupt nicht gehört wird. Das Proletariat bleibt Objekt der reinen Sozial-Theorie, ein Teil der durch Distanz und Objektivierung geschaffenen „seienden" Welt. Dagegen ist solange nichts einzuwenden, als die theoretische Existenz, die ja selbst sozial eingebettet ist, nicht zu ihrer Selbst-Bewahrung eine Ideologie erzeugt, die die Theorie verdirbt und den Theoretiker menschlich entwertet. Es ist kein Zweifel, daß der Niederbruch der deutschen Universitäten und die Hilflosigkeit und Charakterschwäche sehr vieler Gelehrter auf diese Art von Theorie zurückzuführen ist, die mehr Ideologie zur Selbstbewahrung des Theoretikers als reine Theorie war. Das zeigt: Die „rein theoretische Haltung" ist nicht imstande, die reine Theorie zu schaffen; sie schafft statt dessen eine oft sehr unreine, oft sehr primitive Ideologie. Sie überhört den Anspruch des anderen Selbst, das nie nur Objekt ist, und zerstört damit ein notwendiges Fundament des Welt-Habens – wofür der mystische Weltverlust das großartigste Beispiel ist.

Die Entdeckung des „Du" oder die Erfahrung der Grenze des Selbst, gezogen durch das andere Selbst, hat unbedingten Charakter. Der moralische Anspruch des „Du“, als Du anerkannt zu werden, ist von keinen Bedingungen abhängig. Die technisch-theoretische Sphäre ist die der Bedingungen, die ein Unbedingtes voraussetzen, einen unbedingten Zweck und ein unbedingtes Sein, das aber in ihnen selbst nicht gegeben ist. Im Moralischen tritt das Unbedingte als unbedingter Anspruch auf, der von dem anderen ausgeht.

Dieser Anspruch trägt den Namen Gerechtigkeit. Jemandem Gerechtigkeit widerfahren lassen, heißt den mit ihm gesetzten Anspruch erfüllen. Dieser Anspruch war zunächst charakterisiert als die Forderung, ihn als das zu behandeln, was er ist, ein freies, unendliches Selbst, das Welt hat. Die Frage nach der Gerechtigkeit ist die Frage nach den jeweiligen Inhalten, in denen sich der Grundanspruch konkret darstellt. Die Antwort ist abhängig von der Konstitution einer moralischen Welt oder eines Systems der Gerechtigkeit. Erst die moralische Welt ist „gemeinsame“ Welt, nicht schon die theoretische. Wenn Heraklit sagt, daß die Wachenden eine gemeinsame Welt haben, während im Schlaf jeder seine eigene Welt hat, so müssen wir hinzufügen, daß wachend noch nicht diejenigen sind, die gemeinsam Theorie treiben, sondern erst diejenigen, die durch den Anspruch des anderen aufgeweckt sind. Ihnen gegenüber sind die „reinen Theoretiker“ Schlafende, versunken in sich und ihre objektivierte Welt.

Welches die Forderungen sind, die für jedes einzelne Selbst von jedem anderen ausgehen, dem es begegnet, kann sich nur in der Gemeinschaft zeigen, genauer: entscheiden. Denn es zeigt sich nur in einem ununterbrochenen Strom von aktuellen Entscheidungen, die sich sekundär zu Formen der Sitte, Rechtssätzen und Gewissensnormen fixieren. Auf diese Weise wird – und wird ständig – in einer Gemeinschaft durch aktuelle Begegnungen von Ich-Du-Charakter moralische Welt oder ein System der Gerechtigkeit. Das unbedingte, aber rein formale Kriterium jedes Systems der Gerechtigkeit ist die Anerkennung des begegnenden Selbst als Selbst und darin als gleich. Es gibt daher keine Definition von Gerechtigkeit, in der nicht das Element der Gleichheit enthalten ist. Ein Selbst sein oder eine Welt haben ist das, worin alle gleich sind, die Anspruch auf Gerechtigkeit haben. Die Verneinung dieser Gleichheit ist Verneinung der moralischen Welt und damit von Welt überhaupt, denn es ist die Verneinung der *Struktur* von Welt-Haben, die in jedem Fall gleich sein muß, da sie in jedem Falle universal sein muß. Das ist die Wahrheit der großen Idee von Leibniz, daß jede Monade die Welt *ganz* repräsentiert. Es hat nun aber – was bei Leibniz infolge seiner Lehre von der Kontinuität der Wesen in einer hierarchischen Stufenleiter undeutlich bleibt – jedes Selbst einen Doppelcharakter. Es ist einerseits das einzige Wesen, das nicht nur Welt spiegelt, sondern auch Welt hat; und andrerseits ist es ein Teil der Welt, das mehr oder weniger hoch in der Hierarchie des Seins, oder präziser, der „Macht zu sein" steht. Die erste Seite des Selbst durchbricht alle Kontinuität und damit das System der Stufen. Es ist der Wendepunkt, der Anfang von etwas Neuem, das Einzigartige, das Anspruch auf Gerechtigkeit hat. Die andere Seite des Selbst ordnet es in die Stufenleiter ein und ist der Grund für allen Wandel und alle Differenzierungen der Gerechtigkeitsidee. Das Problem der Gerechtigkeit kann demnach so formuliert werden: Wie kann der Anspruch des Selbst, sofern es Welt hat, vereinigt werden mit den Grenzen des Selbst, sofern es ein Teil der Welt ist? Der Anspruch ist unbedingt, mit dem Selbst als solchem gesetzt und die Bedingung von Welt überhaupt. Die Grenzen sind gegeben, können erweitert, aber nicht beseitigt werden und bestimmen die konkreten Inhalte des Welt-Habens oder Selbstseins und darum auch die konkreten Entscheidungen, in denen Gerechtigkeit sich verwirklicht. Die Antwort ist: Die konkreten Entscheidungen und die daraus abgeleiteten Normen sind gerecht nur, sofern sie den Anspruch des Selbst, als Selbst anerkannt zu werden, erfüllen. Damit ist jede Ordnung als ungerecht charakterisiert, in der irgendein Selbst *nur* als Teil der Welt, als Ding, Objekt, Seiendes von höherer oder geringerer Stufe behandelt ist, z. B. als käufliche Arbeitskraft oder als Mittel zum Lusterwerb oder als Fremder oder als Feind oder als Fundament von Macht.

Die Gerechtigkeitsforderung enthält das Moment der Gleichheit, von dem schon die Rede war, nämlich die Gleichheit des Anspruches, als Selbst im Sinne von Welt-Haben genommen zu werden trotz der Ungleichheiten, die sich aus der Zugehörigkeit des Selbst zur Welt ergeben. Es ist ebenso falsch, die Gleichheitsforderung unter Berufung auf die Ungleichheit abzulehnen – denn in dem, worauf sich diese Forderung gründet, sind die Menschen ja gleich –, wie es falsch ist, unter Berufung auf diese Gleichheit die Ungleichheit außer Betracht zu lassen – denn der Inhalt der Gerechtigkeitsforderung ist es gerade, die Gleichheit in der Ungleichheit aufrecht zu erhalten.

Die Selbst-Welt-Korrelation setzt die Freiheit des Selbst voraus, ja die Beschreibung jener Korrelation ist die grundlegende Beschreibung der Freiheit. Es ist darum gerechtfertigt, den Gerechtigkeitsanspruch, in dem alle gleich sind, als Freiheitsanspruch zu bestimmen und die Verwirklichung der Gerechtigkeit als Verwirklichung der Freiheit zu denken. Das ist in konsequenter Durchführung der bürgerlichen Freiheitsidee zuletzt vom Sozialismus geschehen. Die Frage ist: Wie muß sich die grundsätzliche Freiheit, die unendliche Möglichkeit des Menschen konkretisieren, um gerecht zu sein? Auch hier gilt, daß das Selbst, das frei ist, sofern es die Welt sich gegenüber hat, gebunden ist als ein Teil dieser Welt. Und darum ist auch das Problem der Gerechtigkeit mit der Frage identisch: Inwieweit kann das Selbst Bindungen unterworfen sein, ohne daß der Freiheitsanspruch, der mit dem Selbst gesetzt ist, verneint wird? Die Freiheit ist praktisch verneint, wenn dem Selbst kein Teil Welt, keine Umwelt, gegeben ist, an der es seine unendliche Freiheit betätigen und damit Welt haben kann. Die Aufgabe, die von der Gerechtigkeitsforderung gestellt ist, ist also die, jedem Selbst eine Sphäre der Freiheit, eine echte Umwelt und damit Welt zu geben. Es gibt Umgebungen, z. B. in der proletarischen Situation oder in der Herrschaftssituation oder in der pädagogischen Situation, die praktisch nie Umwelt werden und darum nie Gegenstand freien Hinausgehens und Welt-Habens sein können. Die Grenzsituation, die in dem Wort „Der Mensch ist frei und wär' er in Ketten geboren", einen falschpathetischen Ausdruck gefunden hat, kann sich überhaupt nur ereignen, wenn Freiheit einmal realisiert ist wie von Hamlet, der wirklich in einer „Nußschale" König von unermeßlichem Gebiet sein würde – weil er einmal eine Umwelt gehabt hat, die ihm die Unermeßlichkeit von Welt erschlossen hat. Solche Grenzsituationen sind möglich und immer wieder wirklich, aber sie dürfen, gerade weil sie Grenzsituationen sind, nicht benutzt werden, um die in der Gerechtigkeitsforderung enthaltene Freiheitsforderung abzulehnen. Wohl aber zeigen sie, daß Freiheit nicht an bestimmte Formen gesellschaftlicher Freiheit – etwa möglichst liberale – gebunden ist. Das Selbst ist nicht frei, sofern es ein Teil der Welt ist; als solcher ist es teils gebunden, teils willkürlich. Es ist frei allein, sofern es Welt hat und die Struktur des Welt-Habens darstellt. Die „liberale" Freiheitsidee, sofern sie in der liberalen Wirtschaftstheorie konkret wurde, setzte das Selbst als Teil der Welt frei, gab ihm Unendlichkeit, ohne es an die Struktur der Unendlichkeit zu binden, machte es zu dem widerspruchsvollen Gebilde einer unendlichen Naturkraft und zerstörte damit die moralische Welt und legte den Grund für die gegenwärtigen bewußten *Negationen* von Welt überhaupt zugunsten von „Natur" oder „Leben".

Der Anspruch, als Selbst anerkannt zu werden, oder die Gerechtigkeitsforderung, die mit jedem Selbst und für jedes Selbst gesetzt ist, läßt noch eine dritte Bestimmung neben Gleichheit und Freiheit zu, nämlich Selbstverwirklichung, *eudaimonia*, Glück. Nach griechischer Auffassung ist die moralische Welt die Welt, in der *eudaimonia* erstrebt wird. Diese Auffassung ist später als „Eudämonismus", als subjektives Glücksstreben, verdächtigt worden. Das Christentum hat an die

Stelle von *eudaimonia* Seligkeit gesetzt und die Seligkeit von der Gemeinschaft mit Gott abhängig gemacht. Damit ist aber das *Eudaimonia*-Ideal nicht aufgehoben, sondern ins Transzendente oder Religiöse gewandelt. Es kann auch nicht aufgehoben werden – nicht einmal der ethische Rigorismus Kants war dazu imstande, wie sein moralischer Gottesbeweis zeigt –, denn das Selbst kann sich nicht „ent-selbsten"; es kann die Struktur des Welt- und Selbst-Habens nicht opfern, denn jedes Opfer wäre eine Bestätigung jener Struktur. Es kann sich nur erfüllen in dieser Struktur, d. h. sich als Teil der Welt ganz einen mit sich als unendliches Selbst, das Welt hat. In dieser Bewegung erfüllt sich das Selbst, in ihr findet es seine *eudaimonia,* sein Glück. Es ist unglücklich, solange die Einigung nicht erfolgt, solange das Selbst als Teil der Welt Ansprüche durchsetzt oder nicht durchsetzt, die dem Selbst als Gegenüber der Welt widersprechen und damit das Welt-Haben bedrohen; und es ist unglücklich, solange die Struktur des Welt-Habens durch Welt-Entzug unaktuell bleibt, man von der Welt ausgeschlossen ist. Die erste Form des Unglücklichseins ist die der Immoralität, die zweite ist die der Entmenschlichung; beide zerstören die moralische Welt und mit ihr Welt überhaupt, und beide sind mit dem Problem der Gerechtigkeit verbunden.

Es ist deutlich, daß eine Ordnung, in der die Glücksmöglichkeit von Menschen durch Entmenschlichung zerstört wird, dem Anspruch des Selbst, als Selbst anerkannt zu werden, also der Gerechtigkeit, widerspricht. Die Lehre von der „Entmenschlichung" des Menschen im Kapitalismus, von seiner notwendigen „Selbstentfremdung" und „Verdinglichung" ist in dem gesamten Werk von Marx die Grundlage für seine soziale Gerechtigkeitsforderung. Nicht mehr Güter werden von den einzelnen gefordert – oder nur folgeweise –, sondern eine andere Gerechtigkeitsordnung, in der das Selbst wieder Welt haben kann, anstatt nur ein Stück Welt für andere zu sein. Selbstverständlich läßt sich dieser Protest gegen die Entmenschlichung auch in Begriffen der Freiheits- und Gleichheitsforderung ausdrücken, es ist aber richtiger und geht tiefer in das Problem der moralischen Welt, wenn von Glück oder Erfüllung gesprochen wird.

Es ist nun zu fragen, wie die Gerechtigkeitsforderung zu der anderen Wurzel des Unglücks, der Immoralität, steht. Es muß gesagt werden, daß die sozialistische Literatur an dieser Frage gewöhnlich vorbeigeht oder in summarischer Weise auch die Immoralität von der entmenschlichenden Gesellschaftsordnung ableitet. Es muß aber genau unterschieden werden zwischen dem sozialen und dem personalen Element der Immoralität. Das ist schon logisch notwendig: Träger der Gesellschaftsordnung ist das Selbst, das, um sie zu tragen und zu verändern, nicht ganz in sie beschlossen sein kann, sie irgendwo transzendieren muß. Das gleiche kann auch in Begriffen der Erziehung ausgedrückt werden: Es gehört zur Gerechtigkeit, daß jedem Selbst die Möglichkeit gegeben wird, sich selbst als Teil der Welt mit sich als Gegenüber der Welt, oder sich als gebunden mit sich als frei zu einigen. Die Erziehung kann keinen anderen Sinn haben als den, das Selbst welthaft zu machen, weil es welthaft ist. Aber das Selbst ist frei und jenseits jeder seiner Formungen. Es kann die Erziehung ablehnen. Wäre es anders, so würde das Problem der „Erziehung der Erzieher" nicht so ernsthaft sein, wie es tatsächlich ist. Der „gesellschaftliche Prozeß" würde für alles sorgen – für alles, nur nicht für ein freies, welthaftes Selbst und sein Glück. Der gesellschaftliche Prozeß würde vormenschliche Befriedigung, aber nicht menschliches Glück schaffen. Nur in Einheit mit der Freiheitssphäre, die als *Freiheits*sphäre auch mißbraucht werden kann, ist diejenige Gerechtigkeit denkbar, die jedem Selbst Glück ermöglichen will. Glück erzwingen kann die gerechte Ordnung nicht. Die moralische Welt ist ständig bedroht durch ihre eigene Voraussetzung, die Freiheit.

5. Der politische Weltbegriff und das Problem der Macht

a) Der abschließende Charakter des politischen Weltbegriffs

Die moralische Welt ist in dem Anspruch des Selbst begründet, als Selbst anerkannt zu werden. Aus dem Widerstand, den das Selbst vom anderen Selbst erfährt, wird es auf sich zurückgeworfen und die Vermischung von Selbst und Welt verhindert. Auf der Existenz der sittlichen Welt beruht die Existenz von Welt überhaupt. Die Existenz der sittlichen Welt ist aber bedingt durch die wechselseitige Anerkennung des Anspruchs des einen Selbst durch das andere in einer gerechten Ordnung, die sich primär in konkreten Entscheidungen, sekundär in Normen und Geboten innerhalb einer Gemeinschaft konstituiert. Die Existenz der sittlichen Welt ist also von der Existenz einer solchen Gemeinschaft abhängig. Wir nennen eine solche Gemeinschaft politisch und werden auf diese Weise zum politischen Weltbegriff geführt. Er ist der abschließende Weltbegriff in der außerreligiösen Betrachtungsweise und vereinigt Elemente aller vorher genannten in sich. Es ist verständlich, aber falsch, wenn politische Romantik aus diesem Grunde die übrigen Weltbegriffe und die ihnen entsprechenden Verhaltungsweisen in dem politischen Weltbegriff aufzulösen versucht. Das ist unmöglich, weil das politische System seinerseits von dem selbständigen Wirken der übrigen Weltbegriffe abhängig ist: von der Zweckmäßigkeit des technischen Handelns, von der Reinheit der Theorie, von der konkreten sittlichen Entscheidung im individuellen Selbst. Darum tragen die totalitären Systeme den Keim der Selbstzerstörung in sich. Der Imperialismus *eines* Weltbegriffs zerstört das Welt-Haben, das sich nur in einer Gruppe wechselseitig abhängiger Welt-Begriffe voll darstellen kann.

In dem politischen Weltbegriff sind die Bedingungen angegeben, die eine sittliche Welt und damit Welt überhaupt ermöglichen. Die Bedingungen ergeben sich aus der Doppelstellung des Selbst zur Welt. Es ist ein Teil der Welt und hat die Macht und die Grenzen des Seins, die diesem Teil zukommen. Andererseits hat das Selbst die Unendlichkeit, die aus seinem Stehen gegenüber der Welt folgt. Darum sind die Grenzen und die Macht des individuellen Selbst niemals im voraus entschieden. Jede Entscheidung darüber, z. B. durch Geburt, Sitte, Gesetz, ist vorläufig und kann transzendiert werden, nach oben und nach unten. Ob, wieweit und in welcher Richtung sie transzendiert wird, hängt ab einerseits von der Seins-Mächtigkeit des individuellen Selbst, andererseits von der Anerkennung oder Nicht-Anerkennung seiner Ansprüche durch die anderen Individuen, die ihrerseits in der gleichen Bedingtheit stehen. Das System dieser wechselseitigen Beschränkungen ist nun aber mehr als die Summe der einzelnen Begegnungen; vielmehr ist es die Bedingung für den besonderen Charakter derselben, einschränkende Begegnungen zu sein. Diese Bedingung kann nur erfüllt werden, wenn die Gemeinschaft zwei Eigenschaften hat, entsprechend dem Doppelcharakter des Selbst: Sie muß die Macht haben, die wechselseitigen Einschränkungen durchzuführen, und sie muß sie durchführen in Anerkennung des Anspruchs jedes einzelnen Selbst, als Selbst genommen zu werden. Die politische Gemeinschaft muß der sittlichen Welt zum „Sein" verhelfen; dazu muß sie selbst Seins-Charakter und sittlichen Charakter, Macht und Gerechtigkeit haben. Sofern sie beides hat, ist sie die Vereinigung der beiden Hauptgruppen der Weltbegriffe, des technisch-theoretischen und des sittlichen. – Die Vereinigung von Macht und Gerechtigkeit vollzieht sich in den drei Stufen, die sich nicht ablösen, sondern immer miteinander bestehen: Sitte, Recht, Ethos. Die Sitte gibt den beiden anderen den substantiellen Inhalt, das Recht formt die Sitte zum Gesetz und gibt ihr Zwangsgewalt, das Ethos formt durch Sitte, Recht und Erziehung das individuelle Selbst im Sinne der sittlichen Substanz des Ganzen. Damit dies aber möglich sei, muß die sittliche Gemeinschaft Sein, d. h. Macht haben: Macht, zu sein im Zusammenhang des Seins überhaupt, z. B. im Zusammenhang anderer Gemeinschaften gleichen Charakters; und Macht, sich im Wechselspiel der individuellen Begegnungen durchzusetzen, die Sitte zu wahren, das Gesetz durchzuführen, die Erziehung der einzelnen zu leisten. Daß dies der umfassende Weltbegriff ist, wird am besten illustriert durch die Tatsache, daß die prophetische Religion ihn im Symbol des Reiches Gottes als universalen Ausdruck für die „vollendete Welt" benutzt. – Das Welt-Haben ist erst im politischen Weltbegriff zulänglich bestimmt. Der theoretische Weltbegriff allein ist unzulänglich, denn er löst das Selbst in Welt auf und zerstört damit auch die Welt. Der sittliche Weltbegriff allein ist unzulänglich, denn er bleibt ohnmächtig, Ideal oder theoretische Möglichkeit, und könnte die Zerstörung von Selbst und Welt nicht hindern, die aus dem Chaos der sich begegnenden individuellen Ansprüche folgen würde. Es war der Grundfehler der im engeren Sinne „idealistischen" Philosophie, daß sie die Bedingtheit des sittlichen durch den politischen Weltbegriff nicht sah und darum dem utopischen Pazifismus und Sozialismus Vorschub leistete, während umgekehrt die sogenannte realistische Philosophie die Abhängigkeit des theoretischen vom sittlichen Weltbegriff nicht sah und darum das Selbst im Sein verlor und einer entselbsteten, flachen und schließlich selbstzerstörerischen Machtpolitik Vorschub leistete.

b) Mächtigkeit und Würde

Der erwähnte Gegensatz zwingt zur näheren Betrachtung der inneren Problematik des politischen Weltbildes. Der Grund aller seiner Problematik und damit der Problematik von Welt überhaupt ist die Spannung von Macht und Gerechtigkeit oder von seiender Welt und sittlicher Welt. Damit sind wir auf das vielschichtige Problem der Macht gestoßen, das im Zentrum der Frage „Religion und Politik" steht. Um von seiner Behandlung die Oberflächlichkeiten der Tagesdiskussion fernzuhalten, ist es notwendig, auf das Verhältnis von Sein und Macht einzugehen. Wir hatten gesehen, daß das Selbst als individuelles und als Teil der Welt in ununterbrochener aktueller Auseinandersetzung mit den übrigen Teilen der Welt ist, sei es in technischer Bearbeitung und Glück-suchender Aneignung der Welt, sei es in Begegnungen mit anderen Individuen, die Selbst-Charakter haben, und in der wechselseitigen Anerkennung und Einschränkung mit ihnen. In all dem erfährt das Selbst Widerstand vom Seienden, das sich ihm gegenüber eben darin als seiend erweist, daß es ihm widerstehen kann. Diese Möglichkeit ist die Macht des Seienden zu sein und sein Sein durchzusetzen. Sein zeigt sich für das Selbst als „Macht zu sein" oder – um das Wort „Macht" für eine besondere Stufe zu reservieren – als Seins-Mächtigkeit oder Seins-Vermögen. Daß etwas ist, zeigt es an dem Widerstand, den es leisten kann. Aufs ganze gesehen ist dieser Widerstand unendlich, obgleich jedes einzelne „vernichtet“ werden kann. Aber es kann nur als eine bestimmte Form in einer bestimmten Zeit vernichtet werden, nie „überhaupt“, denn es geht dann in eine andere Form über und nimmt teil an dem unendlichen Widerstand von Sein überhaupt. Etwas hat reales Sein oder Realität, sofern es diesen Widerstand in der Begegnung zeigen kann. Realität haben, Wirklichkeit haben, bedeutet: das Vermögen haben, zu wirken und wäre es im Grenzfall des Widerstehens. Auch dieses ist Wirken, wie jede Wirkung die Leistung von Widerstand enthält. Auf diese Weise ist Sein und Macht ursprünglich verknüpft. Sein zeigt sich als seiend durch seine „Macht“ zu sein. Die Formen und Stufen des Seins zeigen sich als Formen und Stufen der „Macht zu sein“, des Vermögens, sich im Widerstand zu verwirklichen, z. B. sich Raum und Zeit zu schaffen. Eine durchgeführte Philosophie der Macht hätte diesen Formen und Stufen nachzugehen. Entscheidend ist der Unterschied in der Mächtigkeit von Wesen, die zur Welt gehören, aber nicht Welt haben, und denen, die Selbst sind und Welt haben. Nur für die zweite Gruppe gilt das Wort „Macht“ im vollen Sinn. Dadurch, daß das Selbst nicht nur der Welt, sondern auch sich selbst gegenübersteht, also frei von beiden ist, ist es auch beider mächtig. Es ist „selbst-mächtig“ und darum „welt-mächtig“. Diese doppelte Mächtigkeit macht es zu dem, was es ist, und gibt ihm die Unendlichkeit und Unerschöpflichkeit des Seins, die Unendlichkeit des Widerstandes gegen Vernichtung. Das Selbst als individueller Teil der Welt hat den begrenzten Widerstand aller Teile der Welt, der ihre Auflösung in „Welt überhaupt“ ermöglicht. Das Selbst als das, was Welt hat, kann nicht in Welt überhaupt aufgelöst werden, da es seine Voraussetzung ist. Es ist unbedingt seiend. Dieser Charakter des Selbst hat zu der mythischen Lehre von dem Fortleben nach dem Tode, zu der philosophischen Lehre von der Unsterblichkeit der „Seele“, zu der christlichen Lehre von der Auferstehung geführt. Sie alle symbolisieren die Macht des Selbst, gegen jede auflösende Kraft Widerstand zu leisten, sich unbedingt zu verwirklichen. Unbedingtes Sein ist selbstmächtiges Sein. Damit ist der Anspruch, als Selbst anerkannt zu werden, auch ontologisch ausgedrückt. In der wechselseitigen Beschränkung des einen Selbst durch das andere erscheint die Macht desjenigen Seins, das Welt hat, des unauflöslichen Seins.

c) Macht und Staat

Macht des Selbst aber kann sich nur in der Gemeinschaft verwirklichen, weil nur in ihr die sittliche Welt zur Existenz kommt. Die Gemeinschaft aber ist auf einer dritten Art von Macht aufgebaut, einer Macht, in der die Würde des Selbst-Seins mit dem Vermögen, sich als

Teil der Welt in Auseinandersetzung mit anderen Teilen zu verwirklichen, vereinigt ist. Die politische Gemeinschaft hat weder nur natürliche noch nur sittliche Macht. Ihre Macht ist eine Vereinigung beider. Als Träger der sittlichen Welt und damit von Welt überhaupt hat die politische Gemeinschaft den unbedingten Seinscharakter des Selbst und nimmt an dem Anspruch des Selbst teil, als unbedingt Seiendes anerkannt zu werden. Von dieser Seite her ist die politische Gemeinschaft selbst- und weltmächtig, unauflösbar, unbedingt in ihrer Kraft, Widerstand zu überwinden und sich zu verwirklichen. Darum hat Plato das letzte Wort gesprochen, wenn für ihn der Staat die Existenz des „Guten" war, wobei das Gute für ihn die Einheit des Theoretischen und Ethischen, das universale Prinzip von Welt überhaupt, war. Daß er dabei der politischen Gemeinschaft selbst das Welthafte versagte, hängt mit der schon erwähnten Grenze des raumgebundenen griechischen Denkens zusammen. Demgegenüber war die christliche Entpolitisierung – die ja nur scheinbar und nur durch die Existenz der politischen Gemeinschaft möglich ist – im Unrecht; und demgegenüber ist auch der Marxismus im Unrecht, wenn er den Staat von der Erfahrung des Klassenstaates aus deutet und bekämpft, anstatt ihn von der Bedeutung der politischen Gemeinschaft aus zu verstehen und zu gestalten. Aber die politische Gemeinschaft hat nicht nur die Macht des Selbst, dessen Existenz sie ermöglicht, sondern auch Macht von der Art der Individuen, die Teile der Welt sind, also eine begrenzte, auflösbare, in aktueller Auseinandersetzung sich durchsetzende Macht. Diese Macht ist von der Art der Individuen, aber es ist zugleich Macht über die Individuen. Es ist die Macht, die die individuellen Ansprüche, die zugleich Träger des unbedingten Anspruchs des Selbst sind, regelt.

Die Macht, um die es sich dabei handelt, ist nicht mehr die Würde, die den König umkleidet im Sinne der Worte des Königs im Hamlet, als die Empörer sich nähern, sondern ist die reale Macht, den Entscheidungen der politischen Gemeinschaft Geltung zu verschaffen, also das Vermögen, Verhaltensweisen zu erzwingen. Die Begrenzung, die das eine individuelle Selbst von dem andern erfährt, tritt in Erscheinung als Verbot mit Strafandrohung. Die Macht der politischen Gemeinschaft drückt sich im Grenzfall in ihrer Zwangsgewalt aus. Damit aber wird sie zur Naturgewalt, deren Notwendigkeiten man sich anpassen muß, um existieren zu können. Und es scheint, als ob gerade das verloren geht, was durch die politische Gemeinschaft erreicht werden sollte, die Verwirklichung der sittlichen Welt: sie scheint ein technisches Mittel zur Ordnung der differierenden Willen geworden zu sein, das man benutzen und dem man sich anpassen muß.

Wäre das zutreffend, so würde es keine Existenz der sittlichen Welt geben, und damit würde Welt überhaupt unmöglich sein. Eine extrem technisch-„realistische" Auffassung des Staates nimmt ihm die Würde, die ihm wesentlich zukommt, und macht ihn zu leichter Beute von Politikern, die nicht Macht um der Gerechtigkeit willen, sondern den Schein der Gerechtigkeit um der Macht willen gebrauchen.

Aber die Notwendigkeit, wenigstens den Schein der Gerechtigkeit zu gebrauchen, zeigt, daß politische Macht auf die Dauer wirkliche Gerechtigkeit voraussetzt, wirklich im Sinne von „geglaubt". Der Zwang, den die politische Gemeinschaft ausübt, wirkt „sittlich", wenn er als gerechter Zwang anerkannt wird. Denn dann bestimmt er nicht nur das formulierte Recht, sondern auch Sitte und Gewissen. Damit er als gerechter Zwang anerkannt wird, muß er dem Bewußtsein um das, was gerecht ist, entsprechen. Dieses Bewußtsein entstammt früheren Entscheidungen, die selbst wieder mit Zwang durchgesetzt sind etc. Am Anfang steht die Einheit von Zwang und Gerechtigkeit: wäre nur Zwang da, so würde es zu einem Kampf von Naturgewalten, nicht zu einem Kampf um Gerechtigkeit kommen. Wäre nur Gerechtigkeit da, so gäbe es keine Geschichte.

Die geschichtliche Gerechtigkeit ist getragen von einzelnen. Einzelne haben die Macht, mit Zwangsgewalt ihre Idee von Gerechtigkeit durchzusetzen. Die Macht der politischen Gemeinschaft ist die Macht einer Gruppe in ihr, und die Gerechtigkeit ist die Gerechtigkeit dieser Gruppe. Notwendig um der sittlichen Welt willen aber ist Gerechtigkeit für alle, d. h. eine Gerechtigkeit, in der der Anspruch jedes Selbst erfüllt ist. Andernfalls wäre die Struktur von Gerechtigkeit überhaupt zerstört. Die Hauptfrage des politischen Weltbildes ist demnach: Wie vereinigt sich die Universalität der Gerechtigkeit, die in der politischen Gemeinschaft verwirklicht werden soll, mit der Partikularität der Macht, ohne die die Gerechtigkeit nicht durchgesetzt werden kann? Oder wie kann die Würde und unbedingte Macht der politischen Gemeinschaft gewahrt werden, wenn eine partikulare Macht diese Würde trägt? Diese Frage hat zwei Seiten: Partikular ist die Macht, sofern innerhalb der politischen Gemeinschaft nur bestimmte Gruppen die Gerechtigkeit bestimmen, in der *tyrannis* formell nur ein Einzelner, realiter eine kleine esoterische Gruppe, in der Monarchie ein Einzelner in Verbindung mit einer militärischen und zivilen Bürokratie und eventuell kontrolliert durch ständische oder parlamentarische Vertreter, in der Demokratie durch Majoritäten, die durch Propaganda von kleinen, im Hintergrund stehenden Gruppen geschaffen werden, in der modernen Diktatur durch Zusammenwirken eines Einzelnen mit einem kleinen Kreis, einer

Partei-gebundenen Bürokratie und einer propagandistisch und terroristisch geformten Massenstimmung. In keinem dieser Fälle ist die Gerechtigkeit allgemein, sie ist immer partikular. Der Unterschied ist nur der Grad der Partikularität oder der Grad, in welchem eine Verfassung die Unterwerfung des partikularen Willens unter die universale Gerechtigkeit zuläßt. Die allgemeine Antwort ist: Die Macht ist um so gerechter, je mehr Ansprüche von einzelnen sie zu vernehmen und zu verwirklichen imstande ist. Das würde normalerweise für Demokratie sprechen; aber keineswegs immer. Denn die Art, wie eine demokratische Mehrheit zustande kommt, kann mit der in einer politischen Gemeinschaft geforderten Gerechtigkeit im vollen Widerspruch stehen. Ein Monarch und selbst ein Diktator kann die Partikularität seiner Macht in höherem Maße mit der allgemeinen Gerechtigkeitsforderung einen als eine auf schlechtem Wege entstandene Mehrheit. Andererseits ist innerhalb der Demokratie immer die Möglichkeit einer anderen, noch gerechtigkeitsgemäßeren Mehrheitsbildung gegeben, während gegen den ungerechten Partikularwillen eines Einzelnen nur die Revolution möglich ist. Die Demokratie ist die überlegene politische Form, da sie die Korrektive gegen die partikularen Mächte, die sie repräsentieren, in sich trägt; freilich gilt das nur, wenn die Korrektive nicht stärker werden als die Konstitutive und die Demokratie zugunsten des Rechts auf Macht verzichtet, wie es in den sozial-demokratischen Staaten fast durchweg der Fall war. Sie sind darum keine Alternative zu den Diktatoren, da sie dem ontologischen Charakter der politischen Gemeinschaft nicht gerecht werden. Sie vergessen, daß die politische Welt nicht die sittliche Welt ist, sondern das Sein der sittlichen Welt oder die sittliche Welt unter den Bedingungen der Macht, der Realität des Widerstandes. Auch die Erziehung kann diese Bedingungen und Widerstände nicht aufheben, nicht nur wegen der in ihr selbst liegenden Grenzen, sondern auch wegen ihrer Abhängigkeit von der politischen Macht. Wer erziehen soll und in welcher Richtung erzogen werden soll, ist politisch und damit machtmäßig bedingt. An der Frage: Wer erzieht die Erzieher? scheitert alles Autonomiestreben der Pädagogik. Es ist heute gefährlich, solche Wahrheiten auszusprechen, da sie von Anhängern des Staatsabsolutismus mißbraucht und von Gegnern verdächtigt werden. Sie sind nichtsdestoweniger wahr, und ihre Vernachlässigung durch die Demokratien hat der modernen *tyrannis* mehr Vorschub geleistet als irgend etwas anderes.

Das Problem der Macht im Aufbau der politischen Gemeinschaft kann nicht abstrakt, nämlich losgelöst von der geschichtlichen Wirklichkeit, gelöst werden. Es gibt keine allgemein gültige Verfassung.

Auch die Demokratie ist es nicht, obgleich der Charakter des Korrektiven, den sie am ausgeprägtesten hat, ein Erfordernis jeder „gerechten" Verfassung ist. Der politische Weltbegriff ist nicht identisch mit dem Begriff einer idealen Verfassung. Wohl aber folgen aus ihm die Maßstäbe für Verfassungen, die den Anspruch auf Gerechtigkeit machen können, ohne infolge von Ohnmacht in das Gegenteil von Gerechtigkeit umzuschlagen.

d) Partikulare und universale Macht

Das politische System ist nicht nur nach innen, sondern auch nach außen auf partikularer Macht aufgebaut. Es ist welthaft dem Wesen, aber nicht der Wirklichkeit nach. Es schafft welthafte Umwelt, aber nicht Welt als politische Wirklichkeit. Es ist partikularer Wille zur Selbstverwirklichung und im Widerstreit mit anderem partikularen Willen. Der Ausdruck dafür ist die Souveränität des partikularen politischen Systems, der souveräne Staat, für den es nichts gibt als ihn selbst und seine „Raison", d. h. seine Selbstverwirklichung nach innen und außen. Die Lehre von der Souveränität des Nationalstaates ist die klarste und schärfste Form, in der Welt als politische Wirklichkeit verneint ist. Selbst pluralistische Seinslehren müssen die wechselseitige Abhängigkeit der Elemente des Seins anerkennen, da mit der Zerstörung von Welt im ontologischen Sinne das Theoretische als solches zerstört wäre. Die Souveränitätslehre glaubt nicht einmal diese Einschränkungen nötig zu haben. Sie gibt dem Partikularen unbedingten Charakter, indem sie jede mögliche Gemeinschaft mit übergeordneter Macht zwischen den souveränen Staaten leugnet. Sie zerstört damit die politische und die sittliche Welt und damit Welt überhaupt. An der Souveränitätslehre entscheidet sich letztlich, ob „Welt" sein soll oder nicht, ob die Welt-Selbst-Korrelation in all ihren Verzweigungen zur Selbstzerstörung verurteilt ist oder nicht. Daher die unerhörte Leidenschaft, mit der zur Zeit um den Sinn des Politischen und das internationale Problem gerungen wird.

Es liegt in dieser Leidenschaft mehr als die natürliche Angst vor den unvorstellbaren Folgen eines zweiten Weltkrieges. Es liegt – wie viele Äußerungen von Menschen der älteren und jüngeren Generation zeigen – darin das Gefühl, daß eine Welt auf dem Spiel steht, der Sinn von menschlicher Existenz, von Glück und Wert, von Kultur und selbst von Religion. Vielleicht kann diese Stimmung die in der Geschichte immer wiederkehrenden Welt-End-Erwartungen verständlich machen. Es gibt Situationen, deren Bedrohlichkeit über den mortinellen Untergang hinausreicht, in der die Voraussetzungen des Mensch-Seins und Welt-Habens als solche in Frage gestellt sind. Die Mythologie des Welt-Unterganges hat dann die doppelte Funktion, das Katastrophenbewußtsein und die Idee einer „neuen Welt" jenseits der Katastrophe zu symbolisieren. Modernes Denken ist geneigt, nur die erste Seite in Betracht zu ziehen, entweder in der idealistisch-pessimistischen Form, daß mit dem Aufhören des menschlichen Lebenswillens die Welt als Welt zu Ende kommen muß, oder in der modern-naturalistischen Form, daß der Mensch im Überdruß zu seinem Welt-Nihilismus, zu vormenschlich-naturhaften und damit weltlosen Zuständen zurückzugehen trachtet. Daß die drohende Zerstörung der Welt nicht einfach mit Kriegsfurcht erklärt werden kann, zeigt sich auch darin, daß der Zustand der Bedrohung selbst von vielen als das eigentlich Zerstörerische – ja schon Zerstörte und die wirkliche Katastrophe als Erleichterung empfunden wird. Darin zeigt sich ein Wissen darum, daß die Bedrohung der Welt durch den Kampf der souveränen Staaten in vielfacher Abhängigkeit von der Bedrohung der Welt in den Sphären der übrigen Weltbegriffe steht, vor allem, wie wir sehen werden, in Abhängigkeit von dem Entschwinden der religiösen Zentrierung der verschiedenen Weltbegriffe.

Die Rettung des politischen Weltbegriffs und damit von Welt überhaupt ist abhängig von der Überwindung der Souveränität, positiv ausgedrückt: von dem Entstehen einer Macht, die Gerechtigkeit zwischen den partikularen Machtgruppen gewährleistet. Darin liegt zunächst, daß Welt als politische Wirklichkeit durch die Existenz von Welt-Macht bedingt ist. Die Welt-Macht kann auf dreifache Weise zustande kommen: erstens dadurch, daß eine partikulare Macht zur Welt-Macht aufrückt und dabei ihre Partikularität verliert und Repräsentant von Gerechtigkeit wird. Dies ist das positive Element in der imperialistischen Idee. Im römischen wie im englischen Imperium war für einen begrenzten Kreis von Völkern etwas wie politische Welteinheit erreicht. Aber der Kreis war begrenzt, und im Falle Roms löschte die römische Partikularität die politische Eigenexistenz der übrigen Völker in solchem Maße aus, daß das Politische als solches ausgehöhlt wurde. Und im englischen Fall mußte das Imperium nach außen hin, um sich an der Macht zu erhalten, mit *Balance-of-Power*-Politik arbeiten und damit die Unverbundenheit und Souveränität der einzelnen, auszubalancierenden Staaten fixieren. Auf diese Weise hat die einzige weltpolitische Macht der modernen Zeit die Zerstörung der politischen Welt besonders vorbereiten helfen. Es scheint nach diesen beiden Beispielen, daß der imperialistische Weg, zur Welt-Macht zu kommen, an der Unüberwindlichkeit der partikularen Grundlage jedes Imperiums zu scheitern bestimmt ist. So kommt der zweite Weg in Frage, die Konstitution der

Welt-Macht durch Delegierung bestimmter Souveränitätsrechte, aber unter Beibehaltung der grundsätzlichen Souveränität des Einzelstaates. Das war der Versuch des Völkerbundes und ist der Weg all derer, die „kollektive Sicherheit" fordern. Das Schicksal des Völkerbundes hat freilich zweierlei gezeigt: einmal, daß Welt-macht nicht möglich ist ohne Brechung der einzelstaatlichen Souveränität, und zweitens, daß da, wo der Völkerbund wirkliche Macht ausübte, er das Instrument einer imperialistischen Machtkonzentration vom Typus der ersten Lösung war. Ein dritter Weg, der einzige, der von unseren Voraussetzungen gangbar erscheint, ist die Aushöhlung der einzelstaatlichen Souveränität von innen durch Bildung übergreifender Gemeinschaften als künftiger Träger einer einheitlichen Welt-macht. Es ist die horizontale Lösung im Gegensatz zu der vertikalen des Imperialismus und der unvollziehbaren Mischlösung des Bundes. Die Art, wie diese Lösung gedacht ist, soll im zweiten und dritten Teil behandelt werden. Hier ist nur das Grundsätzliche zu erörtern.

Die sittliche Gemeinschaft ist auf der Begegnung von Selbst und Selbst oder von Ich und Du aufgebaut. Auf dieser Begegnung beruht die gegenseitige Beschränkung und damit die Selbst-Welt-Korrelation. Für diese Begegnung hat die biblische Sprache das Wort „Nächster" geschaffen. Der Nächste ist der Begegnende. Das Fundament alles Begegnens ist die unmittelbare Begegnung, das Begegnen im Blick und Wort. Auf ihr als der gegenwärtigen Gemeinschaft beruht alle indirekte Begegnung, Erinnerung und Vorwegnahme, also Vergangenheit und Zukunft des Begegnens als noch gegenwärtige Realität. Auf diese zweite Schicht baut sich dann eine dritte, in der die abstrakten Gerechtigkeitsformen, die aus den beiden ersten Schichten hervorgewachsen sind, selbständig werden und auf beliebige Subjekte oder „Personen" anwendbar sind, die sich weder aktuell noch in Erinnerung oder Vorwegnahme begegnen. Die Macht, die ein solches System trägt, wird dadurch selbst abstrakt. Ihre Gerechtigkeit wird zum Gesetz. Das ist unvermeidlich und gerade mit dem Wachsen der partikularen Gemeinschaft ins welthaft Universale verknüpft. Darin ist die „Kälte" des Staates begründet, um derentwillen Nietzsche ihn dämonisch nennt. Aber mit dieser Kälte ist zugleich die Befreiung jedes Einzelnen von vorpersönlichen Abhängigkeiten und seine gleiche Anerkanntheit als personhaftes Selbst gegeben. Jeder erhält die Würde einer „Person" und die damit verbundene Macht. Dies ist die notwendige Grundlage jedes Systems der Gerechtigkeit. Aber die Frage ist, welche konkrete Erfüllung der abstrakte Anspruch des individuellen Selbst erfahren soll. Freiheit und Gleichheit im Sinne des Personseins löst nicht die Frage der konkreten Gerechtigkeit. Sie wird nur gelöst durch konkretes Begegnen im Sinne der beiden ersten Begegnungsschichten. Wo die konkrete Forderung, die von dem anderen Selbst ausgeht, nicht mehr erlebt wird oder erlebbar ist, kann keine konkrete Gerechtigkeit entstehen. Das ist das Unheil der Klassengesellschaft. Sie macht die abstrakte Gerechtigkeit unwirksam, da sie konkrete Gerechtigkeit unmöglich macht. An ihre Stelle tritt dann die von der Macht der herrschenden Gruppe allen auferlegte Gerechtigkeit, die für alle übrigen Ungerechtigkeit ist. Je universaler und welthafter eine rechtsmächtige Gemeinschaft ist, desto schwieriger ist das Problem der konkreten Gerechtigkeit – wie die Geschichte des römischen Imperiums gezeigt hat. Es kommt darum alles darauf an, daß soziale und geistige Schichten da sind, stark genug, die nationalen Abschließungstendenzen zu durchbrechen. Die Kraft dieser Tendenzen beruht darauf, daß die nationale Gemeinschaft durch Sprache und Tradition Begegnungs-Wirklichkeiten und Möglichkeiten von Begegnung gewährleistet, die in einer übernationalen Organisation für die Gestaltung der konkreten Gerechtigkeit außer Betracht bleiben müßten. Nur die Begegnungs-Erlebnisse der zentral bestimmenden Gruppen, ihr Sein und ihre Machtansprüche, würden für die konkrete Gerechtigkeit maßgebend sein. Daher die Abwehr jeder Nation als solcher gegen die politische Welteinheit und die ständige Rückkehr zur imperialistischen Lösung bei den großen Nationen. Daher die Entschlossenheit der sogenannten fortgeschrittenen Nationen, die Suprematie über die weniger fortgeschrittenen – im Sinne des technischen Weltbildes – zu behalten. Daher die Rivalität der gelben und weißen Rasse in weiten Teilen der Welt. Das alles ist unvermeidlich und gehört zum Kampf um die konkrete Gerechtigkeit innerhalb des politischen Weltbegriffs. Es müßte dabei sein Bewenden haben, wenn das Problem der übergreifenden Begegnungen unlösbar wäre. „Welt“ könnte nie politische Wirklichkeit werden, wenn die nationale Begegnungsform die einzige Wurzel konkreter Gerechtigkeit bleiben müßte. Sie muß es aber nicht, und sie ist es auch schon nicht mehr, wie unten zu zeigen ist.

e) Die Grenzen der politischen Welt

Der politische Weltbegriff schließt alles ein, was politisch begegnen kann, also „alle Menschen“. „Mensch“ aber im politischen Sinne ist jeder, der als Glied einer politischen Gemeinschaft möglich ist, aktuell oder potentiell. Es ist also nicht so, als ob der Begriff des Menschen an sich feststünde und dann das Politische hinzukäme, sondern das Politische gehört zur Bestimmung des Menschen. Mit den Grenzen des Politischen sind die Grenzen des Menschlichen gegeben und umgekehrt.

Wo bloße Mächtigkeit sich durchsetzen will, ohne die Macht und Würde eines Selbst, ist sozusagen die untere Grenze des Politischen, also in der gesamten Natur und denjenigen Grenzerscheinungen, in denen zwar gewisse Merkmale von Selbst und Welt-Haben da sind, andere aber fehlen. Die andere Grenze des Politischen wäre da gegeben, wo Gerechtigkeit sich ohne Macht vollziehen würde, also eine Engels-Welt, in der keine Differenz von Individuellem und Generellem und darum keine dynamische Selbstverwirklichung stattfindet. Der Grenzbegriff des „Engels" ist wichtig, weil er als „obere" Grenze des Politischen in manchen Ethiken zum Symbol für eine Vollkommenheit erhoben ist, in der das Politische im Prinzip negiert ist, z. B. gewissen Formen des Eremitentums und des Macht-negierenden Pazifismus. Es ist aber nicht zufällig, daß dabei eine Art Entmenschlichung entsteht, die sowohl als nach- wie vormenschlich beurteilt werden kann.

Das bedeutet aber, daß die Grenzen des Politischen nicht mit den Grenzen des Seienden identisch sind. Das bedeutet nicht notwendig, daß sie auf die Grenzen der Erde für alle Zeiten beschränkt sind, obgleich diese Aussage zur Zeit keinerlei konkreten Sinn hat. Aber es bedeutet, daß, wo immer politische Begegnungen innerhalb der theoretisch bestimmten Welt stattfinden, sie zwischen Individuen mit Selbst-Welt-Korrelation stattfinden müssen und in *diesem* Sinne zwischen „Menschen". Und es gilt ferner, daß die theoretische Welt selbst abhängig ist von der im Politischen sich vollendenden Struktur des Welt-Habens.

Mit dem politischen Weltbegriff ist der Umkreis der konstitutiven Begriffe, in denen das Welt-Haben sich darstellt, geschlossen; auf der Basis des technischen Weltbegriffs erheben sich der theoretische und ethische Weltbegriff nach zwei verschiedenen Richtungen und vereinigen sich wieder im politischen Weltbegriff. In diesem stehenden Quadrat kann der Umfang der Begriffe symbolisiert werden, die Welt-Haben ausdrücken.

II. Religion und Weltbegriff

1. Religion und Welt-Haben

Wir haben die Struktur des Welt-Habens in gewissen Richtungen verfolgt und die daraus folgenden Weltbegriffe beschrieben. Bei diesem Bemühen war die Selbst-Welt-Korrelation die leitende Idee. Wir haben aber noch nicht den Versuch gemacht, hinter diese Korrelation zu schauen, die Wurzel zu entdecken, aus der sie entspringt, und die

Einheit zu benennen, in der sie lebt. Mit anderen Worten: Wir haben noch nicht die religiöse Frage gestellt. Wir haben den Umkreis des Humanen beschrieben, aber wir sind nicht über diesen Kreis hinausgegangen. Es erheben sich nun drei Fragen: einmal die Frage, ob und warum es notwendig ist, über den Umkreis der Selbst-Welt-Korrelation oder des Nur-Humanen hinauszugehen, dann die Frage, was sichtbar wird, wenn das Humane transzendiert ist, und schließlich die Frage, wie sich das, was jenseits des Humanen oder der Selbst-Welt-Korrelation sichtbar geworden ist, zu dem Humanen verhält. Die dritte Frage führt zu ebensoviel besonderen Fragen, wie Weltbegriffe in der humanen Sphäre gefunden sind.

Muß die Selbst-Welt-Korrelation in ihrer vierfachen begrifflichen Auslegung transzendiert werden? Treibt die Struktur von Selbst und Welt zu einem Dritten, in dem sie wurzeln? Muß das Humane im Religiösen fundiert werden? Die Form, in der diese Fragen gestellt sind, zeigt, daß eine bejahende Antwort vorausgesetzt wird, denn wenn überhaupt von Transzendieren gesprochen wird oder von einem dritten, Welt und Selbst fundierenden Prinzip, werden religiöse Kategorien gebraucht. Die Frage ist also: Warum werden sie gebraucht, warum ist ihre Gültigkeit vorausgesetzt?

Es wäre keine Antwort, sondern ein Ausweichen, wenn man sich einer solchen Frage gegenüber auf den Glauben oder auf die religiöse Erfahrung berufen würde. Denn was erfragt ist, ist ja nicht ein bestimmter religiöser Inhalt, sondern die Einbruchsstelle des Religiösen in das Humane, die Grenze der Selbst-Welt-Korrelation, die auf ein Jenseits der Grenze hinweist. Diese Frage aber liegt noch innerhalb der Analyse der Struktur von Welt-Haben und ist – wenn man auf schulmäßige Unterscheidungen dieser Art Wert legt – Religions-*Philosophie*, nicht Theologie.

Welt und Selbst sind durch einander bestimmt, aber keines von beiden setzt das andere. Weder ist das Selbst durch die Welt gesetzt, obgleich es ein Teil der Welt ist, noch ist die Welt durch das Selbst gesetzt, obgleich ohne das Selbst Welt nicht ist. Weder ist Fichte im Recht, wenn er das „Ich" das „Nicht-Ich" und damit die Welt setzen läßt – und das gilt allem Idealismus gegenüber –, noch ist Nietzsche im Recht, wenn er die „große Vernunft", die Welt, die „kleine Vernunft", das Selbst, setzen läßt –, und das gilt allem Naturalismus gegenüber. Die Welt-Selbst-Korrelation kann nicht durch Unbedingt-Setzung einer Seite in ein Kausal-Verhältnis verwandelt werden. Es gibt keinen Weg vom Selbst zur Welt oder umgekehrt, weil jeder der beiden Begriffe schon den anderen voraussetzt. Das ist die Wahrheit, die im Idealismus und

Naturalismus je von einer Seite her verstanden und durch Einseitigkeit verzerrt worden ist. Es ist die unvergängliche Wahrheit des Idealismus, die durch alle naturalistische Verdunkelung immer wieder siegreich durchgebrochen ist, daß Welt nicht sein kann ohne Selbst. Und es ist die unvergängliche Wahrheit des Naturalismus, die aller idealistischen Pathetik immer wieder die Maske heruntergerissen hat, daß das Selbst ein Teil der Welt ist.

Damit aber ist die Frage, die hinter beiden Versuchen steht, aufs neue zu stellen: Welches ist der tragende Grund der Selbst-Welt-Korrelation? Da keine der beiden Seiten die andere trägt, da keine von beiden unbedingt ist, so muß das Tragende, Unbedingte jenseits beider gesucht werden, das wir nur ungern „ein Drittes" nennen. Denn als ein Drittes könnte es leicht als ein anderer, höherer Teil von Welt oder ein anderes, höheres Selbst aufgefaßt werden, womit es aber zur Korrelation von Selbst und Welt gehören und sie nicht transzendieren würde. Es ist dieses einer der wichtigsten Punkte der Religionsphilosophie. Die aus dem mythischen Bewußtsein stammende Neigung, das Göttliche als andere, höhere „Welt" aufzufassen, und die aus dem kultischen Bewußtsein stammende Neigung, das Göttliche als anderes, höheres „Selbst" aufzufassen, muß verstanden und durchschaut werden: Es muß verstanden werden die Notwendigkeit und zugleich Unmöglichkeit, das, was jenseits der Selbst-Welt-Korrelation ist, zu benennen; und es muß durchschaut werden als Benutzung beider Seiten der Korrelation zum Zweck der symbolischen Benennung des „Jenseits von Selbst und Welt". Religionsphilosophie hat die Aufgabe, diese Struktur des religiösen Bewußtseins aufzudecken. Sie selbst kann die Symbole weder schaffen noch gestalten. Denn die Symbolwahl ist ein unmittelbarer Ausdruck der gläubigen Erfahrung, die gegenüber der Philosophie autonom ist. Aber die Religion kann und soll nicht verhindern, daß die Philosophie die Erkenntnisstruktur des Religiösen analysiert.

Die Autonomie des Religiösen ist darin begründet, daß das Jenseits von Welt und Selbst weder von dem Selbst noch von der Welt her bestimmt werden kann. Es ist jenseits von „Sein" und „Freiheit". Es ist weder ein Teil der theoretischen noch eine Entscheidung der ethischen Welt. Darum muß es sich in beiden manifestieren als ein „anderes", das aber zugleich „Grund" beider ist. Das ist der Sinn des religiösen Offenbarungsbegriffs, der nichts mit einer Erweiterung des theoretischen Weltbildes zu tun hat, sondern der eine Erfahrung andeutet, die quer durch alle Weltbilder hindurchschneidet und ihnen eine eigentümliche Qualität gibt. Darum wäre es auch falsch, etwa einen „religiösen Weltbegriff" neben die anderen zu stellen. Das Religiöse qualifiziert die anderen Weltbegriffe, fügt aber keinen neuen hinzu. Den Theologen, die über diese Sätze erschreckt sind, muß gesagt werden, daß nur auf diese Weise verhindert wird, daß Gott zu einem problematischen Teil der Welt degradiert wird, nach dessen Sein oder Nicht-Sein mit Recht gefragt werden könnte. Und den Philosophen, die an der Erwähnung des Offenbarungsbegriffs Anstoß nehmen, muß gesagt werden, daß sie nur auf diese Weise den theoretischen wie die übrigen Weltbegriffe rein, das heißt frei von jeder theologischen Einmischung, erhalten können.

Welches ist nun die Qualifizierung, die das Welt-Haben durch die Religion erhält? Was bedeutet „Welt" religiös? Es bedeutet in allen entwickelten Religionen ein Doppeltes: erstens, daß die Selbst-Welt-Korrelation in einem Jenseits von Selbst und Welt wurzelt; und zweitens, daß sie als Korrelation von dieser Wurzel getrennt ist. In der religiös-mythischen Sprache heißt die erste Beziehung Schöpfung, die zweite Abfall. Daher hat Welt die Doppelbedeutung von Göttlich-Geschaffenem und Widergöttlich-Gefallenem. In johanneischer Sprache: Gott liebt die Welt, und die Welt ist des Teufels. Es ist behauptet worden, daß der Weltbegriff nicht vollziehbar ist ohne den Gottesbegriff. Das ist nur halb richtig. Aus der Selbst-Welt-Korrelation läßt sich, wie unsere Analyse gezeigt hat, ein Weltbegriff gewinnen, der in sich geschlossen und rein humanistisch-immanent ist. Wahr ist jene Behauptung nur insofern, als die Korrelation, in der Welt entsteht, zu der Frage nach dem Jenseits der Korrelation und damit zur Gottesfrage führt. Die Welt ist geschaffen, heißt, daß in der Selbst-Welt-Korrelation die Welt nicht das Bedingende ist, und zugleich, daß auch das Selbst als ein Teil der Welt nicht das Bedingende ist. Zugleich aber gibt der Schöpfungsgedanke eine Bestätigung der Selbst-Welt-Korrelation: Welt setzt ein tragendes Prinzip voraus, das zugleich Selbst-Charakter hat. Jede Religion, die das Dasein der Welt auf einen irgendwie geistigen Akt zurückführt, erkennt diesen Zusammenhang an, mag auch die Ausdrucksweise noch so mythisch sein. Am deutlichsten hat das Christentum die Bedingtheit von Welt und Selbst zum Ausdruck gebracht, wenn es den *logos* als Schöpfungsmittler denkt. Der *logos* ist nicht das *letzte* Prinzip der Welt. Wäre er das, so würde die Selbst-Welt-Korrelation in sich unbedingt sein, was sie nicht ist. Das letzte Prinzip ist der unaussagbare göttliche Abgrund, das Jenseits von Selbst und Welt. Aber dieses Jenseits spricht sich selbst aus als Selbst-Welt-Korrelation oder durch den *logos* als Schöpfungsmittler. So gibt der Schöpfungsgedanke dem Weltbegriff Fundierung in dem doppelten Sinn des

Hinausgehens über ihn und des Hinzugehens auf ihn. Der Abgrund der Welt ist zugleich der Grund der Welt. Die Analyse des Welt-Habens wird im religiösen Schöpfungsmythos zugleich transzendiert und bestätigt. Der religiöse Mythos zeigt ein ursprüngliches Wissen um Welt, lange ehe der theoretische Weltbegriff konzipiert wird. Und der religiöse Mythos zeigt ein ursprüngliches Wissen um die Bedrohtheit von Welt, lange ehe die politische Reflexion Weltkatastrophen in Aussicht stellte.

Und damit ist das zweite angedeutet, worin die Religion den Weltbegriff transzendiert und bestätigt: der Gedanke, daß „die Welt im Argen liegt", der Gedanke des Abfalls. Die Voraussetzung dieses Gedankens ist das in der Selbst-Welt-Korrelation enthaltene „Gegenüber" von Selbst und Welt und die damit gegebene Unvermeidlichkeit des „Gegeneinander" und der Zerstörung, deren verschiedene Formen uns die Darstellung der Weltbegriffe schon gezeigt hat. Der religiöse Weltbegriff führt diese Zerstörungskräfte auf das Heraustreten von Welt und Selbst aus ihrem gemeinsamen Grunde zurück; er transzendiert damit die auf die Spannung von individuellem und allgemeinem Element im Selbst begründete Analyse der Zerstörung von Welt. Zugleich bestätigt er sie. Er transzendiert die nur humanistische Analyse, indem er die Universalität und Unvermeidlichkeit des Zerstörerischen im Welt-Haben aufzeigt. Er ist universal, d. h. er ist nicht abhängig von jeweiligen Einzelentscheidungen des einzelnen individuellen Selbst. Vielmehr befindet sich das individuelle Selbst schon jeweils in der Abfall-Situation, in einem Gegenüber, das, trotz der Verbundenheit, Trennung und Gegeneinander ist. Die Freiheits-Situation des individuellen Selbst schließt die Unvermeidlichkeit des Verfehlens ein. Und diese Unvermeidlichkeit ist ausgedrückt in jedem Teil der Welt und jeder Begegnung, in der sie sich konstituiert. Die „Welt bezeugt den Fall"; und das kann nicht anders sein, da die Konstituierung des individuellen Selbst und die Konstituierung von Welt identisch sind. Wir können dies den tragischen Aspekt der Welt nennen, der sich in der christlichen Lehre von der Ursprungsschuld einen dogmatischen Ausdruck geschaffen hat, dessen unzulänglich mythische Darstellung (Adams Fall – Erbsünde) den wirklichen Sinn unzugänglich gemacht hat. Der tragische Aspekt von Welt steht jenseits der Kategorien des gegenständlich-theoretischen Weltbegriffs. Er ist weder notwendig im Sinn einer kausalen Determination, noch zufällig im Sinn einer kausalitätsfreien Willkür. Die Schicht, in der der Mythos von der gefallenen Welt liegt, ist ursprünglicher als die polaren Kategorien des gegenständlichen Weltbegriffs. Daher ist der neutralere Begriff „Unvermeidlichkeit" gebraucht worden, um den Übergang von Unschuld zu Schuld zu kennzeichnen. Er besagt, daß der Fall Tat ist, also das Element von Freiheit in sich hat, das zur Tat gehört; und daß er zugleich Ereignis ist, also das Element von Notwendigkeit in sich hat, das zum Geschehen gehört. Selbst und Welt sind am Fall beteiligt, aber als noch nicht geschiedene und noch nicht bestimmt gesetzte. Denn diese Scheidung und bestimmte Setzung ist eine Folge des Falles. Die Existenz des Tragischen und die Existenz einer kategorial bestimmbaren Welt und eines entsprechenden Selbst gehören zusammen. In dieser Erkenntnis sind Christentum, griechische und indische Philosophie einig. Darum hat Welt den oben erwähnten Doppelsinn, der erst im modernen technischen Weltbild verloren gegangen ist.

Dieser Doppelsinn von Welt hat nun zur Folge, daß die Religionen der Welt das Überweltliche als Norm und Ziel entgegenstellen. Religion qualifiziert die Welt vom Überweltlichen her, von dem her, was nur als Jenseits von Selbst und Welt gekennzeichnet werden kann. Sie qualifiziert sie als wurzelnd im Jenseits, als getrennt vom Jenseits, als aufgehoben im Jenseits. Aber wie in der religiösen Qualifizierung der Welt durch Schöpfung und Abfall die Struktur von Welt nicht nur transzendiert, sondern auch bestätigt wird, so gilt auch von der Aufhebung der Welt ins Überweltliche, daß sie nur in Symbolen der Selbst-Welt-Korrelation ausgedrückt werden kann: Das ist der Sinn des Symbols „Reich Gottes". Es bestätigt die im Weltprozeß vorhandenen Elemente von „Reichs-Bildung", von Konstitution einer sittlichen Welt als Voraussetzung von Welt überhaupt im politisch-geschichtlichen Geschehen.

Daher die politische Form des Symbols und zugleich sein universaler, weltumfassender Charakter. In dem überweltlichen, aber in der Geschichte der sittlichen Welt sich manifestierenden Reich Gottes ist der Widerspruch des Welt-Habens gelöst: Die radikale Individualisierung, die Trennung und das Gegenüber sind aufgelöst in der überweltlichen Einheit der Liebe. Der tragische Aspekt der Welt bleibt nicht der letzte. Das Element der Gewalt, das zur Macht der politischen Gemeinschaft gehört, und die Partikularität der politischen Macht sind überwunden. Im Reich Gottes kommt die Geschichte zur Erfüllung.

Die Idee des Reiches Gottes ist ein Sondergut der prophetischen Religion. Der Gedanke, daß das Überweltliche nicht nur die Transzendenz, sondern auch die Erfüllung von Welt ist, findet sich nicht in den mystischen Typen der Religionsgeschichte. In ihnen, also in fast allen asiatischen Religionen, im Neuplatonismus und seiner christlichen Nachwirkung im europäischen Pessimismus, ist das Überweltliche die Negation von Welt; und die Erlösung des Einzelnen von der tragischen

Konstitution von Welt geschieht durch Verzicht auf das Welt-setzende Gegenüber, durch Entweltlichung. Es ist offenbar, daß auf diesem Boden das Politische und mit ihm die Geschichte entwertet sind: das Politische als weltschaffende Funktion und zugleich als fortwährende Bekräftigung der tragischen Verfassung von Welt steht im polaren Gegensatz zu den a-kosmischen Religionstypen. Daher beschränkt sich das Problem „Religion und Weltpolitik" auf das Verhältnis von prophetischer Religion und Weltpolitik.

Nach diesen allgemeinen Bemerkungen über die religiöse Qualifikation des Welt-Habens müssen die besonderen Weltbegriffe auf ihre Beziehung zum Religiösen hin untersucht werden.

2. *Religion und die nicht-politischen Weltbegriffe*

a) Religion und der technische Weltbegriff

Die Stellung der Religion zum technischen Weltbegriff ist in klassischer Weise in der alttestamentlichen Paradiesesgeschichte entwickelt. Die Aufforderung Gottes an den Menschen, den Garten Eden zu bebauen und über alles Lebendige zu herrschen, enthält die Anerkennung der Freiheit des Menschen, seiner Fähigkeit und seiner Aufgabe, eine Welt über der gegebenen zu entwerfen. Der technische Weltbegriff ist schöpfungsmäßig fundiert; er wird als wesentliches Merkmal des Menschen unmittelbar bei seiner Erschaffung ausgesprochen. Er kommt nicht hinzu, nachdem der Mensch sonst fertig ist, sondern er wird als Mensch fertig dadurch, daß er die technische Welt als Möglichkeit und Aufgabe hat. Über den Weltbegriff selbst ist damit gesagt, daß die Welt nicht einfach gesetzt ist als fertiges Gebilde, sondern daß sie sich selbst als Aufgabe gesetzt ist, nämlich im Menschen, daß ihr „Gutsein" nicht ihr Fertigsein bedeutet und daß der Mensch, obgleich ein Teil von ihr, verantwortlich für sie ist. Auf diese Weise enthält das technische Welt-Schaffen des Menschen seinen religiösen Sinn. Es ist Teilnahme am Schöpfungsprozeß selbst. Der wagende Mut des Menschen, der von seiner eigenen Möglichkeit über alles Gegebene hinausgetrieben wird, erhält seine religiöse Begründung.

Aber auch die andere Seite der religiösen Weltbeurteilung zeigt sich gegenüber dem technischen Weltbegriff: die in seiner Unendlichkeit enthaltene unendliche Versuchung, die Grenzen des Menschlichen zu überschreiten, das Prometheische, das am schärfsten im griechischen Mythos zum Ausdruck kommt, aber auch im Paradieses-Mythos vernehmbar durchklingt. In beiden Erzählungen ist die technische Weltschöpfung abhängig von einem Wissen oder Können, das eigentlich den Göttern vorbehalten ist und als Raub in die Hände der Menschen kommt. Das technische Wagnis ist mit ursprünglichem Schuldbewußtsein verbunden. Es geht über uralte heilige Bindungen hinaus. Es maßt sich Götterrecht an und wird dann von den Göttern bestraft. Aber es wird dem Menschen nicht genommen. Denn eben dadurch, daß er diese Macht hat, ist er Mensch. Um aktuell Mensch zu sein, wird der Mensch schuldig – schuldig des Raubes am Göttlichen. Er wird es unvermeidlich im Sinne der tragischen Unvermeidlichkeit, von der oben die Rede war.

Daraus ergibt sich die religiöse Beurteilung der Fortschrittsidee: Sofern das Technische unendliches Fortschreiten als Qualität in sich hat und sofern das Technische konstitutiv für Menschsein ist, bejaht die Religion den Fortschritt. Sofern der Fortschrittsgedanke als allgemeines Modell für menschliche Entwicklung gebraucht und die mit der schöpferischen Freiheit verbundene tragische Schuld übersehen wird, lehnt die Religion den Fortschrittsgedanken als Ausdruck menschlicher *hybris* ab. Er setzt nämlich voraus, daß die Endlichkeit der menschlichen Existenz durch den Menschen in kontinuierlicher Annäherung aufhebbar wäre. Eben diese Voraussetzung aber konstituiert den *Hybris*-Begriff: Erhebung des Endlichen zu der Würde des Unendlichen, Verwechslung der bedingten Teilnahme am göttlichen Schaffen mit göttlichem Schaffen selbst. Der Fortschrittsglaube spricht dem Menschen selbstschöpferische Macht zu. Aber Selbstschöpfung, scholastische Aseität, charakterisiert das Göttliche, den absoluten Ursprung. Das drückt sich in dem tragischen Element der Technik aus: Sie macht den Herrn zum Sklaven, indem sie ihn seelisch an sich bindet, in den Mittel-Zweck-Mechanismus hereinzieht und ihn für den Kampf der einzelnen Menschengruppen um die Beherrschung dieses Mechanismus Mittel der Zerstörung in die Hand gibt, die die technische Welt mit fortgesetzten Katastrophen bedrohen.

Das führt zu der Frage, wie sich der technische Weltbegriff zu der religiösen Idee der überweltlichen Vollendung oder des Reiches Gottes verhält. Wo in der prophetischen Religion Symbole in dieser Richtung vorliegen, wie in dem biblischen Bild der „himmlischen Stadt", drücken sie ein Dreifaches aus: 1. Die technischen Formen, Haus, Gerät etc., sind übernommen. 2. Die Materie besteht aus den edelsten Elementen der Natur. 3. Das Gesamtbild liegt nicht in der Linie technischer Vervollkommnung, sondern ist bedingt durch eine wunderbare Verwandlung des Weltlichen ins Überweltliche. Damit ist die Technik bejaht, zugleich aber aus ihren weltlichen Bedingungen herausgehoben. Nicht sie bringt die Verwandlung zustande, in der der tragisch dämonische

Aspekt der Welt überwunden ist, weil sie der Welt verhaftet ist, aber ihre Formen, die durch sie geschaffene Welt über der gegebenen Welt, dienen in gleicher – ja überwiegender Weise – zur Symbolisierung der überweltlichen Erfüllung.

Für das weltpolitische Problem bedeutet das die religiös-realistische Warnung vor der Annahme, daß der technische Fortschritt durch sich selber die Welt ihres tragischen Charakters entkleiden könnte, zugleich aber die Aufforderung, die technische Aneignung der Natur als reales Symbol der überweltlichen Einheit alles Seienden universal-politisch zu tragen, religiös gesprochen: der Sprachverwirrung, die mit dem Turmbau zu Babel notwendig verbunden ist, entgegenzuwirken, zugleich aber ihre Unvermeidlichkeit und damit die Grenzen der technischen Fortschrittsidee anzuerkennen.

Und eine andere Fortschrittsidee als die technische gibt es nicht. Wohl gibt es technische Elemente, wie wir gesehen haben, auch in den übrigen Gebieten, und soweit es sie gibt, gibt es Fortschritt in ihnen, aber nicht darüberhinaus. In der Religion, sofern sie menschliches Handeln ist, sind technische Elemente vorhanden, in Kultus, Erziehung, kirchlicher Verwaltung usw.; sofern sie göttliches Handeln ist als Offenbarung des Jenseits von Welt und Selbst *in* Welt und Selbst, ist sie jenseits alles Technischen. Es würde aber noch zu fragen sein, ob es trotzdem einen nicht-technischen Fortschritt in der Religion gibt, ob also die Bindung des Fortschrittsgedankens an das Technische von der Religion durchbrochen wird. Gibt es einen Fortschritt in der Offenbarung? Es gibt ihn im Sinn der „Reifung“, nicht aber im Sinne des unendlichen Weitergehens. Reifung ist ein organisches Bild, das auch auf das geistige Leben eine bestimmte, wenn auch begrenzte Anwendungsmöglichkeit hat. Früchte reifen, d. h. sie erfüllen die in Keim und Knospe enthaltenen Möglichkeiten; wenn die Reife erreicht ist, beginnt der Verfall. Ein „darüber-hinaus“ gibt es nicht. Persönlichkeiten reifen; sie erfüllen die in ihrer Anlage gegebenen Möglichkeiten, zugleich aber begrenzen sie die Möglichkeiten durch charakterliche Reife, Geformtheit, Geschlossenheit, wobei freilich eine Verengung, Beschränkung eintritt, deren Durchbrechung zu einer zweiten schöpferischen Reife führen kann. Solche Reife, wie sie in den Spätwerken großer Persönlichkeiten erscheint, durchbricht das organische Bild. Reifen können Kulturen, Stile, Methoden dadurch, daß die in ihrem Ur-Impuls enthaltenen Möglichkeiten zu reiner Erfüllung kommen und fremde Elemente, Unsicherheiten, Irrwege überwunden und die klassische Reife eines Stiles erreicht wird. Sobald das aber geschehen ist, setzt der Verfall, z. B. als Manierismus oder Archaismus ein, und neue, noch ungereifte Möglichkeiten zeigen sich. Reifen kann auch die Menschheit, vertreten durch einzelne Menschen und einzelne Gruppen in Wechselwirkung, zum Vernehmen der Offenbarung. Es gibt eine ursprüngliche, eine vorbereitende, eine abschließende Offenbarung, aber es gibt keine allgemeine und fortschreitende Offenbarung. Wenn das Reifestadium erreicht, die volle Offenbarung vernehmbar ist, dann gibt es noch mannigfaltige Aneignungsprozesse, aber keine neue Offenbarung. Das ist der Sinn des neutestamentlichen Gedankens, daß in Christus Gott als Person erschienen ist und daß Christus darum der Herr aller Zeiten und das Ende der Religionsgeschichte ist. Andererseits steht Christus jenseits der Gemeinde, die sich immer wieder zu seiner Reife hinaufentwickeln muß und in der jeder Einzelne alle Stadien des menschheitlichen Reifeprozesses zu wiederholen hat. So gilt für das Verhältnis der Religion zum technischen Weltbegriff, daß sie die fundamentale Bedeutung des Technischen für die Bestimmung des Menschen als Menschen anerkennt, daß sie um die dämonische Versucherqualität des Technischen weiß und daß sie das Überweltliche vorzugsweise in technischen Symbolen zu denken vermag, ferner aber und vor allem, daß sie sich der Fortschrittsidee, die dem technischen Weltbild innewohnt, nicht unterwerfen kann.

b) Religion und der theoretische Weltbegriff

Technik setzt Theorie, zweckvolles Handeln, setzt Beobachtung voraus, und entwickelte Technik setzt entwickelte Beobachtung, Wissen und Wissenschaft voraus. Das Wissen um das, „was gut und böse", „nützlich und schädlich" ist, ist darum der Paradiesesgeschichte nach ursprünglichster Lebenswille und zugleich unüberwindliche Versuchung. Der Mensch will diese Zauberkraft des Wissens in Besitz nehmen. Nur durch sie kann er die Herrschaft über die Dinge ausüben; aber um sie zu erreichen, muß er sich distanzieren, muß die Dinge zu Objekten machen, muß ein göttliches Verbot übertreten. Nicht nur in der biblischen Geschichte, sondern auch sonst in früherer Zeit ist das Wissen-Wollen mit Schuld-Gefühl verbunden; und noch in dem späten Konflikt zwischen Religion und Wissenschaft klingt diese Stimmung durch. Die aus der Analyse des Welt-Habens sich ergebende Bestimmung der Religion ermöglicht es, den Grund für diese Stimmung anzugeben: Die Vergegenständlichung der Welt und des Selbst, die sich im theoretischen Bewußtsein vollzieht, löst Welt und Selbst aus ihrem Stehen im „Grunde", im Jenseits von Selbst und Welt, heraus. In anderen Worten: Das theoretische Bewußtsein bringt das mythische Bewußtsein zum Verschwinden. Denn dies ist das Wesen des mythischen Bewußtseins:

Es sieht die Dinge nicht primär in ihrem „Gegenstands"-Charakter, in ihrer Macht zu sein, sondern in ihrem „Urstands-Charakter", ihrem Stehen in der Macht des „Jenseits von Selbst und Welt" und damit des Jenseits des theoretischen Weltbegriffs. Ein Wort wie das von Jesus berichtete, daß ohne den Willen des Vaters im Himmel kein Sperling vom Dache und kein Haar von unserem Haupte fällt, zeigt diese Gerichtetheit auf das, was jenseits von Selbst und Welt ist und was als „theoretische" Aussage sinnlos wäre. Auch Schleiermachers Definition der Religion als „Gefühl der schlechthinnigen Abhängigkeit" deutet in die gleiche Richtung, obwohl die Wirkung des theoretischen Weltbegriffs sich in dem falsch-subjektiven psychologisierenden Terminus Gefühl und dem kausalen Schein der ganzen Definition zeigt.

Es muß nun gefragt werden, ob der Gegensatz von Religion und theoretischem Weltbegriff wesenhaft notwendig oder tragisch-unvermeidlich ist. Es ist klar, daß der Schöpfungsgedanke für das zweite entscheidet. Nur wo Schöpfung und Abfall gleichgesetzt werden, wie in der Mystik, muß die entgegengesetzte Entscheidung gefällt werden. Wesensmäßig und darum auch sollensmäßig gehören mythisches und theoretisches Bewußtsein zusammen. Der *logos* – christlich gesprochen – steht zugleich im Grund („Im Anfang bei Gott") und wirkt in der Struktur der gegenständlichen Welt („Alle Dinge sind durch denselben gemacht"). Das mythische Bewußtsein drängt auf Schöpfung und damit auf Konstitution des Seins im Sinne des theoretischen Weltbegriffs. Umgekehrt treibt der theoretische Weltbegriff wesensmäßig zum mythischen Weltbegriff, ohne ihn freilich anders als negativ erreichen zu können. Der Ausdruck dafür ist der negative Begriff des Unbedingten, mit dem jedes theoretische Weltbild – unvermeidlich selbst im strengsten Positivismus – aufhört und anfängt. Wir hatten gesehen, daß das Unbedingte als solches im sittlichen Bewußtsein erscheint, als unbedingte Forderung des begegnenden Selbst, als Selbst anerkannt zu werden. Aber dieses „Unbedingte" ist ohne theoretische Hypostasierung. Es ist ein „Charakter", kein Sein. Und das Theoretische kann die Hypostasierung nur negativ geben als Begriff des Unbedingten. Wo das Theoretische den Versuch macht, inhaltliche Bestimmungen zu geben, muß es sie aus dem Material des Seienden entnehmen, also gerade aus dem, was im Theoretischen transzendiert werden soll. Darum haben alle metaphysischen Seinsbegriffe jenen schwebenden Charakter, der darin begründet ist, daß in dem theoretischen Prinzip, das als solches die notwendige Funktion einer letzten Hypothese hat, zugleich der mythische Sinn sichtbar wird, in dem es gleichzeitig gemeint ist. Der Streit um die Metaphysik hat in dieser Zweideutigkeit aller letzten Begriffe seine

Ursache: das theoretische Prinzip ist zugleich mythisches Symbol. Die metaphysischen Prinzipien sind diejenigen Begriffe, durch die das Theoretische religiös und das Religiöse theoretisch wird. Das gibt einen Gesichtspunkt für die Beurteilung des Gegensatzes von Kant und Hegel in ihrer Stellung zur Religion und Theorie. Kant sucht jede theoretische Bestimmung des Unbedingten zu vermeiden und sein Erscheinen auf das Ethische zu beschränken als die unbedingte Geltung der sittlichen Forderung. Aber Kant hat in der Lehre von den Postulaten der praktischen Vernunft die Unmöglichkeit zugestanden, die Unbedingtheit des Ethischen ohne ein theoretisch Unbedingtes durchzuhalten. Denn nur durch ein solches ist die letzte Einheit von Sein und Sollen garantiert; und ohne diese Garantie kommt es nicht zur Verwirklichung der ethischen Welt, da die gerechte Ordnung, die Sittlichkeit und Glück aneinander bindet, in der Welt nicht zu finden ist und wir darum aufs Überweltliche verwiesen sind. Aber Kant weigert sich, diese überweltliche Garantie in einem theoretischen Urteil auszudrücken. Aber auch er kann dem Zwang zur Setzung eines Prinzips als letzte theoretische Hypothese nicht entgehen. Und da er die gegenständliche Ontologie zerschlagen hat, die aus der objektiven Welt ein solches Prinzip zu erschließen versucht, so geht er selbst von der anderen Seite der Korrelation aus, dem Selbst, erkenntnistheoretisch gesprochen, dem Subjekt, und macht die synthetische Funktion des reinen Subjekts oder des Bewußtseins überhaupt zum konstitutiven Prinzip von Welt. – Es lag nahe, diese Elemente zu kombinieren und das postulierte Unbedingte in der synthetischen Funktion des Bewußtseins überhaupt zu entdecken. Diesen Weg gingen die idealistischen Metaphysiker in abschließender Weise (Hegel). Seine Lehre vom „absoluten Geist" versuchte beides, das Theoretische und das Religiöse, so zu verbinden, daß nicht nur kein Widerspruch sichtbar bleibt, sondern sie sich gegenseitig erfüllen. Es ist keineswegs richtig zu sagen, daß Hegel die Religion in Theorie verwandelt hat, es sei denn, daß man hinzufügt, daß er die Theorie in Religion verwandelt habe. Sein Geistbegriff versucht, die gegenständliche, vom Ursprung getrennte Welt als unmittelbare Selbstentfaltung des Ursprungs zu deuten. Geist ist Sein und Freiheit zugleich, er vereinigt das Unbedingte, das im Sittlichen erscheint, mit den bedingten Formen des Seins. Darum kann die politische Gemeinschaft voll Verwirklichung von Welt sein, und das tragische Moment ist in der Gesamtgeschichte aufgehoben. So muß das verstanden werden, was man Hegels Staats-Vergötterung genannt hat und was gewöhnlich ebenso primitiv wie verzerrt dargestellt wird. Hegel ist völlig im Recht, aus seiner Geistlehre den Schluß zu ziehen, daß in der politischen Welt Welt überhaupt sich erfüllt, und er hat recht, weiter zu schließen, daß gegenüber dieser Erfüllung das individuelle Glück unwichtig ist, und das Überweltliche mehr oder weniger deutlich auszuschalten. (Der Streit darüber hat später seine Schule gespalten. Konsequent war zweifellos die Haltung der Linken, die das Überweltliche bestritt.) Hegels Staatslehre ist die notwendige Folge seiner Geistlehre, und diese wieder ist der Ausdruck seines Willens, das Jenseits von Selbst und Welt in das Selbst und durch es in die Welt hineinzuziehen. Er geriet damit nicht nur in Gegensatz zu den kritischen Grenzbestimmungen, die Kant formuliert hatte, sondern auch zu dem zweiten Moment, mit dem die Religion Welt qualifiziert, die Lehre von dem Abfall der Welt.

Das führt zu der Frage nach dem Verhältnis von Religion und theoretischem Weltbegriff unter dem Gesichtspunkt der dritten Qualifikation, die der Welt-Begriff von der Religion erfährt: die Idee der überweltlichen Erfüllung, in der Welt aufgehoben ist. Zweifellos kennt die Religion eine Art von Theorie, in der das Theoretische als weltlich aufgehoben ist. Die Mystik nennt es die wissende Aufhebung des Wissens und die Rückkehr zu der ursprünglichen Einheit von Wissendem und Gewußtem, in der beide als selbständige verschwinden. Die prophetische Religion spricht von dem göttlichen Geist, der in die volle Wahrheit führt und dem auch die Tiefen der Gottheit nicht verschlossen sind. Diese Wahrheit ist überweltlich, ohne die Welt aufzuheben; sie erscheint in Weissagungen, prophetischer Rede, religiöser Lehre und vor allem als persönliches Leben, in Christus. Der *logos* ist nicht nur überweltlich; er kann auch in der Welt erscheinen, ohne aufzuhören, göttlich zu sein. Freilich: die Theorie kann die Offenbarungswahrheit nicht erreichen, aber sie kann sie aufnehmen – allerdings immer nur bildlich und fragmentarisch. Denn eigentlich und ganz kann das, was jenseits von Selbst und Welt ist, nicht in der Korrelation von Welt und Selbst erscheinen. Aber dieses fragmentarische Erscheinen ist ausreichend, um die theoretische Welt vor Zerstörung zu bewahren. Die philosophischen Prinzipienlehren können das nicht leisten, weil sie alle, wie weit sie auch in der Analyse gehen, bei einem Endlichen, Bedingten endigen, dem ein anderes Bedingtes entgegengestellt werden kann. Daher die Skepsis notwendig der Schatten aller Metaphysik ist – was nicht gegen die Metaphysik spricht, wohl aber gegen ihren Anspruch, die Wahrheit oder, was das gleiche ist, den theoretischen Weltbegriff zu garantieren.

Es ist nun noch zu fragen, was die Religion bei dieser Sachlage zum Problem der Ideologie zu sagen hat. Die Antwort liegt im religiösen Geistbegriff. Sofern der Geist als Träger der Wahrheit beschrieben wird und nicht als reine Vernunft oder ein erkenntnistheoretisches Ich, ist das Individuum als Ort der Wahrheit begriffen. Wahrheit ist nicht bedingt durch Verneinung, sondern durch Erfüllung des Individuums. Daher kann die Wahrheit in einem individuellen Leben vollkommen erscheinen, in dem Sein des Christus, von dem seine Worte und seine Taten nur der Ausdruck sind. Darum kann die Wahrheit Geschichte haben, ohne Ideologie zu werden. Niemand hat in moderner Zeit diesen Wahrheitsgedanken schärfer zum Ausdruck gebracht als Kierkegaard, der die Wahrheit mit der „leidenschaftlich festgehaltenen Subjektivität" gleichsetzt. In diesem extremen Ausdruck liegt der Gedanke, daß die Tendenz zur radikalen Individualisierung, die die Welt charakterisiert, nicht der Wahrheit widersprechen kann, sondern in den Wahrheitsgedanken aufgenommen werden muß. Alle von der Mystik, d. h. der Lehre von der Vernichtung der Welt durch das Überweltliche, herkommende Philosophie muß diesem Gedanken fremd gegenüberstehen. Alle von der prophetisch-geschichtlichen Religion beeinflußte Philosophie muß diesen Gedanken zur Grundlage ihrer Geschichtsphilosophie und ihrer Ideologie-Lehre machen. Die Wahrheit ist geschichtlich, das ist prophetische Einsicht; es ist aber das Merkmal der falschen Propheten, daß sie aus der geschichtsgebundenen Wahrheit Ideologie machen; daß sie die Wahrheit ihrem politischen Willen unterwerfen, anstatt sie aus den „Zeichen der Zeit" zu entnehmen. Der prophetische Geist spricht die Wahrheit des konkreten geschichtlichen Augenblicks aus. Indem er das tut, spricht er zugleich die Wahrheit über die Geschichte aus und – da das Sein sich in der Geschichte erfüllt – zugleich die Wahrheit über das Sein. So ist das Individuelle, Geschichtliche mitbestimmend für die Wahrheit, sofern es durch den Geist geleitet ist. Die theoretische Welt erfüllt sich durch das, was zugleich ihre tragische Bedrohtheit ausmacht – das Individuelle. Diese im Christentum wurzelnde Lösung des Ideologie-Problems bedeutet konkret das folgende: Wo der prophetische Geist in einer menschlichen Gruppe oder in einem Einzelnen lebendig ist, gibt er die Kraft, nicht nur den gegen sich selbst gerichteten Ideologie-Verdacht ständig aufrecht zu erhalten und wirksam werden zu lassen, sondern auch die Wahrheit der individuellen Situation zu erfassen, im persönlichen wie im geschichtlichen Sein. Da der prophetische Geist dem Jenseits von Selbst und Welt entspringt, also in dem, was in der sittlichen Welt als unbedingte Forderung erscheint, so ist die Wahrheit, die er ergreift – oder von der er ergriffen ist –, niemals nur „theoretisch" im Sinne der objektivierenden Distanz, sondern immer auch „praktisch" im Sinne von unbedingter Forderung. Die prophetische Wahrheit ist zugleich analytisch, feststellend und fordernd, beanspruchend.

Hier liegt die tiefste Verwandtschaft des prophetischen mit dem marxistischen Wahrheitsgedanken. Auch für Marx ist eine Theorie, die nicht zugleich Praxis ist, in ihr wurzelt und sie gestaltet, leer oder ideologisch. Die wahre Theorie kann nicht in der Distanz gefunden werden. Sie lebt im Kampf um die Herstellung der sittlichen Welt und damit von Welt überhaupt. Sie bestimmt zugleich die Welt, die sie erkennt. „Theorie" im Sinne dieses anti-ideologischen, marxistischen Wahrheitsgedankens hat immer diesen doppelten Sinn: es ist Wirklichkeitserkenntnis, indem es Wirklichkeitskritik ist, und umgekehrt. – In all dem stimmen prophetischer und marxistischer Wahrheitsgedanke überein. Sie unterscheiden sich aber darin, daß der prophetische Geist radikaler in seiner Kritik und fundamentaler in seiner Einsicht ist. Er ist radikal, denn er geht auf die Wurzel aller Ideologie, die tragische Entfremdung des individuellen Selbst von der Welt und damit seine Trennung von dem Jenseits von Selbst und Welt. Und weil es dieser Radikalismus ist, ist er imstande, radikal gegen seine eigenen Träger zu sein, gegen Propheten und Propheten-Schüler, gegen Gemeinden und Kirchen, gegen Auserwählte und Begnadete. Dazu ist der Marxismus nicht imstande gewesen, und weder er noch irgendeine rein politische Bewegung wird je dazu imstande sein. Die Geschichte aller marxistischen Gruppen von Anbeginn bis zu den letzten Ereignissen in Rußland zeigt, daß ohne den gegen sich selbst gerichteten prophetischen Geist auch diejenige politische Gruppe notwendigerweise Ideologien verfällt, die den anti-ideologischen Kampf am bewußtesten geführt hat. Es mag religiös-pathetisch klingen, aber es ist dennoch wahr, daß der Marxismus als geschichtliche Bewegung dem Mangel an prophetischem Geist seinen Niedergang verdankt. Ihm fehlten die „wahren Propheten", die das Unheil in der eigenen Gruppe, der Praxis und der Theorie sahen und stark genug waren, den „Heil" rufenden falschen Propheten und Priestern im Funktionärsgewand entgegenzutreten. Das Problem der politischen Ideologie kann nur religiös gelöst werden, was selbstverständlich nicht heißt, daß es unter Führung bestimmter Kirchen gelöst werden soll. Denn organisierte Kirchen sind nicht weniger als organisierte politische Gruppen dem Verfallen an Ideologien ausgesetzt; und oft ist die Unterscheidung der kirchlichen und der politischen Gruppe nicht leicht. Der prophetische Geist aber weht, wo er will, in Kirchen und Parteien und gegen Kirchen und Parteien.

Was von der Ideologie im politischen Leben gilt, gilt auch von der Ideologie im persönlichen Leben. Der gegen sich selbst gerichtete Ideologie-Verdacht kann sich nur in dem Maße durchsetzen, in dem der

Geist frei von seinen eigenen Fixierungen bleibt, sich aus dem Ursprung jenseits seiner Selbst als Subjekt und als Objekt erneuert. Der Traditionalist, der Dogmatiker und der Fanatiker sind verschiedene Arten von Ideologie-Strukturen, deren Bedeutung für das Problem der politischen Ideologie offensichtlich ist. Ihre Auflösung, um die sich besonders die psychoanalytische Pädagogik bemüht, darf nicht nur auf negativem Wege vor sich gehen. Sonst werden jene inhaltsvollen, wenn auch ideologischen Strukturen durch inhaltslosen Skeptizismus ersetzt. Das Selbst, anstatt jenseits seiner selbst als Objekt und als Subjekt zu gehen, wendet sich von sich selbst als fixiertes Objekt auf sich selbst als willkürliches Subjekt. Die Freiheit, die im Ursprung wurzelt, wird verwechselt mit der Unbestimmtheit reiner Subjektivität. Dieser Gefahr ist jede Art analytischer Erziehung ausgesetzt, solange die religiöse „Synthese" fehlt. Allein der religiöse Geist ist imstande, Ideologien aufzulösen, individuell und politisch, ohne in Skepsis und Handlungsunfähigkeit zu treiben. Der persönliche Dogmatiker und der politische Fanatiker brauchen nicht zu fürchten, daß der prophetische Geist und seine Kraft, Ideologien zu zerbrechen, ihre Fähigkeit zum Handeln zerstört. Die Tragik der Existenz wäre absolut, wenn Handeln nur möglich wäre in der Kraft festgehaltener Ideologien: Denn jedes Handeln, das darauf gegründet ist, führt notwendig zu Selbstzerstörung.

DAS EVANGELIUM UND DER STAAT

Wenn es überhaupt ein Gebiet der Philosophie und Theologie gibt, auf das man die dialektische Methode anwenden sollte, so ist es die Beziehung zwischen Evangelium und Staat. Alle Beziehungen des Evangeliums zum Staate enthalten ein Ja und ein Nein, eine Bestätigung und eine Verwerfung, eine Ähnlichkeit und eine Gegensätzlichkeit. Aber mehr noch: beide Begriffe, Evangelium wie Staat, sind schon in sich dialektisch. Sie enthalten unzählige Spannungen, Möglichkeiten zu Widersprüchen und paradoxe Elemente. Das ist die Ursache für die zahllosen Interpretations-Möglichkeiten eines jeden dieser Begriffe und ihrer Beziehungen zueinander. Hat also das Wort „dialektisch" noch irgendeinen Sinn und irgendeinen methodischen Wert und ist die überragende Erkenntnis Platos, von der sowohl die griechischen Philosophen wie die christlichen Theologen Gebrauch machten, für uns noch von Bedeutung, so ist die dialektische Methode auf unser Problem anzuwenden.

Ich weiß, daß das Wort „dialektisch" heute vielen Menschen verdächtig ist, einmal weil sie es mit der sogenannten „dialektischen Theologie" unserer Zeit in Zusammenhang bringen (in Wirklichkeit ist die dialektische Theologie durchaus nicht dialektisch), zum anderen, weil die sich mit Recht dialektisch nennende Art zu denken denen fremd ist, die an empirische und statistische Methoden gewohnt sind. Darum ist es wichtig, sich klar zu machen, daß das ganze Neue Testament dialektisch ist und zwar in seiner Deutung der Beziehungen zwischen Gott und Mensch, zwischen Sünde und Rechtfertigung, zwischen Reich Gottes und Geschichte und schließlich in seinem Verhalten zum Staat, dem gegenüber es sein Ja und sein Nein auf verschiedene Arten zum Ausdruck bringt.

Aber nicht nur das Durcheinander der Begriffe und die Notwendigkeit, die dialektische Methode anzuwenden, erschweren unser Problem, sondern auch die große Mannigfaltigkeit in der Auslegung des Evangeliums durch die verschiedenen Kirchen und Religionsgemeinschaften sowie die zahlreichen Formen und Selbstdeutungen des Staates, die es im Laufe der Geschichte gegeben hat. Um unsere Aufgabe zu begrenzen, wollen wir unser Interesse auf die neuen Staatsformen in den totalitär regierten Ländern konzentrieren. Man kann sie allerdings nur verstehen, wenn man den Staat als solchen und seine wesentlichen Merkmale begreift. Vor allem aber muß man eine klare Vorstellung von dem haben, was das Evangelium bedeutet.

1. Die dialektische Deutung des Evangeliums

Das Evangelium ist eine Botschaft, die von außen zum Menschen kommt. Um als „Frohe Botschaft" ein Neues für mich zu sein, kann es nicht von mir stammen. Was ich bereits habe, ist mir weder neu, noch ist es eine Botschaft für mich. Mit „mir" ist die menschliche Existenz überhaupt gemeint, und da der Mensch das Zentrum seiner Welt ist, so ist die Welt im allgemeinen, nämlich das Universum, gemeint. Das Evangelium ist – das ergibt sich aus der Definition des Wortes – transzendent, es entstammt dem Jenseits der Welt. Zugleich aber ist es eine Botschaft an mich. Ich muß sie vernehmen. Gerade in meiner Existenz, in meiner Welt, muß sie mich angehen. Ich muß sie verstehen, und meine Existenz muß sich durch sie verwandeln. Darum ist sie immanent, zu meiner Welt gehörend.

Das Evangelium verkündet die auf Erden nicht erreichbare transzendente Erfüllung, das Reich jenseits aller geschichtlichen Reiche, das „nicht von dieser Welt" ist. Hierin liegt der Grund für die völlige Loslösung von allen Staatsangelegenheiten, von Gesetz, Politik und Kultur, der wir bei Jesus begegnen. Dies bildet den immer spürbaren eschatologischen Hintergrund für alle Worte und Taten Jesu. Hierin wurzelt seine vollständige Gleichgültigkeit gegen den jüdischen Nationalismus wie gegen den römischen Imperialismus, gegen Pilatus wie gegen Herodes.

Es kann keine christliche Staatslehre geben, die nicht von dieser radikalen Weltabgewandtheit ausginge. Das Evangelium kommt aus einem anderen Bereich und führt in einen anderen Bereich als es der ist, in dem der Staat seine Macht ausübt. Aber das Reich Gottes ist nicht nur *aus* einer *anderen* Welt, es ist auch *in dieser* Welt. Durch Christus ist es in ihr erschienen. Es kämpft in ihr gegen die Reiche der Welt und ihre dämonische Macht. Es verkörpert sich in der Geschichte der Kirche, und es ist unsere Hoffnung, daß es „zu uns komme". Es ist eine immanente Realität, obwohl es nicht von dieser Welt ist.

Daher muß auf die grundsätzliche Loslösung von der Welt ein tatsächliches Anteilnehmen an ihr folgen. Zweimal im Neuen Testament findet sich ein überwiegend positives Verhalten zum Staat: bei Paulus und in der Apokalypse. Paulus bejaht den Staat als göttliche Ordnung, deren Aufgabe es ist, soziale Mißstände zu beseitigen und das völlige Chaos zu verhüten. Aus diesem Gesichtspunkt fordert er von den Christen, daß sie die Rechtmäßigkeit der staatlichen Gewalt anerkennen und sich ihr unterwerfen. Diese Forderung bedeutet eine Ablehnung des schwärmerischen Anarchismus (einer Gefahr des frühen Christentums) und nicht die Unterstützung des Konservatismus oder einer schlechten Obrigkeit, wie man diese Paulus-Worte im Verlauf der Kirchengeschichte wiederholt falsch ausgelegt hat. Der zweite Fall, in dem das Neue Testament sich mit dem Staat auseinandersetzt, ist sein Kampf gegen das römische Imperium, das angegriffen wird wegen seiner Christenverfolgung und seiner dämonischen Anmaßung, mit der es sich selbst zum Gott machte und göttliche Anbetung verlangte. Diese Haltung findet sich in der Offenbarung des Johannes. Sie ist weit entfernt von Weltabkehr und Gleichgültigkeit.

Wir dürfen aber diese beiden Haltungen (in denen sich bereits alle Probleme der späteren Kirche bis zur Gegenwart abzeichnen) nicht erwähnen, ohne auf die Tatsache hinzuweisen, daß der Gebrauch von Symbolen wie „Reich Gottes", „Herrschaft des Christus und seiner Apostel" ebenso wie die Forderung nach Ordnung und Führung innerhalb der Kirche selbst zeigt, daß sich sogar innerhalb der vollkommenen Gemeinschaft die Idee einer staat-ähnlichen Struktur behauptete. All dies enthält aber noch keine ausgesprochene Staatslehre. Die Situation des frühen Christentums erlaubte keine völlige Bejahung des Staates. Was wir mit Bezug auf unser Problem aus dem Neuen Testament lernen können, ist zuerst und vor allem, daß Jesus selbst an dem Leben des Staates keinen Anteil nahm; ferner daß Paulus den Staat nur sehr begrenzt und zögernd bejahte und daß schließlich Johannes einem dämonisierten Staat mit radikaler Kritik entgegentrat.

2. *Die erste dialektische Spannung zwischen Staat und Evangelium*

Der Staat ist die Einrichtung, die durch Macht und Gesetz soziale Einheit schafft. Sowohl Macht wie Gesetz sind wesentliche Bestandteile des Staates. Er hat die letzte Macht und ist deshalb verantwortlich für die Aufrechterhaltung der Gesetze. Infolgedessen ist die erste dialektische Spannung innerhalb des Staates die zwischen Macht und Gesetz. Für die naturalistische, im orthodoxen Marxismus am radikalsten vertretene Staatsauffassung ist der Staat im wesentlichen Macht, nämlich die Macht, die notwendig ist, um die Klassenherrschaft durchzusetzen. Gesetze sind Gesetze nur für die unterjochten Gruppen oder Klassen. Die herrschende Klasse paßt sich den Gesetzen – soweit notwendig – an, um Ordnung zu halten und mit Hilfe der Ordnung die eigene Macht zu behaupten. Für die idealistische Auffassung hingegen ist das Gesetz eine selbständige Ordnung, die zu ihrer Verwirklichung leider der Macht und des Zwanges bedarf, im übrigen aber sich selbst genug ist und zunehmend unabhängiger von der Macht werden sollte. Dieses Ideal schwebt vor allem der demokratischen Staatsauffassung vor.

Die Haltung der Christen angesichts dieser Spannung hängt von folgendem ab: Solange der transzendente Charakter des Reiches Gottes betont wird, solange die Verwirklichung des Reiches Gottes menschliche Möglichkeiten zu übersteigen scheint, solange die Spaltung zwischen Gott und Mensch anerkannt wird, solange Sünde und Unglück als die wahre Wirklichkeit gelten, solange muß die Theologie bereit sein, sich der naturalistischen, ja sogar der materialistischen Staatsdeutung anzuschließen. Diese Haltung spricht Augustin im „Gottesstaat" aus: Staat ist der Name für erfolgreiche Gruppen von Piraten und Einbrechern. Der dämonische Wille zur Macht ist mit allem verbunden, was staatsbildend ist. Darum ist jedes irdische Reich mit Notwendigkeit dämonisch. In diesen und anderen Punkten stimmt das Christentum mehr mit dem marxistischen Realismus überein als mit gewissen Formen eines bürgerlichen Idealismus.

Andererseits behauptet das Christentum, das Reich Gottes erscheine und kämpfe innerhalb der Geschichte. Von diesem Standpunkt aus muß das Christentum das idealistische Element im Wesen des Staates betonen. Augustin meint wie Cicero, Gerechtigkeit sei die hervorragende Eigenschaft des Staates. In seine universale Idee des Friedens, der von Gerechtigkeit, Ordnung und Einigkeit getragen wird, schließt er auch den Staat ein: „Der Friede zwischen Mensch und Mensch besteht in geordneter Eintracht. Besonders der Friede in der Familie besteht hinsichtlich Befehlen und Gehorchen in der geordneten Eintracht ihrer Glieder. Der Friede im Staate besteht hinsichtlich Befehlen und Gehorchen in der geordneten Eintracht der Bürger. Der Friede der himmlischen Stadt ist der vollkommen geordnete Genuß Gottes und der Menschen untereinander in Gott – der Friede aller Dinge in der Ruhe der Ordnung . . ." Indem Augustin den Staat zwischen die Familie und das Reich Gottes stellt, verleiht er ihm eine essentielle Vollkommenheit, die in der Existenz des irdischen Staates nur in völlig entstellter Form verwirklicht ist.

Betrachtet man diese zwei Möglichkeiten des Staates, die essentielle Vollkommenheit und die existentielle Entstellung, so erhebt sich die Frage: Wie urteilt das Evangelium über den tatsächlichen Staat, in dem beide Möglichkeiten zur Vereinigung gelangen? Augustin hat hierfür zwei Antworten, die den beiden Polen in der Spannung zwischen Macht und Gesetz entsprechen. In seiner ersten Antwort heißt es wie bei Paulus, daß der Staat auch in seiner dämonischen Verwirklichung besser als das Chaos sei. Selbst die Gewaltakte des Staates, die an sich sündhaft seien, unterdrücken doch zugleich die Sünde und ermöglichen alles Gemeinschaftsleben, auch das der Kirche: „Auch wir herrschen durch den Frieden Babels!" Die gleiche Antwort gab Luther, der jedoch dem Staate einen positiveren Sinn verlieh, indem er lehrte, daß die Gewaltakte des Staates ein Ausdruck der Liebe Gottes seien, wenn auch in indirekter, verhüllter und paradoxer Form. Auch die heutige reformierte Theologie (z. B. Brunner) vertritt den Standpunkt, der Staat müsse menschliche Willkür mit Gewalt unterdrücken. Diese Meinung setzt sich mehr und mehr auch in der griechisch-orthodoxen Kirche durch.

Die Gefahr dieser Einstellung besteht darin, daß sie jedes kritische Urteil gegenüber dem Staate unmöglich macht. Wenn der Staat immer und unter allen Umständen dämonische Eigenschaften besitzt und wenn gerade diese, die sich vor allem in seiner schrankenlosen Macht auswirken, sich – so paradox es ist – als Werkzeug Gottes erweisen, dann ist jede Kritik am Staate sinnlos. Um nur *irgendeine* Art von Ordnung zu verwirklichen, wird die *gerechte* Ordnung vernachlässigt. Ordnung ohne Gerechtigkeit vernichtet zuletzt aber sich selbst, und ein unangefochtener Dämon ist ein schlechter Diener Gottes. In dieser Haltung wurzelt die Tragödie der europäischen Geschichte und die unterwürfige Einstellung der Kirchen gegenüber den staatlichen Mächten in Mitteleuropa.

Die zweite Antwort Augustins lautet: Der Staat kann durch seine Unterwerfung unter den Willen Gottes geheiligt werden. Im Katholizismus und im angelsächsischen Calvinismus ist das zur vorherrschenden Ansicht geworden. Im römischen Katholizismus verkörperte die Kirche diesen Willen Gottes, im theokratischen Calvinismus die Bibel. Die christlichen Herrscher haben die Aufgabe, das den christlichen Staaten auferlegte Gesetz zu erfüllen. Die Gesamtheit der christlichen Gemeinschaften Amerikas ist zu keiner wesentlich neuen Einstellung gelangt, da die Theologie der Sekten und des Calvinismus hier weitgehend übereinstimmt und sogar die säkulare Demokratie dieselbe Haltung vertritt. Das Gesetz des Staates soll die Verkörperung des göttlichen Gesetzes sein. Diesem Gesetz haben die Staatsmächte zu dienen, oder sie müssen gestürzt werden. Ordnung muß *gerechte* Ordnung sein. Der Staat muß die Gerechtigkeit des Reiches Gottes soweit wie möglich verwirklichen. Er muß auf Erden für den Frieden des Reiches Gottes wirken. Bei dieser Auffassung besteht die Gefahr, daß die innere Unabhängigkeit des Christen von der Welt verlorengeht und infolgedessen ein relativ demokratischer und friedlicher Zustand der Dinge für das Reich Gottes gehalten wird. Es besteht die Gefahr, daß der Abgrund der Sünde und die in jeder menschlichen Macht, besonders in der Staatsmacht enthaltene Tragödie nicht mehr gesehen und die Erhabenheit und die Gerechtigkeit des Reiches Gottes erniedrigt werden.

Das gleiche Problem besteht in der Beziehung der Staaten zueinander, und die gleichen Prinzipien gelten für die christliche Deutung der Weltpolitik. Ein Weltfriede ist nicht möglich ohne ein Gesetz, dem sich alle Staaten unterwerfen. Ein internationales Gesetz kann es aber nicht geben ohne eine Macht, die über allen Völkern steht und daher imstande ist, dieses Gesetz auch durchzusetzen. Bedingung für einen Weltfrieden ist ein Weltstaat, eine andere Möglichkeit für einen Weltfrieden ist unvorstellbar. Vom Evangelium her gesehen bedeutet das: Solange es souveräne Staaten gibt, die ihrem natürlichen Machtwillen gemäß handeln, ist es idealistischer Utopismus, anzunehmen, man könne diese Staaten einem Gesetz unterwerfen ohne eine umfassende Macht, die stark genug wäre, das Gesetz auch durchzusetzen. Andererseits läßt sich nicht bestreiten, daß die Entwicklung zu solch einer umfassenden Macht hinführen könnte und daß die Souveränität der einzelnen Staaten auf die Souveränität eines vereinigten Staates aller Nationen übertragen würde. Nur durch solch eine letzte Vereinigung zu universaler Macht und durch ein universales Gesetz kann das politische Ziel der menschlichen Geschichte erreicht werden. Dieses Ziel stellt nicht die Verwirklichung, sondern die Repräsentation des Reiches Gottes dar.

3. Die zweite dialektische Spannung zwischen Staat und Evangelium

Der Staat ist eine Einheit menschlicher Wesen, die Individuen sind. Damit erhebt sich das Problem: Ist das Individuum der Zweck des Staates, oder ist der Staat der Zweck jedes ihm angehörenden Individuums? Sind die im Staat vereinigten Individuen oder ist der Staat als Vereinigung jener Individuen ausschlaggebend für den Aufbau und das Leben des Staates? Der moderne liberale und demokratische Staat hat sich für ersteres entschieden. Die Hauptaufgabe seiner Staatstheorie ist es, die Grenzen für den Staat zu bestimmen. Der liberale Staat versucht, jedem Individuum so viel Unabhängigkeit wie möglich zu geben. Ihm liegt mehr daran, Rechte zu verleihen als Pflichten zu fordern. Der philosophische Hintergrund dieser Theorie ist der mittelalterliche „Nominalismus", das heißt eine Lehre, nach der die einzige Wirklichkeit die Wirklichkeit des Individuums ist und die Universalien bloße Namen oder Begriffe für Mittel sind, die der Befriedigung des Individuums dienen sollen.

Auch die zweite oben erwähnte Staatstheorie ist abhängig vom mittelalterlichen Denken, nämlich vom mystischen Realismus der mittelalterlichen Philosophie. Dieser betrachtet das Individuum als einen nur zufälligen Träger des Universalen. Der Staat als ein *universale* hat mehr Wirklichkeit als das einzelne ihm angehörende Individuum. Darum sind seine Macht und sein Wachstum wichtiger als das Glück und die Vervollkommnung des Individuums. „Menschenrechte" als Rechte des individuellen Menschen gibt es nicht. Gerechtigkeit ist der Ausdruck für die Bedürfnisse des Staates oder der im Staat vereinigten Gruppe. In neuerer Zeit wurde der Begriff des Organismus auf den Staat angewandt, um die Überlegenheit des Staates als eines Ganzen über jedes seiner Glieder auszudrücken. Die sogenannte „Staatsraison" wurde in der Hand herrschender Gruppen zu einer Waffe, mit der sie Gerechtigkeit und persönliche Rechte zum Zweck eines hypothetischen Glücks der Gesamtheit unterdrückten. Ihren radikalsten Ausdruck fand diese Tendenz im Staats-Totalitarismus, in dem die religiösen Beschränkungen, die der mittelalterliche Realismus auferlegte, keinen Einfluß mehr hatten.

Das Christentum ließ niemals einen rein mystischen Realismus und Universalismus zu, nicht einmal in einer Zeit, in der man den Staat noch als christlichen Staat betrachtete. Der Gedanke von dem Wert der Persönlichkeit und von dem „unendlichen Wert der Einzelseele vor Gott" (Harnack) macht es unmöglich, das Individuum und besonders das christliche Individuum einer totalitären Gemeinschaft zu opfern. Das Reich Gottes ist eine Gemeinschaft von Personen, die eine direkte Beziehung zu Gott haben. Darin besteht der Unterschied zwischen dem Christentum und jeder Art von heidnischem Mystizismus und Totalitarismus, daß Gott in einem personhaften Leben erschienen ist. Die Idee des Gott-Menschen ist die Idee von einer personhaften Wirklichkeit. Liebe im Sinne von *agape* ist eine persönliche Beziehung im Unterschied zu Liebe im Sinne von *eros*, mit der eine mystische Identifizierung gemeint ist. Die individuelle Person steht direkt vor Gott und ist seinem Urteil, der Erlösung oder Verdammung durch ihn, unterworfen. Ein Staat, der eine Repräsentation des Reiches Gottes auf Erden darzustellen sucht, muß den unendlichen Wert jeder Einzelperson als potentielles Abbild und Kind Gottes anerkennen. In dieser Hinsicht stimmen Christentum und Humanismus völlig überein. Beide haben zum Beispiel zusammen für die Abschaffung der Sklaverei gearbeitet, der Humanismus direkter auf politischem Gebiet, das Christentum indirekter, indem es die heidnische Anmaßung zerstörte, für die der Sklave ein Ding und nicht eine Person war. Die gleiche prophetische Voraussetzung und die gleiche humanistische Forderung sind im Protest des Marxismus wirksam, der sich gegen eine soziale Ordnung erhebt, die menschliche Wesen als berechenbare und meßbare Arbeitskraft ausnutzt, anstatt sie als den eigentlichen Zweck aller kollektiven Arbeit zu betrachten. Diese Haltung kann man auch durch den Begriff der Freiheit zum Ausdruck bringen. Die Freiheit des Individuums im Staate ist natürlich etwas anderes als die „Freiheit der Kinder Gottes". Diese transzendente Freiheit ist auch in Ketten möglich. Aber das ist eine Ausnahme und sollte nicht als Regel gelten. Der Mensch als Abbild Gottes muß in den Stand gesetzt werden, an Gottes schöpferischer Freiheit teilzuhaben. Aus dem Verständnis des Menschen im Evangelium kann ein abstrakter, rein negativer Freiheitsgedanke nicht abgeleitet werden. Aber die Freiheit für jedermann, an der schöpferischen Arbeit des Staates teilzunehmen, ist eine Forderung, die unmißverständlich aus der christlichen Lehre vom Menschen folgt. Es ist das Grundrecht des Menschen, als Person anerkannt zu werden. Daraus leiten sich alle Sonderrechte ab. Ein Staat, der diese Grundrechte nicht anerkennt, beweist damit seine Willkürherrschaft. Christliches Zeugnis muß deswegen einen solchen Staat angreifen und auf die dämonische Verzerrung seiner Gerechtigkeit hinweisen. Hobbes hatte recht, wenn er einem solchen Staat den mythologischen Unheilsnamen „Leviathan" gab.

Aber das Christentum vernachlässigte auch niemals den anderen Pol der dialektischen Spannung und sollte ihn auch nie vernachlässigen. Während langer geschichtlicher Perioden begünstigten die christlichen Kirchen die autoritären Staatsformen. Der Katholizismus zeigt dem Faschismus – obwohl von ihm bedroht – noch heute sein Wohlwollen. Die griechische Orthodoxie unterstützte den Zarismus. Das Luthertum war die Stütze der absoluten Monarchie, und die anglikanische Kirche ist mit der Aristokratie verbunden. Die autoritäre Form der Kirchenverwaltung im Katholizismus und bis zu einem gewissen Grade auch im Luthertum macht diese Kirchen geneigt, die Staatsautorität zu unterstützen. Der Gedanke, daß die ewige Ordnung der Dinge hierarchischen Charakter hat, drückt das Verlangen nach einer hierarchischen Ordnung in Kirche und Staat aus. Für Augustin existieren sogar in der ursprünglichen Schöpfung und in der End-Erfüllung hierarchische Abstufungen. Die Wesen sind Gott nicht alle gleich nahe, und daher werden ihnen auch verschiedene Grade von Macht und Gnade zuteil. Das Reich

Gottes und die Herrschaft des Christus sind monarchische Symbole, und als solche haben sie auf die Entwicklung politischer Theorien gewirkt, teils durch bewußte Anwendung, teils durch unbewußten Einfluß.

Eine weitere Wirkung in derselben Richtung geht vom sakramentalen Charakter des Christentums aus: Zuerst kommt die göttliche Gabe, dann die menschliche Aktivität; zuerst die an sich heilige Gemeinde Gottes, dann die zu ihr gehörenden Individuen; zuerst das Volk Gottes, dann jene, die dazu auserwählt sind; zuerst der *corpus Christi,* dann die einzelnen Glieder und Organe. Das alles wirkt stark in der Richtung des mystischen Realismus. Vertieft wird diese Tendenz durch das Böse in der menschlichen Existenz, durch den Mangel an wirklicher Persönlichkeit in den meisten Menschen, durch Willkür und Zerfall der Einzelseelen und der Gruppen. Der christliche Pessimismus in bezug auf die menschliche Natur hat viel zur Entstehung des Bündnisses zwischen Christentum und Autorität beigetragen.

So gewinnt die zweite dialektische Spannung im Staate große Bedeutung für die Beziehung zwischen Evangelium und Staat. Eine Lösung ist in der Richtung einer Staatslehre zu suchen, in der Gemeinschaft an erster, Individualität an zweiter Stelle steht, in der aber weder der Staat als solcher noch das Individuum als solches letztes Ziel der Geschichte sind, sondern die Ehre und der Ruhm Gottes.

4. Die dritte dialektische Spannung zwischen Staat und Evangelium

Der Staat erscheint als eine äußere Form des Lebens. Aber eine äußere Form kann nicht bestehen ohne etwas, das ihr Sinn verleiht, ohne einen Inhalt, in dem ihre Macht zu sein und zu wachsen verankert ist. Das führt zu einer Spannung zwischen zwei Theorien vom Staat, je nachdem, ob die Form oder der Inhalt für das Wesentliche gehalten wird. Betrachtet man den Staat als reine Form, so besteht seine Aufgabe darin, das Leben zu schützen, das unabhängig von ihm vorhanden ist. Betrachtet man den Staat als ein in sich sinnvolles Leben, so besteht seine Aufgabe darin, durch seine eigene Aktivität Leben zu schaffen. In der extremen Form dieser zweiten Auffassung wird der Staat als „Gott auf Erden“ bezeichnet, der alle Seiten des menschlichen Lebens umfaßt und erfüllt. Der Staat, der das Reich Gottes auf Erden sein soll, gegen den reinen „Polizeistaat“: das ist die Spannung, in der wir heute stehen und die uns ins Zentrum des Staat-Kirche-Problems führt, wie es die gegenwärtige Situation uns stellt.

Es besteht kein Zweifel daran, daß die Grundlage eines jeden Staates notwendig eine geistige Substanz, ein letzter Lebenssinn sein muß.

Sonst wäre Loyalität gegenüber dem Staat undenkbar. Sogar der liberale Staat besitzt solche Substanz: die nationale Idee. Ohne sie könnte er nicht existieren. Diese Substanz hat immer religiösen oder quasireligiösen Charakter und ist mit dem letzten Sinn der menschlichen Existenz verbunden. Das wird klar durch einen geschichtlichen Überblick über die verschiedenen Entwicklungsstufen, die das Verhältnis von Form und Inhalt des Staates durchgemacht hat. Wir können vier große Perioden in dieser Entwicklung unterscheiden.

Die erste vorchristliche Periode hat wiederum drei charakteristische Unterstufen in dem Verhältnis zwischen Staat und Religion: die Stufe der primitiven Stämme, auf der Staat und Religion völlig identisch waren, König und Priester die gleichen Funktionen hatten und Staatshandlungen unterschiedslos religiöse Handlungen waren. Auf der zweiten – polytheistischen – Stufe waren Mythologie und Riten Ausdruck des staatlichen Lebens und dienten den Zwecken des Staates. Die Priester waren Diener des Kultus im Auftrag des Staates. Die letzte und höchste Stufe in der Entwicklung dieser vorchristlichen Periode stellte der abstrakte Staat des römischen Imperiums dar. Er stand jenseits des konkreten Lebens seiner Untertanen, war aber in der Person des Kaisers zugleich Gegenstand der Anbetung. Hier wurde der Staat als solcher heilig.

Die zweite Periode in der Entwicklung der Beziehungen zwischen Staat und Religion ist durch den prophetischen Protest gegen die Identifizierung von Staat und Religion gekennzeichnet. In der prophetischen Botschaft erreicht die Religion ohne Vermittlung des Staates unmittelbar jede Person. Infolgedessen hat sie universalen Charakter und ist durch keine nationalen Grenzen beschränkt. Die großen jüdischen Propheten, die Gott und nationale Politik voneinander trennten, schufen dadurch ein ganz neues Verhältnis zwischen Staat und Religion. Hierin folgte ihnen das Christentum mit seiner absoluten Loslösung vom Staate, mit seiner Botschaft an jedes einzelne Individuum innerhalb aller Staaten und Nationen und somit auch in seinem übernationalen Universalismus.

Die dritte Periode in der Entwicklung der Beziehungen zwischen Staat und Religion beginnt mit Konstantins Gründung des christlichen Staates. Auch in dieser Periode sind drei Entwicklungslinien festzustellen. Zuerst die griechische, die durch Konstantins Auffassung seines Amtes als des eines christlichen Kaisers repräsentiert wird und die der Staatsreligion der heidnischen Kaiser noch eng verwandt ist. Diese Form eines christlichen Staates läßt sich als Cäsaro-Papismus bezeichnen. Der Kaiser ist als Kaiser zugleich Repräsentant der Kirche. Ebenso ist es im byzantinischen Reich und im Zarenreich. Die zweite Entwicklungslinie vertritt der römische Katholizismus. Sie läßt sich als Papo-Cäsarismus bezeichnen. Der Papst ist als Nachfolger Christi zugleich universaler Monarch, von dem alle anderen Monarchen ihre Macht empfangen müssen. Die mittelalterliche Geschichte könnte man als Kampf zwischen diesen beiden Richtungen betrachten: auf der einen Seite der Papst, der danach strebt, Kaiser zu sein, auf der anderen der Kaiser des Heiligen Römischen Reiches Deutscher Nation, der nach päpstlicher Macht strebt. Die dritte Linie des christlichen Staatsgedankens vertreten die beiden Hauptgruppen des Protestantismus, die eine christliche Regierung verlangen, aber eine Regierung ohne ausgesprochen religiöse Funktionen. In der Periode des Absolutismus stellte man diese Forderung an die christlichen Fürsten, in der Demokratie an die gewählten Regierungen. Der christliche Staat hatte diese zahlreichen Verwirklichungsmöglichkeiten, nicht weil die Staatshäupter sich persönlich zum Christentum bekannten, sondern weil es für diese Staaten keine andere Lebenssubstanz gab. Nicht einmal durch den Humanismus veränderte sich diese Situation, denn der moderne Humanismus war ein christlicher Humanismus.

Die vierte Periode in der Entwicklung der Beziehungen zwischen Staat und Religion begann erst im zwanzigsten Jahrhundert. Der christliche Humanismus wurde immer säkularer und entleerter. Er verlor die Kraft, dem menschlichen Leben Sinn und geistige Substanz zu geben. In vielen Gruppen des Volkes und besonders in der jüngeren Generation herrschte das Gefühl völliger Sinnlosigkeit. Die christlichen Kirchen waren nicht imstande, auf einen neuen Sinn hinzuweisen und Staat und Gesellschaft wieder eine geistige Substanz zu geben. In Verbindung mit dem ungeheuren Anwachsen des Nationalismus führte das zum Wiederaufleben der alten Stammesmächte, die in der ersten Periode bestimmend waren. Nation, Blut und Boden wurden zum tatsächlichen Inhalt und zur geistigen Substanz vieler Staaten. Wie in der vorchristlichen Zeit wurden Religion und Staat aufs neue grundsätzlich miteinander identifiziert. Das Endergebnis war der totalitäre Stammes-Staat, den der Nationalsozialismus als erster verkörperte.

Der geschichtliche Überblick zeigt, daß das Evangelium der fundamentale und ewige Protest gegen die Stammes-Religion ist, gegen den religiösen Nationalismus und gegen die Anbetung des Staates. Zwischen dem Christentum und der religiösen Theorie des Nationalsozialismus kann es keinen Kompromiß geben, auch nicht zwischen dem Christentum und der religiösen Verherrlichung von Rasse, Blut und Boden. Darum muß man den Kampf zwischen Staat und Kirche in Deutschland als die Erneuerung des Kampfes zwischen dem römischen Reich und der frühen christlichen Kirche betrachten. Der Kampf kann nicht durch eine scharfe Trennung von Staatsmacht und Kirchenmacht beendet werden. Nimmt der Staat selbst den Charakter einer Kirche an, dann wird der Kampf gegen ihn unvermeidlich. Das Verlangen der nationalsozialistischen Staatshäupter, die Kirche solle sich auf den transzendenten Bereich beschränken, ist nur ein Mittel, die christliche Kirche durch eine germanische Rassengemeinschaft, durch deren Glaubensbekenntnis und deren Kult zu ersetzen. Ein Kompromiß mit dem nationalsozialistischen Staat auf diesem Gebiete ist unmöglich, da die Alternativen einander ausschließen: entweder sind Nation und Rasse die letzten Werte, die auch zum Opfer von Seele und Leib verpflichten, oder die Rettung der Seele ist die unbedingte Pflicht und der Sinn der menschlichen Existenz gleichermaßen für alle Nationen und alle Rassen. Darum bleibt nur der dritte Weg, der Weg, den die frühe Kirche in den Tagen der Verfolgung ging, als sie zur Katakombenkirche wurde, um die christliche Botschaft für ihre Glieder und für die kommende Generation zu retten. Diesen Weg beschreitet heute der radikale Flügel der Bekennenden Kirche in Deutschland. Er muß gegangen werden, aber er hat Gefahren. Er führt zu sektiererischer Absonderung, zu Dogmatismus, Pharisäismus und hierarchischer Diktatur. Diese Gefahren werden im Leben der Bekennenden Kirche bereits sichtbar.

Die demokratischen Länder können in diesem Kampf auf die Dauer nicht neutral bleiben. Je stärker die Säkularisierung in den demokratischen Ländern fortschreitet, um so drohender wird die Gefahr eines gänzlichen Verlustes der christlichen Substanz. Da aber jeder Staat eine geistige Substanz braucht, wird der Nationalismus das Christentum vielleicht immer mehr ersetzen und dadurch selbst einen quasi-religiösen Charakter annehmen. Sobald aber der nationale Gedanke zum letzten Lebenssinn geworden ist, werden Rassenfanatismus, Verherrlichung von Blut und Boden, Haß gegen alles Fremde und Anbetung der Staatsmacht das Endergebnis sein. Nationalismus als Ersatz für das Christentum führt mit Notwendigkeit zu einer Form des staatlichen Totalitarismus. In den heute noch demokratischen Ländern gibt es nur wenige Menschen, die eine Vorstellung von dem vollen Ausmaß dieser furchtbaren Gefahr haben. Die Einsicht in die in jedem Staat bestehende dialektische Spannung zwischen Form und Inhalt könnte zu der Erkenntnis dieser Gefahr führen. Ist das Christentum nicht mehr fähig, dem Staat eine geistige Substanz zu verleihen, dann werden andere Mächte in dieses Vakuum einbrechen, Mächte, die immer in den Tiefen der menschlichen Seele wohnen, Mächte, die das Evangelium im Prinzip besiegt hat, die sich aber wieder erheben können, um einen Kampf auf Leben und Tod gegen das Evangelium zu führen.

DIE PHILOSOPHIE DER MACHT

I

Ich glaube, es ist nicht notwendig, die Wichtigkeit des Problems zu betonen, dem meine beiden Vorlesungen gewidmet sein sollen, dem Problem der Macht. Es ist entscheidend für alles politische Denken, und zwar sowohl für das innenpolitische wie für das außenpolitische Denken. Es ist entscheidend auch in religiöser Beziehung, da wir finden, daß in allen Weltreligionen, nicht nur in den Religionen unseres Kulturkreises, der Konflikt zwischen Geist und Macht eines der großen Probleme darstellt, und es ist ein Problem, das auf Grund seiner politischen und religiösen Bedeutung auch tief in die persönliche Existenz jedes einzelnen eindringt.

Wenn man die Menschen beobachtet, wie sie heute anscheinend in allen Ländern dem Machtproblem gegenüberstehen, dann findet man eine Gruppe, die die Macht ungebrochen bejaht, und eine andere Gruppe, die die Macht ungebrochen verneint, und dann eine dritte Gruppe, wohl die stärkste heute, die weder eine volle Bejahung noch eine volle Verneinung kennt, sondern die sagt: „Macht ist notwendig, die Welt ist von Macht regiert", dies aber nicht in einem positiven Sinne sagt, sondern im Sinne der Resignation: „Der Kampf der Mächte bestimmt unsere Grenzen, wir können nichts dagegen tun als resignieren." Ich weiß, daß diese Stimmung auch jenseits des Ozeans in der jungen Generation eine starke Wirkung ausübt.

Der Wichtigkeit des Problems der Macht für die Existenz unserer Gesellschaft und jedes einzelnen in ihr entspricht die Vielschichtigkeit jeder Analyse des Begriffes der Macht. Man kann immer nur wie von einer Kugeloberfläche zu einem Zentrum vorzudringen versuchen, und man muß es von allen Seiten tun. Es gibt keine Lebenssphäre, in der dieses Problem nicht aktuell und zentral wäre. Wenn wir sagen, daß die Macht wie das Zentrum einer Kugel ist, zu dem man von allen Seiten der Kugeloberfläche vordringen muß, dann kann man sagen, daß diese Kugel wieder der Teil einer umfassenderen ist, zu der Begriffe wie Gerechtigkeit und Liebe gehören. Diesen Gedanken habe ich ausführlicher im vorigen Jahr in einer Universitätsvorlesung über die Probleme Macht und Gerechtigkeit zum Ausdruck gebracht. In diesen beiden Vorlesungen will ich den Begriff Macht ins Zentrum stellen. Aber diese Zentrierung hat etwas Willkürliches. Es ist schwer, den Begriff der Macht aus der Einheit herauszulösen, in der er mit den beiden anderen Begriffen steht, und das wird sich auch in dieser Vorlesung zeigen. Aber ob man das tut oder nicht tut, auch diese drei Begriffe sind nichts Letztes. Wenn man über diese Begriffe nachdenkt, öffnet sich die Kugel, d. h. sie wird zur Kugel des Seins selbst. Die Kugel des Seins ist die älteste Charakterisierung, die das Sein gefunden hat, nämlich die Parmenides ihm gegeben hat. Das heißt, die Frage nach der Macht führt unvermeidlich zu der ontologischen Frage, zu der Frage nach der Natur des Seins. Wenn man nach Macht fragt, fragt man nach der Natur des Seins selbst. Das ist das fundamentale Thema, das ich mit dem Titel „Philosophie der Macht" angedeutet habe. Unter der Voraussetzung, daß „Macht" ontologische Wurzeln hat, daß man „Macht" nicht verstehen kann, ohne sie aus der Struktur des Seins selbst zu verstehen, gehe ich an mein Thema.

Die Sprache selbst stellt uns Fragen, die mit dem Begriff der Macht zusammenhängen. Im Griechischen und Lateinischen finden sich die Begriffe *dynamis* und *potentia.* Sie drücken aus, daß das wahre Sein die Möglichkeit hat zu sein, auch wenn es noch nicht *energeia, actualitas,* Verwirklichung ist. Es ist nicht einfach nichts, aber es ist noch nicht wirklich, es hat die Macht zu sein. Wenn wir dieser einfachen sprachlichen Betrachtung weiter nachgehen, dann finden wir, daß die Sprache hier eine Tiefendimension des Seins getroffen hat, daß nämlich das Sein nicht aus einer Masse von gegebenen Dingen besteht, die da sind, so wie sie sind, sondern daß das Sein an sich die Spannung vom Möglichen zum Wirklichen trägt. So kann man auf Grund dieser Sprachanalyse sagen: Macht ist das, was real möglich ist. Im Englischen umfaßt der Begriff *power* sowohl physikalische Kraft als auch soziale Macht. Man spricht von *power companies,* die elektrische Kraft produzieren, und man spricht von *social power.* Man muß sich fragen: Wieso kann beides durch ein und dasselbe Wort ausgedrückt werden? Welches ist der Identitätspunkt in der Kraft, die Maschinen bewegt, und in der Macht, die ein Herrscher hat? – Ein anderer Begriff, der zu den verworrensten aller Begriffe gehört, ist der Begriff „Machtpolitik". Er ist deshalb ein so verworrener Begriff, weil Politik immer mit Macht zu tun hat, immer Machtpolitik ist, nämlich Gestaltung aus dem Grunde und zu dem Zweck der Machtverwirklichung. Aber der übliche Sinn des Wortes Machtpolitik, nicht nur im Deutschen, sondern auch im englischen Wort *power politics,* ist eine Politik ohne Prinzipien des Rechtes und ohne letzten Rückblick auf die Liebe, eine Politik, die bestimmt ist durch Zwang. Es ist überaus bedauerlich für die philosophische Klärung politischer Begriffe, daß die beiden Wörter „Macht" und „Politik", die wesensmäßig zusammengehören, als wesensmäßig nicht zusammengehörig empfunden werden, daß man, wenn man „Machtpolitik" sagt, etwas Negatives denkt. Das ist eine der gefährlichsten Konfusionen, denn Macht *enthält* immer Zwang. Die Konfusion ist deshalb so gefährlich, weil man von der Annahme ausgeht, daß Macht mit Zwang *identisch* ist. Es ist, als ob das Wort „Macht" auf Grund dieser falschen Identifizierung eine Art negativer Magie auf viele Menschen ausübt: wenn sie es hören, eilen sie davon. Sie hören etwas Dämonisches aus dem Wort „Macht" heraus, und ein Sinn dieser Vorträge ist es, das Wort „Macht" zu retten, es von dieser negativen Magie zu befreien.

Damit hängt eine letzte sprachliche Frage zusammen, nämlich die nach der Kombination der Worte „Macht" und „Geist". Was ist geistige Macht? Sicherlich, wenn wir von geistiger Macht reden, dann reden wir von einer Macht, die nicht mit Zwang verbunden ist, weder mit körperlichem noch mit seelischem Zwang, weder mit Furcht noch mit Suggestivkraft, sondern wir denken an eine Macht, die Macht ist durch den geistigen Inhalt. Da entsteht die Frage: Wie verhält sich diese Macht zur physischen, zur seelischen und zur sozialen Macht?

Ich habe Sie an Fragen herangeführt, die der Philosoph stellen muß, wenn er den Sprachgebrauch nicht als etwas Selbstverständliches hinnimmt, sondern die Sprache in Frage stellt, und das ist selten so notwendig wie beim Begriff der Macht. Um nun zu einer positiven Analyse zu kommen, möchte ich die These aufstellen, daß Macht der erste Begriff ist, mit dem Sein als Sein charakterisiert werden muß. Sein als solches, *esse ipsum*, Sein-selbst, das reine Sein, das nicht *etwas* ist, kann nicht definiert werden, weil es in jeder Definition vorausgesetzt wird. Aber es kann metaphorisch umschrieben werden, und es kommt darauf an, daß die Metapher, die gebraucht wird, angemessen ist. Nun glaube ich, daß kein Bild so geeignet ist, metaphorisch für „Sein" gebraucht zu werden, wie der Begriff der Macht. Wenn ich gefragt werde, was „Sein" ist, so antworte ich: Sein ist Seinsmächtigkeit, es ist die Macht, zu sein. Das ist keine Definition, aber es ist eine metaphorische Umschreibung. Mit dem Machtbegriff erschließen wir das Sein, und das Sein gibt dem Machtbegriff die Tiefendimension. Das ist die Aufgabe einer Ontologie des Seins. Die Geschichte der Philosophie bietet dafür eine Fülle von Material, bei Plato, bei Aristoteles, bei Augustin, bei Luther, bei Böhme, bei Schelling, aber am lebendigsten und uns naheliegendsten bei Nietzsche. Man kann nicht gut über die Philosophie der

Macht reden, ohne ein paar Worte über Nietzsches Begriff des Willens zur Macht zu sagen: Nietzsches „Wille zur Macht" ist weder Wille noch Macht, wenn die beiden Worte im gewöhnlichen Sinne gebraucht werden. Nietzsche spricht nicht von der psychologischen Funktion, die wir gewöhnlich „Wille" nennen, obgleich der Machtwille auch in dieser Funktion gelegentlich manifest sein kann, z. B. bei Nietzsche besonders in dem Willen der Selbstbeherrschung – dem kommandierenden Willen, wie er ihn nennt –, der sich selber in der Gewalt hat. Aber das ist nur ein Ausdruck für etwas, das viel tiefer liegt und umfassender ist. Der Wille zur Macht – bei Nietzsche wie bei Schopenhauer – bezeichnet die dynamische Selbstbejahung des Lebens. Bei allen Voluntaristen der abendländischen Geschichte darf „Wille" nicht psychologisch genommen werden, denn dann hat man sie falsch verstanden und kann sie leicht kritisieren und *ad absurdum* führen. Es ist keine große Ehre für den Philosophen, mit dem Argument zu arbeiten, daß „Wille" doch ein psychologisches Phänomen neben anderen ist und daß man nicht vom Willen bei Tieren, Pflanzen, Steinen reden kann. Solch ein Argument ist völlig abwegig. Gemeint ist „Wille", metaphorisch gebraucht für die fundamentale Selbstbejahung des Lebens. Das gleiche gilt für den Begriff der Macht bei Nietzsche. Es ist nicht die soziale Funktion der Macht, die er meint, obgleich natürlich eine soziale Funktion gelegentlich ein Ausdruck des Willens zur Macht sein kann. Bei Max Weber z. B. ist soziologische Macht die Chance, seinen Willen gegen Widerstand durchzusetzen, und das kann natürlich auch bei Nietzsche gemeint sein. Aber was er wirklich meint, ist der Trieb, die Dynamik alles Lebendigen, sich selbst zu verwirklichen mit wachsender Intensität und Extensität. Der „Wille zur Macht" ist nicht primär der Wille, Macht über Menschen zu erringen, sondern es ist die Selbstbejahung des Lebens, des Lebens, das dynamisch über sich hinausdrängt, das inneren und äußeren Widerstand überwindet. In dem Buch von Heidegger, „Holzwege", ist das in einer sehr radikalen Weise durchgeführt worden; aber es ist immer evident gewesen, daß in dem Moment, wo die Begriffe „Wille" und „Macht" für das Sein selbst benutzt werden, sie metaphorisch oder symbolisch und nicht wörtlich aufgefaßt werden müssen, und daß darum der Angriff auf diese Philosophie auf dem Unverständnis ontologischer Begriffsbildung beruht. Wir müssen jetzt die Frage stellen: Welches ist der Widerstand, der im Begriff der Seinsmächtigkeit vorausgesetzt ist? Was kann dem Sein selbst Widerstand leisten? Ruht nicht alles auf dem Sein selbst, elementar abhängig von ihm? Diese Frage ist uralt, und die Antwort ist viel älter als die Philosophie, sie ist schon im Mythos enthalten, und sie rührt an das tiefste Rätsel des Seins selbst und kann nur in „Ja" und „Nein" ausgedrückt werden. Die Antwort auf die Frage: Was ist der Widerstand, den die Seinsmächtigkeit überwinden muß? kann nur sein und war immer: das Nichtsein. Es müßte gepriesen werden, weil es die Wurzel alles Lebendigen, weil es das Aufschließende, das Verendlichende und Definierende im Sein ist. Ohne Nichtsein als Element des Seins wäre das Sein tot. Durch das Nichtsein, das es in sich birgt, wird das Sein lebendig, sonst wäre es verschlossen, es würde nicht irgend etwas sein. Das Nichtsein treibt das Sein aus sich heraus. Das Sein ohne Nichtsein wäre leere Unendlichkeit des Möglichen, nichts weiter. Das Nichtsein schafft das Endliche und darum das Wirkliche. Lassen Sie mich ein keineswegs banales, aber konkretes Beispiel geben. Gelegentlich rühmt man sich in Berlin, aufgeschlossener und lebendiger zu sein als z. B. der deutsche Westen, und man rühmt sich dessen – ich kann das als neutraler Beobachter sagen – mit Recht. Wenn man fragt: Warum ist das so? kann die Antwort nur sein: weil hier mehr Nichtsein von den Menschen getragen und überwunden werden muß. Man hat mehr Seinsmächtigkeit, weil mehr Nichtsein überwunden werden muß und solange man es überwinden kann. Wenn es nicht mehr getragen und überwunden werden kann, dann ist völlige Ohnmacht, das Ende jeder Seinsmächtigkeit, das Ergebnis. Das ist das Risiko alles Lebendigen. Je mehr Nichtsein das Lebendige in sich tragen kann, um so gefährdeter ist es und desto mehr Seinsmächtigkeit hat es, wenn es imstande ist, dieser Gefahr zu trotzen. Beispielsweise ist die Seinsmächtigkeit im Menschen größer als im Tier und in manchen Menschen größer als in anderen. Ein Lebensprozeß ist um so machtvoller, je mehr Nichtsein er in seine Selbstbejahung einschließen kann, ohne dadurch zerstört zu werden. Der Neurotiker ist dadurch charakterisiert, daß er nur wenig Nichtsein in sich einschließen kann; vor der Gefahr des Nichtseins flieht er in seine kleine, enge Burg. Der Durchschnittsmensch kann ein begrenztes Maß von Nichtsein in sich tragen, der schöpferische Mensch ein großes und Gott, symbolisch gesprochen, ein unendliches Maß. Die Selbstbejahung eines Wesens trotz des Nichtseins ist der Ausdruck seiner Seinsmächtigkeit. Damit sind wir zu den Wurzeln des Machtbegriffs gekommen. Macht ist die Möglichkeit der Selbstbejahung trotz innerer und äußerer Verneinung, sie ist die Möglichkeit, ohne Begrenzung Nichtsein in sich aufzunehmen und zu überwinden.

Über die Strukturen dieser Seinsmächtigkeit ist folgendes zu sagen: Die Seinsmächtigkeit eines Wesens zeigt sich ausschließlich in der Begegnung mit Seinsmächtigkeiten, sei es außerhalb, sei es als Element innerhalb seines Seins. Welchen Grad von Seinsmächtigkeit ein Wesen hat, steht niemals von vornherein fest. Es ist immer eine Sache der ununterbrochenen aktuellen Entscheidung, nicht notwendig einer bewußten Entscheidung, aber eines Prozesses, in dem entschieden wird, welches die Seinsmächtigkeit eines Seienden ist. In der Begegnung zwischen Mächtigkeit und Mächtigkeit des Seins innerhalb der Seinsmächtigkeit alles Seienden entscheidet sich die Seinsmächtigkeit jedes einzelnen Seienden. Daraus folgt ein Satz, den ich scharf so formulieren möchte: Das Leben hat Versuchscharakter, es ist nicht definiert, es ist nichts Statisches, es ist nicht *a priori* fixiert. Jedes Ding und jeder Mensch hat Chancen und muß ein Risiko eingehen, denn die Macht seines Seins bleibt verborgen in sich und für ihn, solange sie sich nicht in wirklichen Begegnungen manifestiert. Die typischen Formen, in denen Seinsmächtigkeiten einander begegnen, sind ein faszinierender Gegenstand für eine phänomenologische Beschreibung. Alles Leben – denken wir z. B. an ein menschliches Individuum – treibt über sich selbst hinaus: es drängt nach vorn, es läuft vorwärts, und während es das tut, begegnet es dem Leben in einem anderen menschlichen Individuum, das auch vorwärts treibt oder sich zurückzieht oder stillsteht und Widerstand leistet. In jedem Falle solcher Begegnungen ist eine andere Konstellation das Resultat. Man zieht eine andere Macht des Seins in sich hinein, und wenn man das tut, wird man entweder gestärkt oder geschwächt; man stößt die fremde Macht des Seins von sich, oder man assimiliert sie völlig in sich; man formt sie um, oder man unterwirft sich ihren Forderungen. Man ist in sie hineingenommen und verliert seine eigene Seinsmacht, oder man wächst mit ihr zusammen und stärkt die Seinsmächtigkeit beiderseits. Diese Prozesse gehen in jedem Moment des persönlichen Lebens vor sich, in dieser Stunde, in allem, was zwischen Ihnen und mir, was zwischen Ihnen untereinander geschieht; sie gehen vor sich in der Welt der Dinge, die wir Natur nennen, sie gehen vor sich zwischen Mensch und Natur, zwischen Mensch und Mensch, zwischen Individuum und Gruppen, zwischen Gruppen und Gruppen. Eines der besten Kapitel, die der Philosoph Sartre in seinem Buch „Das Sein und das Nichts" geschrieben hat, ist das Kapitel, in dem er den Machtkampf eines Menschen, der auf einer Bank in einem Park sitzt und der von einem Vorübergehenden angesehen wird, analysiert. Die Beschreibung dessen, was sich da vollzieht – der Angriff, das Vorwärtsstoßen dessen, der schaut, der Widerstand dessen, der aus der ruhigen Behaglichkeit seines In-sich-Seins herausgetrieben ist –, ist ein Meisterstück der Analyse einer solchen Begegnung von Mächtigkeiten. Sartre führt das nicht nur in bezug auf eine scheinbar harmlose, in Wirklichkeit aber gar nicht harmlose Begegnung durch, er wendet es auf alle Begegnungen zwischen Personen an. Er beschreibt damit Lebensvorgänge, die vor sich gehen und nichts mit Feindseligkeit, Neurose oder Ideologie zu tun haben – sie gehören zur Struktur des endlichen Daseins. Eine historische Bestätigung dieser Analyse hat Toynbee in seinen „*Studies in History*" gegeben, wo er eine Phänomenologie von Machtrelationen gibt, mit denen er alle wichtigen historischen Bewegungen verständlich macht. Dabei gebraucht er ähnliche Kategorien, er spricht von Herausforderung, von Reaktion, von Rückzug, von Wiederkehr. Diese Phänomenologie der Begegnung bezieht sich nicht nur auf Begegnungen von historischen Gruppen mit anderen historischen Gruppen, sondern auch auf die Begegnung von Gruppen mit der Natur und von einzelnen innerhalb der Gruppen. Wie hier bei Toynbee, so findet man in den Werken unserer großen Historiker und Philosophen das Material für eine vollkommene Phänomenologie der Machtrelationen. Toynbee beschreibt im großen und ganzen Machtrelationen zwischen Gruppen, teilweise auch Machtrelationen zwischen einzelnen und Gruppen. Ein Beispiel dafür: ein Kind in seinen frühen Jahren hat Seinsmächtigkeit nur in der umfassenderen Macht des Seins, das Familie genannt wird. Aber in einem bestimmten Augenblick haben die meisten Kinder die Tendenz, sich von der Einheit der Familie zurückzuziehen und sich als eigene Selbste zu verwirklichen. Sie fühlen, daß eine Teilnahme am Familienleben einen Verlust ihrer individuellen Seinsmacht bedeutet. So ziehen sie sich zurück, in gewissen Jahren nur innerlich, aber sehr radikal, zu anderen Zeiten auch äußerlich. Sie wünschen, ihre Seinsmacht zu vermehren, sie fühlen, daß sie innerhalb der Gruppe reduziert ist. Aber dann kann es geschehen, daß sie zu einer gewissen Zeit zur Familie zurückkehren, weil sie fühlen, daß ohne die Seinsmacht der Gruppe ihre eigene Macht des Seins ernsthaft gefährdet ist, und vielleicht wiederum nach einer bestimmten Zeit, nachdem sie zurückgekehrt sind, mag es sein, daß sie das Gefühl haben, sie hätten zuviel hingegeben, und dann ziehen sie sich wieder zurück. Dieses Spiel hält lange an, bei vielen Menschen ihr ganzes Leben lang.

Alle diese Probleme erhalten eine noch schärfere Zuspitzung dadurch, daß das Leben hierarchisch strukturiert ist, und das hat folgenden Grund: je mehr ein Wesen zentriert ist, um so mehr Seinsmacht ist in ihm verkörpert. Wir kennen nur ein völlig zentriertes Wesen, dem wir nicht nur Bewußtsein, sondern auch Selbstbewußtsein zuschreiben, nämlich den Menschen. Darum hat der Mensch die größte Seinsmacht. Der Mensch – da er vollkommen zentriert ist – hat nicht nur eine Umgebung, sondern er hat eine Welt und mit der Welt unendliche Möglichkeiten der Selbstverwirklichung. Durch seine Zentriertheit ist der Mensch Meister seiner Welt. Aber wo Zentriertheit ist, da ist eine hierarchische Machtstruktur. Diejenigen Elemente, die dem Zentrum näher sind, nehmen an der Macht des Ganzen mehr teil als die anderen. Wir kennen die berühmte Fabel von der Revolution der Glieder gegen den Magen und die Antwort des Magens, daß ohne die Zentriertheit im Magen die Glieder alle verhungern müßten. Diese Zentriertheit gilt auch für jede egalitäre Gesellschaft. In jeder egalitären Gesellschaft gibt es, selbst wenn angeblich die vollkommene Gleichheit hergestellt ist, Zentren der Macht und der Entscheidung. Das bedeutet, daß große Massen der Bevölkerung nur indirekt und nur in geringen Graden an der Entscheidung teilhaben. Wenn das Ganze in Gefahr ist, dann wird die Macht dieser zentralen Gruppe unendlich gestärkt. Wir sollten uns nicht vor diesen Realitäten des Lebensprozesses verschließen. Das führt zu der Frage: Wie verhält sich Macht zur Gewalt? – dem großen ethischen Problem in aller Machtproblematik. Macht ist nicht identisch mit Gewalt, aber Macht bedarf der Gewalt. Wie verhalten sie sich zueinander? Die Machtrelation, wie ich sie in all ihren phänomenologischen Formeln beschrieben habe, stellt sich immer her in der Einheit von zwei Elementen, nämlich Anerkennung und Zwang. Anerkennung ist die schweigende Selbstbegrenzung des Wesens in sich selbst und nach außen. Es ist kein Zwang, sondern natürliche Anerkennung, daß Sie alle hier ihren speziellen Sitz haben, daß Sie nebeneinander sitzen und jeder dem anderen seinen Platz beläßt, daß ich zu Ihnen spreche und daß Sie schweigen. Das ist Anerkennung, und diese Situation ist in gewisser Weise eine friedliche und zugleich eine ideale Situation. Aber diese ideale Situation ist nicht immer real. Im weitesten Umfang gilt, daß jedes Wesen das aktuell sein will, was es potentiell ist. Als Sie hierher kamen, waren Sie potentielle Hörer und wurden aktuelle Hörer, und der Prozeß der Selbstverwirklichung war ein einfacher Prozeß der Anerkennung dieser Situation. In einer statischen Welt wäre das ausreichend, und die Anwendung von Gewalt wäre etwas, das nicht sein soll. Wenn einer von Ihnen plötzlich aufsteht, den Vortrag stört, seinen Nachbarn angreift, dann steht das unter dem Urteil des Nicht-sein-Sollenden. Ich glaube, daß manche pazifistischen Denker so über die Gewalt denken: An und für sich sieht die Welt ordentlich aus, jeder sitzt neben jedem, die Selbstverwirklichung führt zu statischen Resultaten, und wenn niemand das Wort „Macht" jemals aussprechen würde, dann wäre die Welt in Ordnung. Das bedeutet *de facto* den Glauben, daß das Rationale und das Individuelle, der *status quo*, das, was jetzt ist, die Norm sein soll für alles, was in Zukunft sein wird. Aber so ist es nicht. Das Leben hat keinen statischen Charakter. Die

Mächtigkeit des Lebens, die Seinsmacht, die Fähigkeit, Nichtsein in sich aufzunehmen und zu überwinden, entscheidet sich in der Begegnung und nur in der Begegnung, sie ist nicht statisch festgelegt, und man weiß nicht, wie stark sie ist. Niemand weiß es. Darum muß eine Entscheidung mit Risiken gesucht werden. Risiko heißt, daß die Gewaltanwendung notwendig und zerstörerisch sein kann. Damit sind wir in der tragischen Dimension alles Lebendigen, nämlich daß die Selbstverwirklichung des Endlichen zur Selbstzerstörung und zur Zerstörung des anderen führt. Wäre die Welt statisch, dann wäre sie in Wirklichkeit die Welt der reinen Wesenheiten im platonischen Sinne. Aber das ist nicht der Charakter der Welt. Die Welt hat den Charakter der dynamischen Selbstverwirklichung und damit der unendlichen Tragik. Wenn ich theologisch gefragt werde: „Woher kommt die Sünde oder der Selbstwiderspruch in der Existenz?" – dann antworte ich: „weil die Selbstverwirklichung der Existenz des Endlich-Seienden mit tragischer Notwendigkeit, das heißt mit schuldbehafteter Notwendigkeit, zu dem Zustand führt, in dem das Risiko der Selbstverwirklichung unvermeidlich Selbstzerstörung mit sich bringt." Das ist ein Gedanke, der von manchen Theologen, mythisch-symbolisch in der Form ausgesprochen wird, daß Gott selbst, als er die Welt schuf, dieses Risiko einging, daß sie sich gegen ihn wenden könnte. Das ist die Situation, aus der sich die Unvermeidlichkeit der Gewalt oder des Zwanges ergibt. Es ist die Situation des Nicht-Entschieden-Seins des Lebendigen. Wäre das Lebendige ein für allemal in seinem Charakter, in seinen Grenzen entschieden, dann würde keine Gewalt notwendig sein, wie jetzt keine Gewalt notwendig ist, wenn Sie hier nebeneinander sitzen. Aber das ist nicht der Prozeß des Lebens. Was in diesem Augenblick hier geschieht, an Vorstößen Ihrerseits in der Abwehr dessen, was ich sage, worin ich vorstoße auf Sie hin, das ist verborgen, hat aber vielleicht sehr viel tiefe Tragik in sich. Ich weiß, daß solche Zusammenstöße, die schweigend vor sich gehen, von denen man nicht weiß, daß es Zusammenstöße sind, für Hörer und Redner oft tragischer sind als der offene Angriff.

Die Unvermeidlichkeit der Gewalt führt zu der Frage nach den Arten des Zwanges. Man kann zwingen in der rein physischen Ebene, wo man entsprechend den mechanischen oder biologischen oder auch psychologischen Gesetzen Kausalität ausübt. Man kann mich zum Beispiel nehmen und aus dem Saal tragen. Aber diese Art des Zwanges, der Gewaltanwendung, geht an dem Zentrum meines Seins vorbei. Es ist in gewisser Weise die harmloseste, obwohl, äußerlich gesehen, die gefährlichste Form des Zwanges. Viel tiefer geht das Zwingen in der seelischen Ebene, wo die Seinsmächtigkeit mit Nichtsein bedroht wird, mit Seinsverlust oder absoluter Seinsaufhebung. In seiner dritten und furchtbarsten Form ist Zwang die Zerstörung des psychischen Zentrums selbst und die Reduktion des Selbst zum Ding und zum Objekt einfacher Kausalität. Das ist das, was wir Terror nennen. Die erste Form des physischen Zwanges ist verhältnismäßig selten, sie findet ihre Anwendung etwa bei kleinen Kindern, bei Kranken, bei Verbrechern, bei Gefangenen. Aber all das wird zum echten Zwang nur im Zusammenhang mit dem zweiten, nämlich der Drohung mit Nichtsein, die als Schmerz erlebt wird. Die dritte Form appelliert nicht mehr an die Angst vor dem Nichtsein, sie läßt es nicht darauf ankommen, daß die Angst durch den Mut in sich hineingenommen wird – das will sie vermeiden. Die dritte Form schaltet das Zentrum aus und damit die Seinsmächtigkeit des Menschen als Menschen, sie löscht es aus. Der Mensch wird nicht kausal vernichtet, aber er wird als Mensch vernichtet.

Wir haben diese drei Formen des Zwanges betrachtet, und dabei wird klar, daß die erste Art eine Vorform ist, die dritte ist die äußerste Entartung, und die mittlere ist das eigentliche Problem. Hier zwingen Menschen andere Menschen mit Hilfe der Drohung des Nichtseins. Das führt zu einer letzten Frage, die ich heute behandeln möchte, nämlich zur Frage nach dem ontologischen Verhältnis zwischen Macht und Gerechtigkeit. Auch Gerechtigkeit hat genau wie Macht ontologische Wurzeln. Das zeigt sich auch, wenn man die Geschichte der Philosophie in der Vision liest, die Parmenides beschreibt, als ihm auf seine philosophische Frage die Antwort der *Dike*, der Göttin der Gerechtigkeit. gegeben wird, die ihn in die Wahrheit über das Sein einführt. Gerechtigkeit ist also hier nicht eine soziale Kategorie, sondern eine Kategorie, ohne die eine Seinsanalyse überhaupt nicht möglich ist: sie ist ein ontologisches Problem. Man könnte sagen: In dem Fragment von Parmenides haben wir eine archaische Ontologie der Gerechtigkeit. Bei Heraklit, in seinen Worten über den *logos*, bestimmt das Gesetz sowohl die Bewegung des Kosmos in der Natur als auch in der Gemeinde. Das heißt, der *logos* ist Naturgesetz und politisches Gesetz. Nach Plato ist die Gerechtigkeit die einigende Funktion nicht nur in den sozialen Gruppen, sondern auch in der Struktur der individuellen Persönlichkeit. In beiden Fällen ist es die umfassende Form, die dem Geformten Seinsmächtigkeit gibt. Ohne diese Form hat das, was geformt ist, keine Macht des Seins. Nach der Auffassung des Stoizismus wirkt derselbe *logos*, das Naturgesetz, in der physischen Natur und in der moralischen Natur. Die römischen Stoiker hatten auf diese Weise ein ontologisches Prinzip, mit dem sie das römische Recht formulierten und verwalteten. Es hatte absolute kosmische Gültigkeit. Es ist interessant, daß in dem so wenig ontologisch gehaltenen Alten Testament das Gesetz gleichfalls mehr ist als willkürliche Gebote von Gott. Es ist eine ewige Realität, geschaffen vor der Welt, das heißt, es transzendiert den zeitlichen Vorgang der Gesetzgebung, es ist ein ewiges Prinzip der Gerechtigkeit, das nach den Propheten nicht nur für Israel und für die Menschheit, sondern auch für die Natur gilt. Im späten Judentum wurde das dann in ontologischen Formen ausgedrückt; das heißt: indem man die Gerechtigkeit ontologisch verstand, verstand man die absolute Gültigkeit des Gesetzes. In dem Augenblick, da Positivisten das Gesetz zu einem nur positiven Ereignis machen, das keine ontologischen Wurzeln hat, da als Gerechtigkeit der Wille derer gilt, die die Macht haben – was ontologisch ein Widerspruch in sich selbst ist –, in dem Augenblick ist keine Abwehr mehr gegen Tyrannei oder gegen Relativismus, der schließlich von Tyrannei abgelöst wird.

Das war der Punkt, an dem Sokrates mit aller Leidenschaft gegen die Sophisten kämpfte, und das ist der Punkt, an dem wir hier und in Amerika heute kämpfen müssen für das, was man „Menschenrechte" genannt hat, und gegen die beiden Mächte, die sich gegenseitig ablösen: Zynismus und Diktatur. Gerechtigkeit ist die Form, in der die Macht des Seins sich aktualisiert. Wenn das so ist, dann muß Gerechtigkeit den dynamischen Prozessen angemessen sein, in denen Macht sich verwirklicht. Gerechtigkeit muß imstande sein, den Begegnungen von Seiendem mit Seiendem eine Form zu geben.

Das Problem der Gerechtigkeit ist nicht ein abstraktes Problem, sondern es ist das Problem der Gerechtigkeit in der Begegnung, und es ist darum eines der tiefsten und schwersten Probleme, weil man nicht, wie wir vorher gesehen haben, im voraus sagen kann, was in einer Begegnung geschieht, welche Machtrelation sich herstellen wird und was dem Wesen dieser Macht entspricht. Jeder Augenblick hat viele Möglichkeiten, jede dieser Möglichkeiten fordert eine spezielle Lösung. Eine falsche, eine ungerechte Machtrelation zerstört das Leben. Daraus folgt aber, daß in jeder Art der Gerechtigkeit Wagnis nötig und unvermeidlich ist. Darüber dürfen wir uns auch in der Rechtssphäre nicht täuschen. Es *gibt* Rechtsprinzipien, aber diese Rechtsprinzipien sind niemals mechanisch anwendbar. Es gibt keine Garantie dafür, daß man, wenn man Rechtsprinzipien – Gleichheit, Freiheit und ähnliches – hat, auch schon Recht hat. Denn was diese Prinzipien in der konkreten Situation einer Machtbegegnung bedeuten, kann nicht im voraus gesagt werden, das kann sich nur ergeben im Zusammenhang mit dem Prozeß selbst.

Gerechtigkeit wohnt der Macht inne, denn kein Ding hat die Macht, zu sein ohne die dazu gehörende Form, und diese Form ist seine innere Gerechtigkeit, oder besser, sein innerer Anspruch auf Gerechtigkeit. Aber, so fragen wir: Wenn in den Machtbegegnungen Zwang nicht vermieden werden kann, wie stehen Zwang und Gerechtigkeit in der Verwirklichung der Seinsmacht zueinander? Das Prinzip, das wir vorschlagen, das aber nicht mechanisch anwendbar ist und uns in keiner Weise des Risikos einer falschen Entscheidung enthebt, ist, daß jeder Zwang Unrecht ist, wenn der Gegenstand des Zwanges zerstört wird, anstatt daß er zu seiner Selbsterfüllung geführt wird. Das ist der Grund, warum der totalitäre Staat Unrecht ist: weil er die Menschen entmenschlicht, weil er ihnen dasjenige nimmt, was ihre Selbsterfüllung verlangt, was ihren inneren Anspruch auf Gerechtigkeit als Menschen einschließt, nämlich daß ihre Seinsmacht als Person erhalten und verwirklicht wird. Statt dessen werden sie aufgelöst, die Menschen werden in Dinge verwandelt, der innere Anspruch der Person, als Person behandelt zu werden, wird verneint, und da liegt die Grenze. In jeder Begegnung von Seinsmächtigkeit mit Seinsmächtigkeit ist dies das Problem. Es kann z. B. sein, daß jemand, der die Bestrafung eines Verbrechers verhindert, damit die Macht des Seins in diesem Verbrecher zerstört, die durch die Strafe hätte wiederhergestellt werden können. Es ist eine Verletzung seines Anspruchs, in seiner Seinsmacht reduziert zu werden, um seine Seinsmacht wiederzufinden. Ich glaube, das ist die tiefe Wahrheit in Hegels Wort, daß der Verbrecher ein Recht auf die Strafe hat. Das klingt vielleicht überspannt oder idealistisch, aber was gemeint ist, ist richtig, nämlich, daß ein innerer Anspruch, eine innere Forderung besteht, der Machtsituation entsprechend eine Form zu finden. Das ist das, was wir Gerechtigkeit nennen. Darum ergibt sich die Entscheidung über die Grenzen der Macht und über die Gewaltanwendung in der Macht aus der Frage: Wird der innere Anspruch verletzt, den ein jedes Ding und eine jede Person hat? Ich weiß nicht, ob es Ihnen auch schon so gegangen ist, daß Sie, wenn Sie eine Blume abgerissen haben, das Gefühl hatten, hier einen inneren Anspruch verletzt zu haben? Das ist nicht notwendig mit dem Pflücken von Blumen verbunden, es ist aber verbunden mit gewissen Weisen, in denen das geschieht, wo man das Gefühl hat, hier bricht aus dem Sein der Blume, aus ihrer Seinsmächtigkeit etwas hervor, das verletzt ist, und man fühlt sich dann selbst verletzt. Der Verletzer verletzt sich selbst, weil die wahre Machtrelation nicht gefunden wird und beide Partner in der Begegnung verletzt werden. Das, glaube ich, ist die letzte Anwendung des Problems von Macht und Gerechtigkeit, und ich möchte damit zunächst schließen, um dann die Anwendung auf das soziale und politische Gebiet in der nächsten Stunde zu geben.

Zusammenfassend möchte ich sagen: Je tiefer wir in die Seinswurzel eines Phänomens, wie es die Macht ist, eindringen, desto mehr scheinen wir uns von der realistischen Welt der täglichen Machtbegegnung zu entfernen. In Wirklichkeit werden wir aber realistischer als die, die in diesen Machtbegegnungen unmittelbar leben; wir werden deshalb realistischer, weil wir die unzähligen Konfusionen, Ideologien und Gegenideologien, die sich in bezug auf den Begriff der Macht in unser Bewußtsein eingeschlichen haben, unterminieren, um die Möglichkeit für eine neue, positive Lösung zu finden.

II.

Bei meinem letzten Vortrag erhob sich die Frage: Warum muß man, wenn man über den Begriff „Macht" und im Zusammenhang damit über die verwandten Begriffe „Gerechtigkeit" und „Liebe" sprechen will, in die Tiefe der Seins-Analyse, d. h. in die Ontologie, hineingehen? Lassen Sie mich zunächst versuchen, eine Antwort auf diese Frage zu geben. Ich glaube, daß man den Ort und die Weise, in der diese Begriffe gelten, nur dann bestimmen kann, wenn man zeigt, an welchem Punkt, auf welchem Boden sie aus der allgemeinsten Natur, aus der Natur des Seins selbst, erwachsen sind. Ich bin überzeugt, daß man philosophisch von Macht nichts weiß, ehe man nicht etwas von Seinsmächtigkeit weiß, und ich bin gleichfalls überzeugt, daß man philosophisch von Gerechtigkeit nichts weiß, wenn man sich nicht Klarheit über die Seinsform verschafft hat, die allem Seienden Macht gibt zu sein, was es ist. Ich glaube sogar, daß man philosophisch von Liebe nichts weiß, wenn man nicht sieht, daß Liebe nicht primär ein Gefühl oder ein Wille ist, sondern daß sie primär der Drang des Getrennten zur Wiedervereinigung ist und daß sie von hier aus verstanden werden muß. Aber selbst wenn man von diesen Begriffen etwas wüßte, so wüßte man philosophisch nichts von ihrem wechselseitigen Verhältnis. Wenn man nicht an die ontologische Wurzel dieser Begriffe geht – man kann es bei jeder öffentlichen Diskussion über diese Begriffe feststellen –, dann sieht man Widersprüche zum Beispiel zwischen Macht und Gerechtigkeit, zwischen Macht und Liebe, zwischen Liebe und Gerechtigkeit, und man ist durch diese Widersprüche gezwungen, das eine für das andere zu opfern oder, was meistens geschieht, das eine durch das andere verstümmeln zu lassen. Dem will ich entgegentreten und Ihnen in meinen beiden Vorträgen zeigen, daß in der Tiefe des Seins selbst die Wurzeln dieser Begriffe gemeinsam liegen und daß infolgedessen die Widersprüche nur scheinbare Widersprüche sind. Diese Seinsmächte widersprechen sich an und für sich nicht, sie kommen nur dadurch zustande, daß jeder Begriff für sich genommen und in sich verzerrt und verkehrt wird. Die Frage: warum eine ontologische Untersuchung, warum ontologische Begründung, wenn man von Macht, Liebe und Gerechtigkeit reden will, nämlich von Begriffen, die der ethisch-politischen Sphäre angehören? enthält den Fehler, daß man das Ethisch-Politische vom Ontologischen trennt. In anderer Formulierung: Man stellt das Sein-Sollen in Gegensatz zum Sein, man hebt die Sphäre der Werte in einen Himmel, wo sie von der Wirklichkeit getrennt sind, man stellt die Normen gegen das Sein, anstatt sie vom Sein her zu verstehen. Ich kann auf diesen letzten Punkt hier nicht eingehen; ich möchte nur meinen eigenen Standpunkt kurz formulieren: Normen sind nicht etwas, was dem Sein fremd ist, was gegen das Sein steht, sondern Normen, Werte, – kurz das, was sein soll – sind das Sein selbst in seiner Mächtigkeit. Normen werden gegen die Verkehrung und die Entmächtigung des Seins gestellt. Wenn wir eine Norm erleben, wenn wir ein „Soll" erfahren, erfahren wir nicht etwas, was in einer phantasierten Welt der Werte gegen uns steht, sondern wir erfahren etwas, das unser eigenstes Sein ist, aber dieses eigenste Sein tritt gegen uns, weil unser wirkliches Sein verzerrt ist. Mit anderen Worten: Das Ethische schwebt nicht in der Luft eines abstrakten Werte-Himmels, sondern ist im Sein selbst verwurzelt. Ich soll sein, was ich wesenhaft bin, und nichts anderes, und kein Gott und kein Werte-Himmel können mich dessen berauben und etwas anderes von mir fordern. In der ethischen Norm erscheine ich mir selbst in meiner wahren Seinsmächtigkeit, in der ethischen Norm erscheint die wahre Seinsmächtigkeit einer Gruppe und der Menschheit als Ganzer. Das Gute – das haben wir von Plato gelernt – ist das Wesenhafte, und weil das Gute das Wesenhafte ist, ist es das Seinsmächtige. Das gilt sowohl von persönlichen Begegnungen zwischen Mensch und Mensch, als auch von Gruppen-Begegnungen, als auch von allen Lebensprozessen, in denen sich Sein verwirklicht durch Begegnung und Entscheidung, so wie wir es in der letzten Vorlesung analysiert haben.

Ich möchte zuerst von der Macht und ihren Beziehungen zu Gerechtigkeit und Liebe in den Begegnungen von Person mit Person und dann in den Begegnungen von Gruppen mit Gruppen sprechen. Welches ist die Seinsmächtigkeit der Person, aus der ihr Gerechtigkeitsanspruch folgt? Der Mensch wird Mensch in der persönlichen Begegnung. Nur wo man das „Du" trifft, verwirklicht man das „Ich". Ein „Ich", ein „Selbst", eine Person können wir nicht werden durch Begegnung mit irgendwelchen sogenannten Naturgegenständen. Nur das andere Ich kann innerhalb des gesamten Universums uns selbst zum Ich machen und nichts anderes in der Welt. Der Mensch kann über sich hinausgehen nach allen Richtungen in Erkenntnis und in Herrschaft, der Mensch kann alles für seine Zwecke benutzen, er ist nur durch seine Endlichkeit begrenzt. Aber diese Grenze kann unendlich hinausgeschoben werden, und niemand kann sagen, wo die letzte Grenze der menschlichen Macht liegt. In seiner Begegnung mit dem Universum ist der Mensch fähig, jede nur denkbare Grenze zu überschreiten, und darum stößt er in der Begegnung mit dem Universum auf nichts, was ihn auf sich selbst zurückwirft. Eine solche Grenze gibt es aber, und dieser Grenze begegnet der Mensch immer und zu jeder Zeit: sie ist der andere Mensch. Der andere Mensch, das „Du", ist wie ein Wall, wie eine Mauer, die nicht entfernt werden kann, die nicht durchbrochen werden kann. Wenn man es versucht, die Grenze, an die wir stoßen, wenn wir einem anderen Menschen begegnen, zu beseitigen, dann stören wir uns selbst in unserem personhaften Charakter. Das „Du" fordert durch seine bloße Existenz, daß es anerkannt wird als „Du" für ein „Ich" und als ein „Ich" für es selbst. Das ist der innere Gerechtigkeitsanspruch, der in seinem Sein enthalten ist. Selbstverständlich können wir es ablehnen, diesem inneren Anspruch auf Gerechtigkeit zu gehorchen, wir können versuchen, den Anspruch zu beseitigen, wir können versuchen, den Menschen zu gebrauchen, wir können versuchen – und dieser Versuch ist in unserer Zeit in weitestem Ausmaß in allen Teilen der Erde unternommen worden –, den Menschen in ein Objekt, ein Ding, eine Ware, ein Werkzeug zu verwandeln. Wenn wir das tun, dann begegnen wir dem Widerstand dessen, der den inneren Anspruch erhebt, als ein „Ich" anerkannt zu werden. Dieser Widerstand zwingt uns dann, entweder ihn als eine andere Person anzuerkennen oder unseren eigenen Ich-Charakter aufzugeben. Ungerechtigkeit gegen den anderen, Nichtanerkennung seiner Würde als ein Selbst ist immer auch Ungerechtigkeit gegen uns selbst. Der Meister, der Herr, der den Sklaven nicht als ein „Ich", sondern als ein Ding behandelt, gefährdet durch dieses Handeln seine eigene Ich-Qualität. Der Sklave verletzt den Herrn durch seine bloße Existenz, genau wie der Sklave durch den Herrn verletzt ist. Es ist die Seinsmächtigkeit der Person, die wir in der Begegnung von „Ich" und „Du" erfahren, in der das Ich Ich wird, in der es ein „Selbst" wird, das allem in der Welt gegenübersteht und auch sich selbst gegenüberstehen kann. Diese Begegnung ist niemals abstrakt, sie geht immer vor sich in einem größeren Zusammenhang von Mächtigkeitsrelationen; diese Begegnung schafft nicht egalitäre Ichs, und sie schafft nicht statisch Unbewegliches. In jeder Begegnung von Mensch mit Mensch ist Macht wirksam, die Macht der persönlichen Ausstrahlung, die in Sprache und Gebärde ausgedrückt ist, die im Blick des Auges, im Ton der Stimme, im Gesicht, in der Gestalt, in der Bewegung sich ausdrückt, in dem, was man persönlich ist, und in dem, was man sozial repräsentiert. Jede Begegnung, ob sie freundlich oder feindlich ist, ob sie wohlwollend oder gleichgültig ist, ist in einer bestimmten Weise unbewußt oder bewußt ein Kampf von Macht mit Macht, von Mächtigkeit mit Mächtigkeit. In diesem Kampf werden ständig und in jedem Augenblick Entscheidungen getroffen, oder besser, Entscheidungen vollziehen sich, da in den meisten Fällen der Entscheidungscharakter gar nicht ins Bewußtsein kommt. Diese Entscheidung ist eine Entscheidung über die relative Seinsmächtigkeit in all denen, die in einen solchen Streit verwickelt sind, d. h. in uns allen. Schöpferische Gerechtigkeit kann diese Art der Begegnung nicht verneinen und verurteilen. Sie kann auch nicht die Konflikte verneinen und verurteilen, die in dieser Begegnung unvermeidlich enthalten sind. Das ist der Preis, der bezahlt werden muß und, ich glaube, von uns allen gern bezahlt wird für die schöpferischen Möglichkeiten des Lebens.

Ich sprach von schöpferischer Gerechtigkeit und möchte hier einen Augenblick abweichen und zurückkehren zu der kurzen Bemerkung, die ich in meinem letzten Vortrag über die Ontologie der Gerechtigkeit gemacht habe. Gerechtigkeit kann in zwei Weisen gesehen werden. Ich möchte die eine die proportionale Gerechtigkeit nennen und die andere die produktive Gerechtigkeit. Proportionale Gerechtigkeit ist die Gerechtigkeit, die nach einer bestimmten berechenbaren Zahl eine Proportion von dem, was jemand tut oder ist, und von dem, was ihm zukommt, ausrechnet. Die Ausübung der Gerechtigkeit im Staate z. B. ist fast durchweg bestimmt durch proportionale Gerechtigkeit. Es gibt aber einen anderen Gerechtigkeitsbegriff, produktive oder schöpferische Gerechtigkeit, die letztlich von dem abhängig ist, was ich vorhin als Liebe definiert habe, nämlich der Wiedervereinigung dessen, was zusammengehört und getrennt ist. Schöpferische Gerechtigkeit ist nicht gebunden durch die Proportion zwischen dem, was jemand ist, und dem, was ihm zukommt, sondern sie ist gebunden an die Möglichkeit dessen, was jemand werden kann und was in der Beziehung zu mir als Möglichkeit in unserer Beziehung liegt.

Das Alte und das Neue Testament sprechen oft von proportionaler

Gerechtigkeit, aber die beiden Begriffe *sedākā* im Alten und *dikaiosyne* im Neuen Testament sind keineswegs charakterisiert durch proportionale Gerechtigkeit, sondern durch schöpferische Gerechtigkeit, nämlich durch die göttliche Gerechtigkeit, an der unser Handeln auch teilhaben soll, indem das, was möglich ist, auch geschaffen wird. Darum gehört zur göttlichen oder schöpferischen Gerechtigkeit als ein unumgängliches Element das, was Paulus Rechtfertigung nennt – Vergebung, Anerkennung auch des Unannehmbaren, um dessentwillen, was als Möglichkeit in ihm liegt. Ich möchte allen Eltern hier sagen, daß dies für ihr Verhältnis zu den Kindern entscheidend ist. Wenn Sie nur im Sinne der proportionalen Gerechtigkeit mit ihnen umgehen, dann werden Sie die Möglichkeiten, die im Kinde sind, unterdrücken, vielleicht sogar zerstören und das Kind zur Ungerechtigkeit treiben und als Antwort darauf selbst wieder ungerecht werden. Wenn Sie wissen, daß Gerechtigkeit im tiefsten Sinne schöpferische Gerechtigkeit ist, dann werden Sie die Elemente der Vergebung, die Vision dessen, was als Möglichkeit im anderen vorhanden ist, in Ihr Handeln einbeziehen – im Sinne der Gerechtigkeit.

Ich komme nun zurück auf meine Analyse der Mächtigkeitsbegegnungen. Bei deren Erwähnung sagte ich: es ist niemals im voraus entschieden, wie die Mächtigkeitskonstellation sein wird. Das entspricht in der Sphäre der Formen des Seins dem Gerechtigkeitsbegriff. Das Schöpferische, das immer mit einem Risiko, immer mit einem Element der Ungewißheit, einer Chance, einem Wagnis verbunden ist, ist sowohl mit dem Machtbegriff wie mit dem Gerechtigkeitsbegriff verbunden.

Es mag so scheinen, als ob diese Analyse der Mächtigkeitsbegegnungen zu einer völlig chaotischen Welt führt, in der niemand mehr weiß, was die wirkliche Mächtigkeit einer Sache ist, und infolgedessen keine Gerechtigkeit gefunden werden kann. Aber dem ist nicht so. Wer in eine Begegnung eingeht, ist schon selber ein Ganzes, das sich von allem anderen unterscheidet. Es hat schon eine Seinsmächtigkeit, die ihm gegeben ist und die es mit hereinbringt. Es ist entweder ein Tier oder ein Baum, ein Hund oder ein Mensch, ein Mann oder eine Frau. Diese Voraussetzungen werden mitgebracht und mit ihnen die Ansprüche auf Gerechtigkeit, die in diesen Formen gegeben sind. Bei Erwähnung dieser Formen werden Sie unmittelbar fühlen, daß ein weiter Spielraum des Unentschiedenen in jeder Begegnung bleibt. Und doch: Wenn alles unentschieden wäre, wäre die Welt ein Chaos; wenn alles entschieden wäre, wäre die Welt tot.

Auf Grund weitgehender Vorentscheidung ist in jedem Begegnungsmoment eine neue Entscheidung möglich, und daraus ergibt sich dann nicht nur die schöpferische Gerechtigkeit, sondern auch die zerstörerische Ungerechtigkeit. Ungerechtigkeit nach dieser Machtanalyse ist nicht damit gegeben, daß in der Begegnung einer Seinsmacht mit einer anderen die eine der anderen überlegen ist. Das ist ununterbrochen und in jedem Augenblick der Fall – das ist nicht Ungerechtigkeit, sondern schöpferische Möglichkeit. Ungerechtigkeit wird es in dem Augenblick, in dem der innere Anspruch, den ein jedes Wesen durch das hat, was es wesenhaft ist, übersehen oder verneint wird und die Seinsmächtigkeit reduziert oder zerstört wird. Das findet ständig in Begegnungen von Person mit Person statt, und vor allem im Namen institutioneller Autorität. Es gibt in der Familie eine ungerechte psychologische Zwangsanwendung wie in erzieherischen Beziehungen aller Art. Wie oft geschieht es, daß der Vater auf sein Kind mit einem strengen, ärgerlichen Blick schaut, und es ist möglich, daß dies schon eine Ungerechtigkeit, eine Zerstörung der Eigenmächtigkeit des Kindes ist, unter der das Kind sein ganzes Leben lang leidet. In einem solchen autoritären Verhältnis kann die scheinbar gerechte Autorität durch die Art ihrer Anwendung zur Ungerechtigkeit werden. Ich habe ausdrücklich nicht ein brutales Beispiel, sondern eine raffiniertere Form der Vergewaltigung gewählt, denn es gibt kaum eine raffiniertere Form der Vergewaltigung als den Blick.

Dieses Beispiel führt mich im Zusammenhang der Machtanalyse dazu, ein Wort über Autorität zu sagen, weil Autorität etablierte Macht ist. *Auctor* ist der, der anfängt und vermehrt (von *augere*, vermehren, abgeleitet). Er hat Seinsmächtigkeit, die er mitteilt. Nun meine ich, daß wir zwischen zwei fundamentalen Formen der Autorität unterscheiden können: eine davon ist gerecht, und die andere ist ihrem Wesen nach ungerecht. Die ihrem Wesen nach ungerechte Form der Autorität möchte ich die Autorität aus Prinzip nennen oder vielleicht mit einer besseren Formel: die hypostasierte Autorität. *Hypostasis* bedeutet, „ein selbständiger Gegenstand geworden", eine Autorität, die dadurch, daß sie einen bestimmten Platz einnimmt, ein für allemal Autorität ist und dadurch jenseits der Kritik steht. Es gibt viele Beispiele dafür. So ist der Papst nicht durch seine Person, sondern durch den Platz, den er einnimmt, eine hypostasierte Autorität; so ist die Bibel für den orthodoxen Protestanten eine hypostasierte Autorität, so sind Diktatoren im totalitären System und die Eltern in einem patriarchalischen Familienverhältnis hypostasierte Autoritäten. So können Lehrer Autoritäten für ihre Schüler werden, ohne daß sie dabei den Versuch machen, die Schüler von ihrer Autorität zu befreien. Ich behaupte, daß jede hypostasierte Autorität ihrem Wesen nach ungerechte Autorität ist, weil sie von der Seinsmächtigkeit des Einzelnen etwas wegnimmt und ihn dem unterwirft, was von ihm jeweilig frei empfangen werden müßte. Demgegenüber gibt es faktische Autorität, sie ist gerechte Autorität. Sie beruht darauf, daß jemand *de facto* Seinsmacht hat und sie darum mitteilen kann. In diesem Sinne sind wir alle einander Autoritäten. Ich habe bei meinen insgesamt vier Besuchen in Deutschland in meinen Vorlesungen einen verzweifelten Kampf dafür geführt, daß die Studenten meine Autorität mißachten – dadurch, daß sie Fragen stellen und Angriffe machen. Es ist sehr schwer, sie dazu zu bringen, weil die Geschichte der hypostasierten Autorität im Hörsaal noch immer verhängnisvolle Folgen im Unbewußten selbst der heutigen Studenten hat.

Nach diesem Exkurs über Autorität wende ich mich den Begegnungen zwischen Gruppen zu. Individuelle Begegnungen geschehen im Rahmen einer Gruppe oder im Rahmen mehrerer Gruppen. Die Mächtigkeit der Gruppe trägt den Einzelnen, und die Mächtigkeit der Gruppe kann den Einzelnen zerstören. Welchen Charakter hat die Mächtigkeit der Gruppe selbst? Alle Machtstrukturen sind um ein Zentrum organisiert, sie haben etwas, worauf sie gerichtet sind, worauf alle Teile bezogen sind. Selbst in anorganischen Wesen – Kristallen, Molekülen und Atomen – finden wir eine zentrierte Struktur und ebenso und noch viel mehr in organischen Wesen. Je organisierter ein Wesen ist, desto mehr wächst seine Zentriertheit, und sie erreicht die höchste Form menschlichen Selbstbewußtseins, wo jedes einzelne Erlebnismoment auf das Zentrum des Selbst bezogen ist. Das führt zu dem Gedanken, daß auch in der sozialen Gruppe nicht nur ein Zentrum da ist – das ist selbstverständlich, sonst würde sie niemals handeln können –, sondern daß es sich auch bei der sozialen Gruppe um einen Organismus handelt und daß man die Mächtigkeit der Gruppe in Analogie zu der Mächtigkeit biologischer Organismen stellen kann. Ein Organismus ist um so mehr entwickelt, je mehr verschiedene Elemente um sein Zentrum organisiert sind. Darum produziert der Mensch die reichsten, universalsten und mächtigsten sozialen Organismen, obgleich wir auch in der Tierwelt Ähnliches finden.

Hier erhebt sich aber eine Frage: Die Individuen, die einen sozialen Organismus konstituieren, sind selbst unabhängige Zentren, und infolgedessen können sie der Einheit des sozialen Organismus, zu dem sie gehören, Widerstand leisten. Aus diesem einfachen Faktum heraus bestreite ich grundsätzlich und mit einer gewissen Leidenschaft die Analogie von sozialen und biologischen Organismen. In einem biologischen Organismus sind die Teile nichts ohne das Ganze, zu dem sie gehören. Das ist aber keineswegs der Fall in einem sozialen Organismus. Das Schicksal eines Individuums, das von der Gruppe getrennt ist – ich denke an die Wanderungen dieses Jahrhunderts, an die Emigration –, kann jammervoll sein, aber sein „Sein“, seine Mächtigkeit als ein „Selbst“, seine Würde als Mensch, ist nicht verloren. Vergleichen Sie damit das Schicksal eines Gliedes, das von einem biologischen Organismus abgeschnitten ist. Es ist nichts mehr, es ist ein chemischer Prozeß des Verfalls, der Verwesung.

In diesem Sinne ist keine menschliche Gruppe ein Organismus im biologischen Sinn, und darum bin ich auch skeptisch gegenüber der Überbetonung der Familie als eines sozusagen biologischen Organismus, und ich bin nicht nur skeptisch, sondern radikal gegen die Auffassung der Nation als eines solchen Organismus. Das hat natürlich große politische Konsequenzen: Es ist eine Erfahrung, die jeder im Leben macht, daß diejenigen, die mit Vorliebe von sozialem Organismus reden, es für gewöhnlich im Sinne einer reaktionären Tendenz tun. Sie wollen abweichende Gruppen in eine Art von Konformismus hineinzwingen, und für diesen Zweck gebrauchen sie den organologischen Begriff oder – besser – die organologische Metapher in einem wörtlichen Sinn. Ich brauche keine Beispiele dafür anzugeben. Sicherlich ist der individuelle Mensch ein soziales Wesen, aber die Gesellschaft schafft nicht das Individuum; beide sind gegenseitig voneinander abhängig.

Es ergibt sich auch noch eine andere Konsequenz. Es gibt die Unsitte, den Staat zu personifizieren. Er wird oft als eine Person beschrieben, die Gefühle hat, Emotionen, Gedanken, Absichten und Entscheidungen wie ein individuelles Wesen. Aber das ist eine unmögliche Betrachtungsweise. Der soziale Organismus hat kein Zentrum in dem Sinne, in dem jeder biologische Organismus zentriert ist. Es gibt nichts, in dem das ganze Sein als solches vereint ist, so daß zentrale Entscheidungen und Erwägungen möglich sind. Und doch sagt man in Analogie zum biologischen Organismus, daß das Zentrum diejenigen sind, die die soziale Gruppe repräsentieren, d. h. die Regierenden, die Parlamente oder wer immer die Macht hinter der Szene in einer solchen Gruppe hat. Man hat die Analogie so weit getrieben, daß man die Repräsentanten sozusagen gleichgesetzt hat mit dem abwägenden und entscheidenden Zentrum eines persönlichen Selbst. Das aber ist eine falsche Auffassung. Die Analogie kann nicht im eigentlichen Sinne durchgeführt werden, und zwar deshalb nicht, weil das Zentrum selbst immer ein Teil der ganzen Gruppe ist. Nicht die Gruppe entscheidet, sondern diejenigen, die die Macht haben, für die Gruppe zu sprechen und ihre Entscheidungen der Gruppe aufzuzwingen. Das ist ein wichtiges Problem, wenn man die peinvolle Frage nach der Schuld einer Nation stellt.

Wie kann diese Frage beantwortet werden? Man kann sagen: Es ist das Zentrum der Seinsmächtigkeit einer Nation, sofern es repräsentiert ist durch die Herrscher (also einer Gruppe einzelner oder unter Umständen eines Einzelnen), die für schuldhafte Entscheidungen verantwortlich sind. In diesem Sinne ist es töricht, eine Nation für die Entscheidungen ihrer Repräsentanten verantwortlich zu machen.

Auf der anderen Seite sind alle Individuen in einer Nation dafür verantwortlich, daß es zu einer solchen herrschenden Gruppe gekommen ist. Wenn ich an das Beispiel, an das Sie jetzt alle denken, appelliere, kann man folgendes sagen: Nicht viele Menschen sind verantwortlich für die Schreckensakte der Nazis, aber alle Menschen einschließlich der 1933 und später emigrierten – ich möchte mich selbst mit einbeziehen – sind verantwortlich dafür, daß es zu einem solchen Regiment kommen konnte. Das zeigt ebenfalls deutlich den Unterschied zwischen biologischem Organismus und personaler Zentriertheit einer Gruppe.

Jede Gruppe ist hierarchisch strukturiert; darüber habe ich schon in meinem vorigen Vortrag gesprochen. Das hängt mit der Notwendigkeit des Vorhandenseins eines Zentrums zusammen, denn ohne Zentrum kann die Gruppe nicht handeln. Das Chaos kann – wie die alten Mythen und Philosophen wußten – zwar widerstehen, aber nicht handeln. Damit Handeln möglich sei, muß Form sein, muß etwas sein, das zentriert ist, das ein Zentrum in sich hat. Ein solches Zentrum erscheint in allen Formen gesellschaftlicher Macht, es kann erscheinen als die Herrschaft über eine Gesellschaft durch eine feudale Gruppe oder eine militärische Klasse, durch eine Bürokratie, eine ökonomische Oberklasse, eine priesterliche Hierarchie, durch einen einzelnen Herrscher mit konstitutionellen Einschränkungen oder ohne solche, und es kann erscheinen in der Form der herrschenden Komitees eines Parlaments. (Wir wissen in Amerika, was letzteres bedeutet.) Es kann auch erscheinen als revolutionäre Avantgarde. Die herrschenden Gruppen stehen vor dem Problem, das ich in meinem letzten Vortrag behandelt habe: Ein sozialer Machtaufbau schließt immer zwei Elemente in sich, das eine, das ich schweigende Anerkennung durch die Beherrschten genannt habe, und das andere, das als Zwang erscheint. Jeder Herrschaftsorganismus muß beide Elemente in sich haben. Die schweigende Anerkennung des Volkes, der Masse, erscheint in Reflexionen wie z. B. dieser: „Die, die uns repräsentieren, repräsentieren uns auf göttlichen Befehl oder aus geschichtlichem Schicksal. Darum kann ich keine Fragen stellen, und darum ist keine fundamentale Kritik erlaubt." Oder sie sagen: „Die, die uns repräsentieren, sind von uns selbst gewählt. Nun müssen wir sie annehmen, solange sie die gesetzliche Macht haben, selbst wenn sie diese

Macht mißbrauchen. Wenn es anders wäre, würde das ganze System in Chaos übergehen, und damit würden auch wir in das Chaos sinken."

Solange Menschen solche Erwägungen anstellen, ist die herrschende Gruppe anerkannt und darum sicher. Diese Anerkennung kann bewußt, halbbewußt oder unbewußt sein. Darum sage ich, sie ist schweigend, sie ist einfach da, und wenn man etwas tiefer in die Analyse von Machtpositionen geht, dann wird man begreifen, bis zu welchem Grade diese schweigende Anerkennung den Machtaufbau einer Gruppe möglich macht. Gefahr für ein System erscheint erst, wenn die Anerkennung bewußt wird und sich dann Zweifel erheben und diese Zweifel unterdrückt werden. Dann kann der Moment eintreten, in dem die Unterdrückung nicht mehr wirkt und eine revolutionäre Situation gegeben ist, und in dieser revolutionären Situation versucht man dann, den gegebenen Machtaufbau durch einen anderen zu ersetzen. Zugleich aber ist jeder Machtaufbau infolge der Notwendigkeit der Zentriertheit und infolge der Notwendigkeit der Hierarchie etwas, das Zwang gebraucht. Hier ergibt sich etwas Ähnliches wie das, was über die schweigende Anerkennung gesagt wurde: Der Zwang wirkt so lange, als er schweigend wirkt gegenüber der überwiegenden Mehrheit der Gruppe. Diese schweigende Wirkung kann auf verschiedene Weise erzielt werden: Die Gesetze können in das Gewissen hineingezogen, verinnerlicht werden; eine milde Verwaltung kann den Zwang unfühlbar machen; es kann sich ein natürlicher Konformismus entwickeln. Alle diese drei Möglichkeiten finden wir in England. Aber das ist ein besonderer und sehr seltener Fall. Gewöhnlich ist das Zwangselement sehr viel stärker und fühlbarer.

An dieser Stelle möchte ich all denen, die den idealistischen Gedanken eines Gesellschaftsaufbaues ohne Zwang verfechten, sagen, daß sie einer Selbsttäuschung unterliegen. Diese Selbsttäuschung kommt daher, daß es in jeder Weltstadt oder Großstadt oder in jeder Provinz eine Polizei gibt, die im Vergleich zur Bevölkerung zahlenmäßig sehr klein ist. Die Polizisten sind, wenn sie ihren Zwang ausüben, meistens unsichtbar. Wenn aber diese Polizisten, diese unsichtbaren Organe des Zwanges, für einen Tag verschwinden würden, dann würden sich die ersten Anzeichen des Chaos zeigen. Mit anderen Worten: Zwang geschieht gewöhnlich durch die Drohung des Zwanges und nicht durch den aktiven Zwang. Das führt zu einer idealistischen Selbsttäuschung, die für die ganze Theorie des Zwanges verhängnisvoll werden kann. Was ich mit all dem sagen wollte, ist: Es gibt keinen Machtaufbau, in dem nicht Zwang enthalten ist.

Ich habe bisher nur kurz auf den Begriff der Liebe hingewiesen und habe gesagt, daß Liebe keineswegs als ein „Gefühl“ definiert werden darf – das kann sie natürlich auch sein –, sondern daß Liebe im Sinne des *eros* des Plato oder der *agape* des Neuen Testaments der Drang zur Wiedervereinigung des Getrennten ist. Wo eine solche einigende Kraft vorhanden ist, da ist Liebe. Ich behaupte nun, daß in jedem Machtaufbau und in der gerechten Form dieses Machtaufbaues eine Basis vorhanden ist, die tiefer liegt als Macht und Gerechtigkeit, und das ist die Macht des Einigenden in einer Gruppe. Ich möchte das als eine der Formen der Liebe – der Wiedervereinigung des Getrennten – bezeichnen.

Die Grundsubstanz der Mächtigkeit, auf die ich nun komme, ist entscheidend für die Qualität der Mächtigkeit. Jede Gruppe hat ihre eigene Art, wie sie sich als Einheit fühlt, und letztlich entscheiden ihre spezielle Form der Gerechtigkeit und ihre spezielle Form der Macht. Sie drückt sich aus im Symbol: in persönlichen Symbolen, in konstitutionellen Symbolen, in kulturellen Symbolen, in religiösen Symbolen. Ohne die Wirksamkeit dieser Symbole ist eine schweigende Anerkennung der herrschenden Gruppe nicht möglich. Nur wenn sie als das erscheint, was in diesen Symbolen ausgedrückt ist, ist sie imstande, schweigende Anerkennung zu erhalten. Daher das ungeheure Interesse, das wissende Politiker für die kulturelle und erzieherische Seite des Machtaufbaues haben, zum Teil in propagandistischer Weise, also in der Weise falscher Autorität, zum Teil in einer Weise, die natürlich und notwendig ist, die es möglich macht, die kommende Generation in diese Symbole einzuführen.

Wie verhalten sich nun Terror und schweigende Anerkennung zueinander? Der Terror ist erschreckt, ehe er schreckt, nämlich durch die Drohung, daß er möglicherweise nicht anerkannt wird. Und um diese Möglichkeit auszuschalten, die eine urmenschliche Möglichkeit ist, wird die menschliche Seinsmächtigkeit ausgeschaltet und zerstört, repräsentativ in denen, die unmittelbare Opfer des Terrors sind, faktisch in allen durch die Angst, selbst Opfer zu werden, vom Terror ergriffen zu werden. Terror heißt Schrecken. Terror ist der Versuch, das Entziehen der schweigenden Anerkennung dadurch zu verhindern, daß die Seinsmächtigkeit, die mit dem Menschen selber gegeben ist, ausgeschaltet wird.

Hierbei erhebt sich ein Problem, das, wie ich glaube, für die Weltgeschichte von entscheidender Bedeutung ist. Wird es dem Terror in weiten Gegenden der Welt gelingen, einen Menschentypus zu schaffen, in dem das menschliche Selbst seine Würde, sein Wesen, seine Seinsmächtigkeit verloren hat? Es scheint, daß gerade Berlin dazu bestimmt war, zu zeigen, daß es Grenzen dieser Möglichkeit gibt. Das scheint mir das Bedeutungsvolle an dem zu sein, was hier in den letzten Wochen geschehen ist.[1] Aber wir wissen nicht, ob der Terror nicht noch einmal triumphiert, ob nicht ein anderes, entmenschtes Menschentum kommen wird, dem die Möglichkeit der Entziehung jener schweigenden Anerkennung verlorengegangen ist, und ein in sich selbst schwingender Mechanismus die menschliche Gesellschaft beherrscht.

In der Demokratie gibt es auch ein Problem der Nichtanerkennung. Man kann diejenigen nicht mehr anerkennen, die den anderen das Recht, nicht mehr anzuerkennen, nehmen. Das ist das Problem, das gegenwärtig in den Vereinigten Staaten durchgekämpft wird. Wo sind die Grenzen der Nichtanerkennungsmöglichkeit, d. h. der Beseitigung des gegebenen Herrschaftsaufbaues? Wenn die Nichtanerkennung sich auf das ganze System bezieht, das die Möglichkeit der Nichtanerkennung einschließt, dann entsteht die Frage: Was kann die Demokratie tun, um diese fundamentale Voraussetzung der Nichtanerkennung zu erhalten? Wenn sie nicht dazu imstande ist, wenn die Furcht der tragenden Gruppen vor Nichtanerkennung ebenso groß ist wie im entgegengesetzten Lager – sicher ist das in Amerika der Fall in gewissen Gruppen –, dann ist der Umschlag ins Totalitäre aus der Furcht der tragenden Gruppen heraus kaum aufzuhalten.

Nachdem ich über den Aufbau von Machtgruppen gesprochen habe, möchte ich etwas über die Begegnung von Gruppe mit Gruppe sagen. Zunächst einmal finden wir die Charakteristika aller Machtbegegnungen, die wir bei Individuen, bei Gruppen, bei Individuen innerhalb der Gruppen festgestellt haben, auch zwischen den großen Gruppen. Sie drängen nach vorn, sie ziehen sich zurück, sie nehmen anderes in sich hinein, sie stoßen es aus, sie amalgamieren sich, sie trennen sich. Alle diese Vorgänge sind unvermeidlich. Jede Machtgruppe erfährt Wachstum und Zerfall, jede Machtgruppe will über sich hinausgehen und sich selbst bewahren.

Nichts in diesen Prozessen ist im voraus entschieden, es ist eine Sache des Versuchs, des Risikos, der Entscheidung, bewußt oder unbewußt, und diese Versuche haben Elemente von Zwang und Kampf in sich. Diese Begegnungen in all ihrer Mannigfaltigkeit sind das Material, aus dem die Geschichte gemacht ist. In diesen Begegnungen entscheidet sich das politische Schicksal. Welchen Charakter haben diese Begegnungen? Zunächst muß eines gesagt werden: Seinsmächtigkeit ist die Macht, einen Raum zu haben. Daher kommen die Kämpfe aller sozialen Grup-

[1] Der Vortrag wurde im Juni 1953 gehalten!

pen um den Raum. Das ist der Grund für die ungeheure Wichtigkeit des geographischen Raumes und für den Streit um den Besitz geographischen Raumes in allen Machtgruppen. Ich möchte hier in Erinnerung an meine Vorlesung im letzten Jahr als Beispiel den zionistischen Kampf um einen Raum für Israel nennen. Israel hatte, da es den Raum verloren hatte, unabhängige politische Seinsmächtigkeit verloren und gelegentlich Seinsmächtigkeit überhaupt. Jetzt hat es einen Raum, und es hat eine starke Seinsmächtigkeit im Zusammenhang mit dem Raum bewiesen. Ich könnte vielleicht fragen: Ist da nicht etwas verlorengegangen, nämlich die geistige Macht, die vom Raum frei ist? Aber diese Bemerkung ist als Frage gemeint und nicht als Antwort.

Es gibt andere Formen des Raumes außer dem geographischen Raum, es gibt die ökonomische und technische Ausdehnung. In allen diesen Begegnungen, die ununterbrochen wechseln, in Veränderungen der Bevölkerung, der Produktionskraft, durch neue Entdeckungen, Emigrationen, im Entstehen neuer Völker, im Zerfall alter Völker – in all diesen Dingen macht die Geschichte sozusagen den Versuch, herauszufinden, was die nächste Konstellation sein wird. In diesen Versuchen, die sich erst im Prozeß entscheiden, werden Nationen und Weltreiche geopfert und werden andere zur Existenz gerufen. Aber das beruht nicht einfach auf mechanischer Macht. Ich hatte von der Macht der Symbole gesprochen, in denen eine Gemeinschaft sich ausdrückt. Diese Macht der Symbole führt im außenpolitischen Ineinander und Gegeneinander zum Problem des Berufungsbewußtseins. Man kann das Machtproblem nicht lösen, wenn man nicht sieht, daß in allen Machtbegegnungen von Gruppen eine ununterscheidbare Einheit von Machttrieb und Berufungsbewußtsein sich findet.

Lassen Sie mich Ihnen ein paar Beispiele geben: Rom unterwarf die Welt des Mittelmeeres dem römischen Gesetz und der Ordnung des Römischen Reiches, das auf dieses Gesetz gegründet war. Alexander der Große brachte griechische Kultur zu den Nationen, die sowohl durch Waffen als auch durch Sprache unterworfen wurden. Und wir müssen zugeben, daß diese beiden Herrschaftsbewegungen die Voraussetzung dafür waren, daß eine einheitliche Welt entstand, die Ökumene, in der die antike Welt sich erfüllte und in das Christentum überging. Bedenkt man diese Entwicklung, muß man sagen, daß dieses Sendungsbewußtsein nicht ganz unbegründet war. Das gleiche kann vom mittelalterlichen Deutschen Reich gesagt werden, das auf der Grundlage der Machtbegegnungen der germanischen Stämme und zugleich des Berufungsbewußtseins der germanischen Könige und Führer die einheitliche Christenheit schuf, auf der Ruhm und Glanz der mittelalterlichen

Religion und Kultur ruhten. Am Ende des Mittelalters gab es weitere europäische Nationen, in denen Berufungsbewußtsein und Machttrieb sich vereinigten. Spaniens welterobernder Imperialismus war eins mit dem fanatischen Glauben, das göttliche Werkzeug der Gegenreformation zu sein. Englands Berufungsbewußtsein war begründet in der calvinistischen Idee der Weltpolitik für die Bewahrung der reinen Christenlehre. In allen diesen Fällen waren ökonomisch-politischer Machttrieb und Berufungsbewußtsein geeinigt. Das französische Berufungsbewußtsein im 17. und 18. Jahrhundert beruhte auf dem Glauben an die kulturelle Überlegenheit. Das moderne Deutschland stand unter dem Druck der sogenannten Realpolitik und hatte kein Berufungsbewußtsein. Die Ideologie der Deutschen war der Kampf für einen sogenannten Lebensraum in Konkurrenz mit den Kolonialvölkern und im Konflikt mit ihnen. Hitlers Gebrauch einer offenbar absurden Berufungsidee, der Idee des „nordischen Blutes", wurde dem Volke künstlich auferlegt und mit Widerstreben oder gar nicht akzeptiert. Das war möglich, weil kein originäres Berufungsbewußtsein im modernen Deutschland vorhanden war.

Zur Zeit haben wir zwei große imperialistische Systeme, die miteinander kämpfen, Rußland und Amerika. Das russische Berufungsbewußtsein war auf das Gefühl gegründet, eine Mission gegenüber dem Westen zu erfüllen, nämlich die zerfallende westliche Zivilisation durch östliches mystisches Christentum zu retten. Das war die Idee der Slavophilen. Das gegenwärtige Rußland hat dasselbe missionarische Bewußtsein, verbunden mit einem radikalen Machttrieb in Richtung auf Ost und West. Es ist falsch, wenn die Propaganda nur von dem Willen zur Weltherrschaft spricht. Das ist falsch, weil eine tiefergehende Analyse zugleich auch zeigt, daß dabei ein echtes, wenn auch verzerrtes Berufungsbewußtsein vorliegt. Amerikas Berufungsbewußtsein, einstmals „der amerikanische Traum" genannt, ist die Idee einer irdischen Form des Reiches Gottes durch einen neuen Anfang. Die beiden Begriffe Konstitution und Demokratie sind halbreligiöse Begriffe in Amerika. Sie bezogen sich ursprünglich auf Amerika allein. Jetzt werden sie universell gebraucht und je nachdem in Hinsicht auf Abwehr oder Angriff. Aber man sollte – das sage ich als Amerikaner – nicht vergessen, daß auch hier niemals reines Berufungsbewußtsein vorliegt, sondern daß immer auch imperialistische Machtbegegnung mit im Spiele ist.

So sieht die Welt aus. Und nun wird sich in Ihnen die Frage erheben, auf die ich abschließend eingehen möchte: Kann die Welt, kann die Menschheit zu einer einheitlichen Machtgruppe zusammengefaßt werden? Es gibt drei Antworten auf diese Frage. Die erste Antwort besagt, daß die gegenwärtigen Entwicklungen zu großen Einheiten nicht endgültig sind, daß man wieder zurückkehren wird zu einer Anzahl relativ unabhängiger Machtzentren, vielleicht nationaler, vielleicht kontinentaler Art. Die zweite Antwort sieht eine Lösung in einem Weltstaat, der durch eine Vereinigung der Hauptmächte geschaffen wird, mit einer zentralen Regierung, der sich alle unterwerfen. Die dritte Antwort besagt, daß vielleicht eine der Großmächte imstande sein wird, sich in überwiegendem Maße durchzusetzen, und zwar nicht in tyrannischer, sondern in demokratischer Form gegenüber den anderen Nationen.

Zur ersten Antwort ist zu sagen: Sie ist eine Sache der Prophezeiung. Wir wissen es nicht. Die Weltgeschichte scheint sie nicht zu begünstigen, denn die technische Einheit der Welt weist in die Richtung der Zentralisierung. Ob die dezentralisierenden Kräfte stark genug sein werden, sich letztlich politisch fühlbar zu machen, ist fraglich. Die zweite Antwort widerspricht dem, was ich über das Element der Liebe im Machtaufbau sagte, nämlich dem Bewußtsein, eine Einheit zu bilden, die sich in Erinnerungen, symbolischen Mythen, Legenden usw. ausdrückt. So etwas gibt es heute noch nicht. Daher erhebt sich die Frage, wie schweigende Anerkennung geschaffen werden kann, wenn alle Voraussetzungen dazu fehlen. Ohne solche schweigende Anerkennung hat die zentrale Autorität keine Autorität. Vielleicht ist darum die dritte Antwort am wahrscheinlichsten, daß eine der Mächte sich politisch in den alten Imperien durchsetzen und irgendwann einmal einen augusteischen Frieden schaffen wird. Aber der augusteische Friede dauerte nicht lange, 100 Jahre ungefähr, denn länger kann wohl nichts dauern, was in dieser Form geschaffen wird. Mit anderen Worten: Das Himmelreich kann auf dem Boden der Macht und Seinsmächtigkeit, wo einer gegen den anderen steht, nicht geschaffen werden.

Was bedeutet das alles im Sinne der letzten Problematik menschlicher Existenz, die eins ist mit Liebe? Es bedeutet, daß die Macht, wie ich sie beschrieben habe als das Wesen endlichen Lebens, keine Utopie zuläßt: Der Pazifismus ist gut als Mahnung daran, daß die Welt im argen liegt, aber er ist schlecht als politischer Weg. Es bedeutet weiter, daß die Erwartung von etwas, was darüber hinausgeht, nicht eine Sache der politischen Macht ist, sondern eine Sache der geistigen Macht, und geistige Macht bedeutet eine Macht, die auf Macht verzichtet. Macht aber ist Seinsmächtigkeit. Verzichtet darum die geistige Macht auf das Sein, gibt sie die Welt preis? Nein! Geistige Macht ist die Macht, in der das, was wesenhaft ist, das, was als Forderung dasteht, unmittelbar durch seine Wesenhaftigkeit wirkt. Das aber ist in der Welt, in der wir leben, immer nur ein Hereinbrechen, niemals eine neue Form. Es ist der Sinn aller religiösen Gruppen, in denen sich solches Hereinbrechen darstellt, zu zeigen, daß die Welt der Machtbegegnungen nicht das Letzte ist, daß alle Macht aus einem Grunde kommt, der allmächtig genannt wird, und daß nur in der Relation zu diesem Grunde Aufhebung der Macht möglich ist. Aber diese Aufhebung ist kein Politikum, sondern etwas, das zwar in das Politische hineinwirkt, das Gerechtigkeit und Liebe als Forderung in das Politische hineinströmen läßt, aber selbst nicht als ein politisches Faktum neben anderen aufgefaßt werden darf. Die letzte ontologische Analyse der Seinsmächtigkeit gibt eine Antwort auf die Frage, die ich auch einmal von diesem Katheder aus behandelt habe, nämlich auf die Frage der Utopie – *utopos* d. h. kein Ort und kein Kampf um einen geographischen oder sonstigen Raum, sondern etwas, das zwar den Raum schafft, aber über den Raum hinausgeht. Ich glaube daher, daß es ein tiefsinniger Gedanke der Religion ist, Gott gleichzeitig die drei Begriffe zuzuschreiben, die in der zeitlichen Existenz infolge ihrer Verzerrung immer wieder gegeneinander wirken. Es sind dies die absolute Macht, die absolute Liebe und die absolute Gerechtigkeit. Damit drückt die Religion den Gedanken aus, daß Macht, Liebe und Gerechtigkeit nicht gegeneinander stehen, sondern im letzten Grunde des Seins geeint sind.

Erziehung

ZUM PROBLEM DES EVANGELISCHEN RELIGIONSUNTERRICHTS

Der evangelische Religionsunterricht teilt nicht nur die Fraglichkeit des Religionsunterrichts überhaupt, sondern er stellt darüber hinaus noch eine Frage, die aus seinem spezifisch evangelischen Charakter stammt. Auf die Beantwortung dieser Frage kommt es hier an (sie enthält allerdings auch eine Antwort auf die allgemeine Frage nach dem möglichen Sinn von Religionsunterricht überhaupt). – Unter der Voraussetzung, daß Religionsunterricht in der Oberstufe der höheren Schule nicht Unterricht in Religionskunde, sondern in Religion ist – d. h. der Versuch deutenden Einfügens in eine konkrete religiöse Wirklichkeit –, kann das Grundsätzliche zum spezifischen, d. h. protestantischen Charakter des evangelischen Religionsunterrichts in folgenden Thesen zusammengefaßt werden:

1. Evangelischer Religionsunterricht hat nicht die Aufgabe, eine Konfession neben anderen oder „Religion" neben anderen Gegenständen zu lehren, sondern er hat die Aufgabe, die menschliche Lage in ihren profanen und religiösen Äußerungen, soweit sie dem Schüler bekannt und verständlich sind, von der Grenze des Menschlichen her sichtbar zu machen.

Es muß also vermieden werden:

a) der Schein, als wäre die evangelische Religion eine neben anderen, etwa neben der katholischen oder jüdischen,

b) als wäre Religion ein Lehrgegenstand neben anderen, etwa neben Geschichte oder Physik.

Es muß vielmehr gezeigt werden:

a) daß die evangelisch verstandene christliche Verkündigung einen radikalen Protest gegen jede kirchlich-konfessionelle Verhärtung ihrer selbst enthält, daß der Protestantismus nicht eine andere Gestalt, sondern ein anderes Prinzip des Religiösen ist, ein Prinzip, das ihn selbst als besondere Gestalt fragwürdig macht, ihn dafür aber in Geltung setzt für jede religiöse Gestalt;

b) daß die evangelisch verstandene christliche Verkündigung die Sondersphäre der Religion sprengt und für die Profanität als solche,

d. h. für den Inbegriff des natürlichen und geschichtlichen Lebens, gültig ist, daß demgemäß im Religionsunterricht ebenso von Natur und Geschichte die Rede ist wie im übrigen Unterricht, aber unter dem Gesichtspunkt, daß etwas in ihnen ist, worin sie uns unbedingt angehen.

2. Der historisch-exegetische Teil des Religionsunterrichts ist demgemäß so zu erteilen, daß der wechselvolle Kampf des im protestantischen Prinzip Gegebenen mit Religion und Profanität sichtbar wird. Das bedeutet im einzelnen:

a) Die Interpretation des Alten Testaments als Dokument des prophetischen Kampfes gegen die religiöse Dämonie inner- und außerhalb Israels. Betrachtung des Judentums (und der jüdischen Grundlage des Christentums) unter dem Gesichtspunkt dieses Kampfes auch in der Gegenwart (Kritik des Antisemitismus und heidnischen Nationalismus).

b) Die Interpretation des Neuen Testaments als Dokument des grundsätzlichen Sieges über die religiöse Dämonie und damit die Dämonie überhaupt im Kreuze Christi. Aufweis dieses Prinzips in Legende, Mythos, Begriffsbildung und Lebensformung der urchristlichen Gemeinde.

c) Besprechung der alten Kirchengeschichte unter dem Gesichtspunkt der positiven und negativen Auseinandersetzung des christlichen Prinzips mit dem griechischen Humanismus und der orientalischen Frömmigkeit. Die Gestaltwerdung des Christentums und die Gefährdung des Prinzips.

d) Besprechung des mittelalterlichen Katholizismus als rechtlich-pädagogische Gestaltwerdung des Christentums. Die wachsende Beseitigung des Prinzips und die Entstehung eines christlichen Humanismus am Ausgang des Mittelalters.

e) Besprechung der Reformation und des älteren Protestantismus als radikales Hervorbrechen des Prinzips gegen die Gestaltung und als problematischer Versuch eigener Neugestaltung durch Reduktion der katholischen Gestalt.

f) Betrachtung der gegenwärtigen religiösen Lage unter dem Gesichtspunkt des Sieges des christlichen Humanismus und des Offenbarwerdens der Problematik protestantischer Gestaltung. Besprechung der soziologischen Gebundenheit der Kirche und ihres Verhältnisses zum Proletariat.

3. Der systematische Teil des Religionsunterrichts ist so zu erteilen, daß das Dogma nicht erscheint als ein Inbegriff gegenständlicher Wahrheiten mit unbedingtem Geltungsanspruch, sondern als der begriffssymbolische Ausdruck, in dem bestimmte Zeiten ihr Verständnis des christlichen Prinzips negativ und positiv zusammengefaßt haben. Das bedeutet im einzelnen:

a) Die Lehrsätze der evangelischen Kirche sind verständlich zu machen aus der einmaligen historischen Situation, in der sie entstanden sind, und zwar aus den realen Lebensspannungen und den geistigen Ausdrucksmöglichkeiten dieser Zeit.

b) Die Lehrsätze der evangelischen Kirche sind zu beziehen auf die reale Lebensproblematik der Gegenwart, und zwar gleichzeitig auf die persönlichen und gesellschaftlichen Spannungen, soweit sie von den Schülern miterlebt oder zum mindestens nacherlebbar sind.

c) Bei jedem einzelnen Lehrstück ist zu fragen, inwieweit es geeignet ist, der Gegenwartsproblematik, in der sich zugleich die allgemeinmenschliche Problematik widerspiegelt, Ausdruck und Lösung zu geben; und inwieweit das nicht mehr der Fall ist und darum neue Ausdrucksformen gesucht werden müssen, in denen christliches Prinzip und menschliche Situation sich auf dem Boden der gegenwärtigen Lage finden.

d) Zum Zweck fruchtbarer Unterhaltung über diese Probleme ist eine philosophisch und soziologisch bewußte Einführung in die geistige und gesellschaftliche Lage der Gegenwart notwendig. Darum sind nur solche Lehrer zum Religionsunterricht geeignet, die einerseits überzeugt auf dem Boden des protestantisch verstandenen christlichen Prinzips stehen, die andererseits ein philosophisch und soziologisch durchgebildetes Wissen um die gegenwärtige Lage und ihre Forderungen haben.

Ein Religionsunterricht, der die reale Lebensspannung des Schülers nicht trifft, ist sinnlos.

Ein Religionsunterricht, der sie trifft, wird für Schüler und Lehrer zum entscheidenden Ereignis ihrer Begegnung.

THEOLOGIE DER ERZIEHUNG

1. Erziehungsmethoden und ihre gegenseitigen Beziehungen

Man kann drei Typen der Erziehung unterscheiden: die Fachausbildung, die humanistische Erziehung[1] und die Erziehung, die der Einführung oder Initiation des Menschen in eine Gemeinschaft oder Institution dient und die wir kurz als „einführende Erziehung" bezeichnen. Die moderne liberale Erziehung vereinigt Elemente der Fachausbildung mit humanistischen Elementen, während im Mittelalter die Erziehung eine Verbindung von Fachausbildung und einführender Erziehung war. Im zwanzigsten Jahrhundert haben revolutionäre Bewegungen versucht, diese mittelalterliche Verbindung wieder aufzunehmen. Von den drei Typen besteht die Fachausbildung, d. h. die Ausbildung des handwerklichen und künstlerischen Geschicks und das Erlernen der Elementarfächer Lesen, Schreiben und Rechnen, seitdem Menschen ihre Kinder im Gebrauch von Werkzeugen unterrichten. Aber sie war von Anfang an mehr als bloße Fachausbildung und enthielt Elemente der humanistischen Erziehung wie Disziplin, Anpassung an den Gegenstand in seiner Erforschung und Handhabung, Teilnahme an Gemeinschaftsarbeit, Unterwerfung und Kritik gegenüber den Ansprüchen des Fachmanns und der Gemeinschaft. All dies sind Elemente der humanistischen Erziehung, aber das humanistische Ideal selbst geht weit über sie hinaus. Es kann als die Entwicklung aller menschlichen Potentialitäten, individueller wie sozialer, beschrieben werden. Es ist von den Philosophen und Künstlern der Renaissance entworfen und geschaffen worden und hat seitdem – gleich ob es angenommen oder abgelehnt wurde – die Geschichte der Erziehung bestimmt. Es hat seinen Ursprung nicht in der menschlichen Anmaßung, wie die theologische Polemik oft behauptet, sondern in der religiösen Grunderfahrung der Frührenaissance, für die in jedem Endlichen das Unendliche gegenwärtig war. Sie betrachtete jedes menschliche Wesen als einen Mikrokosmos, d. h. als ein kleines Universum, in dem sich das große Universum spiegelt.

---

[1] Unter humanistischer Erziehung ist nicht die Erziehungsform des sogenannten humanistischen Gymnasiums zu verstehen, sondern die Ausbildung der Ganzheit des Menschen und seiner Fähigkeiten unter der Kritik der Wahrheitsfrage. (D. Hrsg.)

Als Spiegelbild dieses Universums und seines göttlichen Grundes ist jedes Individuum einzigartig, unvergleichlich, von unendlicher Bedeutung und fähig, seine angeborenen Gaben in Freiheit zu entwickeln. Aufgabe der Erziehung ist es, diese Potentialitäten sowohl im Einzelnen wie im allgemeinen zu aktualisieren mit dem Ziel, die humanistische Persönlichkeit zur Entfaltung zu bringen, in der so viele Potentialitäten wie möglich verwirklicht sind – auch technische Fähigkeiten und religiöse Anlagen.

Das humanistische Erziehungsideal hatte sich aus der Opposition gegen die einführende Erziehung entwickelt, die zumindest in der westlichen Welt vor allem durch die mittelalterliche Kultur vertreten war. Aber Elemente der einführenden Erziehung fehlen niemals völlig. Die Einführung der Kinder in das Familienleben und seine Traditionen, Symbole und Anforderungen stellt eine Grundform der einführenden Erziehung dar. Ihr Ziel ist nicht Entwicklung individueller Potentialitäten, sondern Einführung des Individuums in die vorhandene Gruppe, das Leben und den Geist der Gemeinschaft: der Familie, des Stammes, der Gemeinde, der Nation, der Kirche. Unbewußt und unmittelbar vollzieht sich diese Einführung durch die Teilnahme des Einzelnen am Leben der Gruppe. Aber sie kann auch zur Angelegenheit bewußter geistiger Führung werden und durch Interpretation der Symbole und Einrichtungen der Gruppe stattfinden, in der das Kind oder das neue Mitglied der Gruppe lebt.

Die Einführung selbst geht dieser Aufklärung zwar voraus, aber die Interpretation vervollständigt die Einführung. Eines der besten Beispiele hierfür findet sich im Alten Testament in der Vorschrift für die Eltern, den Kindern, die am Passahfest teilnehmen und nach seiner Bedeutung fragen, die Geschichte vom Auszug aus Ägypten zu erzählen. Die Forderung, in Amerika in den Schulen den Unterricht in amerikanischer Geschichte zu erweitern, hat ihren Grund nicht in der Bildung der menschlichen Persönlichkeit, sondern beruht auf dem Wunsch, die Jugend in die Tradition ihres Landes einzuführen. Das Leben und die Symbole des Volkes, seine Vergangenheit und seine Traditionen, sollen den Kindern, die bereits an ihnen teilhaben, sich aber ihrer Bedeutung noch nicht bewußt sind, interpretiert werden.

Daß die kircheneigene Schule[2] zwar nicht ausschließlich, aber vor-

[2] Der englische Ausdruck *Church-School* ist kaum sinngemäß ins Deutsche zu übersetzen. Der Autor meint damit die konfessionsgebundenen Internatsschulen, die es in gleicher Form in Deutschland nicht gibt. In Amerika ist ihr Träger eine Denomination. Die *Church-Schools* spielen auch heute noch eine wichtige Rolle. (D. Hrsg.)

wiegend dem einführenden Typ der Erziehungsmethoden angehört, bedarf keiner weiteren Erläuterung.

Zunächst müssen wir uns die Frage vorlegen, wie sich die drei Erziehungsmethoden im einzelnen entwickelt, wie sie sich gegenseitig beeinflußt haben und welche Rolle sie in der heutigen Zeit spielen. Eine ausreichende Antwort hierauf könnte man nur im Rahmen einer umfassenden Geschichte der modernen Erziehungsprinzipien geben, aber hier müssen wir uns mit einer kurzen Zusammenfassung ihrer entscheidenden Entwicklungen begnügen. Vielleicht könnte man sagen, jede der drei Erziehungsformen habe mehr oder weniger versucht, sich die beiden andern zu unterwerfen. Zu Beginn der Moderne herrschte die einführende Erziehungsform fast unumschränkt. Die Wirklichkeit, in die Generation auf Generation eingeführt wurde, war die christliche Kirche, genauer, das *corpus christianum*, der „Leib Christi", der Religion, Politik und Kultur umfaßte. Die Seele dieses „Leibes" war der Geist des mittelalterlichen Christentums. Er durchdrang alle Schichten des persönlichen und sozialen Lebens mit seinem erzieherischen Einfluß. Selbst die praktische Ausbildung war von der religiös-kulturellen Substanz dieses „Leibes Christi" durchdrungen. Elemente humanistischer Erziehung wurden nur zur Erklärung dieser Substanz, ihrer Symbole und Traditionen herangezogen und auch dann nur zur Ausbildung von Repräsentanten und Führern der christlichen Kirche.

Mit der Auflehnung gegen die Herrschaft der einführenden Erziehungsform und der Erhebung der humanistischen Erziehung zum Ideal begann eine Entwicklung, die noch jetzt in hohem Maße unser geistiges Schicksal bestimmt. Zu Anfang war die humanistische Erziehung ausgesprochen aristokratisch. Im Individuum – sei es in der Elite der alten feudalistischen Gesellschaft oder der neuen Bourgeoisie – sollten alle menschlichen Potentialitäten zur Entwicklung gebracht werden. Für die große Masse der anderen wurde die Ausbildung in den Elementarfächern und in besonderen Gewerben immer wichtiger – eine Ausbildung, die von den neugegründeten Volksschulen übernommen wurde. Das einzige einführende Element in diesen Schulen bestand in der Einführung in die Moral und Religion der bürgerlichen Gesellschaft. Restbestände der früheren einführenden Erziehung gab es in den kircheneigenen Schulen, die sich jedoch der Forderung nach einer erweiterten Fachausbildung und einer intensivierten humanistischen Erziehung anpassen mußten. Im Laufe des neunzehnten Jahrhunderts wurde das humanistische Ideal weitgehend den Zwecken der Fachausbildung untergeordnet. Der Humanismus wurde seiner schöpferischen Substanz beraubt und entleert. Die Kulturschöpfungen der Vergangenheit sanken zu bloßen Mitteln einer Erziehung herab, die ohne geistige Richtung oder geistige Mitte war. Sie wurden zu Waren, deren Besitz – wie der aller materiellen Güter – die oberen Gesellschaftsklassen auszeichnete.

Auf diese Weise wurde die Fachausbildung zur vorherrschenden Erziehungsform und die Angleichung an die Forderungen der industriellen Gesellschaft zum wichtigsten Erziehungsziel. Diesem Ziel wurden auch kulturelles Erbe und religiöse Einrichtungen, die man nicht ganz beseitigen wollte, dienstbar gemacht. Da die industrielle Gesellschaft in nationale Einheiten geteilt ist, ergab sich aus der Anpassung an die Forderungen der industriellen Gesellschaft die Anpassung an eine nationale Gruppe innerhalb der industriellen Gesellschaft. Auf diese Weise kam es dazu, daß die nationale Idee die Leere in der späthumanistischen Erziehung verdeckte. Die Erziehung zum guten Staatsbürger schien alle drei Erziehungsformen in sich zu vereinigen: Einführung in den Geist des Volkes und seiner Einrichtungen, Unterricht in allgemeinen und technischen Kenntnissen und Vermittlung kultureller Werte der Vergangenheit und Gegenwart. Die Lehrpläne der meisten Schulen und die Empfehlungen der Unterrichts- und Erziehungsministerien beweisen, daß dieses Erziehungsideal noch immer bestimmend ist. Wie kann die konfessionelle Schule daneben bestehen oder sich dagegen durchsetzen?

Wie man sich zu dieser Frage auch stellt, gewiß ist, daß die Lage der Erziehung in unserer heutigen Gesellschaft in Amerika wie in andern westlichen Ländern schwere Probleme und tiefe innere Konflikte enthält. Zweifellos dient unsere Erziehung dem Ziel, die junge Generation gut für die Forderungen des ungeheuren Prozesses von Massen-Produktion und -Konsumtion vorzubereiten, die unsere industrielle Gesellschaft in ihrer Gesamtheit – trotz jeweiliger nationaler Unterschiede – charakterisiert. Diese junge Generation erhält ein ausgezeichnetes Allgemeinwissen und wird in den Spezialfächern zum Teil in Berufsschulen, größtenteils aber durch praktische Mitarbeit in den verschiedenen handwerklichen, künstlerischen und akademischen Berufszweigen ausgebildet. Und darüber hinaus bemüht sich eine große Anzahl von jungen Menschen in zunehmendem Maße, sich psychologisch an die Bedürfnisse der industriellen Gesellschaft anzupassen. Hierbei läßt man in Amerika – im Gegensatz zu Europa – den Jungen gegenüber eine gewisse Duldsamkeit walten, die es ihnen ermöglicht, ihre Eigenwilligkeit und Aggressivität durchzusetzen, unbehindert von strenger Disziplin, aber auf eine Art, durch die in wenigen Jahren eine erstaunliche Angleichung an die Forderungen der modernen Gesellschaft erreicht wird, so daß der revolutionäre Geist sich erschöpft. Aus den Revolutionären werden fast über Nacht gute Bürger, die ihre Stellung im Konkurrenzkampf der amerikanischen Gesellschaft behaupten können und die – vor allem nach einer College-Erziehung mit Millionen anderen – für kulturelle Werte empfänglich sind.

Hier aber geht es mehr um die Fragen, ob durch Einführung in eine nationale Einheit der industriellen Gesellschaft das Ideal der einführenden Erziehung und durch Übermittlung kultureller Güter das Ideal der humanistischen Erziehung erfüllt wird. Auf beide Fragen ist die Antwort negativ. Das Ideal, das in der mittelalterlichen Gesellschaft verwirklicht wurde, transzendierte soziale und nationale Grenzen. Sie wurden nicht aufgehoben, doch das letztgültige Erziehungsideal griff über sie hinaus auf etwas Letztgültiges, Unbedingtes, Universales. Die einführende Erziehung im Mittelalter war Einführung in eine Gemeinschaft, die Symbole besaß, die die Antworten auf die Fragen nach der menschlichen Existenz und dem Sinn dieser Existenz enthielten. Man könnte diese Einführung als Einführung in das Geheimnis der menschlichen Existenz bezeichnen.

In dieser Situation befanden sich noch lange nach dem Ausklang des Mittelalters Länder oder Gebiete eines Landes, in denen die Kirchen – die katholischen wie die protestantischen – den Geist der Erziehung bestimmten. Um die Jahrhundertwende war die Volksschule im östlichen Deutschland eine Institution, die in all ihren Methoden die Jugend in die christlich-lutherische Antwort auf die Fragen nach der menschlichen Existenz einführen sollte. Das nationale Element spielte eine große, aber keine entscheidende Rolle wie in der Höheren Schule, wo es das religiöse Element beherrschte. Auf den Universitäten hingegen war weder das eine noch das andere ausschlaggebend. Im heutigen Amerika hat die Volksschule aufgehört, die Jugend in irgendeiner Weise in das Geheimnis der menschlichen Existenz und in die es zum Ausdruck bringenden Symbole einzuführen. Das nationale Ideal kann diese Einführung nicht ersetzen. An diesem Punkt muß die Frage nach der kirchlich ausgerichteten Schule gestellt werden.

Aber noch ein weiteres ungelöstes Problem der modernen Erziehung muß erörtert werden, nämlich die Behauptung, daß sie humanistisch sei. Gemäß dem humanistischen Ideal soll in den Potentialitäten des Menschen zum Ausdruck kommen, daß er ein Spiegelbild des Universums und seines schöpferischen Grundes ist. Als der Humanismus jedoch seine religiöse Substanz verlor, blieb nur die äußere Schale, großartig zwar, jedoch entleert. Diese entleerten Hüllen einstiger Kulturschöpfungen werden jedem Menschen heute Tag und Nacht mit den Mitteln moderner Massenkommunikation dargeboten. Aber wir müssen fragen, welche von den großen Kulturgütern der Vergangenheit uns heute sagen können, was ein griechischer Apollo-Torso Rilke sagte: „Du mußt Dein Leben ändern!“ Diese kulturtragenden Güter sind zu bloßen Ornamenten geworden, zu Unterhaltungsgegenständen ohne letztgültigen Ernst, die uns dadurch das Geheimnis des Seins nicht mehr offenbaren können. Der Humanismus ist entleert worden und damit auch das humanistische Erziehungsideal.

Es ist nicht verwunderlich, daß diese doppelte Leere – die Angleichung an die Forderungen der industriellen Gesellschaft und die Sinnlosigkeit der Kulturgüter ohne letztgültigen Ernst – zu Indifferenz, Verzweiflung und Jugendkriminalität, zum Zynismus, Lebensüberdruß und zu geistigen Störungen führt. Ebensowenig überrascht es, daß als Reaktion auf diese Leere sich Kräfte regten, die aufs neue Lebens- und Gedankensysteme herzustellen suchten, mit dem Ziel, dem Leben Sinn zu geben, geistige Sicherheit zu gewähren und eine Erziehung der Einführung in ein sinnvolles Leben zu ermöglichen. Dies drückt sich in der stärker anwachsenden kirchlichen Autorität im Katholizismus und Protestantismus aus.

In den Jahren vor dem zweiten Weltkrieg konnte man beobachten, wie die europäische Jugend sehnsüchtig nach Symbolen verlangte, die den Sinn des Lebens in einer sie überzeugenden Weise zum Ausdruck brächten. Sie verlangte nach diesen Symbolen und den mit ihnen verbundenen Lebensformen, die eine unbedingte Unterwerfung forderten, obwohl sehr bald ihr dämonisch-zerstörerischer Charakter deutlich wurde. Denn die jungen Menschen begehrten etwas absolut Ernst-zu-Nehmendes, etwas, das in radikalem Gegensatz zur bloß spielerischen Beschäftigung mit kulturellen Gütern stand. Sie wollten sich einer Sache hingeben, sich ihr opfern, selbst wenn es ein verzerrtes, religiös-politisches Ziel war. Von hier aus kann man die Rolle verstehen, die die kircheneigene Schule in der geistigen Lage unserer Zeit spielt. In ihr ist die mittelalterliche Tradition der einführenden Erziehung noch wirksam, obwohl auch die Forderungen der fachlichen Ausbildung, die die industrielle Gesellschaft stellt, anerkannt werden. Aber das Problem der humanistischen Erziehung ist in den konfessionellen Schulen nicht gelöst. Das folgende Kapitel wird sich mit diesem Problem befassen.

2. *Das einführende und das humanistische Element in der kircheneigenen Schule*

Im Gegensatz zum Mittelalter wird heute die von einer Kirche geleitete Schule nur von einem kleinen Ausschnitt des religiösen Lebens einer besonderen Konfession oder konfessionellen Gruppe bestimmt. Sie repräsentiert nicht den Geist unserer Gesellschaft in ihrer Gesamtheit und ist kein Ausdruck der Substanz, der Seele dieser Gesellschaft. Sie kann deshalb – ähnlich den Theologischen Seminaren[3] – in eine gewisse Isolation und Selbstbezogenheit, eine Konzentration auf die eigenen Traditionen und Symbole geraten. Einführung in diese Traditionen und Symbole könnte im Idealfalle eine wirkliche Einführung im Sinne einer Initiation sein, aber das Fundament, auf dem sie ruht, ist zu schmal. Es fehlt die Kraft eines geistigen Zentrums, das alle Bereiche unseres heutigen Lebens durchdringen könnte.

Und ein weiteres Problem: Jeder Schüler, der durch die Schul-Gemeinschaft, die in den meisten Fällen eine Fortsetzung der Familien-Gemeinschaft ist, in die Wirklichkeit und in die Symbole einer bestimmten Religions-Gemeinschaft oder Konfession eingeführt wird, kommt einmal an den Punkt, an dem der Zweifel einsetzt und er sich von der Wirklichkeit und den Symbolen, in die er eingeführt wurde, abwendet oder sie bekämpft. Da er in einer Welt lebt, die kaum von den Traditionen, in die er eingeführt wurde, berührt ist, muß er unausweichlich in religiöse wie kulturelle Skepsis geraten. Und je stärker die unsichtbare geistige Macht seiner Schule war, um so stärker wird seine Reaktion gegen sie sein. Besteht eine Möglichkeit, diese Gefahren der kircheneigenen Schule zu überwinden?

Um diese Frage beantworten zu können, müssen wir zuerst sehen, wie sich das Ideal der einführenden Erziehung, das der kircheneigenen Schule zugrunde liegt, zum humanistischen Erziehungsideal verhält, das in ihr nur sehr begrenzt verwirklicht wird. Die Bedeutung der humanistischen Erziehung liegt in der Entwicklung von menschlichen Potentialitäten und nicht in der Einführung in ein System praktischer und theoretischer Symbole. Hieraus scheint sich ein unlösbarer Konflikt zu ergeben. Doch gibt es eine Lösung, und gerade die inneren Konflikte der kircheneigenen Schule weisen auf die Lösung des Konfliktes zwischen einführender und humanistischer Erziehung hin.

Die religiöse Einführung (Initiation) begegnet zwei Hauptschwierig-

---

[3] Unter „*Theological Seminaries*" versteht man in Amerika Ausbildungsstätten für Theologen, sie sind m. Einschr. unseren theologischen Fakultäten vergleichbar. (D. Hrsg.)

keiten: einmal soll sie die Antwort auf Fragen geben, die dem Kind niemals gekommen sind. Wenn die religiöse Erziehung von Gott, dem Christus und der Kirche, von Sünde, Erlösung und dem Reich Gottes spricht, bietet sie etwas dar, das nicht aufgenommen werden kann von denen, die die Fragen nicht gestellt haben, auf die diese Worte die Antwort sind. Wie Steine wirft man ihnen solche Worte an den Kopf, von denen sie sich früher oder später abwenden müssen. Der religiöse Erzieher muß deshalb nach den existentiell wichtigen Fragen suchen. Er muß versuchen, diese Fragen, die unbewußt im Schüler leben, ihm zum Bewußtsein zu bringen.

Dann erst kann der Erzieher dem Schüler zeigen, daß die traditionellen Symbole in Mythos und Kultus ursprünglich als Antworten auf die in der menschlichen Existenz enthaltenen Fragen gemeint waren. Die Korrelation von Frage und Antwort gibt den Antworten ihren Sinn und erschließt dem Schüler die Bedeutung der Symbole, in die ihn die religiöse Erziehung eingeweiht hat. Wo aber Fragen gestellt oder angeregt werden und die Antworten im Hinblick auf diese Fragen erklärt werden, ist humanistischer Geist am Werk. Denn Humanismus setzt mit der radikalsten Frage ein, der Frage nach dem Sein, dem Sein im allgemeinen und im besonderen, dem eigenen Sein. Die humanistische Frage ist radikal, sie dringt bis zu den Wurzeln vor und läßt nichts – was es auch sein möge – als seiend gelten, das dem In-Frage-Stellen enthoben wäre.

Man hat in dieser Haltung häufig den Gegensatz zu religiösem Glauben gesehen – Glauben als unbestreitbare Gewißheit verstanden, in der alles Fragen zur Ruhe gekommen ist. Es gibt in der Tat Auffassungen des Glaubens, die den Glauben zu einer Festung machen, die von Mauern der Autorität umgeben ist, die kein Zweifel durchdringen kann. Dies ist aber nicht der biblische oder der protestantische Glaubensbegriff. Jeder Glaubensakt bedeutet Wagnis und den Mut, dieses Wagnis auf sich zu nehmen, auch den notwendigen Zweifel, der den Glauben von mathematischer oder empirischer Gewißheit unterscheidet. Glaube und die radikale Frage, mit der der Humanismus beginnt, widersprechen einander nicht, wenn Glaube als umfassende Einheit von glauben und zweifeln gesehen wird. Die kircheneigene Schule muß sich, wenn sie die Schüler in die Symbole und die Wirklichkeit des christlichen Lebens einführt, dessen bewußt sein, daß sich das Christentum das humanistische Prinzip zu eigen gemacht hat, als es Jesus als den Christus mit dem universalen *logos*, der schöpferischen Struktur alles dessen, was ist, identifizierte. Das Christentum schließt den Humanismus und die radikale Frage nach der Wahrheit, die das erste Prinzip des Humanismus ist, in sich ein. Die einführende Erziehung der kircheneigenen Schule kann und muß das humanistische Erziehungsprinzip in sich aufnehmen: die Korrelation von Frage und Antwort, den Radikalismus der Frage; sie muß alle menschlichen Potentialitäten zur Entfaltung bringen und dem Schüler Gelegenheit bieten, sich in Freiheit zu entwickeln.

Das zweite Problem der kircheneigenen Schule, das zur Beantwortung der Frage nach der Beziehung von einführender und humanistischer Erziehung führt, beruht auf dem Symbolcharakter der religiösen Sprache und auf der mythischen Form aller religiösen Aussagen. Die große Kunst des religiösen Erziehers besteht darin, den primitiven Buchstabenglauben hinsichtlich der religiösen Symbole so durch begriffliche Deutung zu ersetzen, daß die Mächtigkeit der Symbole nicht zerstört wird. Viele Erzieher strecken die Waffen gegenüber dieser Möglichkeit. Entweder verweigern sie dem Schüler ihre Hilfe bei dieser unerläßlichen Deutung, oder sie weigern sich, ihm die traditionellen Symbole zu geben, bevor er sie selbst begrifflich verstehen kann. Beide Wege sind verkehrt. Prägt man die religiösen Symbole nicht bereits dem empfänglichen Gemüt des Kindes ein, so erlebt es deren Mächtigkeit nur bei dem seltenen Schritt einer späten Konversion. Niemals sollte man eine religiöse Leere im Kind entstehen lassen und ihm die Symbole so lange vorenthalten, bis es sie begreift. Denn niemand kann genau sagen, wie stark eine rituelle Handlung in das Unterbewußtsein eines Kindes eindringt, auch wenn es fast nichts davon versteht. Hier hat die kircheneigene Schule als einführende Methodik bei der religiösen Erziehung eine entscheidende Funktion. Sie öffnet das Unterbewußtsein des Kindes für das letztgültige Geheimnis des Seins.

Doch die kircheneigene Schule würde diese Möglichkeit einbüßen, wenn die Erziehung bei dem Versuch stehenbliebe, den Schüler nur bis zur primitiven Aufnahme der religiösen Symbole zu führen und hier Halt zu machen. Ein solcher Versuch sollte niemals gemacht werden, denn das humanistische Problem macht sich sehr früh bemerkbar. Solange der Schüler noch ohne kritische Fragen in „träumender Unschuld" lebt, sollte er nicht vorzeitig daraus geweckt werden. Aber unsere Zeit ist einem langen Verbleiben in dieser „Unschuld" nicht sehr günstig. Und sowie ein Kind die ersten kritischen Fragen stellt, müssen ihm Antworten – zunächst behutsame – gegeben werden. Wenn später die Fragen kritischer werden, müssen auch die Antworten radikaler und grundsätzlicher sein.

Die große Aufgabe der religiösen Erziehung ist die Überwindung des Buchstabenglaubens, ohne daß die religiösen Symbole verlorengehen. Damit dringt das humanistische Element in die kircheneigene Schule und macht es dem Schüler möglich, als reife, zugleich kritische, aber vom Glauben bestimmte Persönlichkeit in der Gemeinschaft der Kirche zu bleiben. Wenn die kircheneigene Schule sich als stark genug erweist, dieses humanistische Prinzip aufzunehmen, wird sie nicht nur ihren begrenzten Platz in unserer heutigen kulturellen Situation behalten, sondern kann wachsende Bedeutung für unsere Zeit gewinnen, die sich mehr und mehr dem Religiösen zuwendet.

Das Problem der kircheneigenen Schule geht über das Problem einer besonderen Erziehungsmethode hinaus. Es ist das Problem der Beziehung von Christentum und Kultur im allgemeinen und von Christentum und Erziehung im besonderen. Das Problem ist unendlich, und jede Generation muß es von neuem lösen. Innerhalb dieses weiteren Rahmens ist die kircheneigene Schule wie ein kleines Versuchsinstitut, in dem die großen Fragen von Kirche und Welt untersucht und zu vorläufiger Lösung gebracht werden können, einer Lösung, die zu einem unschätzbaren Beitrag für die Lösung des größeren Problems werden kann.

Medizin

DIE BEZIEHUNG ZWISCHEN RELIGION UND GESUNDHEIT

Geschichtliche Betrachtungen und theoretische Fragen

I

Die Einheit von Erlösung und Heilung im religiösen Mythos

Das Wort „Religion" ist kein spezifisch religiöser Begriff, sondern bezeichnet einen speziellen Bereich des menschlichen Verhaltens, und zwar vom Standpunkt des Beobachters aus. Es ist verständlich, daß in heutigen wissenschaftlichen Abhandlungen *dieser* Religionsbegriff gemeint ist und daß infolgedessen die Beziehung des religiösen Bereichs zu anderen Bereichen sich auf wissenschaftliche Forschung und Diskussion beschränken sollte. Die Religion selbst dagegen befaßt sich nicht mit „Religion", sondern mit Gott, der Welt und der Seele.

Ich habe nicht die Absicht, den Beobachter-Standpunkt als solchen herabzusetzen, aber ich muß mich selbst von dieser Betrachtungsweise distanzieren, wenn ich zunächst die Aufmerksamkeit auf einige klassische Vorstellungen über das Verhältnis von Religion und Gesundheit lenken will. Dabei müssen wir die Betrachtungsweise von außen her verlassen und uns selbst von innen her mit der Sache identifizieren. Wir müssen den Begriff „Religion" durch den Begriff „Erlösung" ersetzen und müssen fragen: Was bedeutet „Gesundheit" in Zusammenhang mit dem Erlösungsgedanken?

Auf diese Frage können wir keine Antwort von den modernen theologischen Erlösungslehren erwarten. Sie haben fast völlig die ursprüngliche Macht des Erlösungsgedankens verloren, seine kosmische Bedeutung, in der er die Natur, den Menschen als ganzen und die Gesellschaft umfaßt. Vor allem im modernen Protestantismus werden Erlösung und viele verwandte Begriffe – wie Wiedergeburt, Versöhnung, ewiges Leben – interpretiert als Beschreibungen der geistigen Situation des Einzelnen, in der besonderer Nachdruck auf seine moralische Umwandlung und die Fortsetzung seines persönlichen Lebens nach dem Tode gelegt wird. Aber für das biblische und das frühchristliche Denken ist Erlösung im Grunde ein kosmisches Geschehen: die *Welt* wird erlöst. Das gleiche gilt allgemein für das religiöse Denken in den Kulten und Mythen, die dem frühen Christentum unmittelbar vorausgingen oder zu dessen religionsgeschichtlicher Umwelt gehörten. Diese ganze Epoche verwandte die gleichen Begriffe und führte sie mit ihrem kosmischen Gehalt in das Fühlen und Denken der Kirche ein. Aber wir sollten den Horizont noch weiter spannen, weil wir diesen kosmischen Bezug im Erlösungsgedanken sowohl in den primitiven wie in den Hochreligionen der Menschheit finden, wenn auch nicht immer in gleicher Schärfe, aber doch so, daß er nie ganz fehlt.

Wenn „Erlösung" kosmische Bedeutung hat, dann schließt sie Heilung nicht nur ein, sondern kann als Akt des kosmischen Heilens verstanden werden.* In vielen Sprachen weist die Wurzel des Wortes „salvation" auf diesen Zusammenhang hin. So ist das griechische Wort *soteria* abgeleitet von *saos;* das lateinische Wort *salvatio* von *salvus;* das deutsche Wort *Heiland* von *heil,* das dem englischen *healing* verwandt ist. *Saos, salvus, heil* bedeuten: ganz, noch nicht gespalten, unzerstört, nicht desintegriert und darum körperlich und geistig gesund. In Matth. 9, 12 heißt die englische Übersetzung von *sesoken se* (in bezug auf einen Heilungsakt Jesu): ... *made thee whole* (machte Dich ganz). Erlösung ist grundsätzlich und ihrem Wesen nach Heilung, die Wiederherstellung eines Ganzen, das zerbrochen, zerstört, desintegriert war.

Darüber hinaus stimmt die mythologische Sicht mit der Philologie darin überein, daß nicht nur der Mensch (Leib und Seele), sondern auch die Natur, oder genauer: das Universum, krank ist und der Heilung bedarf und daß es im Akt der Erlösung geheilt werden soll. So wird an bestimmten Stellen des indischen *Mahābhārata* das *Kāliyuga* beschrieben als die letzte, am meisten desintegrierte Periode eines kosmischen Zeitalters. In ihr ist die Natur krank, die vitalen Kräfte von Geburt und Wachstum sind in allen Lebewesen – Pflanzen, Tieren und Menschen – entartet. Als Folge herrschen unheilbare Krankheit und frühzeitiger Tod. Ganz ähnlich sprechen Jes. 24, 4 und Esra II (beides spät-apokalyptische Schriften) vom Vergehen der Erde und dem Schwinden aller Naturkräfte. So beschreiben auch die Endzeitvisionen des Markus und die Offenbarung des Johannes die Zerstörung des Weltalls und die Plagen, die die Erde befallen, bevor sie endgültig erlöst wird. Ein Symptom der kosmischen Auflösung der Ordnung ist

---

* Dieser Gedankengang hat Stringenz nur im englischen Sprachgebrauch wegen der synonymen Bedeutung von „Erlösung" und „Heilung", die in dem Wort *salvation* zusammenlaufen: *„When salvation has cosmic significance, healing ist not only included in it, but salvation can be described as the act of ‚cosmic healing'."* (D. Hrsg.)

die Feindschaft zwischen den verschiedenen Lebewesen und zwischen Mensch und Natur. Die Ordnung der Natur, die die Bibel den „Bund" zwischen Gott und den „Tieren auf dem Felde" nennt (Hos. 2, 18), ist aufgelöst, und das Ergebnis ist Chaos und Selbstzerstörung. Der 90. Psalm in seinem ältesten Teil beklagt ebenso wie viele heidnische Zeugnisse die Mühsal des Lebens und den frühen Tod des Menschen. Er erklärt das durch den Bruch zwischen Gott und Mensch und erinnert darin an den alten Mythos von dem durch den Sündenfall verlorenen Paradies. Das Land selber war krank geworden und brachte Unkraut hervor – das war der Fluch Gottes, der zur Feindschaft zwischen Mensch und Tier führt (repräsentiert durch die Schlange), zu Geburtswehen, Brudermord und vor allem zum Verlust der Speise der Götter (die Früchte vom Baum des Lebens), die im Paradies die natürliche Sterblichkeit des Menschen überwunden hatte.

Es bedarf nicht vieler Belege, zu beweisen, daß der Gedanke der Erlösung im Sinne von Ganz- oder Heilmachen sich auf die soziale Zerrissenheit der Menschheit ebenso bezieht wie auf die kosmische Zerstörung. Die patriarchalische Herrschaft des Mannes über die Frau, die Verwirrung der Sprachen, die Spaltung in die Lebensformen der Nomaden und der Ackerbauer, das Aufkommen von Weltmächten und Tyrannen, Nationalkriege, die immer zerstörerischer werden: all dies kennzeichnet den Zustand einer Gesellschaft, die des „Heilers" und des universal erlösenden Ereignisses bedarf. Aber am interessantesten und wichtigsten für die Beziehung – genauer die Identität – zwischen Heilung und Erlösung ist die mythologische Deutung der psychischen Spaltungen im Menschen oder in anderen Wesen, in denen psychische Kräfte vorausgesetzt werden. Diese Spaltungen sind Einwirkungen „dämonischer Mächte", die von der Seele „Besitz" ergreifen. Die Geisteskranken sind die Besessenen – aber nicht nur sie sind besessen. Denn viele körperliche Erkrankungen werden aus der Besessenheit abgeleitet. Und soziale Übel, vor allem als Götzen verehrte Tyrannen, falsche Propheten und solche, die sich als Messias ausgeben, heidnische Imperien und Religionen werden für das Werk von Dämonen gehalten. Das gleiche gilt von den Übeln im Bereich der Natur. Die Dämonen sind vor allem dann mächtig, wenn die Welt „alt" wird, ihre Lebenskraft verliert und ihre Widerstandskraft gegen Götzendienst und Verbrechen, Haß und Selbstzerstörung, körperliche und geistige Erkrankung abnimmt. Natur, Gesellschaft und Seele sind dem gleichen Prinzip der Zerstörung unterworfen. Sie alle sind von Dämonen besessen oder – besser gesagt – von psychischen Mächten der Zerstörung.

Aber diese Besessenheit von den Mächten des Bösen ist kein natürliches Geschehen. Sie ist die Folge des göttlichen Fluches, der selbst wieder die Folge der „Sünde" ist, d. h. eines Aktes der Trennung, des Aufruhrs, an dem das verantwortliche Ich teilhat und der Schuld in sich schließt. *Kosmische Krankheit ist kosmische Schuld.* Niemand ist von dieser Schuld ausgeschlossen. Sie muß universal verstanden werden, und so steht die Schuld immer auch in Verbindung mit natürlichen, sozialen, körperlichen und geistigen Krankheiten. Der universale Charakter von Krankheit und Sünde macht es unmöglich, sie in einem speziellen Fall von einem speziellen Akt herzuleiten. Alle Hochreligionen haben solch berechnenden Moralismus im Hinblick auf Krankheit und Schuld bekämpft, am deutlichsten das Buch Hiob und das vierte Evangelium. Krankheit und Schuld sind, weil sie kosmischer Natur sind, zwar nicht der persönlichen Verantwortung enthoben, aber sie sind nicht eine Sache proportionaler Berechenbarkeit, gerade *weil* sie etwas Kosmisches sind und jedem individuellen Akt vorausgehen.

Die Erlösungsmythen entsprechen genau den Mythen von der kosmischen Erkrankung. Das läßt sich Punkt für Punkt aufzeigen: Die Desintegration der Natur ist überwunden in der Erlösung als dem Akt der kosmischen Heilung. Eine neue Erde, ein immerwährender Frühling (d. h. ein ständiges Lebendigbleiben des Kosmos), eine Erneuerung des Paradieses wird vorgestellt. Der „Garten Eden" ist der Ort, wo der Fluch über das Land überwunden ist. In ihm ist die Pflanzenwelt befreit vom Chaos und von Selbstzerstörung; es gibt dort kein „Unkraut" mehr. Dieser „Garten der Götter", von dem jeder irdische Garten ein Symbol und eine Vorwegnahme ist, wird mit der Erlösung der Natur wiedererstehen. Der Friede in der Natur ist wiederhergestellt (Jes. 11, 6), mit den Tieren auf dem Felde wird ein neuer Bund geschlossen (Hos. 2, 18). Die wilde Natur in Tieren ebenso wie in Völkern und im einzelnen Menschen ist überwunden durch Hirtenkönige wie Orpheus, Poimandres, David und Jesus. Heilige leben mit Tieren zusammen und predigen ihnen, denn sie „sind nicht ausgeschlossen von der Erkenntnis Gottes" (C. von Alexandria: Stromata V, 13).

Die körperliche Gesundheit ist wiederhergestellt. „Gesundheit soll herabsteigen und Krankheit soll verschwinden im neuen Äon", sagt die Apokalypse des Baruch. Im Griechentum und im späteren Hellenismus ist Asklepios, der zur Gottheit erhobene Meister des Heilens, einer der frühesten Götter, die *theoi soteres* (Heilbringer) genannt werden. Er ist eine der bedeutsamsten Gestalten in den späten Erlösungsmysterien des Hermes. Nirgends ist die Identität von Heilung und Erlösung deutlicher als bei Asklepios, außer vielleicht bei Jesus von Nazareth. Das ist der Grund, warum Origenes und sein heidnischer Gegenspieler

Celsus darüber disputierten, ob Jesus oder Asklepios die höhere ärztliche Befähigung besitze. Im Markus-Evangelium ist Jesus vor allem deshalb der Heiler, weil das Kommen des Reiches Gottes das Erscheinen einer unbedingten heilenden Macht einschließt. Als Johannes der Täufer von seinem Gefängnis aus seine Jünger zu Jesus sendet mit der Frage, ob er der Messias sei, bejaht Jesus das mit dem Hinweis auf seine Macht zu heilen: „Die Blinden sehen und die Lahmen gehen, die Aussätzigen werden rein, und die Tauben hören, die Toten stehen auf, und den Armen wird das Evangelium gepredigt" (Matth. 11, 5). Das sind die Zeichen des neuen Äon: körperliche und soziale Krankheiten sind überwunden, und der Tod ist besiegt. Dieselbe Macht ist den Aposteln gegeben, die verkündigen, daß die Erlösung gekommen sei: „Und er rief seine zwölf Jünger zu sich und gab ihnen Macht über die unsauberen Geister, daß sie die austrieben und heilten allerlei Seuche und allerlei Krankheit" (Matth. 10, 1).Und einige Verse später sagt Jesus zu ihnen: „Geht aber und predigt und sprecht: Das Himmelreich ist nahe herbeigekommen. Heilt die Kranken, reinigt die Aussätzigen, weckt die Toten auf, treibt die Dämonen aus!" Die Identität von Heilen – körperlichem und geistigem Heilen – und Erlösung kann nicht klarer zum Ausdruck kommen. Die Erlösung verkündigen und heilen sind ein und derselbe Akt. Beide Seiten dieses Aktes zu verbinden, ist die Aufgabe der Jünger – dies und nichts anderes.

Im sozialen Bereich werden die Heiler der Gesellschaft *soteres*, Heilande, genannt. Und Heilande sind auch die Nachfolger Alexanders des Großen, Augustus der Friedensbringer und die Könige von Israel, allen voran der erwartete Messias. Isis wird die Erlöserin genannt, weil sie sowohl die Verwirrungen unter den Menschen als auch die Störungen unter den Sternen heilt. Zoroaster bezeichnet sich selbst als den „Heiler des Lebens", das durch dämonische Geister in Verwirrung gebracht worden ist. In den eschatologischen Visionen der Offenbarung Johannes' dienen die Blätter vom Baum des Lebens – der in der zukünftigen Erfüllung wiedererscheint – der „Heilung der Völker".

Erlösung oder kosmische Heilung setzt den Sieg über die dämonischen Mächte voraus. Nach dem Bilde, das die Synoptiker von Jesus zeichnen, erweist sich seine messianische Berufung in der Macht über das Reich der Dämonen. Die Geschichte seiner Versuchung, die Vision des Satans, der wie ein Feuer vom Himmel fällt, und vor allem die Heilung der Besessenen – dies alles wird als Zeichen der schon begonnenen Erlösung betrachtet. „Wenn ich durch den Geist Gottes Dämonen austreibe, so ist das Reich Gottes zu euch gekommen" (Matth. 12,

28). Gnade (ein anderes Wort für den Geist Gottes) besiegt „Besessenheit". So ist die Heilung geistiger Krankheit der entscheidendste Beweis für die Erlösung, wenn in den Berichten auch geistige Erkrankungen nicht von körperlichen und sozialen getrennt werden.

Heilung im Sinne von Erlösung ist zugleich Sieg über den Tod. In vielen Mythen ist der Tod auf der einen Seite die Folge kosmischer Krankheit und Schuld, auf der anderen Seite die Erfüllung des Gesetzes der Endlichkeit. In der zweiten Bedeutung ist er etwas Natürliches: „von Staub zu Staub" (Genesis), vom „Unendlichen" *(apeiron)* zum „Unendlichen" (Anaximander). In der ersten Bedeutung ist der Tod etwas Unnatürliches wie die ganze kosmische Erkrankung und wird in der Erlösung überwunden. Erlösung ist die Gegenwart des ewigen Lebens, ein Zustand der Dinge, in den man „eintritt" oder den man „ererbt" und „in Besitz nimmt". Der deutlichste Ausdruck der Verbindung zwischen Krankheit und Tod einerseits und zwischen Erlösung und ewigem Leben (nicht zu verwechseln mit physischer Unsterblichkeit) andrerseits ist die berühmte Beschreibung der sakramentalen Speise als *pharmakon athanasias*, ein Heilmittel, das vom Tode befreit und das Ausgeschlossensein aus der Sphäre der Ewigkeit überwindet.

Kosmische Erkrankung ist kosmische Schuld. Darum ist Erlösung die Überwindung der Schuld und deren Ursache, nämlich der willentlichen Trennung oder Sünde. Das entscheidende Zeichen dieses Aspekts der Erlösung ist die Versöhnung, die Wiederherstellung einer Einheit, die verloren war und sich in Feindschaft verwandelt hatte. Deshalb erstreben die meisten Religionen Versöhnung mit den Göttern, deren Zorn dem eigenen Schuldgefühl entspricht. Der Weg zur Versöhnung ist das rituelle Opfer, das den göttlichen Zorn besänftigt und das Schuldgefühl beseitigt. Die Selbst-Verurteilung, die in jedem Opfer enthalten ist, nimmt das göttliche Urteil auf sich *und* überwindet es. Dagegen ist es in vielen Mysterienreligionen und im Christentum nicht Gott, sondern der Mensch, der versöhnt wird. Der Gott bringt sich selbst zum Opfer dar. Er nimmt die Negation auf sich und fordert vom Menschen, daß er dieses Opfer annimmt. Die Annahme des Opfers ist gleichbedeutend mit Glauben, d. h. ein ekstatischer Akt der Selbsttranszendierung, in dem der Mensch mit dem Gott und mit sich selbst versöhnt ist. Das Schuldbewußtsein des unversöhnten Zustandes ist überwunden und mit ihm zugleich die Schuld-Angst. Gleichzeitig ist die Todes-Angst, d. h. die Angst vor dem widernatürlichen Ausgeschlossensein von der Ewigkeit überwunden. Auf diese Weise sind die tiefsten Folgen kosmischer Erkrankung, an denen der Mensch teilhat, geheilt: Schuld-Angst und Todes-Angst. Die Versöhnung hat die Funktion, den Menschen, der mit sich selbst in Widerstreit liegt, „heil" zu machen. Sie erreicht das Zentrum der Person und vereinigt den Menschen nicht nur mit seinem Gott und mit sich selbst, sondern auch mit den anderen Menschen und mit der Natur. Versöhnung im Zentrum der Person bewirkt Versöhnung in allen anderen Bereichen, und der, der versöhnt ist, ist fähig zu lieben. Versöhnung ist die Heilung der kosmischen Erkrankung, die die Liebe verhindert.

Der Erlöser ist der Heiler. Jesus nennt sich selbst einen Arzt. Die Macht der Erlöser gründet sich auf ihre kosmische Bedeutung, d. h. auf die Tatsache, daß sie die Ganzheit repräsentieren, die der Kosmos verloren hat und die sie ihm wiederbringen sollen. Daher sind sie sowohl göttliche wie kosmische Gestalten: göttliche, weil sie die zentrierte Einheit repräsentieren und unzerstörbare Herrschaft über sich selbst und die Dinge haben; kosmische, weil sie von allumfassender Universalität sind. Dennoch sind die Erlöser zugleich menschliche Wesen, weil im Menschen der Kosmos geeint und geheilt ist. Der Erlöser ist der „Mensch von oben", der „himmlische Mensch", der „Menschensohn", der „Gott-Mensch". Er ist die Zusammenfassung aller kosmischen Kräfte des Makrokosmos, der sich in einem Mikrokosmos verdichtet hat. Die Idee des Mikrokosmos, die in der Geschichte des Heilens eine so große Rolle spielt, ist keine theoretische Analogie zwischen Mensch und Welt, sondern ist eng verknüpft mit der Erlöser-Idee. Der Mensch ist fähig, in die verschiedenen Dimensionen der Wirklichkeit einzudringen, weil er sie alle in sich vereinigt. Er kann sie erkennen und umwandeln. In der Frührenaissance, in der das mythologische Erbe der Antike wieder auflebte und sich nach und nach zur modernen Wissenschaft entwickelte, kommt die Erlöserfunktion oder die heilende Funktion des Menschen machtvoll zum Ausdruck. Zunächst wird sie noch mit mythologischen Begriffen beschrieben: Der Erlöser ist der Messias, der Gott-Mensch. Dann wird sie verallgemeinert: Der Erlöser ist das vernunftbegabte Wesen – der Mikrokosmos. Zunächst sind es noch magische, astrologische, alchemistische Praktiken, die den Erlöser zum kosmischen Heiler machen. Später sind es die technischen, astronomischen, chemischen Erkenntnisse, die ihm heilende Kräfte verleihen. Zunächst ist der psychische Bereich entscheidend, dann trennen sich Körper und Geist von ihrem psychischen Grund und stehen isoliert gegeneinander. Wenn diese Scheidung vollzogen ist, wird der Mythos durch die Naturwissenschaft ersetzt und die Identität von Erlösung und Heilung ist aufgehoben. Beide verlieren ihren kosmischen Charakter: Erlösung bezieht sich nun auf die individuelle Seele, Heilung auf den individuellen Körper.

Erlösung oder kosmische Heilung geschieht in erster Linie durch einen göttlichen Akt, in dem die dämonischen Mächte überwunden und die kosmische Verwirrung in eine neue Ordnung verwandelt wird. Durch diesen Akt erscheint die heilende Macht „auf Erden“ in der Gestalt eines individuellen Lebens, das seine göttliche Einheit durch Leiden und Tod erweist. Als nächstes wird die Erlösung oder kosmische Heilung in menschlichen Handlungen wirksam, durch die die Einzelwesen an der erlösenden Macht oder dem universalen Heilungsprozeß teilhaben. Es ist die Funktion des Kultus, hierauf hinzuwirken, indem er den Menschen mit den Quellen der Erlösung bekannt macht oder indem er die Heilungskräfte in die einzelne individuelle oder soziale Situation einströmen läßt. Der Priester ist der Mittler zwischen der objektiven Realität der Erlösung und ihrer subjektiven Aneignung. Durch den Priester (der immer und wesenhaft ein „Medizin-Mann“ ist) erhält die kosmische Unversehrtheit, die durch den rettenden Akt Gottes wiederhergestellt wird, die Macht, individuelle oder soziale Unversehrtheit zu verleihen. Heilige Worte, Zauberformeln, Zaubergesänge und sakramentale Handlungen sind die verschiedenen Mittel, um dies zu erreichen. Erlösung oder Heilung geschieht *modo participationis*, durch Teilhabe, nämlich an einem Objektiven, das jedem einzelnen Erlösungs- oder Heilungsakt vorausgeht. Wer heilende Kraft besitzt, hat sie nicht aus sich selbst, sondern durch Übertragung der universalen heilenden Kraft auf ihn. Die heilende Kraft wurzelt im göttlichen Grund. Nur diejenige Macht, die den ganzen Kosmos erlösen kann, ist auch fähig, individuelle Heilung zu bewirken. Die göttlichen Wesen als Repräsentanten der Macht, die den Kosmos trägt, sind die Erlöser und ursprünglichen Heiler, z. B. die Mysterien- und Mittler-Gottheiten. Die Vereinigung mit ihnen – gleich ob durch magische Einwirkung oder mystische Identifikation, durch moralischen Gehorsam oder selbsttranszendierenden Glauben – führt zur Erlösung oder Heilung.

Drei theologische Überlegungen mögen diese Einleitung zum Verständnis des klassischen Mythos beschließen. Erstens: es ist klar, daß – sofern der Gedanke der kosmischen Erlösung oder Heilung akzeptiert wird – körperliche, geistige und seelische Heilung nicht voneinander zu trennen sind; denn alle Elemente der Wirklichkeit gehören zur kosmischen Ganzheit. Alle Schichten des Seins sind durch die Zerspaltung dieser Ganzheit desintegriert und werden durch den fundamentalen Akt und den fortdauernden Prozeß kosmischer Heilung reintegriert.

Zweitens muß betont werden, daß Heilung in dieser mythologischen Sphäre nicht den Charakter eines Mirakels im rationalistischen Sinne des Begriffs hat, auch wenn ein Gott oder Messias der Heiler ist.

Denn die Gegenwart der kosmischen Erlösungsmacht in individuellen Personen und Handlungen, die „Zeichen" ihrer universalen Gegenwart ist, bedeutet nicht die Aufhebung der Naturgesetze, wie der Supranaturalismus fälschlich behauptet. Dieser sehr rationalistische Irrationalismus sollte wie jeder andere Aberglauben beseitigt werden. Echte Religion hat einen solchen Gedanken nie verfochten, und eine ernsthafte Theologie sollte ihn nicht einmal erwägen. Wie Dawson sagt: „Es gibt keine Verletzung der Naturgesetze ... Die göttliche und geistige Kraft ist bereits da und wartet darauf, gebraucht zu werden." [1]

Drittens: Wie ist die Beziehung zwischen individuellen Akten der Erlösung oder Heilung und dem kosmischen Akt zu verstehen, die der Mythos bezeugt? Ich bin der Ansicht, daß diese Beziehung als fragmentarische, zweideutige, antizipatorische Verwirklichung der kosmischen Ganzheit bezeichnet werden sollte. Jeder dieser Begriffe hat eine spezifische Bedeutung. „Fragmentarisch" weist auf die Tatsache hin, daß jeder spezifische Zustand von Gesundheit oder Erlösung die kosmische Ganzheit in einem Wesen repräsentiert, das ein Fragment des Ganzen ist und dessen Ganzheit deshalb immer bedingt, bedroht, unvollkommen und über sich selbst hinausweisend ist. „Zweideutig" weist auf die Tatsache hin, daß vom Gesichtspunkt des Ganzen aus alle partielle Heilung in ihrem letzten Wert zweifelhaft bleibt: die Heilung eines einzelnen Gliedes kann die Ursache für eine Desintegration der Gesamtpersönlichkeit sein; moralische „Gesundheit" kann die Ursache für die „Krankheiten" des Pharisäismus sein. „Antizipatorisch" weist auf den vorläufigen Charakter von Heilung und Erlösung im Vergleich zur eschatologischen Erfüllung hin, nach der viele Religionen suchen. „Antizipation" vereint ein „schon" mit einem „noch nicht", und nur in dieser Form können Erlösung oder Heilung in der Welt der klassischen Mythen verstanden werden.

Gegen die Identifizierung von Erlösung und Heilung ist, z. B. von Hiltner,[2] eingewendet worden, daß Heilung zeitliche, dagegen Erlösung ewige Bedeutung habe, selbst wenn das Objekt der Heilung Körper, Seele und Geist ist. Aber dieses Argument beruht auf einer modernen protestantischen Definition beider Begriffe. Es enthält eine bewußte oder unbewußte Ablehnung des Gedankens der Erkrankung des Kosmos, des universalen Sündenfalls, und der Heilung des Kosmos, der universalen Erlösung. Es sieht nicht, daß sich die ewige Erfüllung in der fragmentarischen Erfüllung in Zeit und Raum aktualisiert. Heilung

[1] G. G. Dawsen: Healing: Pagan and Christian. London 1935. S. 124.
[2] Seward Hiltner: Religion and Health. New York 1943. S. 23.

wie Erlösung sind zeitlich und zugleich ewig. Heilung nimmt die Bedeutung des Ewigen an, und Erlösung wird zur Verwirklichung des Zeitlichen. Unter diesem Gesichtspunkt wird es für den Arzt unmöglich, Erlösung in den Bereich des Jenseits zu verlegen, wie es auch für den Geistlichen unmöglich wird, der Arbeit des Arztes die absolute Ernsthaftigkeit abzusprechen, auch wenn die Religion in diese Arbeit nicht ausdrücklich einbezogen ist.

II

Der Unterschied zwischen religiöser, magischer und natürlicher Heilung

1. Ihre Unterscheidung und Vermengung in alten und neuen Quellen

Von den ältesten Zeiten bis in die Gegenwart berichten die literarischen Quellen von drei Arten des Heilens: religiösem oder geistigem Heilen, magischem oder psychischem Heilen und körperlichem oder natürlichem Heilen. Jeder dieser Begriffe ist nicht nur unscharf in sich selbst, sondern es findet auch eine ständige Vermengung und Überschneidung statt und – was noch auffallender ist – ein ständiger Versuch jedes einzelnen, die anderen zu absorbieren. In alter wie in neuerer Zeit gibt es zahlreiche Beispiele sowohl für die Unterscheidung wie für die Vermengung der drei Arten des Heilens. Die Assyrer und Babylonier unterschieden, ohne die einzelnen Elemente scharf zu trennen, das religiöse Element im Heilen, das für sie aus Opfer und Gebet bestand und sich an Wesen von übernatürlichem Charakter richtete; das magische Element, eine wechselseitige sympathetische Beeinflussung zwischen menschlichen und kosmischen Kräften, und das Natur-Element, das aus Anwendung von Medikamenten oder aus Eingriffen mit dem Messer bestand. Die Perser unterschieden den „Wort-Arzt“ vom „Kräuter-Arzt“ und vom „Messer-Arzt“. Über den ersten sagten sie: „Dieser ist der beste aller Heiler, der das Heilige Wort gebraucht, und er wird die Krankheit vom Leib des Gläubigen am besten vertreiben.“ [3] Das Heilige Wort ist hier offensichtlich ein religiöses Wort mit magischer Kraft, das die Verbindung von Religion und Magie in einer Form zeigt, deren Bedeutung bis heute fortlebt: im *Wort*. (Von den Persern stammt der Begriff „Magie“.) Aber auch Origenes sagt: „Nicht das bezeichnete Ding, sondern die Qualitäten und Besonderheiten der Worte besitzen eine bestimmte Macht für diesen oder jenen Zweck.“ Deshalb, so betont er, sollte kein anderes Wort für Gott gebraucht

[3] Dawson, op. cit. S. 57.

werden als eben das Wort „Gott", und es gibt keine seelische Heilung, wenn nicht der Name Jesu Christi angerufen wird. Was ist bei dieser Weise des Heilens religiös und was ist magisch?

Wenden wir uns der Gegenwart zu, so finden wir die Unterscheidung der drei Arten des Heilens bei Hiltner sehr genau formuliert:

„In einigen Fällen muß der Chirurg das kranke Gewebe herausschneiden, um die Heilkräfte freizugeben, in anderen Fällen ist die Persönlichkeitsanalyse die zentrale Heilmethode, und in noch anderen Fällen ist es vorwiegend die bewußte Erkenntnis der göttlichen Macht, die den Heilungsvorgang beeinflußt. In den meisten Fällen werden alle drei Methoden an der Heilung beteiligt sein. In den Fällen, in denen das Messer des Chirurgen oder ein Medikament oder eine neue Diät erforderlich ist, können wir über den Heilungsvorgang mehr aussagen als bei den anderen Methoden. In den Fällen, in denen eine Persönlichkeitsanalyse erforderlich ist, wissen wir besser Bescheid, als wenn ein Gebet verlangt wird."[4]

Das klingt sehr ähnlich wie der alte persische Text, nur wußten die Perser mehr über die Kräuter- und Wortmedizin als über die Chirurgie. Aber wieder müssen wir fragen: Wie verhalten sich die einzelnen Bereiche zueinander, die in den drei Arten des Heilens vorausgesetzt werden? Was ist religiös und was ist psychisch?

Für die Vermengung der drei Arten in einer religiösen Formel haben wir ein Beispiel in dem alten christlichen Sakramentar des Serapion, wo das folgende Gebet die Krankenölung begleitet:

„Wir bitten Dich, sende aus die heilende Macht des Eingeborenen vom Himmel auf dieses Öl, auf daß es für die, die damit gesalbt werden ... zur Befreiung von aller Krankheit und jedem Gebrechen werde, zum Schutz gegen jeden Dämon, zur Austreibung jeden bösen Geistes, zum Entrinnen aus allerlei Fieber und Schüttelfrost und aller Schwachheit, zur gütigen Gnade und Vergebung der Sünden, zur Arznei des Lebens und der Erlösung, zur Gesundheit und Ganzheit von Seele, Leib und Geist ..."[5]

Hier besteht ein innerer Zusammenhang zwischen Dämoneneinwirkung, Fieber und Sünden, und die heilende Kraft des Himmels soll sich dem geweihten Öl mitteilen. Das Religiöse, das Psychische und das Natürliche gehen völlig ineinander über. Gibt es überhaupt noch eine Unterscheidung? Die gleiche Vermengung erscheint in einem Traktat

---

[4] Hiltner: op. cit. S. 100.

[5] In: Texte und Untersuchungen zur Geschichte der altchristlichen Literatur. Neue Folge. Bd. 2. H. 3b. Leipzig 1898. S. 13.

des Paracelsus über das Heilige Abendmahl;[6] Paracelsus geht jedoch von den Naturelementen im Heilungsvorgang aus. Für ihn sind Brot und Wein Naturkräfte, die schon, bevor sie in das Sakrament eingehen, dadurch geweiht sind, daß die Natur den göttlichen Charakter des Wachstums besitzt. Wiederum ist Natürliches, Magisches und Religiöses verbunden, wenn er sagt: „So ist die warhaftig religion der arzten, das sie am allerersten wissen und kennen alle natur in dem gewechs, was in eim jeglichen sei.",[7] und über den inneren Charakter fügt er hinzu: „Darumb ist ein philosophus, der eins in dem einen weiß, der weiß dasselbig auch in den andern."[8] Dies letztere ist magisches Wissen, aber für Paracelsus ist es zugleich Naturphilosophie und Religion. Gibt es einen Weg, diese Vermengungen und Überschneidungen zur Klarheit zu bringen?

Es kann nicht bestritten werden, daß überall in der Antike religiöses Heilen im strengen Wortsinn mit magischem und natürlichem Heilen verbunden war. Die großen Ärzte der legendären Vergangenheit wurden zu Göttern erhoben: Imhotep in Ägypten, Asklepios in Griechenland, Thrita in Persien usw. Darüber hinaus waren die Zentren der Heilkraft die Tempel der Heilkunst, so wie diejenigen der Isis, des Asklepios und später bestimmte christliche Kirchen wie SS. Cosma e Damiani in Rom. Die Ärzte waren Priester, oder vielmehr die Priester waren Ärzte, denn der religiöse Aspekt schloß die Anwendung von Medikamenten, Heilmitteln, Diät und sogar chirurgische Behandlungen nicht aus. Aber wichtiger war die magische Seite und dies gleicherweise in heidnischen wie in christlichen Tempelplätzen. Die Praktik der Inkubation oder des Tempelschlafs, während dessen der heilende Gott in einer Vision erscheint, für die der Patient psychologisch vorbereitet worden ist, zeigt eine typische Vermengung von Magie und Religion. Dasselbe ereignet sich, wenn während des Heilungsprozesses Weihopfer, Talismane, Beschwörungen, Namen-Magie usw. zu Hilfe genommen werden. Sowohl empirische Heilkunde wie wirkliche psychologische Einsicht wurden in Verbindung mit diesen Praktiken entwickelt.

Ich möchte Definitionen für die religiöse, die magische und die natürliche Weise des Heilens vorschlagen, um einige dieser uralten Konfusionen zu entwirren, ohne der Vielseitigkeit der Situation Gewalt anzutun. Allerdings möchte ich auch zeigen, warum die theoretisch klaren Unterscheidungen sich so schwer auf die Wirklichkeit übertragen lassen. Daß Konfusionen auch im Denken der Gegenwart entstehen, ist sehr deut-

---

[6] Friedrich Gundolf: Paracelsus. Berlin 1927. S. 50.
[7] Ebd. S. 71.
[8] Ebd. S. 89.

lich. So schreibt Dawson: „Heilen ist in all seinen Zweigen immer ... ein Prozeß gewesen, der eine Kombination von wissenschaftlichen und religiösen Faktoren erfordert.“ [9] Um das zu beweisen, zitiert er z. B. die „Glaubens-Heilung“ der Medizinmänner. Aber gerade das ist die Frage, ob solch magisches Heilen wirklich „Glaubens-Heilung“ genannt werden kann und nicht Heilung durch Suggestion genannt werden muß, und ob es nicht scharf unterschieden werden sollte von religiöser Heilung im echten Glaubensstand. Mir scheint, daß man den Kampf um das Leben eines Menschen, der sich mit magischen Waffen zwischen zwei „Geister-Schützen“ abspielt, schwerlich als religiösen Kampf, oder die Suggestionskraft solcher Kämpfer als religiöse Einwirkung bezeichnen kann. Es handelt sich hier eher um eine numinose Erfahrung, wenn die Krankheit durch die Verletzung eines Tabus und die Heilung durch magische Versöhnung mit den Wächtern des Tabus entsteht. Aber die Substanz dessen, was da geschieht, ist auch hier magisch und nicht religiös, mögen auch religiöse Gefühle mitspielen. Wiederum handelt es sich um natürliche und nicht um religiöse Heilung, die Herophilus im Sinne hat, wenn er sagt, daß medizinische Heilmittel die Hände der Götter seien, obwohl die Deutung, die der Heilung gegeben wird, in religiösen Begriffen zum Ausdruck kommt. Das läßt sich mit einer heutigen Feststellung von Hiltner vergleichen: „Alle Heilung geschieht durch die *vis mediatrix naturae* oder die *vis mediatrix Dei,* die heilende Kraft der Natur oder Gottes, je nachdem, ob wir eine empirische oder eine religiöse Behauptung aufstellen.“ [10] Aber die Herleitung magischer oder medizinischer Heilung aus dem Unbedingten macht aus ihr noch keinen Fall von religiöser Heilung. Und eine religiöse Feststellung über das Heilen ist nicht *ipso facto* eine Feststellung über religiöse Heilung.

Bevor wir der Aufgabe der Unterscheidung von Heilmethoden weiter nachgehen, tun wir gut daran, noch mit einem Wort auf den Ernst des Problems hinzuweisen. So schreibt Zilboorg vom Standpunkt der Psychiatrie aus: „Die Verbindung von Religion und Psychologie ist ein sehr altes Phänomen, und es war ihm bestimmt, eine gefährliche und beinahe verhängnisvolle Rolle in der Geschichte der Psychiatrie zu spielen.“ [11] Ihr Ergebnis war „die Verschmelzung von Irrsinn, Hexerei und Ketzerei zu einem Begriff.“ [12] Aber es gibt auch eine entgegengesetzte Gefahr, nämlich die, den Blick für das Psychische über dem

[9] Dawson, op. cit. S. VIII.

[10] Hiltner: op. cit. S. 100.

[11] Gregory Zilboorg: A History of Medical Psychology. New York 1941. S. 33.

[12] Ebd. S. 155.

Körperlichen zu verlieren, wie es in der Schule der „Gehirn-Mythologen" geschehen ist. Zilboorg stellt es wie folgt dar: „Die Medizin bemächtigte sich der Psychiatrie, brachte sie unter ihre naturwissenschaftliche Herrschaft und gewährte ihr Bürgerrecht nur unter der Bedingung, daß sie deren Sprache lerne und sich ihrem Regiment unterwerfe ... (aber) jedes Hervortreten der Psychologie wurde als Störung oder illegales Eindringen betrachtet." [13] Mit unseren eigenen Worten können wir die Entwicklung folgendermaßen beschreiben: Die empirische Medizin wurde langsam unabhängig und trennte sich von der Religion, während der psychische Bereich zeitweilig von der Religion übernommen wurde. Schließlich wurde er – nach seiner sehr späten Befreiung von der Religion – von seinem Befreier, der empirischen Medizin, übernommen, so daß nun eine zweite Befreiung notwendig geworden ist.

2. Der Unterschied zwischen Magie und Religion, Suggestion und Glaube

Wir müssen deutlich zwischen Magie und Religion unterscheiden. Magie ist „eine universale Haltung gegenüber dem Universum".[14] „Sie war die Philosophie des primitiven Menschen. Sie war seine Haltung gegenüber der Natur. Jeder war ein Magiker." [15] Magie war jedoch nicht nur Theorie, sie war auch eine Methode, mit den Dingen der Natur und mit dem Menschen umzugehen. Magie war eine Weltanschauung, keine Religion. Magisches Heilen ist an sich nicht religiöser als physisches Heilen. Es ist eine Kunst, eine Technik, die eine bestimmte Theorie über die Krankheitsursachen voraussetzt.

Das Wesen dieser Theorie der Magie läßt sich beschreiben als *der Glaube an eine sympathetische Wechselwirkung zwischen allen Teilen des Universums.* Diese Definition setzt allerdings einen hohen Grad von Abstraktion voraus und konnte erst mit der Entwicklung der Vernunftphilosophie hervortreten. Aber die Anschauung selbst ist so alt wie die Menschheitsgeschichte. Die Definition leitet sich von der Weltanschauung der späten Stoiker her, z. B. von Poseidonios, für den das Universum ein einziges lebendiges Ganzes ist, in dem jeder Teil auf jeden anderen Teil in der Weise bezogen ist, daß er auf den Zustand des anderen Teils und des Ganzen hinzuweisen vermag. In diesem Sinne

[13] Ebd. S. 354 f.

[14] Lynn Thorndike: The Place of Magic in the Intellectual History of Europe. New York 1905. S. 34.

[15] Ebd. S. 29.

kann man von einer „kosmischen Symptomatologie“ sprechen: Jedes einzelne ist Symptom für den Zustand alles anderen.

Das ist auch der Schlüssel zum astrologischen Glauben und seinem ungeheuren Einfluß auf die Geschichte der Medizin. Wir werden die Astrologie nie verstehen, wenn wir sie mit Hilfe der Kategorie der Kausalität anstelle der Analogie interpretieren und wenn wir vergessen, daß ihre Voraussetzung der Gedanke der kosmischen Sympathie ist. Die Qualitäten der Sterne korrespondieren in besonderer Weise mit den verschiedenen Objekten auf der Erde und deren Qualitäten. Diese Qualitäten zu kennen, sie in reiner Form aus ihrer Umgebung herauszulösen, ist eine andere Phase magischer Kunst. Die Alchemie ist ein Abkömmling dieser Seite der magischen Weltanschauung, und hier müssen wir wiederum die Kategorien unseres chemischen Denkens – vor allem die der Substanz – vermeiden. Die verborgenen Qualitäten der Dinge sind ihre spezifischen Kräfte im Ganzen der sympathetischen Beziehungen. Die Alchemie versucht nicht nur, diese spezifischen Kräfte zu entdecken, sondern auch die höchste, wertvollste Kraft zu finden und sie für die Transformation von Qualitäten und selbstverständlich für die Heilung und andere Arten magischer Beeinflussung nutzbar zu machen.

Ein christlicher Bischof des Neuplatonismus, Synesios, sagt: „Dinge haben, außer daß sie Zeichen *für* einander sind, magische Kraft *über* einander.“ Er sagt das in seinem Buch über die Träume, in dem er die Hilfe preist, die er selbst durch sie empfangen hat, und er sieht in ihnen einen Beweis für die Kraft der Weissagung. Aber auch hier dürfen wir nicht von dem Begriff des individuellen Selbst ausgehen. Die universale sympathetische Wechselwirkung, die überall – in den primitivsten Stämmen bis zu den höchstentwickelten Vertretern der Stoa und des Neuplatonismus – angenommen wird, wird unverständlich, wenn wir sie uns vorstellen als eine Beziehung zwischen „Egos“ im Sinne von Individuen, die ein zentriertes Bewußtsein haben. *Sympathein* (d. h. *pathein*, Einflüsse empfangen, und *sym*, durch direkten Kontakt und nicht durch physische Vermittlung) bedeutet eine psychische Partizipation an einem anderen Wesen durch Erkenntnis und Handeln. Das Wort „psychisch“ wird hier gebraucht, wie es immer gebraucht werden sollte, (1) *nicht* im Sinne von etwas Okkultistischem, und (2) *nicht* im Sinne von Bewußtsein, sondern (3) als Bezeichnung für eine Sphäre zwischen der biologischen und der geistigen, die eine Zwischen-Sphäre darstellt, an der die beiden anderen teilhaben. Diese Zwischen-Sphäre kann nicht länger „Seele“ genannt werden, seitdem die augustinisch-franziskanisch-cartesianische Trennung von Seele und Leib zu einer

Gleichsetzung von Seele und Geist geführt hat. Der Gedanke der psychischen Partizipation aller Wesen aneinander durch „sympathetischen Kontakt“ schließt nicht nur die Anwendung der Begriffe Kausalität, Substanz und Ich in ihrem gewöhnlichen Sinne aus, sondern auch die der Kategorie der Identität. Denn der Begriff des „sympathetischen Kontakts“ durchbricht das Axiom des Einander-Ausschließens von Dingen und von Personen. Der Begriff der „mystischen Partizipation“, den Lévy-Bruhl in seiner Beschreibung der primitiven Mentalität als einen Begriff der nicht-aristotelischen Logik bezeichnet, ist eher ein Begriff der nicht-aristotelischen Ontologie, nämlich ein magischer Begriff. Dies ist vor allem von Bedeutung für das Verständnis der „Geister“ in der Magie. Wer magische Kraft ausübt, ist imstande, seinen Willen den Geistern und vor allem den unreinen oder bösen Geistern aufzuzwingen. Geister sind weder Selbste noch Dinge in dem Sinne, daß sie physische Realität hätten. Sie sind psychische Mächte. *Pneumata, Geister, ghosts* sind Begriffe, die auf eine Eigenschaft hinweisen, die weder geistig noch physisch, weder universal noch individuell ist. „Atem“ *(pneuma)*, die Wurzel, aus der diese Worte abstammen, bezieht sich auf den Lebens-Geist, eine Sphäre zwischen der biologischen und der geistigen.

Es sei darauf hingewiesen, daß nicht einmal Descartes seine Lehre vom Menschen darstellen konnte, ohne die vermittelnde Macht des vitalen Geistes heranzuziehen. Auch ist es falsch, „Geister“ als Lebewesen zu bezeichnen, weil das die Kategorie des „Dinges“ implizieren würde, die ihrerseits die der Substanz voraussetzt. Die Geister sind psychische Mächte *in* den Dingen, aber nicht selbst Dinge. Dieser Gesichtspunkt leitet über zu einer weiteren kritischen Bemerkung über die kategoriale Struktur des magisch-sympathetischen Denkens. Sie ist bedeutsam im Hinblick auf den Vorwurf des Aberglaubens, den man gegen dieses Denken erhoben hat. Die magische Weltanschauung erscheint als Aberglaube, wenn sie mit Begriffen, die der Kategorie des „Dinges“ entnommen sind, interpretiert wird oder mit kategorialen Begriffen, die die objektive Welt wissenschaftlicher Analyse oder rationaler Technik konstituieren. Die Vorstellung von Geistern als Dingen oder Personen ist ein Aberglaube. Aber Geister als psychische Mächte sind eine Realität oder zumindest eine Potentialität. Die Transformation einer psychischen Macht in ein Wesen, das die Natur eines Dinges oder einer Person hat, kann als „Projektion“ verstanden werden. Und der Aberglaube sowohl in der Magie wie in der Religion besteht darin, daß Projektionen als gegenständlich Vorhandenes verstanden werden. Aber wenn das vermieden wird, dann können Elemente der magisch-sympathetischen Weltanschauung wieder ernst genommen werden, denn wie Jung sagt: „Anstatt wilden Tieren ausgesetzt zu sein, ist der Mensch jetzt seinen seelischen Elementargewalten ausgesetzt. Das Psychische ist eine Großmacht, die alle Mächte der Erde um ein Vielfaches übersteigt." [16]

Für das ganze Problem von Religion und Gesundheit scheint es mir äußerst wichtig zu sein, zu erkennen, daß die magische Weltanschauung nicht Religion ist, nicht mehr und nicht weniger, als es die physikalische Weltanschauung ist. Im Namen der Religion wie dem der Naturwissenschaft kämpfte Robert Boyle gegen die „*physik*" des Hippokrates und gegen den „*archaeus*" des Paracelsus als Götzen, die zwischen Gott und die Welt gestellt waren. Das Wort „Natur", das vor Leibniz und Kant magische Nebenbedeutungen hatte, sollte seiner Meinung nach durch das Wort „Mechanismus" ersetzt werden, das von Boyle selbst geprägt war. Gott schuf die Welt als einen Mechanismus mit großer Vollkommenheit, aber ohne eigene schöpferische Kraft. Diese Synthese von calvinistischer und cartesianischer Haltung gegenüber der Natur zeigt, daß die Religion sowohl eine naturwissenschaftliche wie eine magische Weltanschauung gelten lassen kann. Religion ist nicht Magie, und Magie ist nicht Religion. *Religion ist die Beziehung zu etwas Letztgültigem, Unbedingtem, Transzendentem.* Die religiöse Haltung ist das Bewußtsein der *Abhängigkeit* (vgl. Schleiermachers „schlechthinnige Abhängigkeit"), *Hingabe* (vgl. Eckharts „Entwerden", „mystische Vernichtung" oder Calvins „absoluter Gehorsam"), *Annahme* (vgl. Luthers Rechtfertigungslehre, in der nicht das Geben, sondern das Annehmen der erste Schritt ist). Religion betrifft den ganzen Menschen, sein Person-Zentrum, seine Moralität.

Aus dem Gesagten ergibt sich ein klarer und einfacher Unterschied zwischen Religion und Magie. Magie ist eine spezifische Weise der Wechselbeziehung zwischen endlichen Mächten; Religion ist die Beziehung des Menschen zur unendlichen Macht und zum unendlichen Wert. Magie kann schöpferisch und zerstörerisch sein, die Religion ist ihrem Wesen nach gegen die zerstörerischen Mächte gerichtet. Magie ist Ausübung immanenter Macht, Religion ist Unterwerfung unter die transzendente Macht usw. Aber diese Unterschiede sind nur auf der Basis einer religiösen Entwicklung deutlich sichtbar, in der durch prophetische oder mystische Kritik endgültig der unbedingte Charakter des Unbedingten oder der letztgültige Charakter des Letztgültigen

---

[16] C. G. Jung: Vom Werden der Persönlichkeit. In: Die Wirklichkeit der Seele. Zürich 1934. S. 196 f.

herausgestellt worden ist. Und selbst dann noch ist die Unterscheidung ständig von zwei Seiten her bedroht. Erstens muß sich das Transzendente konkret manifestieren, worauf diese konkreten Manifestationen für die religiöse Vorstellung zu magischen Mächten werden. Und zweitens macht der natürliche Wunsch des Menschen, Macht über das Göttliche zu gewinnen, es zum Objekt magischer Praktiken.

Die göttlichen Wesen oder Götter sind das wichtigste Beispiel für die erste Gefahr. Sie sind Träger des Unbedingten in dem, was ist, und in dem, was sein soll – die beiden Seiten jeder Religion. Aber sie sind zugleich „Mächte", wobei der Plural darauf hinweist, daß keine von ihnen wirklich unbedingt ist. So repräsentieren die Götter religiösen Sinn, aber in magischen Begriffen. Der Kampf der Propheten und der Mystiker gegen den sogenannten Polytheismus hatte die weltgeschichtliche Bedeutung, die Religion von der Identifizierung mit der Magie zu befreien. Aber dieser Kampf kann nie zu einem Ende kommen, denn die notwendige Zweideutigkeit, die jeder Vorstellung vom Göttlichen zugrunde liegt, ist ein ständiges Problem der Religion, der Philosophie und der Lehre vom Menschen. Wenn z. B. Träume und Visionen – Phänomene von rein psychischem Charakter – als Medien religiöser Offenbarung verstanden werden, dann hat man das Geistige in das Psychische verlegt. Darauf muß die Religion ständig ihre Aufmerksamkeit richten, indem sie die Offenbarungserfahrungen den für sie geltenden Kriterien unterwirft. Wenn diese Offenbarungserfahrungen nur dem Universum der Sympathie zugehören, dann sind sie keine Offenbarungen im religiösen Sinn. Aber wenn sie, obwohl sie die allgemeine Struktur magischer Sympathie besitzen, Träger eines letzten und unbedingten Anliegens sind, dann haben sie religiösen Charakter. Die spiritualen Bewegungen und ihre angeblichen Offenbarungen verlangen sehr nachdrücklich ein Kriterium sowohl seitens der Theologie wie seitens der Psychologie.

Zahlreiche Beispiele gibt es auch für die zweite Gefahr, der der wahre Religionsbegriff ausgesetzt ist. Sie entspringt dem Versuch des Menschen, magischen Einfluß über die göttlichen Kräfte zu erhalten. Die magische Verzerrung des Gebets – das in Wahrheit eine Form der Einigung mit dem Unbedingten ist, symbolisiert als göttlicher Wille oder göttlicher Grund – zu einem Mittel, höhere Kräfte für persönliche Zwecke zu gebrauchen, ist nicht nur eins der auffallendsten Phänomene in der Religionsgeschichte, sondern eine ständige Versuchung in jeder Hochreligion, was jeder christliche Geistliche bezeugen kann. Das Gebet hat notwendigerweise diese Zweideutigkeit, aber die Erkenntnis dieser Zweideutigkeit darf nicht dazu führen, diese Form der Andacht fallen zu lassen – wie das von einigen radikalen Vertretern der protestantischen Theologie angestrebt wird –, sondern nur dazu, diese Gefahr der Verwechslung des Magischen mit dem Religiösen ständig im Auge zu behalten. Ebenso subtil ist die Verschmelzung von Religion und Magie in der sakramentalen Sphäre. Die Reformatoren bekämpften die magische Verzerrung der Sakramente innerhalb der römisch-katholischen Kirche. Für sie hatte der Gedanke, daß die Sakramente unabhängig vom Bewußtseinszentrum der Person durch ihren bloßen Vollzug *(opus operatum)* wirksam sein sollten, etwas Magisches. An die Stelle der Sakramente wollten sie das „Wort" setzen, das das Bewußtsein anspricht und die Antwort des Menschen in persönlicher Entscheidung hervorruft. Dadurch hinterließen sie aber der protestantischen Theologie das praktisch ungelöste Problem der Bedeutung der Sakramente.

Die Beispiele zeigen, daß, während die Unterscheidung zwischen Religion und Magie in logischer Hinsicht unzweideutig ist, die Realität immer eine gewisse Zweideutigkeit enthält, die überwunden werden muß. Aber dies letzte Beispiel kann uns dazu verhelfen, noch einen Schritt weiter zu gehen. Die Spannung zwischen einer Religion des Wortes und einer Religion des Sakramentes weist auf eine Polarität innerhalb der Religion selbst hin. Daß der Protestantismus und einige Formen des Judentums den Person-zentrierten Pol so stark betonten, führte zum Widerstand nicht nur von der katholischen und halbkatholischen Seite, sondern auch von gewissen Gruppen innerhalb des Protestantismus. Schleiermachers Definition der Religion als Gefühl, die Rudolf Otto mit Recht als „numinose Erfahrung" interpretierte, war eine der Gegenströmungen, die von dem anderen Pol innerhalb des Protestantismus ausgingen. Andere Gegenströmungen lassen sich in den Bewegungen für liturgische Erneuerung und für religiöses Heilen erkennen. Es ist sehr aufschlußreich, daß nach Professor Murray von der Harvard-Universität „die Tendenz zur Entstehung von Komplexen im Durchschnitt am häufigsten bei Juden, an zweiter Stelle bei Protestanten und erst an dritter bei Katholiken auftritt." *

Eine weitverbreitete Auffassung der Magie spricht ihr im Prinzip echte Wirksamkeit zu, insoweit sie nämlich auf „Suggestion" und vielleicht auch auf Telepathie beruht. Diese Behauptung ist deshalb von Gewicht, weil sich von daher ein großer Teil der Wirkungen magischer Praktiken, vor allem auf dem Gebiet des Heilens, erklären ließe. Man

* Anm. d. amerik. Herausgebers: Diese Verallgemeinerung und ihre Interpretation wurden in der Seminar-Diskussion als statistisch unzuverlässig und in ihrer Bedeutung als uneindeutig bestritten.

muß feststellen, daß diese Erklärung die Wiederentdeckung einer Sphäre bedeutet, in der der Mensch weder Geist noch Körper im cartesianischen Sinne ist, sondern etwas Dazwischenliegendes. „Suggerieren" (d. h. unter die Haut bringen, nämlich ins Unbewußte) hat eine doppelte Bedeutung. Einerseits bedeutet es: einen Wink geben, eine Anregung, einen Vorschlag machen, wodurch die Freiheit dessen, der durch Suggestion behandelt wird, gewahrt bleibt. Andererseits bezeichnet es die Erregung eines Gedankens oder eines Drangs in einem Menschen, wobei dessen Freiheit mißachtet wird. Für unser Problem ist die zweite Bedeutung wichtig, aber in vielen, vielleicht sogar in den meisten Fällen, besteht zwischen den beiden Bedeutungen keine scharfe Trennungslinie. In beiden Fällen ist es die Suggestivkraft eines Menschen, die bewirkt, daß der suggerierte Gedanke aufgenommen wird. Rivers ist der Meinung, daß die Rolle, die die Suggestion bei den Primitiven und bei uns selbst in der Verursachung und der Behandlung von Krankheiten spielt, ziemlich ähnlich ist.[17] Die Hypnose ist ein extremer Fall von Suggestion, und auch wenn diese extreme Form nicht angewandt wird, so gibt es nach Rivers doch keine Form ärztlicher Behandlung ohne suggestive Beeinflussung. Nach Myers kann Suggestion definiert werden als „der Prozeß wirksamer Übertragung der Wünsche des bewußten Selbst eines Menschen oder einer anderen Person auf die unterbewußte Intelligenz".[18] Der Begriff „Magnetismus", den Paracelsus und Mesmer verwandten, weist auf diesselbe Sache hin, die Maxwell als sympathetische Heilung durch äußere und innere Suggestion empfohlen hat. Vom Tempelschlaf im Asklepios-Zentrum von Kos bis zu den Wunderheilungen der Madonna von Lourdes hat Suggestion durch Träume, Visionen und religiösen Glauben eine wichtige Rolle gespielt. Dawson faßt seine Gedanken in folgender Feststellung zusammen: „Die gesamte Lebensanschauung kann sich durch die Praktik religiöser Suggestion, vor allem der Autosuggestion, verändern." [19]

Aber neben diesen beiden Formen der Suggestion ist die höchste Heilkraft die des Glaubens, weil dieser das geistige Zentrum des Menschen erfaßt. Hiermit wird die Zweideutigkeit der ganzen Situation deutlich, denn wiederum meint man, daß die magische und die religiöse Sphäre in dem, was als „religiöse Suggestion" bezeichnet wird, zusammenfallen. Dagegen hat Hiltner recht, wenn er nachdrücklich betont, daß echte religiöse Heilung nicht durch Suggestion geschieht.

[17] W. H. R. Rivers: Medicine, Magic, and Religion. London 1924. S. 50.
[18] Dawson: op. cit. S. 294.
[19] Ebd. S. 304.

Wir müssen aber fragen, ob sie ohne jede Suggestion geschehen kann. Ich selber glaube nicht, daß das jemals möglich ist. Denn abgesehen von der bewußten Annahme eines Gedankens oder eines Befehls, sinken ständig Elemente einer Situation in das Unterbewußtsein und wirken dort fort. Die suggestive Macht einer katholischen Messe in einem mittelalterlichen Dom oder eines Erweckungspredigers in einem Volksmissionszelt oder eines Geistlichen am Krankenbett sind Realitäten, die nicht geleugnet oder durch religiösen Purismus verdrängt werden können. Doch müssen wir hier die Frage stellen, ob die Elemente, die das Unterbewußtsein ergreifen, Träger des Unbedingten sind und ob sie von der Person als ganzer empfangen werden oder bloße Fremdkörper in ihr bleiben.

Wenn wir so fragen, können wir unterscheiden, wann es sich um Heilung durch Suggestion und wann um Heilung durch Glauben handelt. Zuvor aber muß das Wort „Glaube" von allen unangemessenen Nebenbedeutungen befreit werden (z. B. als einer Sache von geringer Evidenz oder als im Irrationalen wurzelndes Vertrauen auf Autoritäten oder als Unterwerfung unter Fremd- oder Autosuggestion) und sein eigentlicher religiöser Sinn wieder freigelegt werden: Glaube als Zustand des Ergriffenseins vom Unbedingten. Wenn das geschehen ist, kann man sagen, daß Heilung im spirituellen oder echt religiösen Sinn durch den Glauben bewirkt wird. Und dieser Akt des Heil-Werdens in der Beziehung zum letzten Grund und Sinn unserer Existenz wirkt sich auf alle Seiten der Person aus: auf Seele, Geist und Körper. Doch der Ausdruck „Glaubensheilung" ist diesem Geschehen gegenüber unangemessen. Denn im allgemeinen spricht man davon nur in jenen Fällen, die einen ausgesprochen suggestiven Charakter haben, und Heilung durch Suggestion mit religiösen Mitteln ist nicht religiöse Heilung im oben genannten Sinn. In jedem Fall muß gefragt werden, wie Glaube und Suggestion aufeinander bezogen sind. Suggestive Mittel können einen echten Glaubensakt begleiten oder auch nicht. Und ebenso kann Heilung durch Autosuggestion religiöser Gedanken ein Anknüpfungspunkt für den Glauben sein oder auch ein Faktor, der dem wirklichen Glauben entgegenarbeitet.

3. Exkurs über die Ekstase

In der Antike hatten Ärzte und Philosophen, die sich mit medizinischen Problemen befaßten, ein lebhaftes Interesse an übersteigerten Emotionen und deren zweideutigem Charakter. Liebe als Leidenschaft hielt man für eine Art geistiger Erkrankung, in der die Grenzen zwischen schöpferischer und zerstörerischer Geistesverwirrung sich verwischen. Plato sagt, daß die seelische Bewegung, wenn sie zu stark ist, den Körper fesselt und in einen Zustand versetzt, in dem er sich verzehrt. Die Folge ist entweder religiöse Ekstase oder Geisteskrankheit. Aristoteles meinte, daß Geisteskrankheit die schöpferische Funktion des Menschen häufig verstärkt. Ähnliches finden wir auch im Neuen Testament, wo die Besessenen Jesus schon mit Sicherheit als den Christus erkennen, während die normalen Menschen es noch nicht können. Im frühen Christentum wurden die Geisteskranken eine gewisse Zeit lang für Heilige gehalten. Charcot nannte die Ekstatiker unter den Geistesgestörten die „Aristokraten der Besessenen“. In den Debatten zwischen den Somatologen und den Psychologen (oder zwischen den „Gehirn-Mythologen“ und den „Theologen“, wie sie sich untereinander nannten!) spielte das Problem der Grenze zwischen schöpferischem und zerstörerischem „Wahnsinn“ eine große Rolle. „Das Genie kann ein Wahnsinniger sein und dennoch ein Genie, eine wertvolle, wenn nicht zu Zeiten gar die wertvollste, Bereicherung für die Zivilisation“,[20] sagt Zilboorg. Mit Recht weist er auf die vielen geisteskranken Genies am Ende des neunzehnten Jahrhunderts hin. Reil geht noch weiter und möchte in jedem Menschen eine Art Geisteskrankheit als Ansatzpunkt für dessen intellektuelles Dasein sehen.

Man hat befürchtet und befürchtet noch immer, daß die Psychoanalyse einen Menschen normal und unbedeutend machen könnte. Für die Beziehung zwischen Religion und Gesundheit ist das Problem von größter Wichtigkeit, weil die Erfahrung des Unbedingten essentiell und notwendig einen gewissen ekstatischen Charakter hat. Somit erhebt sich die Frage, auf welche Art und Weise Religion heilsam ist und auf welche nicht und was die Beziehung zwischen schöpferischer und zerstörerischer Ekstase ist. Diese Frage hat einen Bezug zur Theorie der Tiefenpsychologie selbst. Denn wenn die Deutung des Wahnsinns als Einbruch des Unbewußten in das Bewußtsein richtig ist und Genie und religiöse Ekstase in gleicher Weise interpretiert werden, dann müssen entweder zwei Aspekte des Unbewußten angenommen werden oder zwei Weisen, in denen der Einbruch des Unbewußten in das Bewußtsein sich vollzieht: Er kann schöpferisch, göttlich sein, und er kann zerstörerisch, dämonisch sein. In jedem Fall ist das Unbewußte als solches vom geistigen Standpunkt betrachtet, bzw. die Art, wie es sich ausdrückt – seine Dunkelheit und seine Primitivität –, von zweifelhaftem Charakter.

---

[20] Zilboorg, op. cit. S. 463.

4. Naturauffassungen und ihre Folgerungen

Im Zusammenhang mit Boyles Kampf gegen Paracelsus und Hippokrates haben wir bereits auf die Zweideutigkeit des Begriffs „Natur" hingewiesen. Der alte Streit zwischen dem pythagoreisch-platonischen und dem aristotelisch-hippokratischen Verständnis der Natur hat sich über mehr als zweitausend Jahre hingezogen. Die bloße Tatsache, daß keines von beiden sich in entscheidender Weise dem anderen gegenüber durchsetzen konnte und daß heute die Gestalt-Theorie und die Wiederentdeckung des psychischen Bereichs den quantitativ-mechanistischen Natur-Begriff seiner scheinbaren Vormachtstellung beraubt haben, zeigt, daß die Natur zwei Seiten hat: die eine ist der Materie, die andere der Psyche zugewandt. Plotin hat mit seinem metaphysischen Symbolismus recht, wenn er sagt, daß die Körperwelt zwischen *psychē* und *hylē* angesiedelt ist. Descartes schaltete die psychische Sphäre aus, indem er die Seele das bewußte Ich nannte und damit die der Psyche zugewandte Seite leugnete, und ferner, indem er die Natur einen Mechanismus nannte und ihr die Seite bestritt, die ihrerseits der Psyche zugewandt ist. Wir haben bereits gesehen, daß beide Auffassungen von der Natur, die mechanistische und die vitalistische, mit der Religion vereinbar sind. Aber es besteht eine starke Affinität einerseits zwischen der cartesianischen Naturauffassung und der „Religion des Wortes" und andererseits zwischen der paracelsischen Naturauffassung und der „Religion des Sakramentes". Vom cartesianischen Standpunkt ist es schwierig, im religiösen Heilen mehr zu sehen als einen unerklärbaren Akt göttlicher Vorsehung.

5. Exkurs über Psychotherapie und Freiheit

Ein weiterer Grund, der zu der Trennung der Medizin von dem psychischen Bereich führte, war der Protest der Rechtsgelehrten gegen eine medizinische Deutung geistiger Störungen. Sie wollten die Verantwortlichkeit der Hexen und Zauberer für ihre Handlungen erhalten: die Freiheit der Entscheidung schien durch die medizinische Deutung gefährdet. So prophezeite der berühmte Bodin, als er die Dämonologie gegen die Angriffe des Aufklärers Johann Weyer verteidigte – für den „die Hexen Geisteskranke" waren –, den Zusammenbruch von Strafrecht und öffentlicher Moral, wenn der medizinische Determinismus auf die Erklärung der Geisteskrankheiten angewandt würde. Heute wird die Diskussion fortgesetzt zwischen Psychotherapeuten und religiösen oder profanen Vertretern eines moralischen oder sozialen Konformismus. Psychologische Erklärungen scheinen die Verantwortlichkeit zu untergraben. Psychische Mechanismen, Zwänge und ihre methodische Heilung scheinen die persönliche Freiheit zu negieren. Hierzu sagt Zilboorg, daß das psychische System keine Seele im geistigen Sinne sei, sondern ein „Organ", und daß Schäden oder Funktionsstörungen dieses psychischen Organs die freie Willensausübung ebenso beeinträchtigen, wie es diejenigen der Gehirnzellen tun. Das ist nicht völlig überzeugend, weil die psychischen Triebe nicht die gleiche Beziehung zum bewußten Person-Zentrum haben wie das Gehirn zu den psychischen Funktionen. Trotzdem bewegt sich Zilboorg in der richtigen Richtung. Die Frage, die wir stellen müssen und die im letzten Kapitel gestellt werden wird, ist folgende: Inwieweit ist das Bewußtseinszentrum der Person das Ergebnis unbewußter – individueller und kollektiver – Faktoren, und inwieweit sind diese Faktoren auf die Einheit des Person-Zentrums ausgerichtet? Die gleiche Frage war oben im Zusammenhang mit dem Problem der schöpferischen Ekstase aufgetaucht. Von der Antwort auf diese Frage hängt einmal das praktische Verhalten des Therapeuten ab, nämlich, welches Maß an Freiheit er voraussetzen und benutzen kann, wenn er sich um ein neues inneres Gleichgewicht seines Patienten bemüht, und zum anderen, wieweit er Ethik und Religion als Hilfsmittel zur Behandlung von Neurotikern einbeziehen kann.

III.

Divergierende historische Tendenzen, die eine grundsätzliche Frage aufwerfen

In der Geschichte der Religion und der Heilkunst gibt es bestimmte Tendenzen, die für das Verständnis unserer gegenwärtigen Situation von Bedeutung sind. Sowohl in der Religion wie in der Heilkunst läßt sich eine Tendenz zu dem Gedanken und Ideal der „Reinheit" beobachten und daneben eine andere Tendenz zu dem Gedanken und Ideal der Harmonie. Beide sollen kurz diskutiert werden. Und dann soll erörtert werden, wie der Widerstreit dieser divergierenden Tendenzen zum zentralen Problem ihrer Lehre vom Menschen führt: ob der Mensch eine dynamische Einheit oder etwas Statisches, aus Teilen Zusammengesetzes ist.

1. Die Tendenz zum Gedanken der Reinheit

Das Reinheitsgebot wirkt sich auf verschiedenen Ebenen aus. In den biblischen Erzählungen kommen verschiedene Arten von Reinheit vor:

die Reinheit des Körpers, die antiseptische Reinheit der Hygenie, die medizinische Reinheit (die im Falle von Aussatz durch den Priester bescheinigt wurde), die psychische Reinheit (nach dem Exorzismus der Dämonen im Falle von Besessenheit), die rituelle Reinheit (wie Menstruationstabus und dergleichen), die diätetische Reinheit (in der hygienische und rituelle Elemente verbunden sind), die Reinheit des Herzens (d. h. der ganzen Person, die die Vorbedingung für die Eingießung des göttlichen Geistes und für die Gottes-Schau ist), die moralische Reinheit (vor allem in bezug auf den sexuellen Bereich), die sakramentale Reinheit (die durch die Taufe und andere Reinigungsriten bewirkt wird und in denen moralische und rituelle Elemente verbunden sind), die Reinheit der Heiligkeit (die göttlich ist und vom Menschen nur erlangt werden kann durch göttliche Vergebung und durch die Ausscheidung unreiner Elemente aus der Einzelseele und der Gemeinschaft).

Aber in all diesen Fällen wird das einfache physikalische Bild eines Fremdkörpers vorausgesetzt, der in den Bereich des „Ganzen" eingedrungen ist: Schmutz, Infektion, Seuche, dämonische Einflüsse, schwarze Magie, verbotene Speise, sexuelle oder götzendienerische Befleckung und schließlich „Sünde" als eine objektive, halbdämonische Realität. Im Rahmen dieses Symbolismus nehmen Heilung und Erlösung den Charakter der Reinigung an. All die verschiedenen Ebenen, in denen der Gedanke der Reinheit erscheint, lassen sich in der persisch-jüdisch-christlichen Entwicklung aufweisen. (Der „schmutzige Mönch", der um der Askese willen sich seiner Unsauberkeit rühmt und dessen Seele oft die gleiche Unsauberkeit offenbart, ist keine ursprünglich christliche Erscheinung, sondern die Folge eines Einbruchs orientalischer Askese, für die der Körper als solcher unrein ist. Diese Auffassung steht in fundamentalem Gegensatz zur Lehre des Alten Testaments.) Aber die verschiedenen Ebenen können unabhängig voneinander werden, und wenn das geschieht, kommt es zu Verzerrungen des Reinheitsgedankens, von denen einige verhängnisvoll geworden sind. So hat der moderne Protestantismus, vor allem in seiner angelsächsischen Form, einen Kult physischer Reinheit unter extremer Betonung moralischer Reinheit entwickelt, der aber weithin die mit „unreinen Geistern" angesteckte Seele übersah. Wenn das Luthertum die Betonung ausschließlich auf das reine Gewissen legt, das durch die Sündenvergebung entsteht, dann übersieht es die Unreinheit in der moralischen und psychischen Sphäre. Die moderne Medizin brachte die antiseptische Reinheit zur Vervollkommnung, aber sie interessierte sich nicht für die psychische Reinigung oder die „Reinheit des Herzens". Die Kirche legte den Akzent mehr und mehr auf rituelle und sakramentale Reinigung und vernachlässigte in zunehmendem Maße Herzensreinheit und Heiligung. Am gefährlichsten war die Furcht vor unsauberen Geistern und ihrer Magie, die den Hexenwahn des Mittelalters verursachte und zur Verfolgung sowohl der Geisteskranken (der Träger der nicht-kirchlichen magischen Kraft) wie auch der Häretiker führte. Weil diese Art von Besessenheit die ganze Person (einschließlich ihres Körpers) umfaßt mit Ausnahme der „unsterblichen Seele", die noch gerettet werden kann, war Verbrennen logischerweise das geeignete Verfahren, um den Einzelnen – und die Gesellschaft – von der dämonischen Verunreinigung zu befreien.

Dieser kurze Überblick über den Reinheitsgedanken in der Geschichte der Religion und Heilkunst hat gezeigt, daß der religiöse Symbolismus nicht eine zufällige Bildersprache ist, die durch andere Bilder ersetzt werden könnte, sondern seine Wurzel hat in einer realen Einheit der Sphäre, aus der die Symbole stammen (der körperlichen), mit der Sphäre, in der sie wirksam werden (der geistigen).* Obwohl die Beziehung zwischen den verschiedenen Ebenen der Reinheit keineswegs die einer einfachen Wechselwirkung ist, so ist sie doch noch weniger die einer einfachen Indifferenz. Auch Heilung und Erlösung sind „Zustände der Reinheit".

2. Die Tendenz zur Harmonie in Religion und Heilkunst

Der Begriff der „Unreinheit" setzt voraus, daß ein Störungsfaktor von außen in das Ganze eingedrungen ist. Doch ebenso einleuchtend und sogar noch wichtiger ist der Gedanke, daß es Störungen im „Ganzen" selbst gibt. Das setzt voraus, daß das „Ganze" auf einer Harmonie gegensätzlicher Kräfte beruht. Dieser Gedanke wurde in Verbindung mit körperlicher und psychischer Gesundheit zum ersten Mal durch den Pythagoreer Alkmaion in dem von ihm geprägten Begriff der „Isonomie" zum Ausdruck gebracht. Auf dieser Grundlage entwickelte sich später die bedeutende griechische Heilkunst bei Hippokrates und Galen. Sie hielten Krankheit für eine Störung der harmonischen Konstitution des Körpers, die auf dem Gleichgewicht von *dynameis* oder „Säften" aufgebaut sei. Die Aufgabe der Heilkunst war, Typen der Abweichung von der normalen, harmonischen Struktur zu entdecken, die der Harmonie in Musik, Plastik und persönlichem Ethos

* Das bekannte neurotische Symptom des „Waschzwangs" und der entsprechende psychologische Typ beziehen sich, genau genommen, nicht nur auf spezielle Menschentypen, sondern sind auch potentielle Träger objektiver Werte und potentielle Kräfte der Zerstörung von Werten.

analog ist. Das führte zur Identifizierung von Gesundheit und Schönheit und zu der oft mißbrauchten Formel *Mens sana in corpore sano.* Paracelsus übernimmt – trotz seiner Ablehnung der akademisch fixierten und traditionell autoritativen Medizin Galens – den Gedanken der „dynamischen Harmonie“ in seine medizinisch-religiöse Weltanschauung. Gundolf sagt: „... er hat es nicht mit Worten oder Dingen zu tun, sondern als Theologe wie als Arzt mit Kräften.“ [21] „Er suchte nicht nach Substanzen wie die Alten, auch nicht nach Gesetzen wie die Modernen, sondern nach Kräften.“ Er war „gleich fern der Begriffsmagie, die damals noch mächtig war, und der mechanischen Kausalität, die nach ihm mächtig wurde“.[22] Aber er sah die Harmonie des Körpers im Rahmen der größeren Harmonie des Kosmos, denn „der Makrokosmos ist oft ebenso krank wie der Mikrokosmos“. Deshalb muß der Arzt alle Kräfte des Lebens kennen, die in Steinen und Metallen, in Pflanzen und Tieren, im Menschen als Individuum und als Glied einer sozialen Gruppe, bis hin zu Gott und Satan.

Wir begegnen dieser dynamischen Harmonisierung wieder in der Heilkunst und Theologie der Romantik, vor allem bei den Psychotherapeuten Gross, Ideler und Feuchtersleben, von denen Zilboorg sagt: „Diese Generationen (1800–1850) sprachen die gleiche Sprache, die die Mehrzahl der Psychotherapeuten im fünften Jahrzehnt des zwanzigsten Jahrhundert sprechen“.[23] Sie wußten etwas vom „Freiheitstrieb“, vom „Streben nach der Unendlichkeit“, von den „Erkrankungen der Persönlichkeit“ usw. Schelling, der führende Philosoph dieser Epoche, versuchte, die im Streit liegenden Kräfte mit Begriffen zu beschreiben, die gleichzeitig ontologischen, biologischen und psychologischen Charakter haben. Darin folgte er Paracelsus und Böhme, die er rationalisierte, und so stellte er die Einheit zwischen dem Natürlichen, dem Psychischen und dem Religiösen wieder her.

Die heutige dynamische Psychologie des Unbewußten gehört deutlich in diese Gedankenlinie, von der sie manches begriffliche Material übernimmt, vor allem die grundlegende Auffassung der Krankheit als Störung des dynamischen Gleichgewichts durch widerstreitende Triebe – etwas, das sie empirisch nachgewiesen hat. Zilboorg wirkt wie ein psychologisierter Schelling, wenn er sagt: „Wo die unbewußten psychischen Triebe die reale Welt beherrschen, bricht Geisteskrankheit aus.“ [24] Er rühmt Freud als den Entdecker der *dynamischen* Kraft des Un-

[21] Gundolf, op. cit. S. 52.
[22] Ebd. S. 101.
[23] Zilboorg: op. cit. S. 480.
[24] Ebd. S. 489.

bewußten und sagt: „Die Triebe sind nichts anderes als eine Masse undifferenzierter Impulse, die veranlassen, daß der Mensch handelt und lebt.“ [25] Er bringt das Prinzip des dynamischen Gleichgewichts deutlich zum Ausdruck, wenn er auf das Bedrohtsein des Verstandes hinweist, sobald „der psychische Apparat in der quantitativen Beziehung seiner Teile gestört ist“,[26] oder wenn er sagt: „Die Stärke des Ich darf nicht an der Schärfe unseres sensorisch-motorischen Systems gemessen werden, sondern vielmehr an der Fähigkeit des Ich, die Es-Triebe und die Forderungen des Über-Ich im Gleichgewicht zu halten und zu integrieren.“ [27] Er unterstreicht den Gedanken, daß es die *Integration* der Triebe und nicht deren Unterdrückung ist, die Gesundheit herstellt. Im System Jungs wird der Verlust des Gleichgewichts zwischen dem Unbewußten und dem Bewußten (oder zwischen „Es“ und „Ich“, um es mit Freudschen Begriffen zu sagen) zu kosmischen Dimensionen erweitert. Auch das gehört in die Linie von Paracelsus und Schelling, obwohl Jung selbst ontologische Aussagen sorgfältig vermeidet. Dennoch lassen sich ontologische Elemente in seinen Ausführungen über kultische und dogmatische Vorstellungen in primitiven Religionen und im Christentum nicht leugnen, wenn es bei ihm heißt: „Sie waren Dämme und Mauern, errichtet gegen die Gefahren des Unbewußten, die ‚perils of the soul‘.“ [28] Und, ähnlich wie Zilboorg, sagt er: „Das Unbewußte ist fähig, die Rolle des Ich zu übernehmen. Die Folge dieses Tausches ist Wahn und Konfusion ...“ [29]

Paracelsus war an den Krankheiten spezieller sozialer Gruppen interessiert. Ebenso haben auch die späteren Vertreter des Prinzips des dynamischen Gleichgewichts, vor allem innerhalb der Psychiatrie, dieses Problem gesehen und haben die gegenseitige Abhängigkeit des individuellen und sozialen Elements in Krankheit und Heilung betont. Zilboorg sagt: „Geisteskrankheiten sind anscheinend die einzigen Krankheiten, die die Bezeichnung ‚soziale Krankheiten‘ verdienen ... Ein seelischer Konflikt, der zur Erkrankung führt, nimmt unvermeidlich die Gesamtsumme der kulturellen Probleme in sich auf, die charakteristisch für das Zeitalter sind, in dem dieses Individuum lebt“.[30] Diese Formu-

---

[25] Zilboorg: Mind, Medicine, and Man. New York 1943. S. 82.

[26] Ebd. S. 329.

[27] Ebd. S. 103.

[28] Jung: Über die Archetypen des kollektiven Unbewußten. In: Eranos-Jahrbuch. Zürich 1934. S. 201.

[29] Ders.: Bewußtsein, Unbewußtes und Individuation. In: Zentralblatt für Psychotherapie und ihre Grenzgebiete. Bd. 11. 1939. S. 259.

[30] Zilboorg: A History of Medical Psychology. S. 523.

lierung ist vorsichtiger als die von Freud, der einer jeweiligen Zivilisation bestimmte Neurosen und Psychosen zuordnete und die Religion für eine Massenneurose hielt. Zilboorg nennt das einen „organischen Anthropomorphismus“ und sagt: „Eine Gemeinschaft kann ebenso wenig an einer Neurose leiden, wie sie an einer Lungenentzündung leiden kann“.[31] Nichtsdestoweniger gibt er zu, daß „eine Gesellschaft, die unseren unterdrückten, verbotenen Trieben kein Ventil bietet, wahrscheinlich unter dem schweren Gewicht aufgestauter Triebe zusammenbrechen würde“,[32] und daß „unsere heutige Kultur in hohem Maße der echten geschlechtlichen Integration des menschlichen Trieblebens entgegenwirkt“.[33] Solche Beobachtungen könnten durch ähnliche Zitate von Hiltner, Horney und Fromm beliebig vermehrt werden, ganz zu schweigen von Jungs Begriff des „kollektiven Unbewußten“.

In der religiösen Sphäre ist der klassische Ausdruck für Ganzheit der „Friede Gottes“, der nach Paulus „höher ist als alle Vernunft“ (das rationale Verstehen) und der imstande ist, das Herz (das Person-Zentrum) und die *noemata* (die Akte des rationalen Verstehens) zu bewahren. Der „Friede Gottes“ (oder „Friede Christi“) ist das genaue Gegenteil des Zustandes, in dem der Mensch mit sich selbst im Kampf liegt, das Gegenteil von „Man against himself“. Es ist der *„versöhnte* Mensch“, der seine essentielle und geschaffene Harmonie wiedererlangt hat. Ohne das Wort Frieden zu gebrauchen, faßt Hiltner die Funktion des religiösen Heilens wie folgt zusammen: „Wirkliche seelische Heilung bringt Vergebung, ... nachdem die wirkliche Schuld erkannt ist ..., Harmonie, nachdem die mächtigen Elemente der Auflösung untersucht sind, ... Liebe, nachdem das Ausmaß an Haß, dessen der Mensch fähig ist, erkannt ist, ... innere Ruhe, nachdem die Ängste verstanden worden sind.“[34] Ähnlich drückt es Zilboorg aus in seiner Verteidigung der Religion gegen Freuds „in sich widersprüchliche“ Angriffe: „Religion und Psychoanalyse suchen beide den Pfad, der zur Gelassenheit führen soll; ... beide scheinen das Problem durch das gleiche Prinzip gelöst zu haben, ... die Liebe“.[35] Das könnte ein Zitat von Plato sein: „Harmonische Liebe zwischen den Elementen ist die Quelle der Gesundheit; zügellose Liebe die Quelle der Krankheit.“

Ein Vergleich des Harmoniegedankens mit dem Reinheitsgedanken in seiner Bedeutung für Religion und Heilkunst zeigt, daß die Tendenz

[31] Ders.: Mind, Medicine, and Man. S. 198.
[32] Ebd. S. 211.
[33] Ebd. S. 223.
[34] Hiltner: op. cit. S. 101.
[35] Zilboorg: Mind, Medicine, and Man. S. 308 f.

zur Divergenz der Bereiche, in denen Reinheit gefordert wird, keine Analogie in der Auswirkung des Harmoniegedankens hat. Im Gegenteil, wo immer der Harmoniegedanke im Vordergrund steht, gehen religiöses und medizinisches Heilen Hand in Hand. So ist es heute, so war es zur Zeit der Romantik, in der Renaissance und bei den Pythagoreern. Der Grund hierfür ist deutlich: Infektiöse Erkrankung des Körpers ist auch ohne Beziehung zur Person als ganzer möglich, aber die Zerstörung einer bestehenden Harmonie ist unabhängig von aller äußeren Verursachung, sie beruht auf einer zentralen Ursache, die in der Person selbst liegt. Aber keine dieser im Laufe der Geschichte vertretenen Thesen war letztlich entscheidend – weder für die Einheit noch für die Trennung von Religion und Heilkunst. Bis heute bleibt die entscheidende Frage offen, ob der Mensch als dynamische Einheit verschiedenartiger Elemente zu verstehen ist oder als etwas Statisches, aus verschiedenen Teilen Zusammengesetztes. Gilt das erste, dann sind Religion, Psychiatrie und Medizin miteinander geeint, wenn auch nicht identisch; gilt das zweite, dann sind Religion und Medizin voneinander getrennt, und die Psychiatrie wird dem einen oder anderen Bereich einverleibt.

3. Ist der Mensch eine dynamische Einheit oder etwas Statisches, aus Teilen Zusammengesetztes?

Ein paar verallgemeinernde Bemerkungen von Stefan Zweig mögen dazu dienen, diese Frage zu illustrieren: „Der Arzt stellt sich neben den Priester und bald gegen ihn ... Krankheit bedeutet jetzt nicht mehr etwas, was dem ganzen Menschen, sondern was einem seiner Organe zustößt ... Mehr und mehr nimmt das Laboratorium dem Arzt in der Diagnostik ab, was an seinem Berufe noch Persönlichkeitserkenntnis war ... " Die Klinik ist „ein überheizter Massenbetrieb, wo nicht ein einziger Funke innerlichen Kontakts zwischen Arzt und Patienten Zeit hat zu zünden". ... „Als fossiles, vorweltliches Wesen stirbt ... der Hausarzt aus, dieser einzige, der noch den Menschen im Kranken kannte ... er, der letzte, in dem noch etwas von der alten Dualität des Priesters mit dem Heilhelfer war ... Er widerspricht dem Gesetz der Spezialisierung ... Er paßt, als zu menschlich, nicht mehr in die fortgeschrittene Mechanik der Medizin ... Im gleichen Grade, wie die Medizin technischer, vernunfthafter, lokalisierender wird, wehrt sich um so heftiger gegen sie der Instinkt der breiten Masse." [36]

Es liegt auf derselben Linie, wenn Sigerist zeigt, wie verschieden die

[36] Stefan Zweig: Die Heilung durch den Geist. Leipzig 1931. S. 11 ff.

klassische griechische Heilkunst von der unseren ist. Es war eine „Konstitutions"-Heilkunst und keine „Organ"-Behandlung. Das *Prognostikon* des Hippokrates führt die Gesamtdiagnose ein anstelle der Urinuntersuchung. Für die Griechen war Heilen grundsätzlich eine *Kunst* und, wie Sigerist sagt: „Die ärztliche Kunst ist von der medizinischen Wissenschaft viel weniger abhängig, als man gemeinhin annimmt. Sie ist das Unvergängliche an der Medizin." [37] Heute ist „die Wissenschaft im Begriff, die ärztliche Kunst zu ersticken".[38] Aber Heilen ist nicht nur auf die Schulmedizin beschränkt (nur ein kleiner Prozentsatz der Kranken geht zum Arzt): Autosuggestion, Naturheilkunde und Gesundbeten haben in die Domäne der akademischen Medizin eingegriffen. In Griechenland bewahrte die Unkenntnis der Anatomie die Medizin davor, kranke Organe statt kranke Menschen zu behandeln, und brachte eine strenge Betonung von Diätetik, Körper- und Seelenhygiene hervor.

Während die griechische Medizin keine Anatomie kannte, ist die moderne Medizin völlig von ihr abhängig. Sigerist bemerkt hierzu, daß das Abendland seinen eigentlichen Ausdruck im anatomischen Prinzip fand.[39] Es ist bezeichnend, daß Vesalius sein klassisches Werk über die Anatomie *De humani corporis fabrica* nannte. Die praktische Konsequenz ist die Chirurgie, und ihre triumphalen Erfolge bestätigen das postulierte Prinzip: Das Messer gebrauchen heißt, die Anatomie korrigieren.[40] Alle Versuche, diesen Grundsatz wieder aufzugeben, blieben erfolglos. Selbst ein Physiologe wie William Harvey, der Entdecker des Blutkreislaufs, schuf nur eine *anatomia animata* im barocken Stil.[40a] Der Sieg des anatomischen Prinzips wurde durch Descartes entschieden, der den Bereich des Psychischen zugunsten des bloßen Bewußtseins einerseits und der reinen Ausdehnung andererseits eliminierte. Der Körper, der zum Bereich der Ausdehnung gehört, wurde zur Maschine, deren einzelne Teile ausgebessert werden können, ohne das Ganze zu beeinträchtigen. Andererseits wurde der Geist das Objekt einer Bewußtseins-Psychologie, während der ganze Zwischenbereich durch einen extremen philosophischen Radikalismus eliminiert wurde.[41] Die Philosophen dieser Schule „teilten den Menschen streng in einen

[37] Henry E. Sigerist: Antike Heilkunde. München 1927. S. 29.

[38] Ebd. S. 47.

[39] Vgl. Essays on the History of Medicine. Hrsg. v. Charles Singer u. H. E. Sigerist. Zürich 1924. S. 198.

[40] Vgl. Sigerist: Große Ärzte. München 1932. S. 103.

[40a] Vgl. ebd. S. 121.

[41] George Santayana: Some Turns of Thought in Modern Philosophy. New York 1933. S. 31.

Körper und in eine Seele ... sie waren reine Materialisten, wenn sie auf den Körper blickten, und reine Idealisten, wenn sie über die Seele nachdachten".[42] „Eine mittlere Sphäre zwischen Körper und Seele, aber innerhalb der vergänglichen Gestalt des Menschen, erschien ihnen undenkbar."[43]

Das besagt, daß das fundamentale Problem in der Beziehung von Religion und Gesundheit die „mittlere Sphäre" ist, die psychische, zu der das Unbewußte gehört, die „Triebe" – das, was der Magie oder der Psychotherapie zugänglich ist. Die ganze Lehre vom Menschen konzentriert sich auf dieses Problem der mittleren Sphäre, und das gilt auch für die medizinische Anthropologie. Vor allem die Geisteskrankheit erfordert ein Verständnis der mittleren Sphäre und der Totalität der menschlichen Person. Sie wurde lange für ein Symptom körperlicher Krankheit oder religiöser und moralischer Verderbtheit gehalten. Im ersteren Fall lag ihre Behandlung in den Händen von Ärzten, im zweiten in den Händen von Priestern, Erziehern und Richtern. In diesen beiden Auffassungen erschöpften sich die Möglichkeiten des Heilens. Da der „Geist" nicht von der Seele unterschieden wurde, konnte er nicht als krank betrachtet werden. Krankheit mußte aber körperlich sein. Wo das nicht der Fall ist, wurde Geistesstörung als moralischer Sündenfall der unsterblichen Seele betrachtet. In keinem Fall konnte man sich eine *Geistes*-Krankheit vorstellen.

Aber in Wirklichkeit war die Situation nicht so einfach. Trotz des vermeintlich moralischen Charakters der Geisteskrankheit (wie er in der populären Haltung gegenüber Psychosen und Neurosen immer noch lebt) unterscheidet sich die Geisteskrankheit doch von anderen Formen der Unmoral: Sie hat den Charakter der „Besessenheit". Das macht sie nicht weniger, sondern *mehr* strafwürdig, aber die Methode, sie zu behandeln, ist eine andere. Die Heilung der Besessenheit hat magisch-exorzistischen Charakter und ist weder nur natürlich, noch nur moralisch. So war man sich zwar der mittleren Sphäre bewußt und brachte das auch oft zum Ausdruck, aber es fehlte eine Methode, sie direkt und unabhängig von Körper und Geist zu behandeln. „Fast von dem Augenblick an, in dem die Psychiatrie zur Zeit des Hippokrates sich aus dem Schoß der Medizin befreit hatte, wurde sie entführt und mußte in dem fremden Haus der Theologie und in dem blühenden, vielfarbigen Gärten der abstrakten Philosophie vor Anker gehen."[44] Aber ihrer Gefangenschaft zum Trotz überlebte sie und hinterließ ihre

[42] Zilboorg: Mind, Medicine, and Man. S. 330.
[43] Ebd.
[44] Ders.: History of Medical Psychology. S. 229.

Spuren in der Geschichte der Religion und Medizin, denn die Wirklichkeit, auf der sie beruht, kann nicht geleugnet werden: diese mittlere Sphäre, die die Einheit des Menschen gegen seine Aufspaltung rettet und die darum auch die Bedingung ist für die Einheit von Religion und Heilkunst. Hippokrates erkannte die physischen Ursachen der Epilepsie, das, was man damals als „heilige Krankheit" bezeichnete. Darum sieht man in ihm vielfach den Begründer einer Heilkunst, die sich sowohl von der Psychiatrie wie auch von der Religion loslöste. Doch im Gegenteil: er wußte etwas von dem Einfluß der Leidenschaften auf den Ausbruch von Krankheiten, und diese Erkenntnis blieb lange Zeit erhalten.

In der Folgezeit finden wir auch bei Cicero (Tusculana III) ein Wissen um den spezifischen Charakter der Geisteskrankheit, wenn er z. B. sagt: „Warum hat diese Kunst so sehr das Heilen der Seele vernachlässigt? ... Welche körperliche Krankheit kann schlimmer sein als jene beiden Krankheiten der Trübsal und der Begierde?" Er wehrt sich sogar gegen das Wort Melancholie, weil es nicht etwas rein Psychologisches ausdrückt. Schriftsteller wie Plutarch, Celsus und Aretaeus hatten glänzende Beobachtungen darüber angestellt, wie Triebleben und Geisteskrankheit sich auf die Ganzheit der Person auswirken, aber das Wiederaufleben der orientalischen Dämonologie in der veredelten Form des Neuplatonismus hatte einen zu starken Einfluß. Caelius spricht bereits von einem besonderen Dämonentyp, der Frauen verführt.[45] „Die Psychiatrie entwickelte sich schließlich zu einer Erforschung der Mittel und Wege des Teufels und seiner Gesellen." Der magische Bereich wurde von der Religion in Besitz genommen, und der Exorzismus wurde zur vornehmlichsten Heilmethode. „Der Klerus schloß die Psychiatrie von der Heilkunst aus, war aber nicht imstande, sie ganz zu unterdrücken. Sie tauchte wieder auf, nur unter der Bezeichnung Dämonologie."[46] Bestätigt wird das durch die Tatsache, daß Charcot die *stigmata diaboli* aus mittelalterlichen Büchern über Dämonologie in seine Beschreibung der *major hysteria* mit aufnehmen konnte.

Will man dieses Ineinander-Aufgehen von Religion und Psychiatrie richtig verstehen, so muß man sich vergegenwärtigen, daß für den Neuplatonismus die magischen Kräfte zwar nicht das Letztgültige selbst waren, aber doch Stufen, die zu ihm hinführen. Sie sind halb-göttlich, und das bedeutet vom monotheistischen Standpunkt aus, dämonische Wesen, die die Qualität des Göttlichen an sich zu reißen versuchen. Das ist der Grund, warum dämonische Besessenheit und Häresie (Verehrung einer dämonischen Gottheit) identifiziert werden konnten und

[45] Ebd. S. 108.
[46] Ebd. S. 109.

beides in einzelnen Fällen von Geisteskrankheit gefunden wurde. Der Kampf gegen die Geisteskrankheit war zu einem innerreligiösen Kampf geworden; das Psychische und das Geistige waren miteinander verbunden, aber keines von beiden war der Heilkunst zugänglich. Konnte der Arzt keine physiologische Ursache für die Geistesstörung finden, so wurde der Patient der Geistlichkeit überantwortet. Wir können daher sagen, daß der christianisierte Neuplatonismus die Eigenständigkeit der mittleren Sphäre des Menschen, das Psychische, aufhob und damit die Kluft zwischen Religion und Heilkunst verursachte. Religiöser (wie auch legalistischer und moralischer) Widerstand verhinderten die Entstehung der Psychiatrie selbst noch im siebzehnten Jahrhundert. Und die Philosophie wurde in dieser Zeit zu einem weiteren, in der gleichen Richtung wirkenden Faktor. Kant folgte der cartesianischen Dichotomie und forderte, „alle Geisteskranken den Philosophen zu übergeben und den Ärzten zu verbieten, sich in die Angelegenheiten des menschlichen Geistes einzumischen."[47] Vielleicht ist dies der deutlichste und der absurdeste Ausdruck für den Verlust der mittleren Sphäre. Die Antwort der Medizin konnte natürlich nur die sein, die Geisteskranken völlig in ihren Bereich zu übernehmen und als organisch kranke Menschen zu behandeln.

Gegenüber beiden Extremen jedoch konnte sich das durch die mittlere Sphäre bestimmte Prinzip der Einheit durchsetzen und wurde durch ein hohes Maß empirischer Evidenz gestützt. Stahl (um 1770), der sich von der zunehmenden Spaltung zwischen Körper und Geist abgestoßen fühlte, kämpfte zusammen mit Cabanis für die Ganzheit des Menschen. Er entdeckte die Wurzel der Geisteskrankheit in psychischen Abläufen, die der Lebenskraft entgegen wirken – das, was wir heute „Verdrängung" nennen. Er fand den Unterschied zwischen organischen und funktionellen Geisteskrankheiten heraus und damit einen unabhängigen Bereich für die Psychiatrie (ein Begriff, der von den Somatologen abgelehnt wurde). Von anderer Seite wurden Suggestion und Autosuggestion als Ursache vieler psychischer Reaktionen – normaler und annormaler – betont (Bernheim und die Schule von Nancy). Hier sah man das Bindeglied zwischen der ehemaligen Magie und dem fortgeschrittensten modernen Standpunkt. Es wäre interessant zu zeigen, wie am Beginn des zwanzigsten Jahrhunderts ein Generalangriff auf den cartesianischen Dualismus unternommen wurde, der weitgehend von Erfolg war. Jeder Forschungszweig, der sich mit dem Menschen als Menschen befaßte, nahm daran teil, aber in keinem Bereich wurde mit so scharfen

[47] Ders.: Mind, Medicine, and Man. S. 12.

und tödlichen Waffen gegen die Auffassung vom Menschen als etwas Statischem, aus Teilen Zusammengesetztem gekämpft wie in der medizinischen Psychologie. Seit Freuds Beschreibung der Rolle des Unbewußten in Psychosen und Neurosen hat die Wiederentdeckung der Zwischensphäre unbehindert Fortschritte gemacht.

Der allgemein anerkannte Begriff, mit dem die Einheit des menschlichen Seins bezeichnet wird, ist „Persönlichkeit", und eine Neurose ist eine Störung der Persönlichkeitsentwicklung. Jung schreibt: „Hinter der neurotischen Verdrehung steckt Bestimmung, Schicksal und das Werden der Persönlichkeit."[48] Die Persönlichkeit entwickelt sich in einem Individuum als „eine gesonderte, unteilbare Einheit, ein *Ganzes*".[49] Das Endziel alles Heilens ist die „Integration der Persönlichkeit". Persönlichkeit bedeutet Ganzheit, eine erfüllte Anlage. Hiltner entscheidet sich in einer Debatte über psychiatrische Terminologie für „Persönlichkeits-Erkrankung" oder „Persönlichkeits-Störung".[50] Das enthält die Forderung, daß Ärzte und Psychiater sich für „positive Gesundheit" ebenso interessieren sollen wie für „Abwesenheit von Krankheit",[51] wie es gegenwärtig der Fall ist: „Eine angemessene Deutung der Psychologie muß auf die Gesamtpersönlichkeit bezogen sein."[52] Zilboorg drückt das Prinzip der Einheit folgendermaßen aus: „Die moderne dynamische Psychologie betrachtet den Menschen in seiner Totalität und versucht weder den Geist in dem Tier, das er ist, zu übersehen, noch das Tier in dem Geist, den er hat."[53] Und: „Jedes Weiterbestehen der alten Dichotomie von Körper und Geist in der medizinischen Wissenschaft muß einer eigenständigen wissenschaftlichen Zusammenschau psychologischer Probleme entgegen wirken."[54] Das Prinzip der Einheit hat das Prinzip der Aufspaltung besiegt, aber nun müssen wir fragen: Welches ist die Struktur dieser Einheit und welche Konsequenzen ergeben sich aus ihr für die Beziehung von Religion und Gesundheit?

---

[48] Jung: Vom Werden der Persönlichkeit. S. 206.
[49] Ders.: Bewußtsein, Unbewußtes und Individuation. S. 257.
[50] Hiltner, op. cit. S. 133.
[51] Ebd. S. 82.
[52] Ebd. S. 26.
[53] Zilboorg, Mind, Medicine and Man, S. 226.
[54] Ebd. S. 64.

IV.

Das Grundproblem

Im Verlauf dieser Betrachtung ist eine Reihe von Problemen aufgetaucht, und für einige haben wir eine Lösung vorgeschlagen. Aber es bleibt die grundlegende Frage: Wie ist die strukturelle Beziehung der „mittleren Sphäre" der menschlichen Natur, der „psychischen" Wirklichkeit, zu der geistigen und körperlichen Wirklichkeit? Wenn diese Frage beantwortet ist (vorläufig natürlich, wie in jeder wissenschaftlichen Antwort), dann lassen sich daraus die Beziehungen der einzelnen Heilmethoden zueinander ableiten.

Hierbei kann uns vielleicht ein Modell helfen, das wir schon einmal herangezogen haben und das die Wechselbeziehung der körperlichen, psychischen und geistigen Sphäre aufzeigt. Dieses Modell, von dem sich einige Elemente bereits bei Plotin finden, hat in unserem Zusammenhang keine andere Bedeutung als ein Modell innerhalb der Physik oder Chemie. Es vereinfacht Dinge lediglich zum Zweck der Beschreibung, die in der Wirklichkeit unendlich viel komplizierter sind.

In mythologischer Symbolsprache kann man sagen, daß die Psyche mit einer Seite dem Geist, mit der anderen dem Körper zugewandt ist, und daß in der gleichen Weise der Körper mit einer Seite der Psyche, mit der anderen der *physis* zugewandt ist, während der Geist mit einer Seite der Psyche, mit der anderen der Vernunft zugewandt ist. Das weist darauf hin, daß es sowohl im Körper wie im Geist etwas gibt, das in engster Weise mit der psychischen Sphäre verbunden ist, und daß es andererseits etwas gibt, das ihr fremd und nur indirekt mit ihr verbunden ist. Die erste Aussage setzt die Überzeugung voraus, daß der Mensch eine dynamische Einheit ist, während die letztere deutlich macht, wie das Verständnis des Menschen als eines Statischen, aus Teilen Zusammengesetzten sich so erfolgreich durchsetzen konnte.

Zunächst jedoch müssen wir die Frage stellen: Welches ist, im Hinblick auf unser Modell, die Natur der körperlichen oder biologischen Sphäre des Lebens im Sinne von Lebewesen? Ist der Lebensprozeß nur ein komplizierter physikalisch-chemischer Mechanismus, dessen Vervollkommnung und Beständigkeit durch physikalische und chemische Mittel gesteigert werden kann? Oder sind die physikalischen und chemischen Strukturen durch einen „Plan", eine „Entelechie", ein „Lebensprinzip" gesteuert (das natürlich nicht ein Kausalzusammenhang neben anderen ist, sondern die Richtung, in der die Ursachen wirksam werden)? Im ersteren Fall würde eine rein körperliche Behandlung genügen; weder von der psychischen noch von der geistigen Seite her könnte man mit heilenden Einflüssen rechnen. Im zweiten Fall würden die Beeinflussung und Stärkung des lebendigen Organismus als eines Ganzen den Verlauf des physikalisch-chemischen Kausalzusammenhangs dirigieren und dadurch heilende Wirkungen haben. Der uralte Gedanke der *vis medicatrix naturae* steht mit dieser Voraussetzung im Einklang. Aber die Frage ist: Wie ist eine „zentrierte" oder „dirigierte" Kausalkette zu verstehen ohne Mitwirkung einer darüber hinausgehenden Kausalität? Der ständige „ontologische Zwang" zu einem Kausalschema – selbst da, wo seine Anwendung unzulässig ist – hindert uns daran, den Charakter einer lebens-zentrierten Kausalität zu verstehen. Aber wie auch immer wir diese Struktur beschreiben – wir müssen zugeben, daß das Zentrum nicht völlig indeterminiert ist. Der Körper ist mit einer Seite der *physis*, dem physikalisch-chemischen Bereich, zugewandt, dessen Einflüssen zugänglich, sei das Ergebnis Zerrüttung, Desintegration oder Heilung. Von hier aus erhält die relative Eigenständigkeit rein medizinischer Heilmethoden und die Auffassung des Menschen als eines anatomischen Phänomens ihre Berechtigung, trotz der Kritik, die sie von seiten der Naturheilkunde aller Schattierungen erfahren hat.

Die zweite Frage bezieht sich auf das Verhältnis des psychischen Elements zum rationalen Element im Geist. Die Vernunft im klassischen Sinne ist das System von Kategorien, Strukturen und Universalien, die praktische und theoretische Gültigkeit besitzen (wie auch immer man über die ontologische Begründung dieser Gültigkeit und die Möglichkeit, sie zu erkennen, denken mag). Jeder geistige Akt ist bezogen auf die Vernunftstruktur der Wirklichkeit, aber so, daß er über jedes spezielle Element der Wirklichkeit hinausgeht, sogar über das Universum, und sich auf den letzten Grund und Sinn des Ganzen und der in ihm enthaltenen speziellen Formen richtet. Dieses „Hinausgehen über" im Fragen und im Empfangen der Antwort ist es, was wir meinen, wenn wir „Religion" sagen.

Der Geist richtet sich auf die gültigen Normen und Strukturen der Wirklichkeit (die Scholastiker nannten das *intentionalitas*, Gerichtetsein auf das objektiv Gültige), wie z. B. der Geist des Mathematikers sich auf gültige Gleichungen richtet. Doch der Geist richtet sich auch auf den *Träger* der Intentionalität, die Psyche und ihre drängenden Kräfte, denn ohne diese psychischen Kräfte läßt sich kein geistiger Akt vollziehen. Aber mehr noch: die Inhalte der geistigen Akte sind determiniert nicht nur durch die objektiven Strukturen der Wirklichkeit, sondern auch durch deren psychische Aufnahme. Wie ist das möglich? Es wäre unmöglich, wenn der Geist so etwas wäre wie eine logische Maschine – entsprechend der physikalischen Maschine in der physikalisch-chemischen Deutung des Lebens –, die durch klare und deutliche Einsichten gelenkt wäre und fehlgeleitet durch den Mangel an eindeutigen Wahrnehmungen. Wäre das der Fall, so könnte die psychische Sphäre nur als ein die geistige Tätigkeit störendes Element verstanden werden. Geistige und religiöse Heilung wären undenkbar. Im Hinblick auf den Geist wäre keine Heilung nötig, sondern nur Aufklärung (vgl. Kants Forderung, daß der Geisteskranke den Philosophen übergeben werden soll), und im Hinblick auf die Krankheit gäbe es nur körperliche Krankheit.

Die entgegengesetzte Lösung betrachtet die Inhalte des Geistes als „Sublimierungen" psychischer Triebe. Aber der Ausdruck Sublimierung ist zweideutig; er kann die objektive Gültigkeit der Sublimierungsergebnisse leugnen, wobei das „Realitätsprinzip" preisgegeben wird und alle Inhalte der Religion und Kultur *nichts anderes* sind als Projektionen unbewußter Triebe. Das ist absurd, weil es die Theorie der Sublimierung ebenso unterminiert wie jede andere Theorie. Oder Sublimierung kann als der Prozeß verstanden werden, in dem die unbewußten Triebe sich mit Wert-Gehalten verbinden, wobei das Problem der Beziehung zwischen Seele und Geist zwar aufgeworfen, aber nicht gelöst wird. Gibt es einen Weg, die Einheit von Seele und Geist auf eine Formel zu bringen? „Der Mensch gebraucht seine animalischen Instinkte, um seine erhabensten Ideale zu errichten, und folglich empfangen seine erhabensten Ideale ihre Energien von den animalischen, wenn auch gezähmten Trieben." [55] Das würde bedeuten, daß die Instinkte, auch in primitiver oder ungezähmter Form, wesenhaft auf die geistigen Gehalte, z. B. auf Religion und Kultur, bezogen wären. Ferner scheint es zu bedeuten, daß die rationale Seite des geistigen Fragens ihre schöpferische und dynamische Kraft von einem vorrationalen Element im Geist selbst empfängt, das als Gefühl, Affekt, Leidenschaft, Emotion (die Terminologie ist sehr schwankend) bezeichnet wird. Dieses vorrationale Element würde nach dieser Auffassung das rationale Element in eine spezifische Richtung lenken; auf diese Weise würde der tiefste Grund von Religion und Kultur in einer Einheit von Struktur und Trieben zu sehen sein. Wenn diese Formulierung akzeptabel wäre (obwohl sie vermutlich auch nicht leichter zu verstehen ist als die lebens-zentrierte Kausalität), dann wäre es mehr als bloße Poesie, wenn wir im Sinne Augustins sagten, daß die der Psyche entspringenden Triebe unruhig sind, bis sie Ruhe finden in der Einigung mit dem Geist. Und geistiges Heilen wäre dann die Kunst, die

[55] Ebd. S. 226.

Einigung herstellen zu helfen – in der Weise, daß die psychischen Kräfte in eben jene Richtung gelenkt werden, die sie, ihrer eigenen Natur nach, einschlagen wollen, um Ruhe zu finden.

Es gibt etwas in der Struktur des Geistes und der Wirklichkeit, was über sich selbst hinausgeht, nicht zu einem anderen, höheren Bereich hin, sondern zu einer spezifischen Qualität sowohl der vorrationalen wie der rationalen Elemente, d. h. zum Religiösen.* Das Religiöse ist nicht eine Sphäre außerhalb des Geistes, wie das Unbedingte nicht eine Wirklichkeit außerhalb des Bedingten ist, noch das Letztgültige eine Stufe über dem Vorläufigen ist. Das Religiöse ist eine Qualität des Geistes, das Unbedingte ist eine Dimension des Bedingten, und das Letztgültige ist der Bezugspunkt für alles Vorläufige. Alle Schöpfungen des Geistes haben solch ein religiöses Element in sich, insofern sie einen letzten Sinn und eine letzte Bedeutung haben. Deshalb muß jeder Versuch, die psychischen Triebe zu lenken, nicht nur die geistigen Gehalte als solche, sondern auch ihre verborgene oder manifeste Qualität im Auge behalten.

Religiöse Heilung ist die Tiefendimension der geistigen Heilung. Sie ist in ihr potentiell – wenn auch nicht aktuell – gegenwärtig, ob sie sich nun im Ernst und in der Tiefgründigkeit der psychotherapeutischen Situation ausdrückt oder in explizit religiösen Manifestationen. Andererseits gilt auch, daß geistige Heilung – und durch sie körperliche Heilung – eine potentielle, wenn auch nicht immer aktuelle Folge religiöser Heilung ist, sei es eine beabsichtigte wie in der religiösen Seelsorge, oder eine unabsichtlich durch Predigt und Liturgie bewirkte. Diese Unterscheidungen sollten eine Vermengung der Funktionen verhindern: Der religiöse Aspekt einer psychotherapeutischen Situation hängt weder ab von einem Bezug auf das Religiöse, noch hängt der psychologische Einfluß einer religiösen Situation von einem Bezug auf das Psychiatrische ab.

Und nun müssen wir eine starke Vereinfachung unseres Modells vornehmen. Wir müssen sagen, daß die Seite, die die Psyche dem Körper zuwendet, und die Seite, die der Körper der Psyche zuwendet, eine ge-

---

* Der Übersetzer stand hier wie auch bei späteren Aufsätzen vor dem Problem, wie das englische Wort *spiritual* zu übersetzen sei. Da dieser Aufsatz ca. 15 Jahre vor dem 3. Band der Systematischen Theologie entstanden ist, schien es nicht angebracht, der darin vom Autor vorgeschlagenen Terminologie (*Spiritual Presence* = Gegenwart des göttlichen Geistes) zu folgen. Im Sinne dieses Aufsatzes und im Zusammenhang mit anderen Arbeiten der vierziger und fünfziger Jahre erschien das Wort „religiös“ für *spiritual* am angemessensten. (D. Hrsg.)

meinsame Sphäre schaffen, und daß die Seite, die die Psyche dem Geist zuwendet, und die Seite, die der Geist der Psyche zuwendet, gleichfalls eine gemeinsame Sphäre schaffen. Die vitalen und die unbewußten Triebe sind das gleiche, von zwei Seiten aus gesehen; und der vorrationale Prozeß des Geistes und der Bewußtseins-Prozeß der Psyche sind das gleiche, von zwei Seiten aus gesehen. Diese letztere Behauptung wird von Zilboorg bestätigt: „Ein psychologisches Phänomen ist eine biologische Funktion, für die man kein spezialisiertes Organ im lebendigen Organismus finden kann." [56] „Furcht, Liebe, Haß, Bewunderung, Schuldgefühl und Reue, Gerechtigkeitssinn und Entrüstung, Mitleid und Verachtung – alle Schattierungen menschlicher Emotionen" [57] – sie alle sind Ganzheitsfunktionen und als solche eine Angelegenheit des Psychiaters.

Folglich gibt es im Körper und im Geist eine psychische Realität, die erste unbewußt, die zweite bewußt, und die Frage, die zum Schluß beantwortet werden muß, lautet: Wie sind diese beiden Seiten aufeinander bezogen? Die aus unserem Modell hergeleitete Antwort muß lauten: Das Unbewußte wird aktuell das, was es potentiell schon ist und wonach es strebt, dadurch, daß es den Zustand des Bewußtseins erreicht; und das Bewußtsein enthält in sich die Potentialitäten, die im Unbewußten als dessen vitale Kraftquelle wirksam sind. Potentialität ist nicht Aktualität, aber sie ist auch nicht nichts. Sie ist *potentia*, Macht: die zerstörerischste Macht, wenn sie unterdrückt wird und dadurch die geistige Einheit des Bewußtseins sprengt; die schöpferischste Macht, wenn sie in das Bewußtsein eindringt und es durch Vereinigung mit den objektiven Strukturen der Wirklichkeit erweitert. Die Integration (oder Desintegration) der Persönlichkeit hängt davon ab, wieweit diese Vereinigung gelingt. Dieses entscheidet über Krankheit und Gesundheit, über Vernichtung und Erlösung.

Bei der Beschreibung des Modells, das die dynamische Einheit des Menschen darstellen soll, habe ich die Begriffe „Ich", „Selbst" und „Über-Ich" vermieden und nur selten den Begriff „Persönlichkeit" gebraucht, weil jeder dieser Begriffe offensichtliche Zweideutigkeiten in sich birgt und eine ständige Überprüfung seiner Nebenbedeutungen erfordert. „Ich" hat die epistemologische Nebenbedeutung des cartesianischen *ego cogitans*, aber das Bewußtseinszentrum, das zwischen der Vernunft und dem Unbewußten vermittelt, ist mehr als das erkennende Subjekt. „Das Selbst" ist ein weniger mißbrauchter, obwohl künstlicher

[56] Ebd. S. 48.
[57] Ebd.

Begriff und bezieht sich mehr auf den dynamischen Charakter des personhaften Lebens des Menschen. „Über-Ich“ klingt wie ein anderes und höheres Ich, eine magische Kraft, die durch soziale Unterdrückung entstanden ist. Es ist ein sehr unglückliches Wort, wenn man damit den objektiven und kategorialen Charakter der Wirklichkeitsstruktur gegenüber der Willkür der Triebe bezeichnen will, denn diese Struktur ist nichts dem Ich Vergleichbares, selbst wenn es in der Projektion der Symbolisierung erscheint. Der Begriff „Persönlichkeit“ ist die Verbindung eines normativen und eines deskriptiven Begriffs: Wenn wir sagen, jemand sei eine Persönlichkeit im Gegensatz zu anderen, die es nicht sind, ist das Wort normativ. Wenn wir dagegen von „Persönlichkeitserkrankungen“ sprechen, ist das Wort deskriptiv, denn jeder Mensch ist ihnen ausgesetzt. Die Unsicherheit der modernen psychologischen Terminologie enthüllt das unreife Stadium, in dem das Selbstverständnis des Menschen unserer Zeit sich befindet.

Die Fragen, die hier in der Form von angedeuteten Antworten aufgeworfen wurden, mögen als Ausgangspunkt für weitere Fragen dienen, die noch ungeklärt sind.

DIE BEDEUTUNG DER GESUNDHEIT

Es ist schwierig und ein Wagnis, über Gesundheit zu sprechen, denn es ist ein Thema, das alle Dimensionen des Lebens in sich einbegreift, die im Menschen vereint sind, und niemand kann für alle gleich zuständig sein. Aber der Philosoph und der Theologe dürfen sich dieser Aufgabe nicht entziehen, denn es ist ihr Beruf, eine Anschauung von der Gesamtheit des Lebens zu geben. Hier kann jedoch nur ein Ausschnitt aus dem ungeheuren Problemkreis behandelt werden.

1. Eine logische Überlegung

Der Titel unseres Themas heißt nicht: „Der Begriff der Gesundheit", sondern: „Die Bedeutung der Gesundheit". Begriffe werden durch Unterordnung unter einen höheren Begriff definiert; Bedeutungen werden definiert, indem man sie in Beziehung zu anderen Bedeutungen setzt. In vielen Fällen ist diese Methode angemessener und wissenschaftlich nicht weniger zuverlässig als die Methode der Unterordnung. In unserem Fall ist sie bestimmt die angemessenere Methode, und zwar aus einem entscheidenden Grund: Gesundheit ist kein Begriff, mit dem ein Teil der essentiellen Natur des Menschen erfaßt wird, sein *eidos* oder seine Idee, wie Plato es nennen würde, oder seine Geschöpflichkeit, wie der Theologe sagen würde. Gesundheit ist weder ein Teil noch eine Funktion des Menschen wie der Blutkreislauf, der Stoffwechsel, das Gehör oder das Atmen. Von Gesundheit sprechen ist sinnvoll nur, wenn man sie als Gegenbegriff zu Krankheit versteht; und Krankheit bedeutet eine teilweise Negation der essentiellen Natur des Menschen. Deswegen muß man umgekehrt, um zu verstehen, was Krankheit ist, die essentielle Natur des Menschen sowie ihre möglichen Verzerrungen kennen. In der Sprache unserer Zeit kann man sagen, daß Gesundheit und Krankheit existentialistische Begriffe sind. Sie dienen nicht der Erfassung dessen, was die essentielle Natur des Menschen ausmacht, obwohl sie diese und das Wissen von ihr voraussetzen, sondern führen ein neues Element in unser Denken ein: die mögliche oder die wirkliche Entstellung der essentiellen Natur des Menschen. Medizin wie Theologie haben von jeher essentialistisches und existentialistisches Denken in ihrer Wissenschaft vereint. Deshalb konnten sich in den letzten 50 Jahren Psychotherapie (besonders in ihrer psychoanalytischen Arbeit) und Existentialismus wechselseitig beeinflussen und befruchten. Dieses enge Verhältnis erfährt heute in der existentialistischen Psychotherapie seine Bestätigung und seinen systematischen Ausdruck.

2. *Die fundamentale Dialektik der Lebensprozesse* [1]

Alle Lebensprozesse enthalten zwei Grundelemente: Selbst-Identität und Selbst-Veränderung. Ein zentriertes Selbst, das im inneren Gleichgewicht ist, geht über sich hinaus, löst sich teilweise aus der Einheit mit sich selbst, aber versucht zugleich, seine Identität zu bewahren und die abgetrennten Teile dem Ganzen wieder einzuverleiben. Über-sich-Hinausgehen und Zu-sich-Zurückkehren kennzeichnen das Leben in all seinen Dimensionen, die Struktur des Atoms ebenso wie das Wachstum der Pflanzen, die Entwicklung der Tiere, die schöpferische Kraft des Geistes und die Dynamik der Geschichte. Man kann von einer Dialektik der Lebensprozesse sprechen, denn es handelt sich um einander entgegengesetzte Bewegungen, um ein Ja und ein Nein wie in einem philosophischen Dialog. Alles dialektische Denken ist nur ein Spiegel dieses Lebensprozesses.

Der Widerstreit von Selbst-Identität und Selbst-Veränderung erzeugt zwei Arten von Gefahr für alle Lebewesen. Die erste Gefahr ist die, im Hinausgehen über sich selbst sein Selbst zu verlieren und nicht wieder zu ihm zurückfinden zu können. Dies geschieht, wenn sich einzelne Prozesse von dem Ganzen absondern und sich in zu viele verschiedene Richtungen zerstreuen; das Ergebnis ist ein falsches Wachstum und der Verlust der einenden Mitte. In diesen Fällen (z. B. in besonderen körperlichen Erkrankungen wie Geisteskrankheiten, die die Desintegration der Persönlichkeit zur Folge haben) ist die Identität bedroht und geht oft verloren.

Die Erkenntnis dieser Gefahr und die Reaktion auf sie erzeugen die entgegengesetzte Gefahr. In der Angst, sein Selbst zu verlieren, wagt der Mensch nicht mehr, über sich hinauszugehen und sein Selbst zu verändern. Vielleicht hat er einmal den Versuch gemacht, und da er ihm in der beschriebenen Weise mißlang, hat er sich in die beschränkten Grenzen seiner Existenz zurückgezogen. Hier kann er seine reduzierte Identität bewahren, und er bewahrt sie nicht nur, sondern er verteidigt sie krampfhaft – ein Fall von Psychoneurose.

---

[1] Vgl. die Ausführungen zu diesen Problemen in: Systematische Theologie. Bd. 3, S. 45–64. (D. Hrsg.)

Es gibt drei Hauptursachen für die Störung der dialektischen Lebensprozesse: Unfälle, das Eindringen von Fremdkörpern und der Verlust des Gleichgewichts. Die Untersuchung dieser Ursachen würde uns tief in die Philosophie des Lebens und besonders die Philosophie der Medizin führen. Wir können hier nur einige Merkmale dieser Krankheitsursachen anführen und auf ihren gemeinsamen Grund hinweisen. Dieser liegt in dem, was ich die Zweideutigkeit des Lebens und all seiner Prozesse nenne. Zweideutigkeit bedeutet, daß in jedem schöpferischen Vorgang auch eine Tendenz zur Zerstörung liegt, in jedem integrierenden Vorgang auch eine Tendenz zur Desintegration und in jedem Drang zum Erhabenen auch eine Tendenz zur Profanisierung. Dieser Zweideutigkeit des Lebens entspringen die konkreten Krankheitsursachen.

Die Zweideutigkeit der Begegnungen von lebendigen Wesen macht zerstörerische Unfälle – sei es in Form von körperlichen Verletzungen, sei es als seelische Traumata – unvermeidlich. Die Zweideutigkeit in der Assimilation von Elementen unserer Umgebung, z. B. bei der Atmung und der Nahrungsaufnahme, machen das Eindringen von Fremdkörpern, die körperliche und geistige Störungen erzeugen, unvermeidlich. Die Zweideutigkeit in jeder Art von Wachstum, in der körperlichen Entwicklung wie in der Entwicklung unserer geistigen Möglichkeiten, führt notwendigerweise zu einer, wenn auch nur vorübergehenden Bedrohung des Gleichgewichts. Krankheit ist immer ein Symptom für die Zweideutigkeit des Lebens. Das Leben muß sich selbst wagen, um sich selbst zu gewinnen, und dabei kann es geschehen, daß es sich verliert. Ein Leben, das es nicht wagt, sich der Gefahr der Krankheit auszusetzen – und das schließt auch die höchste Form des Lebens, das geistige Leben ein –, ist ein armseliges Leben, wie man am Leben der Hypochonder und der Konformisten sehen kann.

3. Gesundheit, Krankheit und Heilung innerhalb der verschiedenen Dimensionen des Lebens

Wenn ich von „Dimensionen des Lebens“ spreche, so tue ich das, weil ich den Ausdruck „Schichten des Lebens“ ablehne. Der Mensch ist nicht aus verschiedenen Schichten zusammengesetzt, z. B. einer körperlichen, einer seelischen und einer geistigen, sondern er ist eine vieldimensionale Einheit. Ich gebrauche die Metapher „Dimension“, um damit auszudrücken, daß im Menschen die verschiedenen Formen des Lebens nicht nebeneinander oder übereinander, sondern ineinander liegen. Es ist zweckmäßig, aber nicht prinzipiell notwendig, die physikalische, die chemische, die biologische, die psychische, die geistige und die geschichtliche Dimension zu unterscheiden, man kann aber auch weitere oder spezifischere Unterscheidungen machen. Wichtig ist nur, im Auge zu behalten, daß es keine Grenzlinien zwischen den einzelnen Dimensionen des Lebens gibt, sondern daß sie sich wechselseitig durchdringen, analog den geometrischen Dimensionen, die sich in einem Punkt treffen.

Dieser Punkt ist der Mensch. Er ist eine vieldimensionale Einheit; alle Dimensionen, die wir in der Welt der Erfahrung voneinander unterscheiden können, treffen sich im Menschen. In jeder Dimension des Lebens sind alle anderen Dimensionen potentiell oder aktuell vorhanden. In dem Atom ist nur *eine* Dimension aktuell, im Menschen sind *alle* aktuell gegenwärtig. Er besteht nicht aus einzelnen Schichten, sondern ist eine Einheit, in der alle Dimensionen vereint sind. Diese Lehre vom Menschen steht im Gegensatz zu der dualistischen Auffassung, die den Menschen als Zusammensetzung von Körper und Geist, Körper und Seele, oder Körper, Seele und Geist versteht. Daß der Mensch eine Einheit ist, die alle Dimensionen des Lebens in sich begreift, ist eine Einsicht, die wir zum Teil der modernen Medizin, vor allem der Psychiatrie, verdanken. Die psycho-somatische Medizin fußt auf dieser Erkenntnis und bestätigt sie zugleich. Aber wir dürfen nicht übersehen, daß der Bindestrich zwischen *psycho* und *somatisch* andeutet, daß die tatsächlichen Zusammenhänge noch nicht aufgeklärt sind und wir eher ein Problem als einen wissenschaftlichen Befund vor uns haben.

Die vieldimensionale Einheit des Lebens im Menschen verlangt, daß wir, wenn wir Gesundheit, Krankheit und Heilung des Menschen untersuchen, immer dessen eingedenk sind, daß in jeder Dimension, die wir betrachten, auch alle anderen Dimensionen enthalten sind.

Ich will im folgenden die Bedeutung von Gesundheit und Krankheit und die Methoden der Heilung vom Standpunkt einer „Lebensphilosophie in medizinischen Begriffen" behandeln und mich dabei an die eben angeführte Reihenfolge der Dimensionen halten.

a) Unter der Vorherrschaft der physikalischen Dimension bedeutet Gesundheit, daß alle Teile des menschlichen Körpers ihre Funktion richtig erfüllen. Krankheit ist die Störung dieser Funktion durch Unfälle, Infektion oder Verlust des Gleichgewichts. Heilung besteht in diesem Fall entweder aus der Entfernung oder der Ersetzung der kranken Teile durch chirurgischen Eingriff. Die wachsende Bedeutung der Chirurgie seit der Renaissance beruht auf dem neuen Bild vom Menschen (von Descartes klassisch formuliert) als einer gut funktionierenden Maschine, deren beschädigte Teile beseitigt oder ersetzt werden können, so daß nach gelungener Operation die Maschine mit reduzierter oder künstlich verstärkter Kraft weiter arbeiten kann. Analogien zur physischen Heilung durch Chirurgie finden sich in den anderen Dimensionen: In der Psychotherapie z. B. wird die Heilung durch Ausschaltung kranker Elemente aus dem psychischen Organismus angestrebt. Auf diese Art kann der Patient geheilt werden, aber seine Lebenskraft wird durch die Operation vermindert. Ein deutlicher Fall, in dem der chirurgische Eingriff eine Reduzierung der psychischen Funktionen bedeutet, ist die Leukotomie, durch die die Lebensfunktionen wesentlich verringert werden, wenn der Patient auch als geheilt betrachtet werden kann. In der Dimension des Geistes entspräche der Heilung des Körpers durch Chirurgie die Unterdrückung von Trieben, die eine krankhafte Form angenommen haben und dadurch den ganzen Menschen aus dem Gleichgewicht bringen und gefährden. Hier arbeitet der Heilende mit moralischer Einwirkung und Erziehung; und auch hier bedeutet Heilung eine Reduzierung der gesamten Lebenskraft.

b) Die Chirurgie kann nur erfolgreich sein, wenn sie den chemischen Aufbau des Körpers berücksichtigt. In dieser Dimension bedeutet Gesundheit das Gleichgewicht der chemischen Elemente und den richtigen Ablauf der chemischen Prozesse. Hier versucht die Heilkunst, die chemischen Prozesse je nachdem durch Beruhigungsmittel zu verlangsamen oder durch Stimulantien zu beschleunigen. In keinem Fall aber kann sie eine völlige Heilung erreichen. Die Anwendung chemischer Mittel zur Beeinflussung chemischer Prozesse im Körper stellt uns vor ein neues ernstes Problem: Was bedeutet es in den Dimensionen des Psychischen, des Geistigen und des Geschichtlichen, wenn es möglich ist, die Prozesse der Selbst-Bewahrung und der Selbst-Veränderung in lebendigen Wesen durch chemische Reaktionen zu determinieren? Und wenn es tatsächlich möglich würde, mit chemischen Mitteln die menschliche Konstitution völlig zu determinieren, wie steht es dann mit der Determination derjenigen, die die chemische Determination der anderen in der Hand haben? Hier wird die Frage der Gesundheit zu einem ausschlaggebenden Faktor in der gesellschaftlich-geschichtlichen Dimension und in der Dimension des Geistes: der Ethik, der Kultur und der Religion, die in der geschichtlichen Dimension mit einbegriffen sind. Hier droht die Gefahr, daß das Gesundheitsideal der „Brave New World“ [2] maßgebend wird, unter dem die Veränderung des Lebens auf ein Mindestmaß reduziert ist und das Leben stagniert.

c) Wenden wir uns von diesen extremen Fällen und ihren Gefahren in der chemischen Dimension ab und der Frage zu, was Gesundheit in

[2] Gemeint ist das Buch von A. Huxley: Schöne neue Welt.

der biologischen Dimension ist. Auch hier bedeutet sie das Gleichgewicht zwischen Selbst-Identität und Selbst-Veränderung. Hier richtet sich jedoch die Heilung nicht auf einen Teil des Körpers, sondern auf den gesamten Organismus in seinem Verhältnis zu seiner Umgebung und der Welt im allgemeinen. Mittel der Heilung sind Ruhe oder Bewegung, Veränderung der Nahrung, des Klimas oder der Tätigkeit und körperliche oder geistige Anregung. Der gesamte Organismus soll sich erholen. Dafür gibt es im Englischen ein gutes Wort: *recreation,* was Neuschaffung bedeutet, hier also die Erneuerung der Vitalität, die entweder durch übertriebene Gleichförmigkeit des Lebens verkümmert oder durch die Reaktion auf zu viele verschiedene Reize überbeansprucht worden ist. Die Erholung oder Erneuerung der biologischen Vitalität ist aber nicht möglich, ohne die Dimension der psychischen Prozesse miteinzubeziehen.

d) In der psychischen Dimension zeigt sich die Dialektik der Lebensprozesse, auf deren Gleichgewicht die Gesundheit beruht, am deutlichsten. Das psychische Wachstum verlangt eine unausgesetzte Selbst-Veränderung in der Begegnung mit der Wirklichkeit, deren Beherrschung und Veränderung und ihre teilweise Einverleibung in das eigene Sein. Das hierfür nötige Aus-sich-Herausgehen enthält aber auch die Gefahr des Nicht-mehr-zu-sich-Zurückfindens. Aus der Angst vor dieser Gefahr ist das Zögern zu verstehen, sich der begegnenden Welt zu öffnen und sie in sich aufzunehmen, und der Wunsch, sich in den eigenen beschränkten Kreis einzuschließen. Wer einmal in dem Hinausgehen-über-sich-selbst seine Identität verloren hat, zieht sich in sein begrenztes Selbst wie in eine Festung zurück und verteidigt es gewaltsam gegen äußere Einflüsse. Auf diese Art wird unbewußt eine stabile, aber reduzierte Lebensweise erreicht, die reduzierte Gesundheit des Neurotikers, die einzige, die er erreichen kann. Aber die Begegnung mit der Wirklichkeit bringt ihm die Enge und die Gefahren dieses Zustandes immer wieder zum Bewußtsein, und so sucht er die Hilfe des Analytikers zur Befreiung aus seiner beschränkten Existenz. Wenn ihm diese Befreiung bis zu einem gewissen Grad gelingt, er sich dann aber einer starren, feindseligen Welt gegenüber findet, so kann es geschehen, daß er der Wirklichkeit nicht gewachsen ist. Angesichts des zweifelhaften Ausgangs der Behandlung muß es dem Analytiker überlassen bleiben, ob er die Heilung überhaupt anstreben soll.

Die Ursachen geistiger Erkrankung lassen sich mit den Ursachen physischer Erkrankung vergleichen. Traumatische Erlebnisse erzeugen ähnliche Krankheiten in der psychischen Dimension wie Unfälle in der physiologischen und können sogar durch Unfälle hervorgerufen werden. Es handelt sich dabei um das Eindringen von Fremdem, das der Mensch nicht verarbeiten kann, analog den Fremdkörpern, die der Körper nicht absorbieren kann. Heilung ist möglich, wenn es gelingt, den Patienten über seine begrenzten Möglichkeiten und die Ursachen seiner Hemmungen aufzuklären. Wenn er diese versteht, kann er dazu gelangen, sich mit seiner reduzierten Existenz abzufinden. Dadurch wird er von dem inneren Zwang befreit, auf der Beschränkung seiner Existenz zu bestehen, und er kann den Mut wiederfinden, aus sich herauszugehen. Allerdings erhebt sich dann die andere Gefahr, daß der Mensch alle Hemmungen einbüßt und die Fähigkeit verliert, wieder zu sich zurückzufinden, und so seine Identität verliert.

e) Wir haben die psychische Dimension gesondert behandelt, obwohl sie mit der geistigen Dimension aufs engste verbunden ist. Der Geist sucht nach dem Sinn des Lebens und schafft Werte in der Moral, der Kultur und der Religion. Das Problem der Gesundheit erfährt in diesen drei Funktionen des Geistes eine neue Vertiefung, die sich auf alle vorhergehenden Funktionen auswirkt. Moralität ist die Selbstverwirklichung des Menschen durch die Begegnung mit anderen Menschen, d. h. die Begegnung eines zentrierten Selbst mit einem anderen zentrierten Selbst. Die Moralität bildet die Grundlage des Lebens in der geistigen Dimension. Sie bedeutet nicht die Unterwerfung unter Gesetze, gleich ob göttliche oder menschliche, sondern die Verwirklichung dessen, was der Mensch potentiell, seiner göttlichen Natur nach ist. Krankheit in der geistigen Dimension ist entweder übertriebene Selbstbeschränkung durch Unterdrückung wesentlicher Anlagen aus falsch verstandenem Respekt vor dem Gesetz oder ein wahlloses Verfolgen aller Möglichkeiten, in dem die Identität verloren geht.

Hier wird das psychotherapeutische Problem zum moralischen, denn sowohl die psychischen wie die moralischen Funktionen sind gestört. Aber man darf die Heilung des Geistes nicht von dem guten Willen des Patienten erwarten, denn der Wille ist gerade diejenige Funktion des Geistes, die erkrankt ist. Um seine Krankheit überwinden zu können, ist es nötig, daß der menschliche Geist von etwas ergriffen wird, das ihn aus der Entfremdung von seinem wahren Wesen zur Erfüllung seiner wesentlichen Möglichkeiten führt. Diese erlösende und heilende Macht ist der göttliche Geist, der Sinn und der Grund unseres Seins. Die Heilung des menschlichen Geistes durch seine Öffnung für den göttlichen Geist ist die Aufgabe der Religion. Aber Religion ist nicht identisch mit Heilung; denn als eine Funktion des menschlichen Geistes und als ein Bereich menschlicher Betätigung steht auch die Religion unter der Dialektik und der Zweideutigkeit des Lebens. Die Zweideutigkeiten sind in der Religion sogar tiefer als in den anderen Dimensionen, da die religiöse Dimension die tiefste und die umfassendste ist. Gesundheit in der religiösen Dimension bedeutet das Ergriffensein vom göttlichen Geist und die Erfahrung seiner Gegenwärtigkeit, ein Erlebnis, das religiös ist, aber zugleich alle Religion transzendiert. Krankheit in der religiösen Dimension ist das Versklavtsein – als Einzelner oder als Mitglied einer Kirche – durch ein konkretes religiöses Dogma, das zum Götzendienst zwingt, zum Fanatismus und zu falscher, selbstzerstörerischer Ekstase. Krank ist aber auch die Durchbrechung aller religiösen Formen, in der der Einzelne und die Gemeinschaft den letzten Sinn ihres Seins verlieren, mit dem sie im religiösen Erlebnis geeint sind.

Die Heilung durch die Gegenwart des göttlichen Geistes darf nicht mit einer suggestiven oder magischen Beeinflussung des Patienten verwechselt werden – Magie verstanden als Einwirkung einer unbewußten Kraft auf das Unterbewußtsein eines anderen. Zweifellos gibt es einen solchen Einfluß von Mensch auf Mensch und auch vom Heilenden auf den Patienten, ebenso wie es eine magische Selbst-Beeinflussung gibt; Magie in diesen Formen spielt häufig eine Rolle bei der Heilung. Aber sie hat nichts zu tun mit der Heilung, die dadurch bewirkt wird, daß der Mensch den Sinn seines Lebens in dem universalen Sinn alles Lebens, in Gott, findet.

Die Heilung in der religiösen Dimension ist Aufgabe des Pfarrers oder Priesters; und er muß – wie in anderen Fällen der Psychoanalytiker – beurteilen können, ob die Selbstbeschränkung eines Patienten auf eine bestimmte Religion (deren Autorität er fraglos hingenommen oder durch Bekehrung angenommen hat) von dem reduzierten Gesundheitszustand des Patienten gefordert wird, oder ob die Aufdeckung seines kranken Zustands ihm Heilung verspricht.

f) Wenn wir die Bedeutung der Gesundheit im Bereich der Kultur verstehen wollen, müssen wir die letzte Dimension des Lebens, nämlich die geschichtliche, betrachten. Das Problem der Gesundheit wird hier zu der Frage, wie Gesundheit eines Einzelnen möglich ist innerhalb einer Gesellschaft, die selbst keine „gesunde Gesellschaft"[3] ist. Die Antwort: indem wir eine gesunde Gesellschaft schaffen, ist ungenügend. Sie läßt erstens die Zweideutigkeit der geschichtlichen Existenz, die niemals völlig überwunden werden kann, außer acht; und sie übersieht zweitens die Tatsache, daß ohne die Gesundheit der Führenden keine Gesundheit der Gesellschaft möglich ist. Die Kultur einer Gesellschaft

[3] Vgl. Erich Fromm: The Sane Society.

steht unter der gleichen Dialektik wie alles Leben: Sie steht einerseits unter dem Zwang der Tradition, die sie in ihrer Weiterentwicklung hemmt, andrerseits wird sie durch das Fehlen leitender Symbole gefährdet, die ihr ihre Identität geben. Der problematische Zustand unserer Kultur ist zum Teil das Ergebnis, zum Teil die Ursache der gestörten Gesundheit in den anderen Dimensionen. Näher hierauf einzugehen, ist hier nicht der Ort.

4. *Teilweise und totale Heilung*

Die Untersuchung dessen, was Gesundheit in den verschiedenen Dimensionen bedeutet, zeigt: erstens, daß die Dialektik der Lebensprozesse in allen Dimensionen die gleiche ist; zweitens, daß in jeder einzelnen Dimension alle anderen Dimensionen einbegriffen sind; drittens, daß Gesundung entweder die Erfüllung oder die Reduzierung des Lebens bedeuten kann, und viertens, daß völlige Heilung in einer Dimension nicht ohne Heilung in allen anderen Dimensionen möglich ist.

Damit erhebt sich aber die Frage, ob die teilweise Heilung innerhalb nur einer Dimension gerechtfertigt werden kann, d. h. ob sie nicht eher eine Gefährdung als eine Heilung des Menschen bedeutet. Der Mensch in seiner Endlichkeit bedarf in vielen Fällen der teilweisen Heilung. Der verletzte Finger muß durch Chirurgie oder Medikamente geheilt werden. Der biologisch gesunde Neurotiker braucht die Hilfe des Psychotherapeuten. Innerhalb jeder Dimension gibt es besondere Heilmethoden. Aber ihre Wirkung ist dadurch beschränkt, daß keine Dimension von der anderen abgetrennt ist, sondern daß alle Dimensionen ineinander verwoben sind. Diese Einheit der Dimensionen steht in Widerspruch zu der Bruchstückhaftigkeit des Menschen. Aus dieser Widersprüchlichkeit ergibt sich, was ich „ungesunde Gesundheit" nennen möchte. Sie ist das Ergebnis einer teilweisen Heilung, die die anderen Dimensionen nicht berücksichtigt oder sogar gefährdet. Eine erfolgreiche Operation kann ein psychologisches Trauma im Gefolge haben; erfolgreiche Medikamente können ein unruhiges Gewissen beschwichtigen und auf diese Art einen krankhaften moralischen Zustand zum Dauerzustand machen, ein durch Athletik gestärkter Körper kann eine neurotische Psyche beherbergen. Der durch Psychoanalyse geheilte Patient kann seelisch krank bleiben, weil seinem Leben der Sinn fehlt. Das eintönige Leben des Konformisten ist ein verkümmertes Leben, weil es dem Menschen nicht erlaubt, seine Möglichkeiten zu verwirklichen. Der zum Christentum Bekehrte kann unter Verdrängungen leiden, die ihn zum Fanatiker machen und ständig drohen, ungehemmt aus ihm auszubrechen. Die normale „gesunde“ Gesellschaft kann psychologische und biologische Störungen verursachen, weil sie dem Wunsch des Menschen nach schöpferischer Krankheit nicht gerecht wird.

Teilweises Heilen ist zwar unvermeidlich, aber es birgt in sich die Gefahr, Krankheiten in anderen Dimensionen zu erzeugen. Deshalb ist es nötig, daß die, denen die Funktion des Heilens in den verschiedenen Gebieten obliegt, zusammenarbeiten. Aus dieser Notwendigkeit entsprang die Idee des *soter* (wörtlich „Heiler“ bedeutend), des Heilands, der das Kranke heilt und das Zerspaltene ganz macht. Das Wort wurde zuerst auf Götter mit besonderer Heilkraft angewandt, auf einflußreiche Herrscher und auf Vermittler zwischen Gott und Mensch, denen allen man die Kraft des Heilens zuschrieb. Die ideale Verkörperung der Heilkraft aber sah man in dem *einen* „Heiler“, dem Heiland, der durch seine Heilkraft das neue Zeitalter einleitet. Diese Fähigkeit liegt den Berichten über die Heilungswunder im Neuen Testament zugrunde. Man darf sie nicht wörtlich nehmen als Berichte von tatsächlichen Wundern, sondern man muß sie als Geschichten, die auf den universalen Heiland hindeuten, verstehen.

Daß man den Menschen Jesus symbolisch als den Heiland bezeichnen konnte, beweist, daß religiöses und medizinisches Heilen im Grunde eins sind. Wenn man Erlösung als Heilung versteht, besteht kein Konflikt zwischen Medizin und Theologie, sondern eine innige Verbindung. Nur eine Theologie, die diese Verbindung vergessen hat und Erlösung als Erhebung des Menschen an einen himmlichen Ort betrachtet, kann der medizinischen Wissenschaft widersprechen. Und nur eine medizinische Wissenschaft, die die Bedeutung der nicht-physiologischen Dimension für die physiologische Dimension leugnet, kann mit der Theologie in Widerspruch geraten. Aber wenn sowohl die Unterschiede wie die gegenseitige Durchdringung der Dimensionen begriffen werden, werden die Widersprüche zwischen Theologie und Medizin (zwischen Heilslehre und Heilkunde) aufgehoben und wird die Zusammenarbeit aller, deren Beruf das Heilen ist, ermöglicht.

Was Gesundheit ist, kann nur erkannt werden, wenn man sie ihrem Gegenteil, der Krankheit, gegenüberstellt. Dabei geht es aber um mehr als eine Erkenntnismethode. Gesundheit ist nicht wirklich ohne die prinzipielle Möglichkeit und die existentielle Wirklichkeit der Krankheit. Gesundheit ist überwundene Krankheit, wie alles Positive immer nur positiv ist durch die Überwindung des Negativen. Hierin liegt die tiefe theologische Bedeutung der Medizin.

Technik

LOGOS UND MYTHOS DER TECHNIK

An Plötzlichkeit und Gewalt einer Naturkatastrophe vergleichbar kam die moderne Technik über die abendländischen Völker. Und sie beugten sich, ohne zu verstehen, was geschah. Allmählich aber dämmerte ein Bewußtsein darum, daß sich ein Schicksal vollzogen hatte, daß das Abendland einen Weg gegangen war, der weit hinausführte über alle Möglichkeiten der bisherigen Menschheit. Und dieser Weg des Abendlandes reißt irgendwie die ganze Menschheit in seine Richtung, auch das widerstrebende Asien, und Europa selbst wird mitgerissen von dem noch schneller schreitenden jüngeren Amerika. Weltperspektiven eröffnen sich, wo nach dem Sinn der Technik gefragt wird, und fordern zur Deutung heraus. Sinndeutung aber ist nur möglich auf dem Grunde von Wesensschau. Den *logos* der Technik zu fassen, ihr Wesen, ihre eigentümliche Seinsgestalt, ihre Beziehung zu anderen Seinsgestalten, das ist darum auch unsere erste und wichtigste Aufgabe. Sie soll in zwei Stufen behandelt werden: auf der ersten durch eine Wesensanalyse des technischen Gebildes, auf der zweiten durch Einordnung der Technik in die übrigen Sinngebiete. Erst auf dieser Grundlage können dann im zweiten Teil Hinweise auf den Lebenssinn der Technik, auf ihren Platz im Mythos unseres Lebens gewagt werden.

I.

Technisches Handeln ist Einstellung von Mitteln auf einen Zweck. Darum ist Technik als Element vorhanden, wo immer Zwecke verwirklicht werden. Darum ist Technik universal. Technik hängt zusammen mit *τεύχειν*, gelingen. Wo durch geeignete Mittel etwas gelingen soll, da ist Technik. Und kein Wirklichkeitsgebiet ist zu nennen, wo nicht Technisches zu finden wäre.

„*Τεχνάζει ἡ φύσις*" – könnte man sagen: Die Natur handelt technisch, genauer übersetzt: sie handelt listig; sie bedient sich überraschender, überaus geistvoller Mittel, um ihre Ziele zu erreichen, um Leben und Gestalten zur Existenz zu bringen in unübersehbarer Mannigfaltigkeit. Die Natur handelt technisch, wenn sie die fleischfressende Pflanze –

dem Greif-Bagger vergleichbar – auf den zartesten Druck des Insektes sich schließen läßt, wenn sie im Augapfel die photographische Kamera und im Vogelleib das Flugzeug und im Delphin das Unterseeboot vorbildet. Keine neue Gestalt kann die Natur zur Existenz bringen, ohne sich neuer Listen, neuer technischer Formen zu bedienen. Der Reichtum der Natur ist ohne das technische Element nicht möglich: das ist eine der großen Erkenntnisse, die Darwin aus dem Zeitalter der frühkapitalistischen Technik erworben hat. Und was für das Einzelwesen gilt, das gilt für die Ganzheit der Natur: sie hat dem Organischen ein Haus gebaut auf der Erde mit Wechsel von Licht und Finsternis, von Hitze und Kälte, von Feuchtigkeit und Trockenheit. Und sie läßt das Organische sich austauschen, sich verzehren, sich hervorbringen, das Urbild von Produktion und Konsumtion in der Technik der Ökonomie.

Und die Natur handelt listig, handelt technisch, wenn sie alle weit entwickelten Organe wieder verkümmern läßt, um in *einem* Wesen *ein* Organ zur Vollendung zu bringen, im Menschen das Gehirn, und damit dem Geist die Möglichkeit zu geben, zur Existenz zu kommen und eine neue Weltperiode des Technischen zu beginnen, ganz anderer Art. Denn in allem, was die Natur tut, verwirklicht sie sich selbst, ihr eigenes Leben. Das, was Mittel ist, ist auch Zweck, sofern es zur lebendigen Gestalt gehört, und das, was Zweck ist, ist auch Mittel, sofern das Ganze das einzelne trägt. Anders der Geist: Er trennt, was im lebendigen Prozeß zusammengehört. Er setzt den Zweck, und er sucht die Mittel. Und ist der Zweck erreicht, so sind die Mittel gleichgültig geworden. Und er schafft Gestalten, die keinen anderen Sinn haben als den des Zweckes; er schafft die technische Gestalt und damit die Technik im engsten Sinne.

Und doch bedarf es noch eines Umweges, ehe wir uns ihr, unserem eigentlichen Problem, zuwenden können. Es gibt eine Art von Technik, in der der Geist sich an die lebendige Gestalt anschließt, die biologische, die seelische und die soziale, nicht um sie zu zerstören und in den Dienst eines fremden Zweckes zu stellen, sondern im Gegenteil, um sie vor Zerstörung zu schützen, sie zu bewahren und vor allem, sie zu entfalten. Wir nennen dieses ungeheure Gebiet technischen Handelns die entfaltende Technik. Der Pflanze, dem Tier- und Menschenleib gegenüber ist sie Züchtung, Ernährung, Heilung und umfaßt alle Gebiete vom Ackerbau bis zur Heilkunde. Der seelischen Gestalt gegenüber ist sie Heilung und Erziehung, von der Psychotherapie bis zur Pädagogik, und dem sozialen Organismus gegenüber bringt sie alle sozialen Funktionen zur Entfaltung: Ernährung und Verteidigung als Ökonomie und Strategie, Verkehr und Mitteilung als Verkehrstechnik und Publizistik,

Verwaltung und Bewahrung als Verwaltungstechnik, Kriminalistik und Hygiene und endlich Heilung und Erziehung als Sozialfürsorge und Sozialpädagogik. In all dem ist noch mehr als Technik. Aber das, was diese Gebiete eigentlichst charakterisiert, ist das Technische in ihnen, das Einstellen von Mitteln für Zwecke. In ihnen allen wird entfaltet, was im Lebensprozeß sich herausgebildet hat. Insofern stehen sie dem technischen Handeln der Natur nahe. – Ganz dem Geist dagegen dient eine zweite Gruppe, die wir als verwirklichende Technik bezeichnen wollen, die klein ist und doch von höchster Bedeutung. Sie gibt dem Geist die Möglichkeit, zur Existenz zu kommen: es ist im Musikalischen das Instrument, in der bildenden Kunst das Material und im Wissenschaftlichen und Dichterischen das Buch, sofern es nicht nur Mittel der Mitteilung, sondern Objektivierung des Geistes ist, der durch diese Objektivierung selbst verändert wird. Hier greift die Technik unmittelbar in den Geist ein und gibt ihm neue Existenzformen: wie zur Zeit das Kino im Begriff ist, mit Hilfe einer neuen technischen Möglichkeit eine neue Kunstform zu schaffen; und mir scheint, daß das Schicksal des Radio in der gleichen Entwicklung beschlossen liegt.

Der entfaltenden und verwirklichenden Technik steht nun zur Seite die dritte große Gruppe, die Technik im engsten Sinne, die umgestaltende Technik. Auf sie blicken wir vorzüglich, wenn wir von Technik reden; sie hat das technische Zeitalter geschaffen, dem wir angehören. Ihr gilt von nun an unsere Aufmerksamkeit.

Sie ist umgestaltend. Sie schafft Gebilde, die allein durch den Zweck bestimmt sind, und gebraucht einen Stoff, der diesem Zweck völlig fremd ist. Sie entfaltet nicht, sondern sie zerstört lebendige Zusammenhänge. Sie fällt den Baum und verwandelt ihn in das technische Material Holz; sie sprengt gewachsene Felsen und verwandelt sie in das technische Material Stein; sie zerreißt die Erdoberfläche durch Straßen und Kanäle, sie preßt das widerstrebende Eisen in Formen, die ihr belieben, die dem Zweck des Geistes entsprechen. Die umgestaltende Technik schafft das technische Gebilde. Folgendes sind die Kennzeichen seiner logischen Struktur: grundlegend ist die Tatsache, daß es ein Zweckgebilde ist und nur als Zweckgebilde eine technische Existenz hat. Eine ausgediente Maschine existiert zwar noch, aber als Altmaterial, d. h. sie ist in die chemische Sphäre zurückgesunken, aus der die Technik sie erhoben hatte. Ein ausgedientes Haus ist Abbruchsgut oder schafft als Ruine einen eigentümlichen, durch den Verlust des Zweckes reizvollen ästhetischen Wert. Mit dem Zweck fällt die technische Seinsform eines Dinges.

Die unbedingte Zweckbestimmung hat nun zur Folge unbedingte Rationalität des technischen Gebildes. Und diese Rationalität äußert sich nach drei Seiten: zuerst und grundlegend nach der eigentlich technischen Seite: die vollkommene Zweckbestimmtheit des Ganzen und der Teile untereinander, der Ausschluß alles Überflüssigen, das Durchdringen zu einer vollkommenen inneren Notwendigkeit, die Durchkonstruktion, die Ruhm und Ideal der Technik ausmacht, die der technischen Gestalt ihre innere Schönheit gibt, wie die Überwindung von Zufall und Willkür in einer Persönlichkeit sich in der geistigen Schönheit seines Gesichtes spiegelt.

Diese Vollendung aber ist nur möglich durch bedingungslose Hingabe an das Naturgesetz. Im technischen Gebilde ist die Natur über sich hinausgehoben durch den Geist; aber das Mittel ist die Natur. Und jede kleinste Abweichung von dieser Ordnung rächt die Natur durch Zerstörung. Diese Objektivierung des Naturgesetzes gehört zum Erschütternden des vollkommenen technischen Gebildes.

Die dritte Seite der Rationalität ist die ökonomische. Fügt sich durch die naturgesetzliche Rationalität das technische Gebilde in die Natur ein, so durch die ökonomische in die Gesellschaft, und beiden Sphären gehört es ja an. Was die ökonomischen Möglichkeiten, die gesellschaftlichen Produktionskräfte übersteigt, hat keine Existenzmöglichkeit. Und was nicht dem Gesetz der Konsumersparnis entspricht, hat keine technische Vollendung. Man kann es auch der vollkommensten Dampflokomotive ansehen, daß ihr Kohlenverbrauch verschwenderisch ist, und das empfindet man als Mangel der technischen Gestalt, als mangelnde Rationalität: so eng sind beide Gebiete nicht nur sachlich, sondern auch anschaulich verknüpft.

Diese dreifache Rationalität der technischen Gestalt bedeutet nun freilich nicht, daß die Technik auf rationalem Wege geschaffen wird. Vielmehr teilt sie die Eigenart alles geistigen Schaffens, in ihrer Urkonzeption, in der Schau der Gestaltmotive intuitiv zu sein. Auch die Geschichte der Technik ist die Geschichte großer Intuitionen. Vom ersten Rad bis zur neuesten Dampfturbine geht ihr großer Schritt von Schau zu Schau. Und dazwischen liegen die notwendigen und unentbehrlichen Strecken reflektierender Durcharbeitung, ohne die eine neue Schau nicht möglich wäre. Intuitive Schöpfung und vollkommene Rationalität widersprechen sich nicht.

Weiteres über die logische Struktur der technischen Gebilde läßt sich nur ermitteln im Zusammenhang eines Systems der Technik. Ein solches fehlt. Wir haben eine systematische Botanik, eine systematische Zoologie, eine Gruppierung ihrer Arten und Gattungen; wir haben nicht das gleiche in der Technik. Vielleicht weil sie mehr im Fluß ist, vielleicht weil ihre Gebilde mehr Übergänge zeigen, vielleicht weil der Geist der modernen Wissenschaft mehr den genetischen als den systematischen Problemen zugewandt ist. Jedenfalls brauchen wir eine Systematik. Wissenschaft und Leben fordern sie in gleicher Weise.

Um eine Systematik der technischen Gebilde aufzustellen, könnte man ausgehen von der Tatsache, daß alle Technik Fortbildung menschlicher Organe ist. Man könnte von diesen ausgehen und an die jeweiligen Organe die technischen Gestalten anschließen. Also etwa als eine Gruppe die Organe des Aufnehmens und Angreifens der Wirklichkeit, als zweite Gruppe die Organe des Sich-Bewegens in der Wirklichkeit, als dritte Gruppe die Organe des Sich-Abschließens und Sich-Einfügens in die Wirklichkeit, wozu in erster Linie Kleidung und Wohnung gehörten. Dieses ist ganz vom Lebendigen her gedacht. Ganz vom Technischen her gedacht wäre ein Aufbau der Technik aus den einfachsten technischen Gebilden wie Rad, Hebel, Schraube, Stütze usw. Zwischen Technik und Mensch steht ein drittes Prinzip des Aufbaus, das sich auf die Beziehung beider gründet und darum besonders vom Soziologischen her aufzufassen ist. Auf der einen Seite die festen Gebilde der Einfügung in die Erdoberfläche, die dadurch das Bild der Erdoberfläche ändern: Haus, Garten, Weg. Auf der anderen Seite die Gebilde der Bearbeitung der Erdoberfläche, die je nach dem Verhältnis des Menschen zu ihm in zwei Gruppen zerfallen: das Werkzeug und die Maschine. Das Werkzeug, das organisch verwachsen ist mit dem Menschen und aller werkzeuglichen Produktion den Charakter eines vitalen Ausdruckes gibt, eine persönliche Handschrift, die dem Handwerk, als es noch im Wesen stand, seine jetzt längst verschwundene Größe gab. – Und die Maschine, die eigentümlichste und größte Schöpfung der Technik. Das Maschinelle setzt da ein, wo ein Werkzeug nicht mehr gehandhabt, sondern bedient und gelenkt wird. Darin liegt einerseits die Loslösung vom vitalen Prozeß, die sich im Maschinellen vollzieht, andererseits ein letzter Rest von Verbundenheit. Ohne das Bedienen, das Bewahren und Heilen und ohne das Beherrschen, das Lenken und Indienststellen kann die Maschine nicht sein. Sie ist eine eigene Gestalt, wenn auch keine ursprüngliche, aus dem Lebensprozeß unmittelbar hervorgegangene, so doch eine abgeleitete, dieses aber deutlich und eindrucksvoll. Sie hat ein relatives Eigenleben, das jeden, der mit ihr umgeht, zwingt, sich in sie einzufühlen, auf sie zu horchen. Sie hat – und je komplizierter sie ist, desto mehr – einen individuellen Charakter, der nicht ganz zu berechnen ist, der unheimlich, ja dämonisch wirken kann. Und nicht selten ergibt sich zwischen der Maschine und ihrem Lenker ein Verhältnis, das verwandt ist dem Verhältnis zu einem lebendigen Wesen.

Hier ist der Technik das Höchste gelungen: die reine Zweckgestalt ist wieder zu einer, wenn auch bedingten Eigengestalt geworden.

Durch das Eigenleben der Maschine ist die technische Produktion unabhängig von der vitalen Leistungsfähigkeit des Menschen. Dadurch wird die Maschine zum Symbol der grenzenlosen Möglichkeit, unbegrenzt im Verhältnis zur handwerklichen Produktion und jeder Voraussicht, begrenzt nur durch die Grenzen der Rohstoffe und der natürlich aufgespeicherten Kräfte. Diese Unbegrenztheit und Eigengestaltlichkeit der Maschine ist der Grund ihrer umwälzenden Bedeutung für die Gesellschaft.

Zur Betrachtung des *logos* der Technik gehört nun zweitens ihre Stellung im Zusammenhang der übrigen Geistesgebiete. Sie mögen kurz angedeutet sein: einerseits der Wissenschaft und Kunst, andererseits der Wirtschaft gegenüber.

Die Technik ist das große, ständig überzeugende Experiment für die Wahrheit der Wissenschaft, auf der sie ruht. Und sie ist dadurch zugleich eine Weiterführung dieser Wissenschaft. Es ist griechisches Erbe, wenn die reine Wissenschaft der technischen wertmäßig übergeordnet wird. Denn der Grieche will erkennend der Existenz entfliehen, will sich hingeben dem reinen unveränderlichen Wesen. Das ist das Pathos seines Erkennens. Der Abendländer aber seit der Renaissance, seit Leonardo, will die Existenz gestalten, erst magisch, dann technisch, und dieses ist das Pathos *seines* Erkennens. Diesem Pathos würde eher eine Überordnung der technischen Wissenschaften, dann freilich im weitesten, vorher angedeuteten Sinne von Technik entsprechen. Vielleicht aber ist es so, daß wir zur Zeit um eine dritte Form wissenschaftlicher Haltung ringen, in der Wesen und Existenz, Schau und Gestaltung verbunden sind, um einen aktiven historischen Realismus, dessen Erfüllung freilich noch in der Zukunft liegt, der aber, wenn erfüllt, reine und technische Wissenschaft in sich schließen würde.

In drei Stufen soll sich die Betrachtung von Technik und Kunst vollziehen. Von der inneren Schönheit des durchkonstruierten technischen Gebildes war schon die Rede. Sie wird deutlich im Verhältnis zu mangelhaftem Durchkonstruiertem der gleichen Art: die Schnellzugslokomotive gegen die erste Maschine dieser Art, das moderne Auto gegen die ältesten Exemplare. Dieses ist nicht Kunstschönheit, auch nicht Naturschönheit wie die Bahnhofsanlage im Nebel oder der Zug in der Nacht, sondern es ist eine eigene Kategorie von Schönheit, nämlich technische, die endlich als solche gewertet werden muß.

Die zweite Stufe ist die Verbindung von Technik und Kunst. Die bedeutendsten Beispiele sind: Architektur und Kleidung. In beiden Fällen handelt es sich um Zweckgebilde, die zugleich der Lebensganzheit angemessen, die also nach Stoff und Form Ausdruck dieser Lebensganzheit sein müssen, der sie dienen. Darum ist das Haus keine Wohnmaschine, sondern ein doppelsinniges Gebilde, in dem sich rationale Zwecke einigen müssen mit innerer Symbolkraft für das Leben des Bewohners, z. B. für seine Abgrenzung vom unbegrenzten Raum und zugleich für seine Einbeziehung in ihn durch bedeutungsvolle Proportionen. Freilich muß diese Seite zurücktreten, je weniger individueller Spielraum vorliegt, wenn auch nicht ganz, da alle Menschen und alle Menschen unserer Zeit Gemeinsames im Lebensgefühl haben. Das aber ist sicher: Wenn gegenwärtig immer noch Häuser, Möbel und Kleider erzeugt werden, denen vergangene Formenwelten als Verzierung oder Muster aufgeprägt werden, so ist das Lüge und Kitsch, und es ist zu fordern, daß der Geist technischer Rationalität diese Fassaden niederreißt und der Tatsache maschineller Entstehung ehrlichen und darum ästhetisch wertvollen Ausdruck verleiht. Ein Stückchen technischer Schönheit ist heilig zu sprechen gegenüber jener Unwahrheit, die noch heute den Markt überschwemmt.

Und ein Drittes: die reine Kunst. Ist sie zwecklos? Zwecklos im technischen Sinne sicher. Aber zweckfrei überhaupt? Wieder sei darauf hingewiesen, daß wir, statt nach den zweckfrei unverantwortlichen Künsten, uns sehnen nach einer Kunst, die eingeordnet ist in den Lebenszusammenhang wie die alte Kunst, die magisch und kultisch dem Lebenssinn Ausdruck gab. Auch das ist Zukunft. Ist es aber erreicht, so sind alle drei Stufen der Formgebung eingeschlossen in einen letzten unbedingten Zweck, und der Gegensatz von Technik und Kunst ist aufgehoben, wie er es einst war in jedem Werkzeug der Primitiven.

Der Antrieb der Technik ist die Produktion. Jede Technik wird getrieben von der wirtschaftlichen Notwendigkeit. Freilich wird sie nicht nur von ihr getrieben – sie hat einen eigenen Impuls, den des reinen technischen Schöpferwillens. Aber nur selten kommt dieser rein zur Entfaltung, wie etwa bei der Erfindung des Fliegens; für gewöhnlich ist er eingebettet in wirtschaftliche Impulse. Und keine Wirtschaft hat je solche Impulse gegeben wie die kapitalistische. Sie hat der Technik die Möglichkeit gegeben, die Erde zu unterwerfen. Und doch ist sie auch ein Hemmnis für sie, ja mehr als das: sie hat die Technik verdunkelt durch die Schatten ihrer eigenen Verderbnis. Sie hindert in unzähligen Fällen rationale Vervollkommnung oder neue Schöpfung im Interesse von Machtgruppen. Sie hindert, daß die Maschine ganz übernimmt, wozu sie da ist, das Mechanische, und dadurch Unzählige vom Fluch mechanischer Arbeit befreit zu dienender und lenkender. Sie zwingt die Maschine, ihre grenzenlose Möglichkeit zur Produktion von Gütern zu verwenden, die keinerlei innere Notwendigkeit haben, die um des Profits willen Bedürfnisse künstlich erzeugen und sie dann um des Profits willen schlecht befriedigen. In der Maschine schläft die neutrale Möglichkeit. Die Wirtschaft weckt sie zur schlechten Wirklichkeit. Die Möglichkeit der Maschine könnte auch zu guter Wirklichkeit geweckt werden.Die Maschine ist neutral. Damit fällt fast alles weg, was der Technik vorgeworfen wird an Verheerungen des Geistes und der Gesellschaft. Die Technik ist neutral. Sie stellt Mittel bereit. – Eins freilich ist wahr: In ihrer Möglichkeit liegt ihre Macht zu versuchen. Versuchung ist immer da, wo Möglichkeiten auftauchen. Und unsere Versuchung ist die technische Möglichkeit. Daß wir aber gefallen sind, drückt sich darin aus, daß wir diese Wirtschaft ertragen, die die Technik mißbraucht.

II.

Das gehört schon zu den wenigen Andeutungen, die wir zu dem Mythos der Technik machen wollen, zu ihrer Stellung in unserem letzten Lebenssinn. Wir haben keinen Mythos mehr, der sich in Symbolen ausdrückte, wie ihn vergangene Zeiten hatten. Wir können nicht wie jene der Technik ihren Ort bestimmen. Wir können nur die Sache selbst anschauen und deuten und hoffen, daß in der Deutung etwas schwingt von dem verborgenen symbollosen Mythos, der unsere Zeit trägt und ihr einen Sinn gibt.

Es ist das innerste Pathos, der innerste Mut des echten Technikers, daß er weiß: durch ihn tritt eine neue Gestalt in die Existenz. Seine Erfindung ist eine Urfindung, ein erstmaliges Setzen. Er setzt den Prozeß fort, der durch die ganze Natur geht, das Schaffen von Gestalten, in denen Seinstiefe zur Existenz kommt. Was im Schoße schöpferischer Möglichkeiten verborgen war, wird durch ihn Wirklichkeit. Freilich ist er nicht Schöpfer im unbedingten Sinn. Nicht Urgestalten schafft er. Das aber entspricht unserer kreatürlichen Existenz, und auch das entspricht ihr, daß seine Schöpfungen veralten, mehr noch veralten als das Werk des Symbole schaffenden Geistes, und doch weiß er, daß auch in seinen Schöpfungen etwas ist, was nicht veraltet, was fortwirkt in jeder neuen technischen Gestalt, was teilhat an der Ewigkeit jeder wahren Gestalt.

Alle Technik ist nicht nur Setzung, sondern auch Beherrschung von Gestalten und durch sie Beherrschung der Natur. Das alt-mythische Wort „Macht euch die Erde untertan“ wird von der Technik erfüllt, mehr erfüllt, als Magier und Märchenerzähler es je geträumt hätten. In Ahnung solcher Möglichkeiten der Technik singt der 8. Psalm: „Du machtest den Menschen wenig geringer denn einen Gott; mit Ehren und Hoheit kröntest du ihn. Du gabst ihm Herrschaft über deiner Hände Werk, alles legtest du ihm zu Füßen."

Durch die Naturbeherrschung wird der Mensch befreit von der mechanischen Funktion, die jedes lebendigen Wesens unwürdig ist. Die Maschine kann übernehmen, was rein mechanisch ist, und schon heute hat sie unendliche Lasten von seinen Schultern genommen. Nur wenige Arbeiter, dienend oder lenkend, aber nicht mechanisiert, sieht man heute in größten Betrieben, in denen Arbeit von Hunderttausenden durch eine Maschine geleistet wird.

Und die Technik kann befreien von dem unlöslichen Druck körperlichen Schmerzes, von der dumpfen Bedrücktheit durch die täglichen Übel des Naturprozesses, von der Wehrlosigkeit, mit der der frühe Mensch der Natur preisgegeben war. Was uns selbstverständlich ist, war vergangenen Zeiten unvorstellbares Wunder.

Und die Technik kann befreien von den Schranken, die Raum und Zeit menschlicher Gemeinschaft bereiten. Ohne sie könnte nie der große Gedanke aller Endhoffnung, der Gedanke *einer* Menschheit verwirklicht werden.

Und die Technik befreit von dem Unheimlichen, Dämonischen in den Dingen, von ihrer Unantastbarkeit, von der Angst, die das Leben des Primitiven hemmt und drückt. Was technisch geformt ist, ist entdämonisiert.

Aber freilich, es ist auch entleert: es hat etwas verloren von seiner Lebensfülle. Es ist beherrscht, und damit ist Gewalt getreten an Stelle des *eros*, der Wesen mit Wesen verbindet. Es ist die Gewalt der Rationalität, der sich die Dinge beugen müssen. Weil sie es aber müssen, darum sprechen sie nur noch als rationale zu uns, darum schneiden sie uns ab von dem lebendigen Strom, der durch alle Wesen geht, darum lassen sie nur die Kräfte in uns, die der Rationalität zugewandt sind, darum versuchen sie uns durch die unbegrenzte Möglichkeit, und wir erliegen der Versuchung und verlieren unseren Sinn und unsere Notwendigkeit. Wir holen Neues und immer Neues aus der „Möglichkeit", und der Prozeß der Technik geht über uns weg, und niemand weiß, wohin er uns reißen wird. Und darum sehnen sich viele zurück nach der Zeit, wo es jene Möglichkeit noch nicht gab, und werden im Geist und dann und wann auch in Wirklichkeit zu Maschinenstürmern. Sie wollen den „Fall" ungeschehen machen. Aber nicht das ist der Weg des Geistes. Er geht nach vorn. Er jagt nicht Trugbildern der Romantik nach. Die Technik hat die Welt umgestaltet, und diese umgestaltete Welt ist unsere Welt und keine andere. Auf ihr müssen wir bauen, müssen mehr als bisher die Technik einbauen in den letzten Lebenssinn, wohl wissend: Ist sie göttlich, ist sie schaffend, ist sie befreiend, so ist sie auch dämonisch, knechtend und zerstörend. Sie ist zweideutig, wie alles, was ist; nicht zweideutiger als der reine Geist, nicht zweideutiger als die Natur, aber ebenso wie sie.

Auch sie, die Befreiende, muß befreit werden; auch ihr Mythos muß einmünden in den großen Mythos vom Seufzen aller Kreatur und der Sehnsucht nach einem neuen Sein, in dem Geist und Natur versöhnt sind.

DIE TECHNISCHE STADT ALS SYMBOL

Jedes menschliche Werk ist zugleich *Sache* und *Symbol*. Als Sache dient es einem Zweck und ist bestimmt durch ihn. Als Symbol drückt es ein Sein aus und ist bestimmt durch dieses. Jedes menschliche Werk kann befragt werden nach dem Zweck, dem es dient, den Mitteln, die es braucht; es kann aber auch befragt werden nach dem Sein, das sich in ihm ausdrückt, dem Symbol, das es darstellt. Auf die Frage nach der Sache „technische Stadt" antwortet die Entfaltung alles dessen, was das Wort bezeichnet, antwortet zum Beispiel die anschauliche Entfaltung, die in einer Ausstellung gegeben ist. Der Sachgehalt „technische Stadt" kommt hier erschöpfend zur Darstellung. Nicht so der Symbolgehalt, der zugleich in ihr liegt. Er kann nicht äußerlich dargestellt, nicht sinnlich wahrgenommen werden. Und doch kann er angeschaut werden in der nach innen gerichteten Schau, in der wir unser menschliches Sein, das seelische und das gesellschaftliche, erfassen. Dabei kann deutlich werden, wie sich unser Sein, unser allgemein-menschliches und unser besonderes geschichtliches Sein, in der Sache „technische Stadt" ausdrückt, inwiefern die technische Stadt Symbol ist für unsere Seelenlage, für unser Lebensgefühl, für unseren Gestaltungswillen. Diese Frage wollen wir hier stellen in der Überzeugung, daß, wenn sich Antworten auf sie ergeben sollten, das auch für die sachliche Betrachtung nicht ganz bedeutungslos wäre, vor allem aber in der Überzeugung, damit zu der menschlich entscheidenden Frage, der Frage nach dem Sinn, vorzustoßen.

Jeder Mensch kann in seiner Seele ein Gefühl gegenüber der Welt entdecken, das man als „Gefühl des Unheimlichen" bezeichnen könnte. Nicht als ob uns ständig unheimliche Dinge begegneten. Die sogenannten unheimlichen Dinge sind nur wechselnde Symbole eines Urgefühls des Unheimlichen, das der Mensch dem Dasein selbst gegenüber hat. Unser Dasein, dieses, daß wir da sind, ist das eigentlich Unheimliche für uns. Unheimlich, d. h. nicht heimisch, nicht vertraut, fremd und drohend ist das Stehen in der Welt als solches, auch wenn keine besonderen Drohungen und Unheimlichkeiten vorliegen. Ja, gerade dann: denn wenn wir bedroht sind von etwas Bestimmtem, wehren wir uns, und schon das Sich-Wehren nimmt dem Ding einen Teil seiner Unheimlichkeit. Wo wir uns aber nicht wehren können, weil nichts da ist, das sich uns faßbar entgegenstellt, da ist das Unheimliche in Macht.

Um dem Unheimlichen zu entfliehen, sucht der Mensch sich heimisch zu machen im Dasein, sucht er dem Dasein das Fremde, das Drohende zu nehmen. Ein hervorragendes Symbol dieses Willens ist das Haus (einschließlich seiner Vorgänger, der Höhle und des Zeltes). Das Haus hat seinen sachlichen Gehalt, seinen Zweck, dem es dienen muß und durch den es gestaltet und umgestaltet wird. Aber es hat zugleich einen symbolischen Gehalt. Im Hause wird ein Stück des Daseins heimisch gemacht, zur Vertrautheit gebracht. Das Unheimliche des unendlichen Raumes, das uns in sich hineinreißen will, wird ferngehalten durch den begrenzten Raum, den wir erfüllen können mit unserm Dasein. Und zugleich wird das Unheimliche der völligen Begrenztheit, der Höhle, des Labyrinthes, der Enge (mit der die Angst zusammenhängt) aufgehoben in der Verbindung mit dem unendlichen Raum durch das Fenster, den Balkon, den Turm, den Hof und Garten. Zwischen den Unheimlichkeiten des Nicht-Begrenzten und des Ganz-Begrenzten liegt „die Heimeligkeit des Hauses“, je nach dem Lebensgefühl einer Zeit und Kultur mehr dem einen oder mehr dem andern Pol nahe. Das moderne Haus z. B. mit seiner Auflösung der Wand in das Fenster, mit seiner wechselseitigen Durchdringung des unendlichen und des abgegrenzten Raumes, mit der Erhebung seiner Basis über den Erdboden ist Symbol des ins Unendliche vorstoßenden modernen Lebensgefühls und seiner Angst vor der Enge der Höhle.

Das Haus ist die Zelle der Stadt, und wie das Haus, so ist auch die Stadt Symbol jener urmenschlichen Flucht vor dem Unheimlichen. Der isoliert wohnende niedersächsische Bauer trotzt in der Heimlichkeit seines Hauses der Unheimlichkeit der Weite, die ihn umgibt und in Einsamkeit bannt: ein Symbol und zugleich eine Ursache seiner eigenen ruhigen Besonderheit. Der Städter des Mittelalters drängt in das Enge, um dem Unheimlichen der Weite zu entgehen. Nur in dem Sichstrecken der Türme durchbricht er die Enge, aber nach oben, ins Jenseitige, nicht in die Breite des Daseins. Wir empfinden das Heimelige, Umschließende dieser Städte, aber zugleich die Unheimlichkeit ihrer Enge, das Höhlenhafte, Unterirdische dieser Gassen. (Man denke an Meyrinks Schilderungen des Prager Judenviertels.) Die moderne Stadt ist weit und hell. Die erleuchteten Prachtstraßen und Plätze unserer Großstädte sind Symbole einer Überwindung der Enge, ohne daß die unabgeschlossene Weite hereingelassen wird. (Die typische Vorstadt hat weder die Enge noch die Weite der inneren Stadt und treibt durch die Unheimlichkeit ihrer „Öde“ ins Zentrum zurück.)

Wie Haus und Stadt das Mittel der Einfügung ins menschliche Dasein, so ist *alle Technik eine Überwindung des Unheimlichen in den Dingen.* Schon das Erkennen, die Einordnung der Dinge in Gesetze und Zusammenhänge ist Zurückdrängung ihrer dämonischen Tiefe, ihrer Unfaßbarkeit, Fremdheit, Bedrohlichkeit. Welterkennen ist immer auch Heimisch-Werden in der Welt, und die Geschichte der Wissenschaft ist auch eine Geschichte des Sieges über das Unheimliche. Zur Vollendung kommt dieser Sieg aber erst in der Technik. Sie ist das große Experiment, das die Wissenschaft bestätigt und sie zugleich in den Dienst des Zweckes stellt. Ein Ding, das völlig durch den Zweck bestimmt ist, ist auch völlig durchschaubar geworden, es birgt keine drohende Tiefe, keine erschütternde, unerwartete Wirklichkeit mehr. Es ist dem Gesetz unterworfen, auf dessen Erkenntnis es beruht, es ist berechenbar in jedem seiner Teile und Momente.

In der Einheit von Technik und Wissenschaft hat sich der Mensch die Erde unterworfen, hat sie sich als Ganzes gleichsam zum Hause gemacht, wie die Utopisten der Renaissancezeit es geweissagt hatten. Die Erde als Heimat des Menschen, als das Angeeignete, Vertraute, seiner Unheimlichkeit Beraubte – das war die Konsequenz, die der Renaissancemensch aus der Umwälzung der Astronomie zog. Die Erde war ein Stern geworden wie jeder andere. Das Göttliche ist den Sternen nicht näher als der irdischen Sphäre, wie die Griechen und das Mittelalter noch gemeint hatten. Der Mensch braucht sich nicht nach den Sternen zu sehnen. Er lebt selbst auf einem solchen und muß ihn sich gestalten zu seiner Wohnung im unendlichen Kosmos. Das Mittel ist die technische „Magie", zu der der Mensch befähigt ist, weil er im Schnittpunkt aller Seinssphären steht: so fordert es die Philosophie der Renaissance, und so sucht es das technische Zeitalter zu erfüllen. Unter allen ihren Schöpfungen aber ist die „technische Stadt" die symbolkräftigste. Sie vereinigt den Gedanken der Seinsbeherrschung mit dem der Einwohnung ins Sein. In ihr kommt zu unmittelbarer, konzentrierter Anschauung, was in seinen Wirkungen die ganze Erde umspannt: die Erde als „Haus der Menschheit", die Beherrschung aller Seinsmächte, der Sieg über das Unheimliche, Fremde, Drohende des Daseins. – Es ist nicht nötig, dieses in den einzelnen Einrichtungen der Gebilde der technischen Stadt nachzuweisen. In jeder steckt eine ungeheure Fülle menschlicher Seinsaneignung. In jeder steckt Befreiung des Menschen von ungeheuren Lasten mechanischer Arbeit. Jede ist Symbol von Entdämonisierung der Welt. Jede ist Schöpfung neuer, oft wundervoller Seinsgestalt. *Das technische Haus, die technische Stadt, die von der technischen Stadt beherrschte, zum Menschheitshaus gemachte Erde: das ist das Symbol unseres Zeitalters, des Zeitalters der Erfüllung der technischen Utopie, des Zeitalters der Einwohnung des Menschen in die Erde und der Aneignung und Umschaffung der Erde durch den Menschen.*

Eben dadurch aber wird die technische Stadt zum Symbol für die Fragwürdigkeit, die über unserem Zeitalter, über der Erfüllung der technischen Utopie steht. Denn mit ihr erhebt sich eine neue Drohung, eine neue Unheimlichkeit, die nicht mehr zu bannen ist durch Wissen und Technik, die vielmehr durch diese selbst gerufen wird. Je mächtiger und komplizierter die technischen Gebilde sind, desto mehr erhalten sie ein eigenes, vom Menschen unabhängiges Leben, desto schwerer ist es, sie zu beherrschen, desto bedrohlicher werden sie selbst für den, der sie am besten kennt und durchschaut. Mit dem Eigenleben des technischen Gebildes erhebt sich ein neues Element des Unheimlichen mitten in dem Bekanntesten. Und dieser unheimliche Schatten der Technik wird wachsen in dem Maße, in dem die ganze Erde zur „technischen Stadt" und zum technischen Hause wird. Wer kann es noch beherrschen?

Und zugleich entsteht ein eigentümlicher Widerspruch: das technische Ding hat zwar die ursprüngliche Unheimlichkeit des Dinges verloren, aber es ist darum nicht eigentlich vertraut geworden. Das technische Haus, die technische Stadt bleiben fremd. Dem Ding ist sein Eigenleben genommen, und darum kann kein *eros* es verbinden mit unserem Eigenleben. Es ist erstarrt, und es bringt uns zum Erstarren. Der Boden, die Verbindung mit der lebendigen Erde, ist genommen. Der behauene oder künstliche Stein trennt uns von ihr. Das Eisenbetonhaus trennt uns mehr als Lehm, Holz und Backstein von den kosmischen Strömungen. Das Wasser ist in Röhren, das Feuer in Drähte gebannt. Die Tiere sind ausgeschlossen oder ihrer vitalen Kräfte beraubt. Bäume und Pflanzen sind eingeordnet in den technischen Zusammenhang, dem rationalen Zweck der „Erholung" zu dienen. Die Fremdheit bleibt trotz aller Aneignung, und sie steigert sich ins Unüberwindliche, alles Beherrschende in der Großstadt. Mit der Fremdheit der technisierten Dingwelt aber erhebt sich eine neue Unheimlichkeit, ein Grauen vor der erstarrten Welt, die uns dient und die nicht reden kann als Lebendiges zu Lebendigem. Und es kommt ein Augenblick, wo wir uns (meist in falscher Romantik, zuweilen in echter Verzweiflung) in alle Unheimlichkeiten vergangener Zeiten stürzen möchten, um dem Grauen der Fremdheit zu entgehen, das aus der unterworfenen Dingwelt aufsteigt.

Oder wir werden selbst unserer Lebendigkeit beraubt und erstarren im Dienste dessen, was wir selbst zum Erstarren gebracht haben. Das gilt von uns allen, am meisten aber von denen, die am tiefsten im Dienste der technischen Stadt, des technischen Hauses „Erde" stehen, die nirgends einen Ersatz haben für die Lebenskräfte, deren sie beraubt sind, die zwar die Herrschaft über die Dinge tragen, aber doch als selbst Beherrschte, in ihrem vitalen und seelischen Leben Verkümmerte: die Proletarier. Und hier entsteht eine neue Drohung: Drohung des entleerten, zum Dienste am Diener des Menschen verurteilten Menschentums. Und diese Drohung wird noch bedrohlicher dadurch, daß sie ihre Kraft nimmt aus der Ungesichertheit, Unversorgtheit, Uneingeordnetheit und die daran ständig sich nährende Lebensangst des Proletariats (deren Grund die Dämonie des der Menschheit längst aus den Händen geglittenen Wirtschaftsprozesses ist). Auch hier erhebt sich vom Boden der „technischen Stadt" ein neuer, unheimlicher Schatten, der ihren Glanz und ihre Dauer in Frage stellt.

Hinter diesen Drohungen aber steht als Tiefstes die Frage nach dem Lebenssinn der technischen Herrschaft, nach dem Sinn des „wohleingerichteten Hauses Erde". Wir wohnen nicht, um zu wohnen, sondern wir wohnen, um zu leben. Wenn aber das Leben, unser ganzes Leben, im Dienste des Wohnens, im Dienste der technischen Stadt steht: wozu dann dieses Leben? Die technische Stadt gibt keine Antwort auf diese Frage, aber sie *stellt* diese Frage. Und wenn die Ausstellung „Die Technische Stadt" und mit ihr die Jahrhundertfeier der Technischen Hochschule viele vor diese Frage stellen würde, so wäre sie wirklich Symbol geworden, in dem wir uns selbst angeschaut hätten in der Macht und in der Fragwürdigkeit unseres Seins.

Kunst und Architektur

RELIGIÖSER STIL UND RELIGIÖSER STOFF IN DER BILDENDEN KUNST

I.

Vor mir liegen zwei wertvolle Bücher, Dokumente der Gegenwart und Wegweiser in die Zukunft „Die deutsche expressionistische Kultur und Malerei",[1] und „Kunst und Religion, ein Versuch über die Möglichkeit neuer religiöser Kunst".[2] – Es ist nicht meine Absicht, eine Rezension beider Bücher zu schreiben; es ist viel Gutes über beide gesagt, und mit Recht; das soll hier nicht wiederholt werden. Sondern aus dem Inhalt der beiden Bücher springt mir unmittelbar ein Problem entgegen, vom religiösen, wie vom ästhetischen Standpunkt gleich interessant und aktuell, das Problem des religiösen Stils und seines Verhältnisses zum religiösen Stoff. Um die Stellung beider Bücher zu diesem Problem zu charakterisieren, sei mir eine kurze Inhaltsangabe mit Herausstellung der für unsere Frage wichtigsten Punkte gestattet.

Es könnte zunächst Befremden erregen, daß ich ein Buch wie das Sydowsche, das den Expressionismus ganz umfassend behandelt, auf die spezielle Frage der religiösen Kunst einengen will. Wer das Buch kennt, oder noch besser, wer ein inneres Verhältnis zum Expressionismus hat, wie es dem Verfasser jenes Buches und dieser Zeilen gemeinsam ist, der wird es nicht für verwunderlich halten, daß man die tiefste Frage dem Expressionismus gegenüber in der Frage nach dem religiösen Sinn des expressionistischen Stils sieht. Das kommt denn auch in allen Teilen des Buches zum Ausdruck: in den ersten drei allgemeinen Abschnitten, die über die expressionistische Kulturbewegung, die expressionistische Ästhetik und die Inhaltsarten des expressionistischen Kunstwerks handeln, ebenso wie in dem speziellen Teil, der die einzelnen Maler unter den Licht bringenden Kategorien des „dynamischen", „konkreten", „abstrakten" und „arabeskenhaften" Expressionismus behandelt. Wenn gezeigt wird, wie das Umschlagen des Individualismus zu den unterindividuellen Wesenheiten tief hinunterführt in den „Kern der Welt, in die Ewigkeit" und eben dieses die Wurzel der expressionistischen

[1] Eckart von Sydow. Berlin 1920.
[2] G. F. Hartlaub. Leipzig 1919.

Religiosität ist, wenn der dekadenten Lebensstimmung die „Revolution aus mystischer Gesinnung", der im Primitiven seine Erfüllung findende radikale Lebenswille, als Kennzeichen des Expressionismus hingestellt wird, so ist damit in gewisser Weise schon vorweggenommen, was in dem Kapitel über „das religiöse Bewußtsein des Expressionismus" zusammengefaßt und ausgeführt wird: expressionistische Mystik ist nicht transzendent und in Gott ruhend wie die mittelalterliche, sondern immanent, Lebens-ekstatisch im Sinne Nietzsches, der nur die eine, jenseitige Seite Gottes gemordet hat; dafür in die andere, diesseitige, um so mehr höchste Lebensdynamik gepreßt hat. (Man vergleiche die analogen und gleichartigen Aussagen über Nietzsches Wirkung bei dem religiös positiveren Hartlaub). „In der Bewußtheit der irgendwie spürbaren Einheit alles Seienden" nicht im Goetheschen, sondern im primitiv-mystischen Sinn liegt der Kern des modernen und expressionistischen Weltgefühls. Daraus ergeben sich die Stilfolgerungen: die Monumentalität, in der der Anschluß an das Absolute sich ausdrückt, die Flächenhaftigkeit, in der körperlose Geistigkeit triumphiert, die Vereinheitlichung und Schematisierung, in der das Symbolische über das körperlich Reale siegt. Es folgt die Darstellung der einzelnen Maler: Hymnen, lyrische Einfühlungsstücke, Kunstwerke über Kunst, alle aber im Tiefsten anfassend und alles einzelne, auch das Formale, aus einem universalen Weltgefühl ableitend. Im ganzen: ein Musterbeispiel religiöser Stilerfassung in der bildenden Kunst.

Nicht erwähnt habe ich bisher den Abschnitt über „die religiöse Kunst des Expressionismus"; er ist für unseren Zweck der wichtigste; denn er nimmt direkt Stellung zu unserem Problem. „Ist wirklich der Expressionismus religiös im Kern, wozu denn noch eine potenzierte Religiosität abgrenzen, eindämmen?" – dies die eine Zweifelsfrage. Und die andere: „Wozu zu einer Religion zurück, die schon zu Goethes Zeiten fast zu alt für uns war?" Dennoch wird anerkannt, daß die religiöse Produktion den Höhepunkt von Noldes, Schmidt-Rottluffs, Hölzels, Eberz' Schaffen enthält. Freilich in unterschiedlicher Weise: bei den einen, wie Eberz und Hölzel, ein Sich-Beugen vor der kirchlichen Tradition, vor den Heilsmythen und Dogmen, etwas wie Weihrauch und Kirchenluft ohne die Urkräfte der Erneuerung. Bei den anderen, den Protestanten, eine Darstellung der Lebenskräfte Christi, neugeboren aus dem Innersten des Menschen der Gegenwart, „keine Stilisierung, sondern Neugeburt: ‹Unsere Herzen-Schiffe im Geiste Gottes treibend – sinken unter in der Flut der göttlichen Vergeistigung›"; auch hier gibt es Kreuzigungen und Grablegungen; aber warum sagt man nicht, was man eigentlich meint, nicht Christus, sondern den „Menschen"? – Wenn wir diesen Abschnitt recht verstehen – das Problematische seiner Formulierungen spiegelt die Problematik der Lage wieder –, so stellt er die Neigung des religiösen Stils zum religiösen Stoff fest, zeigt aber die Schwierigkeit, aus der Welt der überlieferten Symbole Gegenwartssymbole herauszuentwickeln, und bezweifelt die Notwendigkeit dieser Aufgabe überhaupt.

Hier führt nun das Hartlaubsche Buch weiter – oder will weiterführen. In vier Kapiteln: „Kunst, Religion, Zukunft"; „Grundlage religiöser Kunst" (Stil, Gegenstand, Gesinnung); „Kunst und Religion im neunzehnten Jahrhundert"; „Neue religiöse Kunst" und zwei wertvollen Exkursen über allgemeine kulturelle Parallelen und das Gegenstandsproblem wird die Frage in ihrem prinzipiellen Teil (Stil und Stoff) und in ihrem gegenwartskritischen Teil (neue religiöse Kunst) behandelt. Das Buch beginnt mit einer tiefgründig-großzügigen Darstellung des Verhältnisses von Kunst und Religion. „Religion ist uns Wiedervereinigung der Menschenseele mit dem übersinnlichen Urgrunde, den sie als ihre Heimat und dessen Mittelpunkt sie als das individuelle Wesen Gottes (und der Götter) erkennt". „Kunst ist schöpferische Tätigkeit des Menschen zur Hervorbringung sinnfälliger Symbole der Gefühle ...". „Ein Kunstwerk ist also religiös, wenn die von ihm ausgedrückten Gefühle es sind, d. h. wenn sie in einer Verknüpfung mit Vorstellungen religiöser Natur stehen." In diesen drei fundamentalen Sätzen ist die Stellung zu unserem Problem festgelegt, und in einer Weise festgelegt, die offenbar zu den Sydowschen Grundgedanken in einem erheblichen Widerspruch steht. Der Widerspruch wird noch vertieft durch die Ausführungen über das grundsätzlich antithetische Verhältnis von Religion und Kunst: „Das Wesen der Kunst ist Schöpfung, Hingabe an das Geschaffene, nicht den Schöpfer, Diesseitigkeit, Fortsetzung, ja Steigerung der Natur ..."; „Religion dagegen – ist Rückkehr und Einkehr, mag diese nun in asketischem Austritt aus dem Fleisch oder in werktätiger Heiligung des Fleisches geschehen". Und dieser Gegensatz, der zu allen Zeiten zu einem heimlichen oder offenen Kampf zwischen Künstler und Heiligem geführt hat, kann auch durch die Tatsache der Geburt der Kunst aus dem Geiste der Religion nicht verdeckt werden. – Aber in diesen Gedanken ist die Stellung Hartlaubs zu dem Problem nicht erschöpft; eine zweite Gedankenreihe steht, nicht völlig vermittelt, neben der ersten. Hat sich die Kunst auch losgelöst von der Religion, hat sie auch die völlige Autonomie des Ästhetischen, ja seine Erhebung über alles andere erreicht, so ist doch dieser, im Impressionismus verkörperte Zustand nicht endgültig; es gibt eine Rückkehr, und sie hat in der Gegenwart begonnen: Der Sinn der neueren Geistesentwicklung ist Werden zur Mystik, einer solchen aber, die den aktivistischen Impuls „Zarathustras" in sich trägt als unverlierbares westliches Gut: eine Synthesis von Romantik und Nietzsche (die beide ästhetische Wurzeln haben) als Grundlage der Zukunftsfrömmigkeit, und darum ein „Hervorgehen der Religion aus dem Geist der Kunst", vorverkündigt durch den modernen Expressionismus. Die Analogie mit den Sydowschen Gedanken liegt hier auf der Hand. Sie wird noch verstärkt durch die Ausführungen über das Verhältnis der Stile zur Religion. Innerhalb der Gegensatzpaare: idealistischer-realistischer, expressionistischer-impressionistischer Stil ist es immer der erste Stil, der eine innere Verwandtschaft zur Religion hat; er ist darum zwar nicht religiös zu nennen – einen religiösen Stil gibt es nicht –, wohl aber *präreligiös.* In diesem Begriff des präreligiösen Stils treffen sich bei Hartlaub beide Gedankenreihen; er ist die prägnante Formulierung, doch wohl kaum die Lösung des Problems. Zum religiösen Kunstwerk aber gehört außer dem präreligiösen Stil der religiöse Gegenstand; auf ihn verzichten zu wollen, ist eine Nachwirkung des impressionistischen reinen Formideals mit seinem pantheistischen Weltgefühl, ist höflicher Atheismus. Zugleich aber ist von dem Künstler selbst zu fordern, daß er außer seiner präreligiösen Gesinnung, die sich im Stil äußert, auch ein inneres Verhältnis zu den religiösen Gegenständen selbst habe, daß er aus innerer Ergriffenheit zu ihnen komme; nur wo alle diese Voraussetzungen erfüllt sind, ist religiöse Kunst möglich. Daß sie es im neunzehnten Jahrhundert nicht war, zeigt eine kurze eindringliche Rückschau von den Nazarenern bis zu den Wegbereitern des modernen „präreligiösen Stils", Gauguin, van Gogh, Munch, Hodler. Aber auch das zwanzigste Jahrhundert ist noch nicht zum Ziel gekommen. So sehr auch bei einem Beckmann und Nolde die religiösen Gegenstände den Höhepunkt ihres Schaffens bilden, so sehr ihre Kunst der Vertiefung in die christlichen Symbole Steigerung dankt – zu einer eigentlich religiösen, gläubigen Erfassung dieser Symbole ist es auch bei ihnen nicht gekommen. Noch leben sie in der Sphäre des Präreligiösen; Passion und Ekstase sind die inneren Zugänge zu der christlichen Tradition: das Doppelerlebnis des gegenwärtigen Menschen, der gegenwärtigen Menschheit, eine mächtig gesteigerte Spiritualität, aber kein mit der Welt versöhntes Freiheitsgefühl. „Wir befinden uns im Zwischenreich und schauen nur hinaus auf das gelobte Land." Der Expressionismus kann uns aber mit dorthin führen, wenn er sich nicht auf „dekorative" Abwege begibt, sondern, sich selbst treu, sein Kunstwollen reiner herausarbeitet und zu monumentaler Gestaltung fortschreitet. Was er bis jetzt gebracht hat, ist Ahnung religiöser Kunst, nicht diese selbst.

II.

Zum Zweck eigener Stellungnahme wird es gut sein, die beiden Verfassern gemeinsamen Gedanken herauszuarbeiten und dann zu zeigen, wo sie sich trennen. Gemeinsam ist beiden die Auffassung, daß der künstlerische Stil an und für sich eine religiöse Bedeutung haben kann, daß dem expressionistischen Stil diese Eigenart in besonderem Maße zukommt, daß die Versuche, ihn auf religiöse Gegenstände anzuwenden, an dem innerlich gebrochenen Verhältnis der gegenwärtigen Künstler zu den Symbolen der religiösen Tradition leiden. Wir haben wohl einen religiös verwertbaren Stil, aber nicht die Möglichkeit, ihn am religiösen Stoff zu verwerten. Soweit die Gleichheit. Der Unterschied aber liegt in der Beurteilung dieser Sachlage von der Idee der religiösen Kunst her. Für Sydow ist religiöser Stil religiöse Kunst: Was bedarf es der spezifisch religiösen Stoffe? Für Hartlaub ist ein Stil höchstens „präreligiös"; erst der mit religiöser Gesinnung erfaßte religiöse Stoff schafft religiöse Kunst.

Die Wurzel des Gegensatzes liegt im Religionsbegriff. Für Hartlaub ist Religion im Vollsinn nur wirklich als Beziehung auf den übersinnlichen Wesensgrund unseres Daseins, den persönlichen Gott. Für Sydow gibt es eine Frömmigkeit, die durchaus auf den Namen Religion Anspruch hat und weltbejahende, immanente Mystik ist. Im Grunde steht der Gegensatz von theistischem und pantheistischem Gottesbegriff dahinter. Es kann nicht unsere Aufgabe sein, in eine theologische Auseinandersetzung des Gegensatzes einzutreten, auch nicht festzustellen, welche von beiden Richtungen den gegenwärtigen Entwicklungstendenzen mehr entspricht, ob wir nicht in der Tat einer mehr theistischen Welle entgegengehen und die Sydowsche Auffassung noch starke Verknüpfungen mit dem impressionistischen Weltgefühl hat. Worauf es ankommt, ist dieses, zu zeigen, inwieweit beide Auffassungen innerlich konsequent und sachlich zureichend sind. Und da möchte ich gleich mein Urteil vorwegnehmen: Innerlich konsequenter ist die Sydowsche, sachlich umfassender die Hartlaubsche Auffassung. Es ist für Hartlaub unmöglich, den Begriff des präreligiösen Stiles mit seinem Religionsbegriff zu vereinigen. Denn selbst die Wahl des vorsichtig-unbestimmten Begriffes „präreligiös" enthebt doch nicht von der Verpflichtung, zu zeigen, worin die Affinität dieses Stils zur Religion begründet ist. Ist „Stil" der Ausdruck eines Weltgefühls in der Formgebung und wird von einem präreligiösen Stil gesprochen, so muß er der Ausdruck eines präreligiösen Weltgefühls sein; das aber ist ein unmöglicher Begriff. Ist nur ein Weltgefühl, das in einem persönlichen Gott sein Zentrum findet, religiös, so ist jedes, dessen Zentrum woanders liegt, unreligiös. Zwischenglieder kann es hier nicht geben; denn etwa die Sehnsucht nach einem persönlichen Gott hat ja schon in ihm ihr Zentrum, wenn auch die Symbole noch fehlen. Der Unterschied liegt in der Ausdrucksfähigkeit, nicht im Gefühl, das den Stil schafft. Der strenge Theismus kennt keinen religiösen, aber auch keinen präreligiösen Stil; seine rein objektiven Vorstellungen müssen jedem Stil erfaßbar sein. Sind sie es nicht, so ist damit gezeigt, daß der reine Theismus auf ästhetischem Gebiet unzureichend ist: die Tatsache des religionsverwandten Stils widerlegt den rein theistischen Gottesbegriff.

Andererseits ist es Sydow nicht möglich, verständlich zu machen, woher die starke Neigung gerade der größten Expressionisten zu den religiösen Symbolen, namentlich zum Neuen Testament stammt. Die Erläuterung, daß es sich im Grunde immer nur um „den Menschen" handele, erschwert noch das Verständnis; denn wozu dann den Umweg über die literarisch festgelegten Symbole der christlichen Tradition, wo doch analoge Menschenschicksale in unbegrenzter Menge in der Gegenwart bereit liegen? Wozu dann den Umweg? Es ist eben kein Umweg! Es ist nicht der empirische Mensch, es ist der Mensch der Idee, der Gott-Mensch, der Erlebnis geworden ist. Es ist das Hindrängen zu einem allgemeingültigen, allgemeinverständlichen, absoluten Symbol, es ist die Sehnsucht nach Objektivität, nach Gemeinschaft der Gläubigen, die sich treffen in *einem* Symbol. Es ist der Wille nach theistischer Zusammenfassung und Objektivierung, aber auf pantheistischem Boden. Auf ein theoretisches Existentialurteil dem Sonderbegriff „Gott" oder dem Einzelbegriff „Christus" gegenüber kommt es nicht an; der Boden, auf dem das besondere Symbol erwachsen ist, ist die universale Symbolik. Dennoch kann Sydow gegenüber gesagt werden: Die Tatsache des Drängens nach religiösem Stoff widerlegt den reinen Pantheismus, wie die Tatsache des religiös wertvollen Stils den reinen Theismus widerlegt; nur eine Synthesis beider wird beiden Tatsachen gerecht.

III.

Es sei mir nun gestattet, in einigen prinzipiellen Sätzen die eigene Stellungnahme zu den angerührten Problemen zum Ausdruck zu bringen. Zu diesem Zweck möchte ich drei Kreise unterscheiden, einen weitesten des Stiles überhaupt, einen engeren des spezifisch religiösen Stiles und einen engsten des religiösen Stoffes.

a) Stil ist die unmittelbare Einwirkung des Gehaltes auf die Form.

Daß unter der unbegrenzten Zahl von Möglichkeiten, die die Form bietet, eine mit innerer Notwendigkeit verwirklicht wird, von einem Zeitalter, einem Volk, einer Gesellschaftsschicht, einer Konfession, einer Schule, einem Einzelnen, einer Entwicklungsstufe des Einzelnen, das ist die Offenbarung des geistigen Gehaltes dieser Kreise oder Einzelnen. Der Stil ist nicht nur eine aus formalen Gründen zu begreifende Weiterentwicklung der Form; gewiß, er ist das auch, und er darf nie aus der Herrschaft der Form herausfallen, sonst ist die ästhetische Wertsphäre überhaupt verlassen. Aber er ist damit nicht begriffen, daß er Formentwicklung ist. Was aus dem unendlich ergiebigen Material der Form gerade den schöpferischen Funken dieses Stiles schlägt, das ist nicht wieder die Form, sondern der geistige Gehalt. Der Beweis läßt sich so führen – und ist für wichtige Gebiete zur Genüge geführt worden –, daß in anderen Wertgebieten mit ganz anderen Formgesetzen gleichzeitig eine ganz analoge Stilgebung einsetzt. Auf dieser Einheit des Stils in allen Kulturgebieten beruht ja die Homogenität eines Kulturkreises und einer Kulturperiode. Die Wurzel der Stileinheit aber ist der gemeinsame Gehalt.

Betrachten wir den Gehalt genauer, so werden wir finden, daß es nicht beliebige, individuell-psychologische Momente sind, die ihn ausmachen, weder biographische, noch soziologische, noch nationale. Das alles ist mitbestimmend; es gibt den subjektiven Möglichkeitsgrund des Stiles, wie die Form den objektiven; aber Möglichkeitsgrund ist nicht Wirklichkeitsgrund. Das Wesen des Gehaltes liegt unterhalb all dieser subjektiven Faktoren; es ist eine bestimmte Grundstellung zur Wirklichkeit überhaupt. Es ist die letzte Sinndeutung, die tiefste Realitätserfassung, es ist die Funktion der Unbedingtheit, die jedes bedingte Erleben trägt, färbt und hindert, in die Leere des Nichts zu stürzen. Welcher Art das sei, das hängt freilich von jenen empirischen Bedingungen ab, aber sein Wesen bleibt immer das gleiche. Es ist überempirisch; denn es ist eine notwendige und allgemeine, ja die tragende Funktion des Geistes überhaupt. Wenn wir uns entschließen – und wir müssen es meiner Überzeugung nach –, diese Funktion als die religiöse anzusprechen, so ist alle Kultur, insofern sie Gehalt zum Ausdruck bringt, religiös. Nicht, weil alles Schöne von Gott stammt, ist alle Kunst religiös – darin hat Hartlaub recht –, aber weil alle Kunst einen Gehalt, eine Stellung zum Unbedingten zum Ausdruck bringt, darum ist sie religiös. Die Tatsache des Stils entscheidet für die religiöse Qualität aller Kunst und Kultur. Diese Gedanken, die ich zum ersten Male in meinem Vortrag „Über die Idee einer Theologie der Kultur“ zum Ausdruck gebracht habe und die hier nicht weiter ausgeführt werden können, scheinen mir auch für die Lösung unseres Problems einen Weg zu weisen. Freilich ist damit erst der Grund gelegt, und es scheint sogar, als sei der weitere Weg versperrt; denn wenn alle Kunst religiös ist, wozu dann noch religiösen Stil und religiösen Stoff? Das führt zu dem zweiten Kreis unserer Besprechung.

b) Wenn wir uns den Gehalt als die Sonne, die Form als die Planetenbahn vorstellen, so gibt es für jede Kulturform eine Sonnennähe und eine Sonnenferne gegenüber dem Gehalt. Ist es die Macht der Sonne, die sich in der Sonnennähe offenbart, so ist es die Eigenkraft der Planetenbewegung, die in der Sonnenferne zum Ausdruck kommt; und doch ist es die Sonne, die beides, die Nähe und die Ferne, trägt. So gibt es Stile, in denen die Herrschaft des Gehaltes über die Form ebenso scharf hervorsticht wie in anderen die Eigenbewegung der Form; und doch ist beides, der gehaltsbeherrschte und der formbeherrschte Stil, als Stil ein Ausdruck des Gehaltes. Diese eigentümliche Dialektik ermöglicht es nun, von einem religiösen Stil im engeren Sinne zu reden. Läge nicht schon an und für sich in dem Wesen des Stiles die Beziehung auf die religiöse Funktion, es wäre nicht einzusehen, wie sie je in ihn hinein kommen sollte; und umgekehrt, würde nicht innerhalb dieser Sphäre der Gegensatz von gehalts- und formbeherrschtem Stil wirksam, es ließe sich kein besonderer religiöser Stil herausheben.

Gehen wir in der Typologie der Stile von dem Gegensatz von Form und Gehalt aus – ein möglicher unter mancherlei möglichen Ausgangspunkten –, so ergeben sich drei Grundtypen des Stils: die formbeherrschten Stile (Impressionismus-Realismus), die gehaltsbeherrschten Stile (Romantik-Expressionismus), die ausgeglichenen Stile (Idealismus-Klassizismus). Die Doppelheit innerhalb jedes Typus hängt zusammen mit dem Unterschied von Subjektivität und Objektivität. Während im Impressionismus die Subjektivität der Bildform bis zum Zerbrechen der Eigenform der Dinge geht und darin dem Expressionismus vorarbeitet, läßt der Realismus die Eigenform der Dinge um so schärfer hervortreten. Während in der Romantik die Subjektivität des Gefühls auch die Bildform zerbrechen will, sucht der abstrakte Expressionismus eine objektive Geistigkeit zum Ausdruck zu bringen. Während der Idealismus die Subjektivität des Einzelnen zur Allgemeingültigkeit des Typus zu steigern sucht, will der Klassizismus die realen Formen der Dinge in die ruhende Vollendung der geschlossenen Form einbeziehen. Damit haben wir zugleich dem fundamentalen Unterschied der subjektiven und objektiven Geisteseinstellung, der ja auch für die Religion von höchster Bedeutung ist, innerhalb der Typologie Geltung verschafft. Wir hätten danach zwei Typen, in denen der Gehalt in unmittelbar formdurchbrechender Weise sich offenbart: den abstrakt expressionistischen (der konkrete gehört zum romantischen) – und den romantischen. Der erste ist die Offenbarungsform einer objektiv geltenden, mystisch unmittelbaren geistigen Substanz eines Zeitalters oder Kulturkreises: es ist der hieratische – und vielleicht irgendwann einmal der sozialistische Stil. Der romantische Stil ist die Form der subjektiv-individuellen, revolutionär-ekstatischen Frömmigkeit mit geistesaristokratischer Färbung; vieles vom Barock gehört hierher.

Wenn wir berechtigt sind, diese Stile im engeren Sinne religiös zu nennen, und umgekehrt, die realistisch-impressionistischen Typen im engeren Sinne unreligiös, so muß sich zeigen lassen, daß die religiösen Stile jedem Stoff, den sie behandeln, religiöse Qualität geben, und umgekehrt, die unreligiösen Stile jeden Stoff relativ (niemals absolut) profanisieren. Dieser Nachweis läßt sich zunächst bei den unreligiösen Typen mit Leichtigkeit dadurch führen, daß man ihre Behandlung religiöser Stoffe betrachtet und ihre Unfähigkeit feststellt, dem Eigengehalt dieser Stoffe irgendwie entsprechenden Ausdruck zu geben. Die Hartlaubschen Beobachtungen sind hier um so zwingender, als sie mit seinen eigenen Voraussetzungen in nicht ganz gelöster Spannung stehen! Denn ist diese Beobachtungsreihe richtig, so folgt daraus mit unweigerlicher Konsequenz, daß auch die andere richtig sein muß, nach der es jedem religiösen Stil gegeben ist, jeden Stoff religiös zu färben. Es ist in der Tat möglich, in einem Cézanneschen Stilleben, einem Marcschen Tierbild, einer Schmidt-Rottluffschen Landschaft, einem Noldeschen Erotikbild die unmittelbare Offenbarung einer absoluten Wirklichkeit in den relativen Dingen anzuschauen; der Weltgehalt, erlebt in des Künstlers religiöser Ekstase, scheint hindurch durch die Dinge; es sind „heilige" Gegenstände geworden.

Freilich gibt es auch hier eine Einschränkung, die mit der Hartlaubschen Forderung einer „religiösen Gesinnung" des Künstlers übereinstimmt. Wo ein religiöser Stil angewandt wird ohne die Stilgesinnung, aus der der Stil hervorgegangen ist, da bleibt natürlich die religiöse Wirkung aus. Das gilt aber auch umgekehrt: Wo impressionistischer Stil angewandt wird ohne impressionistische Stilgesinnung, da kann eine ganz andere als die genannte profane Wirkung eintreten! Derartiges wird besonders häufig in Übergangszeiten zu beobachten sein, wo eine neue Stilgesinnung noch keinen adäquaten Stil gefunden hat, aber auch bei Durchschnittskünstlern, Schülern und Epigonen, die die Form übernehmen, ohne den Gehalt erlebt zu haben. So und nur so erklärt sich die profane Wirkung mancher Bilder in religiösen Stilen.

Doch sei noch einmal darauf aufmerksam gemacht, daß dieser Gegensatz von profan und religiös nur relativ gemeint ist und sich innerhalb einer umfassenderen Sphäre, derjenigen des Stil schaffenden „Weltgefühls" überhaupt, bewegt.

c) Wir kommen nun zu dem dritten und engsten der Kreise, demjenigen des religiösen Stoffes, und wieder kann, wie bei dem Übergang vom ersten zum zweiten, gefragt werden: Wozu noch religiöse Gegenstände, wenn alle Gegenstände durch den Stil zu „heiligen" Gegenständen werden können? Um eine Antwort darauf zu geben, müssen wir auf das Verhältnis von Form und Gehalt zurückgreifen. Der Gehalt, die religiöse Schauung, kann durch jede Gegenstandsform hindurchscheinen; aber der Gegenstand hat außer diesem Sinn, Träger eines Gehalts zu sein, immer noch den anderen Sinn, ein Stück sachlicher Wirklichkeit zu sein, eingereiht in die Zwecke und Formen der Dinge überhaupt. Es hat also der religiöse Stil, auf profane Gegenstände angewendet, immer etwas zu überwinden: den Eigengehalt des Stoffes, der ja nicht religiös ist und erst durch Negierung seiner profanen Beziehungen ins Religiöse erhoben werden muß. Nun ist zwar eine Frömmigkeit denkbar, die sich mit dieser paradoxen Erfassung des Religiösen begnügen kann, ja die in ihr das Höchste sieht, und es scheint, als ob eine solche Gefühlsweise in der Konsequenz des Protestantismus läge. Es ist aber anderseits nicht zu verwundern, daß das religiöse Bewußtsein sich auch erfassen will in Formen, die gar keine profane Eigenbedeutung haben, deren ganzer Sinn es ist, das Religiöse zum Ausdruck zu bringen. Sachlichkeit und Richtigkeit, Zweck- und Kausalverknüpfungen spielen hier keine Rolle; die Wahrheit ist die des Bedeutens, nicht die des historischen oder naturgesetzlichen Geltens. In dieser Welt der religiösen Symbole ist keine Eigenbedeutung zu überwinden; sie sind, was sie sind, nur als Ausdruck des Religiösen; sie sind seine Geschöpfe und seine Träger. Es liegt auf der Hand, daß zur Erfassung dieser Dinge nur Stile geeignet sind, die in sich selbst mehr dem Sinne als der Sache zugewandt sind, also gehaltsüberwiegende, religiöse Stile. Die anderen zerstören notwendig durch ihre „Sachlichkeit" den Bedeutungscharakter der religiösen Symbole; sie schaffen historisch „Richtiges" oder bildhaft Geistreiches und lassen in dieser kühlen Luft der Realität die Himmelsblumen der religiösen Symbolik verwelken. Die Jesusmalerei der vergangenen Periode kann dafür Musterbeispiel sein.

Haben die Symbole des religiösen Bewußtseins auch keine „Sachlichkeit", so doch Notwendigkeit, die sich energischer geltend macht als irgendeine sachliche. Das zeigt sich vornehmlich darin, daß im Konfliktsfalle das religiöse Bewußtsein unter Nichtachtung jeder sachlichen

Richtigkeit die Realität seiner Symbole durchsetzen will, ja sich schon gegen die Auffassung seiner Symbole als Symbole wehrt, in dem Gefühl, daß damit eine Herabminderung ihres Wirklichkeitswertes beabsichtigt sei. Zugleich steht es aber jeder Untersuchung des Sachlichen, Historischen seiner Symbole auf sachliche Richtigkeit mit größtem Mißtrauen gegenüber und empfindet diese als eine a priori unfromme Einstellung. Für den bildenden Künstler kann dieser Widerspruch auf sich beruhen bleiben; er steht ja von vornherein in einer anderen Realitätssphäre; ihn geht das empirische Existentialproblem nichts an. Um so mehr kommt für ihn in Betracht die innere Notwendigkeit, und es ist eine der gefährlichsten Versuchungen für ihn, mit religiöser Stilgesinnung an religiöse Symbole heranzugehen, die keine Notwendigkeit für ihn haben. Hartlaub hat das mit erfreulicher Schärfe herausgehoben. Er zeigt auch Linien auf, die vielleicht aus innerer Notwendigkeit zu einer Neuerfassung des Wesentlichen der christlichen Symbole hinführen. Es ist aber die Frage zu erheben, ob Symbole, die einmal unter die Sachlichkeit gestellt sind, ganz gleich mit welchen Resultaten, je wieder die Unmittelbarkeit erlangen können, die sie befähigt, Träger der religiösen Gewißheit zu werden. Hartlaub hält sogar die Möglichkeit der Nichtexistenz Jesu für kein Hindernis. Wird ihm das religiöse Bewußtsein recht geben? Ich zweifle daran. Ich glaube, daß es seine Symbole jederzeit schafft mit dem Bewußtsein der „Richtigkeit"; nur dann erwecken sie das Realitätsgefühl, das der inneren Notwendigkeit entspricht. Das bedeutet aber, daß die neue Symbolik nur aus der Sphäre des Sachlichen sich erheben kann, daß die „Bedeutung" zugleich als „Geltung" erlebt werden muß. Leitend dabei ist natürlich nicht die äußere Richtigkeit, sondern die innere Notwendigkeit; aber sie leitet instinktiv nach den Normen der vorausgesetzten Richtigkeit!

Nun steht aber von dem Moment an, wo das wissenschaftliche Bewußtsein erwacht, alles Einzelne, Empirische unter der kritischen Fragestellung; in einer wissenschaftlich durchgearbeiteten Geistigkeit, wie es die protestantisch-moderne Kultursphäre ist, bleibt kein Platz für die Anknüpfung der religiösen Symbolik an ein Einzelnes. Lediglich die universalen Zusammenhänge, insofern sie als Funktionen des Geistes ihm evident sind und vor jedem möglichen Zweifel stehen, kommen in Betracht; in sie kann jedes Einzelne eingehen, aber der Gewißheitscharakter bezieht sich dann nicht auf das Einzelne, sondern auf den Zusammenhang, in dem es steht. Träger der Symbolik ist also der Mensch, nicht der einzelne, empirische, aber auch nicht *ein* einzelner geschichtlich-überempirischer, sondern *der* Mensch als Funktion des Absoluten: der Mensch in seiner Beziehung auf das Unbedingte, in seiner Nichtigkeit wie in seiner idealen Vollendung, in seiner Schuld und seiner Erlöstheit, in seiner tiefsten Erschütterung und seiner seligsten Ekstase, in seiner sittlichen Freiheit und unter der Last seines Verhängnisses, in seiner weltgestaltenden Schöpferkraft und seiner unendlichen Unzulänglichkeit und Sehnsucht, der Mensch in seiner Vereinzelung und in der Gemeinschaft der Seelen, der Mensch als Masse und als Persönlichkeit – und das alles doch nicht um seinetwillen, sondern um deswillen, was in ihm ist und doch größer ist als er, nennen wir es Geist im „Zeitalter des Geistes", von dem viele reden, nennen wir es das Unbedingt-Wirkliche, vor dem alles Denken erstarrt, nennen wir es das Heilige, nennen wir es Gott (nicht im Sinne des Pantheismus und nicht im Sinne des Theismus, sondern jenseits aller Formbegriffe: den reinen Gehalt), – und weil „der Mensch" im Sinne dessen, was mehr ist als „der Mensch", darum zugleich im universalen, alles mittragendem Sinne: die Natur mitbetend, mitseufzend, mitjubelnd, unter dem gleichen Schicksal der Vergänglichkeit, wie der, in dem sie zu sich selbst und ihrem Herrn gekommen ist, die Geschichte als Kampf und Untergang und Sieg, als unendliche Dynamik mit stets neuen Schöpfungen, als Wahlstatt des Kampfes um Gemeinschaft und sittliche Freiheit, als Offenbarungsstätte des Heiligen und seines Reiches in der Welt des Widerstrebens; und in ihr viele Einzelne, sich erhebend als leuchtende Sterne, und der eine, der heller leuchtet als alle und in seinem Schicksal mehr Symbol ist als irgendein anderer – dies alles aber ohne die Frage nach historischen und sachlichen Richtigkeiten, lediglich im Sinne dessen, was in jedem Augenblick von jeder Persönlichkeit in sich erlebt werden kann: das Eingestelltsein in die Einheit *dieser* Natur und *dieses* geschichtlichen Lebens, beides aber vom Unbedingten her gedeutet und gelebt.

Dies, scheint mir, ist das Material einer künftigen Symbolik; nur das Material, denn die Heraushebung klarer Umrisse und fester Gestaltungen ist die Aufgabe der Zukunft, an der alle Seiten des Geisteslebens unter innerer Führung des religiösen Schauens teilhaben. Äußerlich führen könnte wegen ihrer „Übersachlichkeit" wie keine andere die bildende Kunst; aber nur dann, wenn sie sich ausschließlich leiten läßt von der inneren Notwendigkeit; denn nicht um neue Formung alter Symbole handelt es sich, sondern um die Wiedergeburt des Symbols aus der neuen Offenbarung des Unbedingten, die mit Schicksalsgewalt uns packt – und mit den Formen, die, aus unserem Weltbewußtsein geboren, möglich und notwendig für uns sind.

KULT UND FORM

1. Grundsätzliches

Religion ist unbedingtes, unausweichliches Ergriffensein von dem, was unseres Daseins tragender Grund und verzehrender Abgrund ist. Religion ist erschütterndes und umwandelndes Hervorbrechen dessen, was mehr ist als unser Sein und was darum allein imstande ist, unserem Sein Tiefe, Ernst, Gewicht und Sinn zu geben.

Alles Handeln aus reinem Ergriffensein ist Kultus, wie alles Denken aus reinem Ergriffensein Mythos ist; und eins ist nicht ohne das andere.

Kultische Formen sind alle Formen, in denen reines Ergriffensein menschliches Gestalten bestimmt hat, in denen Dinge und Handlungen so geformt sind, daß durch sie hindurch etwas von dem fordernden, tragenden und verzehrenden Grund des Seins hindurchschwingt. Kultische Formen sind solche, in denen Mythos sich Ausdruck verschafft hat. Weil aber das, was allem Sein Ernst und Tiefe gibt, nicht eines neben anderem ist, sondern für alles gilt, so sind auch die kultischen Formen nicht Formen neben anderen, wie mythisches Denken nicht Denken neben anderem Denken ist. Sondern alles Handeln steht unter dem Anspruch, kultisch zu sein, wie alles Denken unter dem Anspruch steht, mythisch zu sein. Oder in religiöser Sprache: Das ganze Dasein soll Gottesdienst und jeder Gedanke ein Gedanke vor Gott sein. Ein Gott, der daneben steht, der auf ein Sondergebiet des Kultischen beschränkt ist, ist kein Gott, sondern ein Dämon, den man gut tut, durch Versagen des Opfers auszuhungern und zum Absterben zu bringen. Viele kultische Formen, auch manche dieser Ausstellung, machen den Eindruck, als würde in ihnen einem freilich recht alt und kraftlos gewordenen Dämon ein Abschlag gezahlt, mit einer gewissen Verwunderung darüber, daß er immer noch da ist. Die ganze Breite des übrigen Lebens aber steht daneben, ernsthaft und auch ernst genommen in Gestaltung und Gedanke. Für die kleine verlorene Provinz des Kultus bleiben Erinnerungen, zu Unrecht Tradition genannt, und Lyrismen, zu Unrecht Weihe genannt, und Arabesken, zu Unrecht sakrale Gestaltung genannt. Es ist den Gestaltern solcher Dinge, auch wenn sie mit ihrer Aufgabe ringen, nicht letzter unbedingter Ernst mit der kultischen Form, denn in ihr kommt nicht das zum Ausdruck, was ihres, was unseres Lebens wirklicher Grund ist.

2. *Forderungen*

Daraus ergeben sich drei Forderungen, die heute für die kultische Gestaltung zu erheben sind:

1. Kultische Gestaltung muß bestimmt sein durch Alltag,
2. Kultische Gestaltung muß bestimmt sein durch Gegenwart,
3. Kultische Gestaltung muß bestimmt sein durch Wirklichkeit.

Zuerst: die kultische Form muß bestimmt sein durch Alltag. Alle Tage sind unmittelbar zum Ewigen, und jede Stunde und jedes Tun in jeder Stunde gehört dem Sinn unseres Seins, gehört, religiös gesprochen, dem Gott, der es in Wahrheit ist. Wenn wir nun doch einen Feiertag brauchen, Tage, Stunden, Räume, Handlungen und Worte, die im besonderen Sinne dem Ewigen zugewandt sind, so ist es deswegen, weil wir auf der Erde leben, weil das Schwergewicht des Alltags uns wegzuziehen trachtet von dem Grund und Abgrund, auf dem wir stehen, weil wir ein Gegengewicht brauchen um unserer Schwäche und Weltverlorenheit willen.

Dann aber gilt erstens: Je stärker ein Mensch ergriffen ist von dem fordernden und tragenden Sinn seines Lebens, desto weniger bedarf er des Feiertages. Und es gilt zweitens: Wenn Feiertag, dann nicht als Tag neben und über den anderen, sondern als Tag, in dem die anderen Tage zu sich selbst, zu ihrer eigenen Tiefe, zu ihrem eigenen Sinn kommen. Und das bedeutet erstens: Kultische Gestaltung ist in dem Maße überflüssig, als unsere alltägliche Gestaltung Gestaltung aus reiner Ergriffenheit ist. Und es bedeutet zweitens: Wenn kultische Gestaltung, so muß sie repräsentative Gestaltung dessen sein, was im Alltag geschieht, aus der sinngebenden Tiefe des Alltags heraus. Darum ist jede Kultform abzulehnen, die neben unserem Alltag, unserer Arbeit, unserer Ruhe, unserem Wohnen und unserem Wandern, unserer Wirtschaft und unserer Politik, unserem Erkennen und unserem Schauen steht. Kein heiliger Bezirk! Sondern Erschütterung und Wandlung jedes Bezirkes, das ist die erste Forderung jeder Gestaltung. Sie darf nur *ein* Pathos haben, das Pathos der Profanität. Und das ist die Aufhebung jedes falschen Pathos, jedes Pathos, das Flucht vor dem Alltag ist.

Die zweite Forderung an kultische Gestaltung ist Gegenwärtigkeit. Nicht jeder Alltag ist es, der kultisch geschaut und kultisch gestaltet werden soll, sondern *unser* Alltag. Hier liegen die schwersten Belastungen kultischer Gestaltung, hier die Notwendigkeit schärfsten Kampfes gegen das meiste von dem, was heute geschieht, wovon auch diese Ausstellung zeugt. Wohl gibt es übergreifende Elemente, die dem menschlichen Alltag aller Zeiten gemeinsam sind, wohl gibt es echte Tradition, solche, die uns trägt und ohne die unsere Gegenwart nicht *diese* Gegenwart wäre. Und solche echte Tradition kommt durch sich selbst in jeder Gegenwartsgestaltung zum Ausdruck. Aber es gibt auch ein Erinnern an Dinge, die nicht mehr echte Tradition sind; und dieses Erinnern-Können, diese gesteigerte Fähigkeit des Sich-Einfühlens war und ist das wahre Verhänignis kultischen Gestaltens. Wenn uns heute expressionistische Formen die Möglichkeit geben, uns in byzantinisch-romanische Formen der christlichen Vergangenheit einzufühlen, so ergibt sich daraus kein Recht, diese Möglichkeit zur Wiederbelebung des Vergangenen zu benutzen. Ob in Glasfenstern oder Kruzifixen, ob in Fresken oder Altarbildern: es ist Verrat an unserer Gegenwart. Und wenn es auch einen Augenblick lang ergreift, wie alles ergreift, was aus eigener Vergangenheit wieder auftaucht: es folgt die Enttäuschung; denn nicht *unser* Wesen ist es, das dort zur Gestalt gebracht ist, und es bleibt vielleicht das Schlimmste übrig, was kultische Gestaltung treffen kann: eine ästhetische Impression. Man sei hier aufs äußerste empfindlich! Man schweige lieber zu lange, als daß man zu früh rede. Vielleicht sind nur noch wenige Inhalte des vergangenen Kultus und Mythos uns ganz zugänglich. Dann bekenne man unsere Armut und versuche nicht, sie mit dem Reichtum der Vergangenheit aufzuputzen. Man habe den Mut, sich mit dem zu begnügen, was wir haben: Licht, Farbe, Material, Raum, Proportionen; und zu verzichten auf die von der Legende geformten Inhalte, sei es das Christusbild, seien es Apostel und Propheten, seien es Mythen und Geschichten. Vielleicht können wir wieder einmal davon reden, aber sicher erst, nachdem wir lange und ehrlich davon geschwiegen haben. Vieles, sehr vieles auch dieser Ausstellung, zerfällt vor dem Maßstab der Gegenwärtigkeit.

Und endlich die Forderung der Wirklichkeit. Es gibt einen schlechten Wirklichkeitsbegriff, der Wirklichkeit mit technischer und wirtschaftlicher Nutzbarkeit verwechselt. Die Wirklichkeit aber einer Sache ist ihr eigener, sie tragender Sinn. Und der liegt bei jeder Sache tiefer als ihr technischer Gebrauch und ihr wirtschaftlicher Nutzen. Jedes Ding hat eine eigene Mächtigkeit, eine Ausstrahlung, eine Realitätsfülle. Aber freilich: das ist kein Freibrief für romantisches Aufblasen und dekoratives Verunstalten der Dinge. Denn es gilt: Die Mächtigkeit der Dinge ist ihre Sachlichkeit, und dieser Maßstab ist mit größter Strenge gerade da anzulegen, wo es sich um kultische Gestaltung handelt, also um Gestaltung aus der wahren und letzten Sachmächtigkeit. – Wer kultisch gestaltet, sollte wissen, daß ein Kreuz keine Gelegenheit zu dekorativen Studien ist, daß ein Kelch ein Trinkgefäß ist, dessen Sinn und Macht dieser sein Gebrauch ist, daß wir nicht mehr, wie vergangene Zeiten, die Macht der Schrift in ihrer magischen Ausstrahlung sehen, sondern in ihrer Klarheit, ihrer inneren Angemessenheit an das, was sie ausdrückt, ihrer Fähigkeit, Gedanken zu vermitteln – daß wir darum Schrift als Dekoration vermeiden müssen. Er sollte wissen, daß die technischen Formen einer Orgel uns heute mehr von der Mächtigkeit ihres tönenden Lebens vermitteln als eine verhüllende Fassade, deren Elemente ein Gemisch aus Erinnerung und Willkür sind. Und er sollte wissen, daß eine Kirche ein Raum ist, in dem eine Gemeinschaft von Menschen sich unter das Wort und die Handlung stellt, die den Sinn ihres heutigen, also technisierten, ökonomisierten Daseins ausspricht und daß kein Stil der Vergangenheit und kein Anklang an diese Stile dem in Wahrheit gerecht werden kann; daß der einfache, durch ehrliche Sachlichkeit mächtige Raum vielleicht im Hinterhaus einer Großstadtstraße gerade unser Kirchenraum sein könnte.

Was der Kunst-Dienst durch Beispiel und Gegenbeispiel zeigen will, ist enthalten in diesen drei Forderungen: Alltag, Gegenwart, Wirklichkeit. Sie sind Ausdruck der einen Forderung: Wahrheit. Es ist wie ein Gericht über die Religion, daß sie, die Zeuge der Wahrheit schlechthin sein soll, ständig beschämt wird durch die Wahrhaftigkeit derer, die draußenstehen, die ihrem Kultus und Mythos fernbleiben und die um der eigenen Wahrhaftigkeit willen fernbleiben müssen, solange kultische Gestaltung nicht Gestaltung aus Wahrheit und Wirklichkeit geworden ist. Es ist bezeichnend und beschämend zugleich für unsere religiöse Lage, daß in dieser Ausstellung allein ganz durchschlagend die profanen Geräte sind, die ausdrücklich sich als nichtkultisch geben. Eine einfache Schale beschämt auch im letzten religiösen Sinn fast alles, was an kultischem Gerät hier vereinigt ist. Wohl sind Ansätze da, auch in der Gestaltung der kultischen Geräte, und wir wollen denen dankbar sein, die hier Wege gebahnt haben. Aber fast ausnahmslos werden diese Ansätze durchkreuzt von dem alten falschen Verständnis von Kultus als einem Sondergebiet neben der Breite, dem Alltag und der Wirklichkeit des Lebens. Fast immer wird der Kultus der Gegenwart entrückt und dadurch seines letzten Ernstes beraubt. Wir danken es dem Kunst-Dienst, daß er den Kampf aufgenommen hat um eine neue, gegenwärtige, wirkliche und dadurch zeugniskräftige Kunstform. Und im Zeichen dieses Kampfes eröffnen wir die Ausstellung.

DAS WOHNEN, DER RAUM UND DIE ZEIT

Vom Wohnen, vom Raum und der Zeit wollen wir reden. Drei Begriffe sind in diesem Thema verbunden, von denen zwei, Raum und Zeit, Ergebnisse höchster philosophischer Abstraktion sind, während der dritte, das Wohnen, konkrete, lebensnahe Wirklichkeit bezeichnet. Die Verbindung des einen mit dem anderen scheint der Würde und Lebensferne der Philosophie zu widersprechen. Aber sie widerspricht eben nur einer lebensfernen Philosophie, nicht der Philosophie selbst. Philosophie hat es nicht, wie man oft meint, mit dem Allgemeinen, Abstrakten, Jenseitigen zu tun, sie ist nicht eine Sache in sich bleibender Spekulation oder mystischen Tiefsinns, sondern sie ist Deutung des Nächsten, des Konkreten, des Alltäglichen. Denn im Nächsten, im Alltäglichen, im scheinbar Kleinen steckt in Wahrheit das Metaphysische; das Jetzt und Hier ist der Ort, wo sich der Sinn erschließt, wo unsere Existenz Deutung finden muß, wenn sie überhaupt Deutung finden kann. – So etwas Nächstes, Alltägliches, den großen Dingen gegenüber scheinbar Kleines ist das Wohnen, ist der Raum des Wohnens. Er ist die erste und unmittelbarste Beziehung, die der Mensch zum Raum überhaupt hat. In ihr schafft er sich den Raum, der *sein* Raum ist. Und erst von seinem Raum aus kann er vorstoßen in den Raum überhaupt, in den unendlichen Raum.

Wenn darum eine Gemeinschaft von Menschen, wie es so oft geschieht, ein Haus umgewandelt hat in den Raum ihres gemeinschaftlichen Lebens, so ist es sinnvoll, solchem Raum Weihe zu geben, durch Worte, die das Wohnen in seiner Bedeutung für unser menschliches Sein, für unser Raum-Haben und Raum-Schaffen kennzeichnen. Wenn ein starker architektonischer Wille diese Räume geschaffen hat, sie durchgebildet hat von einer Idee aus, im großen und im kleinen, verdient er es, gedanklich erfaßt und hineingestellt zu werden in übergreifende Zusammenhänge. Von Raum wollen wir reden. Weil aber unser Stehen im Raum immer auch ein Stehen in der Zeit ist und Raum und Zeit sich treffen, aber auch miteinander ringen, so wird die Betrachtung des Raumes uns schließlich über sich hinausführen zu der Betrachtung der Zeit und mit ihr zu den Grenzen alles Raumschaffens.

I.

Raum ist kein Ding, auch kein Behälter, in dem Dinge sind, sondern Raum ist die Art des Lebendigen, zur Existenz zu kommen. Raum ist Raummächtigkeit, Macht des Lebendigen, sich Raum zu schaffen. Es gibt keinen Raum an sich, sondern es gibt so viele Arten von Raum, wie es Arten des Lebendigen gibt, sich Raum zu schaffen, und d. h., wie es Arten des Lebens gibt, Wirklichkeit zu werden. An seiner Räumlichkeit ist alles Lebendige, ist auch das Menschliche erkennbar.

Das erste, unmittelbar einleuchtende Merkmal des Raumes ist das Nebeneinander. Ein Ding erfüllt diesen Raum und ein anderes einen anderen Raum. Sie stehen nebeneinander, und eines schließt das andere aus. Eins bewegt das andere durch Druck und Stoß, von außen her; eine innere Einheit des Raumes gibt es hier nicht. Die Macht, sich Raum zu schaffen, hat in dieser Sphäre den Charakter der Raumerfüllung, die Undurchdringlichkeit, das Stehen in sich und Abwehren jedes anderen, die Härte und das Gegenüber. In der raumerfüllenden Kraft einer Gebirgswand kann die Mächtigkeit des Seienden auf dieser Stufe angeschaut werden. Die Undurchdringlichkeit und Härte jeder Wand eines Hauses zeugt von dem gleichen Sein. Wir nennen es das Sein des Anorganischen, dessen Merkmal, die Raumerfüllung und das Gegeneinander, hineinragt noch in die höchsten Formen des Sich-Raum-Schaffens.

Aufgehoben ist das starre Gegeneinander der Raumerfüllung im vegetativen Raum, im pflanzlichen Sein, wo die Erfüllung erhöht wird zur Entfaltung. Statt des Nebeneinander ein Vorstoßen über sich hinaus, ein Sich-Ausbreiten, das doch nie zu einer Trennung wird; eine Einheit, eine Sympathie verbindet alle Seiten des entfalteten pflanzlichen Seins. Der Raum ist gleichsam auf einen Punkt konzentriert und doch wieder entfaltet in einer Breite. Der Lebensprozeß des Wachstums bedeutet gegenseitige Durchdringung alles dessen, was zugleich nebeneinander ist. Es ist nicht ein anderes Gebilde im gleichen Raum wie das Anorganische, sondern es ist ein anderer Raum, den sich das Lebendige schafft.

Das gleiche gilt für die nächste Stufe, den Bewegungsraum, die Sphäre des Animalischen. Die Erfüllung und Entfaltung bleiben erhalten, aber hinzu kommt die Bewegung. Das Tier nimmt den fernen Raum, auf den es zugeht, in sich selbst in seiner Erwartung voraus. Es durchbricht die vegetative Bodengebundenheit, es stößt vor in Räume, die nicht unmittelbar angrenzen. Zugleich aber entwickelt sich im Tier der Gegenpol, die Sehnsucht nach dem eigenen begrenzten Raum, dem Nest und der Höhle. Dem entspricht, daß das höhere Tier in den Raum hineingeworfen wird durch die Geburt, d. h. durch das Ausgestoßenwerden aus dem ursprünglich tragenden, begrenzenden Raum des Mutterleibes. In der Sehnsucht nach Nest und Höhle drückt sich zugleich der Trieb aus, zurückzukehren zu dem umfangenden, tragenden Raum.

Der Mensch schafft sich Raum in allen Formen, die bisher genannt waren. Darüber hinaus aber geht er in doppelter Richtung, äußerlich und innerlich. Äußerlich dadurch, daß er auch den begrenzten Bewegungsraum, an den das Tier, selbst das weit wandernde Tier, gebunden bleibt, überwindet. Der Mensch durchbricht jede Raumgrenze, er schafft sich den unendlichen Raum, gemäß der Macht seines Seins. Der Raum an sich ist weder endlich noch unendlich. Ein endlicher wie ein unendlicher Raum als Ding sind Undinge, sind Widersinn. Unendlich ist der Raum, weil die menschliche Art des Sich-Raum-Schaffens Durchbrechung jeder endlichen Grenze ist. Endlich ist der Raum, weil der Mensch jeweils einen begrenzten Raum hinstellt, in dem er bleibt und von dem aus er vorstößt ins Unendliche. Endlichkeit und Unendlichkeit des Raumes sind die Polarität, in der die Mächtigkeit menschlichen Seins zum Ausdruck kommt, in der der Mensch sich Raum und damit Existenz schafft.

Mit diesem äußeren Hinausgehen ist verbunden ein inneres. Der Mensch ist das Wesen, das bei nichts Gegebenem stehen bleibt, sondern darüber hinausdrängt zu etwas Aufgegebenem. Er begnügt sich nicht mit dem, was ist, sondern hat ein Bild von dem, was sein soll, er entwirft und gestaltet über der vorgefundenen Welt eine zweite, von ihm geschaffene Welt. Er schafft bewußt und gestaltet den Raum, der sein Raum sein soll. Dabei wirkt sich sofort die Polarität aus, die schon im Tier zu beobachten war und die im Menschen maßgebend wird für die Gestaltung seines Raumes. Auf der einen Seite der Wille, sich möglichst abzugrenzen vom unendlichen Raum, das Haus zur Höhle zu machen, zum Mutterleib. Und der Wunsch, in diesen abgegrenzten Raum hinein zu nehmen Abbilder des pflanzlichen und tierischen Daseins, das so hereingeholt wird in den eigenen Raum, in Formen und Farben der Möbel und Wände. Auf der anderen Seite der Wille, den begrenzten Raum sich auflösen zu lassen in den unendlichen Raum, nichts hineinzunehmen als das, was mit dem Sinn des Wohnens notwendig verbunden ist, sich weit zu öffnen gegen den Weltenraum und alle Formen, die er in sich trägt, die draußen bleiben und doch wie Licht und Luft hereinströmen in den begrenzten Raum. Der Typ, der nicht wieder zurück will in die Höhle, in den Mutterleib, der hinaus will in die Unendlichkeit.

Weil das Raumschaffen des Menschen die Art ist, in der er, wie alles Lebendige, zum Sein kommt, so gibt es eine ursprüngliche Heiligkeit des Raumes. Zuerst und vor allem die Seite jedes Raumes, die den Charakter des Tragenden, ursprünglich Begrenzenden hat: den Boden. Die Hausgötter sind die Götter des Bodens, auf dem das Haus steht; und oft genug ist ihnen blutig geopfert worden. Darin gleicht das Haus der Bodengebundenheit des pflanzlichen Daseins. Aber raumbegrenzend ist nicht nur das eigene Haus, sondern auch das Nachbarhaus, ist der Ort, die Stadt, in deren Bannkreis ein Haus steht, ist die Landschaft, ist das Volk und sein Boden. Und sie alle nehmen teil an der Heiligkeit des Raumes, der uns Existenz gibt. Aber die raumschaffende Kraft des Menschen geht auch über diese Grenzen hinaus und sucht die Erde umzuschaffen zu dem einheitlichen Haus der Menschheit und löst dadurch los von jedem besonderen Boden. Damit aber wird menschliches Raumschaffen zum Schaffen immer wachsender Lebensräume, es wird zum Schaffen von Raum im Fortschritt der Zeit. Und die Zeit wird mächtig über den Raum.

II.

Der Raum der bloßen Erfüllung hat kein anderes Verhältnis zur Zeit, als daß er dauert in der Zeit. Inniger schon ist die Beziehung des vegetativen Raumes zur Zeit: das Pflanzliche hat Jugend, Reife, Alter als prägende Momente seines Lebensprozesses in sich. Und im Animalischen wird Zukunft vorweggenommen und Vergangenheit klingt nach. In der Innerlichkeit des Animalischen treffen sich Erwartung und Erinnerung und schaffen die Dreifaltigkeit der Zeit. Im Menschen endlich wird die Zeit unendlich wie der Raum. Der Mensch nimmt Zukunft voraus in unbegrenzter Ferne. Die kommenden Jahrmillionen bedeuten für ihn ebensowenig ein Ende wie die vergangenen Jahrmillionen einen Anfang. Er geht über jede Gestaltung, auch über jeden gestaltenden Raum hinaus, auf etwas Neues zu; und im Neuen ist die Grenze des alten Raumes und der alten Gestaltung durchbrochen.

Freilich: die Zeit kann den Raum nicht aufheben. Die Zeit gewinnt Gegenwart nur im Raum, Gegenwart ist der raumnahe Modus der Zeit. In der Gegenwart, und nur in der Gegenwart, einen sich Raum und Zeit. Wer Raum hat, hat Gegenwart; wer noch keinen gefunden hat, noch ohne Lebensraum ist, lebt in die Zukunft hinein, um aus ihr heraus sich Gegenwart zu schaffen. Hat er aber Raum, d. h. Gegenwart, gefunden, so treibt ihn die Macht der Zeit, die Macht menschlichen Sich-Zeit-Schaffens hinaus in die Zukunft, denn die Zukunft ist der Modus, durch die Zeit „Zeit" wird. Sich Zeit schaffen, das heißt sich Zukunft schaffen, und das reißt heraus aus der Gegenwart, aus dem Raum. Wir müssen wieder und wieder den Raum verlassen, der uns umfängt, um der Zeit, um der Zukunft willen – wie wir ihn verlassen mußten, als wir geboren wurden. Das Wort an Abraham, das ihm gebot, hinauszugehen aus seinem Lebensraum in eine unbekannte Zukunft, ist symbolisch für Menschsein überhaupt. Es ist symbolisch auch besonders für den Geistes- und Gesellschaftskampf unserer Gegenwart, dessen tiefster Grund der ist, daß die Götter, die Mächte des begrenzten Raumes, sich wehren, herausgerissen zu werden in einen umfassenderen Raum, in einen Raum der Menschheit und eine Zukunft, in der menschliches Sein sich neu erfüllt. Es ist, als ob die Vorstöße, die die Menschheit in Richtung auf den einheitlichen Raum gemacht hat, die Dämonen des Bodens gereizt und noch einmal zu höchster Kraftentfaltung getrieben hätte. So sehen wir heute den Kampf von Raum und Zeit, nicht ihre Einheit in erfüllter Gegenwart.

Jedes Haus sucht eine solche Gegenwart im begrenzten Raum zu geben. Jedes Haus ist eine Erfüllung menschlichen Sich-Raum-Schaffens, menschlicher Sehnsucht nach Gegenwart. Aber jedes Haus ist auch eine Gefahr, daß den Gottheiten des begrenzten Raumes, daß dem Hausgott Opfer gebracht werden, die ihm nicht zukommen. Es muß also erstrebt werden, und es muß demnach gelingen, Räume zu schaffen, in denen die Spannung ausgeglichen ist zwischen dem Willen, sich abzugrenzen, sich zu schützen vor der einsaugenden Unendlichkeit des Raumes, und dem Willen, vorzustoßen in den unendlichen Raum, herauszugehen aus der tragenden und zugleich engmachenden Höhle.

MENSCH UND UMWELT

Der Begriff „Umwelt“ scheint ein in sich einfacher Begriff zu sein, der keine besonderen Probleme enthält. In Wirklichkeit jedoch ist er kompliziert und eine schwer zu durchschreitende, aber offene Tür zum Selbstverständnis des Menschen. Man versteht den Menschen und seine Beziehung zur Umwelt falsch, wenn man Umwelt definiert als die Gesamtheit der Gegenstände, die dem Ort, an dem er lebt, so nahe sind, daß er sie in ständiger Begegnung erlebt. Wenn Umwelt in diesem Sinne aufgefaßt wird, dann ist sie identisch mit „Umgebung“. Um die Umwelt eines Menschen zu kennen, müßte man dann innerhalb eines willkürlich gewählten Umkreises jeden einzelnen Gegenstand aufzeichnen, dem der betreffende Mensch regelmäßig begegnen könnte, z. B. jeden Baum an dem Weg, den er täglich geht, jede Einzelheit im Muster seiner Vorhänge, jedes einzelne Auto, das er seine Straße entlang fahren sieht, jede Farbe, jedes Geräusch, von denen er bewußt oder unbewußt affiziert wird. Von alledem und von noch unendlich vielen anderen Gegenständen ist er umgeben. Aber das ist nicht seine „Umwelt“. Umwelt setzt sich aus jenen Elementen seiner Umgebung zusammen, die für ihn als Menschen von Bedeutung sind. Ein Mensch und sein Hund haben dieselbe Umgebung, aber eine verschiedene Umwelt. Das Gemälde von Hieronymus Bosch in meinem Zimmer ist für mich Umwelt, aber nicht für meinen Hund, für den nur der eigentümliche Öl- und Firnisgeruch Umweltcharakter hat. Für mein Hausmädchen besteht vielleicht der Umweltcharakter des Bildes in der Wahrnehmung des Bildgegenstandes und in ihrer Pflicht, es von Zeit zu Zeit abzustauben. All das bedeutet: erstens, daß Umwelt nicht mit Umgebung identisch ist, und zweitens, daß sie auf den bezogen ist, der in ihr lebt.

Daraus folgt, daß die gleiche Umgebung für verschiedene Typen von Individuen etwas völlig Verschiedenes ist. Wenn man einen New Yorker Puertoriken aus seiner Slum-Umgebung, die seine Umwelt war, herausholt und ihn in eine Wohnung innerhalb einer neuen Wohnsiedlung steckt, wird er seine alte Umwelt in die neue Umgebung mitbringen und mit dieser wie mit seiner alten Umwelt umgehen. Die neue Siedlung wird bald wieder Slum-Charakter annehmen. Umgekehrt würde jemand, der in einem kultivierten Haus aufgewachsen ist, aus einem

Schützengraben im Krieg einen kleinen unterirdischen Wohnraum machen können. Der Mensch wählt aus der Umgebung aus, was zu seiner Umwelt werden soll, und ist insofern nur bedingt von seiner Umgebung abhängig. Hierin unterscheidet er sich nicht von anderen Lebewesen – dem Hund, der Fliege, dem Zugvogel. Aber es gibt einen Unterschied zwischen den Menschen und einem anderen Lebewesen: die Umwelt des Menschen hat den Charakter von „Welt". Die Umwelt der Tiere bleibt immer Umwelt, sie kann niemals Welt werden. Was ist Welt?

Die Griechen bezeichneten die Welt als „Kosmos", was Schönheit, Ordnung, Struktur bedeuten kann. Die Römer nannten sie „Universum", was die Einheit einer unendlichen Mannigfaltigkeit bedeutet. Welt ist die strukturierte Einheit einer unerschöpflichen Zahl wirklicher und möglicher Dinge. Die Struktur ist es, die die Welt zur Welt macht. Wenn wir der Welt begegnen, begegnen wir ihr als einem Ganzen, das in Raum und Zeit strukturiert ist, in geometrischen und biologischen Formen, in Dingen und im Bewußtsein von Dingen, in Gesetzmäßigkeiten und Spontaneität, in Positivem und Negativem. Das alles macht die Welt zur Welt und bestimmt das Verhältnis von Welt und Umwelt. Man kann sagen: In der Umwelt des Menschen ist die Welt gegenwärtig, und jedes Stück seiner Umwelt weist über sich hinaus auf Welt. Da der Mensch durch Auswählen an seiner Umwelt selbst mitschafft, ist sie Ausdruck für sein Verständnis von Welt, von sich selbst und von der Begegnung seiner selbst mit der Welt. Jedes Stück seiner Umwelt ist dafür ein partikularer Ausdruck, und insofern hat es symbolischen Charakter. Ändert sich das Welt- und das Selbstverständnis des Menschen, so ändert sich auch seine Umwelt. Darum offenbart die jeweilige Umwelt etwas von der Geistigkeit des Menschen. Einige Beispiele sollen das verdeutlichen.

Naturgemäß ist die Umwelt räumlich begrenzt. Aber Welt – in der Umwelt gegenwärtig – drängt über jeden begrenzten Raum hinaus. Der Weltraum ist nach allen Richtungen offen ohne ein sichtbares oder gar vorstellbares Ende (was auch immer die physikalische Theorie über den begrenzten Raum des Universums sagen mag). Dieser unendliche Raum ist potentiell gegenwärtig in dem begrenzten Raum der Umwelt und erzeugt zwei Reaktionen: Er ist zugleich bedrohend und befreiend. Er droht, uns jeden Platz, auf dem wir stehen können, durch seine Endlosigkeit und Leere zu entreißen, und er befreit von der Gebundenheit an einen besonderen Raum, von der Enge dieses besonderen Raumes und seiner Tendenz zur Abkapselung von der Welt.

Die Erfahrung der Enge hat der Angst ihren Namen gegeben

(lateinisch: *angustiae*). Es ist das Abschneiden von Potentialitäten, das die Lebensangst hervorruft. Das moderne Haus mit seinen großen offenen Glasfenstern versucht, diese Enge zu überwinden und den Weltenraum weit offen hinein zu lassen. Es drückt den gleichen Mut aus, der den Raum über der Erde erobert hat und in den kosmischen Raum selbst vorstößt. Zugleich aber ist der enge Raum der geschützte Raum – der Mutterschoß, die Höhle, denn der Mensch ist ein endliches Wesen. Im Gegensatz zu seiner weiten Offenheit braucht er einen begrenzten Raum, damit dieser ihm das Gefühl psychologischen wie physischen Schutzes gibt. Ein Beispiel dafür ist die schützende Enge der mittelalterlichen Städte und ihre Umwallung.

Ein weiteres Problem von Umwelt und Mensch ist die Frage, ob und inwieweit in der gegenwärtigen Gesellschaft noch Raum für private Existenz bleibt. Eine scharfe Abgrenzung des privaten Raumes ermöglicht ein inneres Für-Sich-Sein oder erleichtert es zumindest. Und nichts ist nötiger in einem Zeitalter der Vereinsamung als Alleinsein mit sich und dem göttlichen Grund des eigenen Seins. Die wechselseitige Abhängigkeit von Mensch und Umwelt hat eine Umwelt erzeugt, in der Alleinsein immer weniger möglich ist. Die Zeit, die keine Zeit zum Alleinsein läßt, und der Raum, der keinen Raum für Zurückgezogenheit vorsieht, arbeiten beide dagegen. In vielen Wohnungen gibt es für die einzelnen Familienmitglieder kein Alleinsein mehr. Hausbesitzer und Architekten tun das ihre dazu in der falschen Voraussetzung, daß die Familie eine Einheit sei, die immer zusammen auftreten müsse. Aber die Familie besteht aus individuellen Selbsten, die einer Selbstbegegnung bedürfen; sonst vereinsamen sie innerhalb der Gruppe der Familie und wenden sich feindlich gegen sie, oder sie überlassen sich resigniert dem Schicksal, ihre Individualität zu verlieren. Gerade hier liegt eine große Verantwortung für den Architekten.

Mit diesem Problem eng verknüpft ist das Problem von Umwelt und Konformität, das von noch größerer geistiger Bedeutung als das vorhergehende Beispiel ist. Wenn ich durch die großen Wohnsiedlungen fahre, dann frage ich mich: Was bedeutet das für die menschliche Existenz? Siedlung nach Siedlung mit nur wenig Zwischenraum, überall der völlig gleiche Haustyp, mit geringen Unterschieden in Farbe und Grundriß, jedes Haus für sich in unmittelbarer Nachbarschaft der anderen, jedes umgeben von einer kleinen Grünfläche. Das Ganze scheint mir ein beunruhigendes Symbol für die Uniformierung der heutigen Massengesellschaft zu sein. Der Eindruck, den die Wohnprojekte innerhalb der großen Städte hervorrufen, ist anders. Obgleich sie auf der einen Seite viele Familien in dem gleichen Haus räumlich vereinigen, ermöglichen sie Nichtkonformität in viel höherem Maße, wie es große Städte immer tun. Es erhebt sich die Frage: Wie wirkt sich diese Entwicklung im Menschen aus? Sind beim täglichen Hin und Her von Musterheim zu Büro, Fabrik, Schule, in der Eisenbahn, im geselligen Leben noch Symbole übriggeblieben, die den konformistischen Zwang durchbrechen? Darauf läßt sich antworten: Weder die Stadtplaner noch die Architekten, noch jene, die die Bevölkerungsbewegung lenken, können solche Symbole schaffen. Sie müssen von innen kommen; sie sind Sache der Erziehung und Bildung und der Religion. Blicken wir aber mit dieser Erwartung auf die Bildungsinstitutionen – von der Familie und Schule bis hin zu den Massenkommunikationsmitteln – und auf die Art und Weise, mit der die Kirchen allsonntäglich den Konformismus heiligen, müssen wir zweifeln, ob hier eine Antwort gegeben wird. Anpassung an die Forderung unserer Massengesellschaft mit ihrer Konkurrenz ist das Ziel der meisten mittelbar oder unmittelbar erzieherischen Betätigungen. Eine derartige Entwicklung ist recht nützlich für die herrschenden Gruppen einer Gesellschaft und bietet den anderen Sicherheit – nicht nur in Diktaturen, sondern auch in Demokratien. Aber ihre Nützlichkeit ist begrenzt. Wenn der Mensch innerhalb der standardisierten Sicherheit entmenschlicht wird, gehen dem System diejenigen verloren, die es künftig stützen könnten und die einem gegebenen Schema gegenüber „Nein" sagen können, die fähig sind, das Neue in schöpferischem Geist zu erfahren und die das Wagnis des Mißlingens auf sich nehmen. Gibt es in der Umwelt unserer Gesellschaft Elemente, die die symbolische Macht für dieses „Nein" haben, aus dem ein neues „Ja" entspringen könnte? Erinnern wir uns, daß Umwelt ein korrelativer Begriff ist und daß Umgebung nicht Umwelt ist. Es kann sein, daß sich die Umgebung in einer Weise entwickelt, durch die ein Nonkonformismus fast unmöglich wird. Trotzdem kann sie ihn nicht völlig unterdrücken. Jeder Mensch hat in seinem Selbst einen Quell des Einzigartigen. Partizipation ist nur der eine Pol des Seins, Individualisation ist der andere, und jeder Mensch hat unmittelbaren Zugang zum letzten Grund und Sinn des Lebens, dem Göttlichen.

Weil das so ist, werden immer wieder Symbole des Nonkonformismus erscheinen inmitten jener Umgebungen, die eine Anpassung an Schemata und Modelle zu erzwingen suchen. Wir werden von unserer Umwelt geformt, zugleich aber formen wir die Umwelt. Daraus ergibt sich unsere Aufgabe, die auch die Aufgabe einer Gruppe ist wie der heute hier anwesenden. Wir sollten uns nicht einbilden, daß wir die Tendenz der Kultur in unserer Zeit ändern können – weder als Architekten noch als Theologen oder Erzieher. Aber wo es Trends gibt, da gibt es auch Chancen: Symbole können nicht absichtlich geschaffen werden, sie werden geboren, sie wachsen und sterben ab. Man kann jedoch sagen, wie sie empfangen und geboren werden, nämlich aus der persönlichen Leidenschaft Einzelner, die ehrlich und ernst die Forderungen des Materials vernehmen, mit dem sie arbeiten, die Form erschauen, die ihrem Ziel gemäß ist, und die wissen, daß in der Tiefe jeden Materials, jeder Form und jeden Zieles etwas Letztgültiges verborgen ist, das manifest wird im Stil eines Gebäudes, eines Gedichtes, einer Philosophie. Aus dieser Tiefe können und werden die Symbole geboren werden, die eben durch ihren Charakter „Nein" sagen zur gegenwärtigen Konformität und auf eine Umwelt weisen, in der der Einzelne Symbole seiner Begegnung mit der letzten Wirklichkeit finden kann.

PROTESTANTISMUS UND KIRCHENBAU

Voraussetzung für eine Erneuerung der religiösen Kunst ist ein neuer Stil im Kirchenbau, denn die Baukunst bildet die Grundlage, auf der sich die anderen Künste – und nicht nur die bildenden Künste – erst entwickeln können. (Das bedeutet nicht, daß die neue Architektur nicht durch die Gesamtentwicklung der modernen Kunst beeinflußt wird.) Die Baukunst verdankt ihre Bedeutung als Grundlage für die anderen Künste ihrer doppelten Funktion, daß sie zugleich einen geistigen Gehalt verkörpert und einem praktischen Zweck dient. Dies letztere bewahrt sie davor, sich in phantastischen Einfällen zu verlieren – eine Gefahr, der die reinen Künste immer ausgesetzt sind. Die Bedeutung der Baukunst für die anderen Künste, d. h. für uns die Bedeutung des Gotteshauses für alle Formen der religiösen Kunst, macht die Suche nach einem neuen Kirchenstil besonders dringlich. Wir dürfen es gewiß als ein günstiges Zeichen für die Erneuerung der religiösen Kunst betrachten, daß heute von den verschiedenen Konfessionen überall in der westlichen Welt neue Kirchen gebaut werden. Wenn die Bemühungen um einen neuen Stil dabei auch nicht immer erfolgreich sind und viele Versuche im bloßen Experiment stecken bleiben, so ist der Versuch selbst doch entscheidend. Tatsächlich gelingt es in vielen Neuschöpfungen, die Gegenwart des Heiligen in neuen, unserer Zeit gemäßen Formen auszudrücken. In diese Kirche passen dann die Gegenstände einer religiösen Pseudo-Kunst nicht mehr hinein, deren sentimentaler, einem falschen Schönheitsideal huldigender Naturalismus nur als „Kitsch" bezeichnet werden kann.

Der Protestantismus hat von Anfang an in Konflikt mit den bildenden Künsten gestanden. Die Vorherrschaft des Akustischen gegenüber dem Optischen im protestantischen Denken – eine Folge der spätmittelalterlichen nominalistischen Tradition – war der Entwicklung der Musik und der Dichtung günstig, der religiösen sowohl wie der weltlichen. Aber dem gleichen Geist entsprang die Vernachlässigung der Baukunst (des Kirchenbaus wie des Profanbaus) ebenso wie der Bildhauerkunst, der Malerei und der Tanzkunst. In der Reformation waren bestehende katholische Kirchen von den Protestanten übernommen und ihrer bildlichen Symbole mehr oder weniger entkleidet worden. Die

Gebäude selbst hatte man bestehen lassen und mit ihnen das, was sie jeweils als romanische, gotische, Renaissance- oder Barock-Bauten zum Ausdruck brachten. Dadurch wurde ein Widerspruch erzeugt zwischen den Überzeugungen und Ansprüchen der protestantischen Gemeinde und den Ideen des Katholizismus, die sich in seinen Kirchen verkörpert hatten. Diesen Widerspruch versuchte man in Neubauten zu überwinden; und in einigen ist es gelungen, einen neuen, dem Protestantismus gemäßen Stil zu finden, wie in den Gemeindehäusern von Neu-England und in den Rundkirchen Europas, z. B. der großartigen, leider zerstörten Frauenkirche in Dresden. Aber diese neue Richtung setzte sich nicht durch. Mit dem achtzehnten Jahrhundert begann in der gesamten westlichen Welt ein Rückgang der religiösen Kunst. Weder in der Malerei, der Bildhauerei noch in der Baukunst konnte sich ein neuer Stil entwickeln, da der Historismus des neunzehnten Jahrhunderts nichts duldete als die Nachahmung historischer Stile. Der beliebte neugotische Stil im protestantischen wie im katholischen Kirchenbau ist eines der schlimmsten Beispiele dieser Pseudo-Kunst in der alten und der neuen Welt. Es ist kaum zu verstehen, daß die protestantische Geistlichkeit die geistige Gewalt des ursprünglich katholischen Baus nicht empfand und nicht merkte, daß der gegenwärtige Gottesdienst in direktem Widerspruch zu den katholischen Symbolen stand, die in dem Bau noch lebendig waren. Diese Verständnislosigkeit läßt sich nur daraus erklären, daß der Protestantismus eben auf das Akustische und nicht auf das Optische eingestellt ist.

Es gibt Notlagen, in denen ein Gebäude für einen kirchlichen Zweck gebraucht werden muß, für den es ursprünglich nicht bestimmt war. Im Grunde ist der Protestantismus ebensowenig wie das Christentum auf eine besondere Art des Gotteshauses angewiesen, wie z. B. die Ladenkirchen in den Armenvierteln beweisen. Aber bei der Errichtung eines Neubaus ist es sinnlos, sich an Vorbilder zu halten, die aus einer Notlage geboren waren, die nicht mehr besteht. Jede neuromanische, neugotische oder neubarocke Kirche wiederholt Formen, die durch eine einmalige historische Situation bedingt waren, und ist daher eine Absurdität.

Hier könnte man einwenden, daß der Widerspruch zwischen traditioneller Form und neuem Zweck im Kirchenbau der Spannung von Tradition und Erneuerung entspricht, die sich in allen Religionen und auch im Protestantismus findet. Auch der protestantische Protest wurzelt noch im Katholizismus, nämlich in der Paulinischen Interpretation der christlichen Botschaft. Warum sollten also nicht alte Symbole bestehen bleiben neben den neuen, die ihre Entstehung verhängnisvollen Umwälzungen zu verdanken haben, wie der Spaltung in eine östliche und eine westliche Kirche oder der revolutionären Lossagung des Protestantismus von der katholischen Mutterkirche? Sowohl in der Liturgie wie in der Theologie bewahrt der Protestantismus noch viele Elemente der gemeinsamen christlichen Tradition. Warum sollte er also den traditionellen Baustil aufgeben? Auf diesen Einwand läßt sich erwidern, daß die Beibehaltung der traditionellen Symbole der Erneuerung des Stils nicht im Wege gestanden hat. Symbole, wie z. B. das Kreuz, gibt es zu allen Zeiten und in allen Stilen der christlichen Kunst, aber die Formen ändern sich, in denen diese Symbole ausgedrückt werden. In der Mannigfaltigkeit der Stile drückt sich nicht nur die Verschiedenheit der Religionen aus, sondern auch der sich verändernde Geist innerhalb ein und derselben Religion. Die Funktion von Heiligenbildern in der orthodoxen Kirche ist von der in der römisch-katholischen Kirche völlig verschieden. Und in den protestantischen Kirchen haben die Bilder wieder eine andere Funktion – oder sollten sie zumindest haben. Immer hat sich der Geist einer Religion in dem Stil der Zeit offenbart, und auch der heutige Protestantismus sollte einen ihm und der Zeit gemäßen Stil finden.

Wenn Symbole am Leben bleiben sollen, müssen sie in einem Stil ausgedrückt werden, der sowohl dem Geist der Zeit wie dem Wesen der Religion entspricht. Das Wesen der menschlichen Schöpferkraft und das Prinzip der Ehrlichkeit verlangen, daß die neue Kunst Ausdruck der neuen Zeit sei. Neue Kunst beginnt mit dem verstehenden Einfühlen in bereits vorhandene Kunstwerke. Meist übt ein gewisser Stil besonders starken Einfluß auf einen Künstler aus. Aber seine schöpferische Kraft durchbricht schließlich alles Übernommene und stellt in dem neuen Werk das eigene Wesen dar und durch dieses die Zeit des Künstlers. Nach anfänglichem Zögern und Widerstreben erkennen die Zeitgenossen in dem Werk ihr eigenes Anliegen. Wenn man von dem Künstler verlangt, daß er den fremden Stil einer fremden Zeit nachahmt, zerstört man seine Schöpferkraft und seine künstlerische Ehrlichkeit. Seine Kunst hört auf, ein Spiegel für seine Zeitgenossen zu sein, in dem sie ihr eigenes Wesen erkennen können. Ein solcher Künstler betrügt seine Zeitgenossen, und allzu oft wollen sie betrogen werden. In der großen Zeit religiöser Kunst wäre ein solcher Betrug unmöglich gewesen. Aber in der industriellen Gesellschaft, in der die Religion ihre Bedeutung verloren hat, hat auch die religiöse Kunst keine echte Funktion mehr; sie wird zur Illusion und ist gerade als solche erwünscht. Das gilt für den Kirchenbau wie für jede andere Art religiöser Kunst. Wie sicher und mutig haben dagegen frühere Generationen an die alten

Kirchen Erweiterungen im Stil ihrer eigenen Zeit angebaut, in ihrer ehrlichen Schaffenslust unbekümmert um historische Treue und Stilreinheit, die Kunstprinzipien des neunzehnten Jahrhunderts!

II.

Nach diesen prinzipiellen Betrachtungen über Funktion und Aufgabe der Baukunst können wir uns der spezifischen Frage zuwenden, welcher Baustil dem Geiste des Protestantismus gemäß ist. Im protestantischen Gottesdienst sind zwei Elemente vorherrschend: das Wort im Gegensatz zum Sakrament und die Gemeinde im Gegensatz zum Liturgen. Die protestantische Kirche ist in erster Linie ein Gebäude für die Gemeinde, die sich versammelt, um die Botschaft vom Neuen Sein zu vernehmen und ihr in Gebet und Lobgesang zu antworten. Diesem Zweck dient am besten ein Rundbau, in dem die Glieder der Gemeinde einander zugewandt sind und in dem der Pfarrer mitten unter ihnen steht, wenn er predigt oder die Liturgie hält. Der Raum für den Altar sollte ebenfalls nicht abgetrennt sein, denn der Altar ist der Tisch für das Abendmahl, an dem alle Glieder der Gemeinde teilnehmen sollen. Eine Kirche, die so gebaut ist, daß der Altar als der eigentliche Ort des Heiligen von allen anderen Teilen der Kirche getrennt und nur durch einen Mittelgang zu erreichen ist, ist von Grund auf unprotestantisch. Der Protestantismus hat jede Art von hierarchischem Dualismus zwischen Geistlichkeit und Laienschaft und zwischen einem heiligen und einem profanen Teil der Kirche abgeschafft und darf keine Überreste dieses Dualismus dulden (z. B. Seitenschiffe, Seitenkapellen und Abtrennung des Chors). Eine neue Kirche darf diese katholischen Symbole nicht wieder aufnehmen, und bestehende Kirchen sollten so weit wie möglich im protestantischen Geist umgebaut werden. Vielleicht wäre es gut, die Kanzel dem Eingang gegenüber zu stellen. Aber es wäre falsch, sie mit diesem durch einen Gang zu verbinden, der durch die Sitzreihen schneidet. Auf der einen Seite der Kanzel könnte das Taufbecken und auf der anderen der Tisch für das Abendmahl stehen.

Die nächste Frage ist, wie das Innere der Kirche ausgestaltet werden soll, vorausgesetzt, daß wir es mit einem Bau im Stil unserer Zeit, dem sogenannten „internationalen" Stil zu tun haben. Trotz seiner fundamentalen Strenge und Nüchternheit bietet ein solcher Bau unzählige Möglichkeiten. Hier stoßen wir jedoch auf einen Widerspruch innerhalb des Protestantismus selbst. Einerseits betont der Protestantismus den unendlichen Abstand zwischen Gott und Welt. Diese Anschauung ist in der jüdischen Religion, besonders in ihrer prophetischen Tradition, enthalten und ist vom Islam und bis zu einem gewissen Grade vom Protestantismus übernommen worden. Der Abstand zwischen dem Heiligen und dem Menschlichen wird am besten durch einen weiten leeren Raum, eine „heilige Leere“ ausgedrückt. Sie kann ein ausdrucksvolles Symbol für die Transzendenz Gottes sein, aber nur, wenn in ihr der numinose Charakter der Kirche Gestalt annimmt. Ein bloßer leerer Raum, in dem nichts steht als die Bänke für die Gemeinde und ein Rednerpult für den Pfarrer, unterscheidet sich in nichts von einem Klassenzimmer für Religionsunterricht. In ihm ist das Numinose, das die Kirche vermitteln soll, nicht gegenwärtig.

Dies bringt uns zu dem anderen Pol des Protestantismus, der wie alle christlichen Religionen auf der göttlichen Selbstoffenbarung in einem persönlichen Leben zu einer bestimmten Zeit und an einem bestimmten Ort beruht. Diese Manifestation des Göttlichen im Konkreten rechtfertigt Bilder in der Kirche – Bilder im weitesten Sinn des Wortes als Darstellungen des Endlichen, in dem das Unendliche erscheint. Symbolische Gegenstände in diesem Sinn haben in der Kirche einen Platz, solange sie auf der Manifestation des transzendenten Gottes in Jesus als dem Christus gründen. Alle katholischen Kirchen (griechisch- wie römisch-katholische und anglikanische) betonen diese Seite des Christentums, und innerhalb des Protestantismus gibt es einige Gruppen, die dafür auch offen sind. Der Protestantismus darf die sakralen Elemente des Katholizismus nicht einfach verwerfen, aber er muß alle bildlichen Darstellungen einem bestimmten Kriterium unterwerfen: Er darf nicht dulden, daß sie zum Götzendienst verführen und zu dem falschen Glauben an die magische Gewalt von Bildern. Wegen dieser Gefahr hat der Protestantismus zunächst aus allen katholischen Kirchen, die er übernahm, die Bilder entfernt, ohne damit jedoch das zu schaffen, was wir als „heilige Leere“ bezeichnet haben. Das Ergebnis war eine öde Leere, die man peinlich empfand. Wenn der Protestantismus heute versucht, diese häßliche Leere zu überwinden, muß er sich jedoch hüten, nicht in den entgegengesetzten Fehler zu verfallen und die Leere mit überflüssigem Zierrat zu füllen. Die nachträgliche Ausschmückung eines fertigen Baus, die nicht Teil der Gesamtstruktur ist und weder eine praktische noch eine ästhetisch-religiöse Funktion hat, muß als unehrliche Zutat verworfen werden.

Wir wollen das hier Gesagte an einem Beispiel deutlich machen. Aus technischen Gründen brauchen Kirchenfenster nicht farbig zu sein. Aber der numinose Charakter einer Kirche kann durch farbige Fenster erhöht werden, und deswegen erfüllen sie in gewissen Fällen eine wesentliche Funktion. Auch sie unterstehen wie alle bildlichen Darstellungen dem Kriterium der Ehrlichkeit. In einer Zeit nicht-repräsentativer Kunst darf auch die Glasmalerei keine imitative Figurenmalerei sein. Die Möglichkeiten von Chartres sind nicht mehr die unsrigen. Wenn diese Einschränkungen anerkannt werden, ist nichts gegen gemalte Kirchenfenster einzuwenden. Durch sie wird das mystische Element im Protestantismus zum Ausdruck gebracht im Gegensatz zu dem rationalen Element, das durch den Einfall des ungebrochenen Tageslichts betont wird.

Durch die offene Struktur einiger moderner Kirchen hat man versucht, die umgebende Natur, Bäume, Blumen, Wasser und Himmel in den Bezirk des Heiligen miteinzubeziehen. Dies entspricht dem richtigen Gedanken, daß das Göttliche keine besondere Sphäre *neben* anderen ist, sondern die Dimension der Tiefe *in* allen Sphären. Aber der Zustand des Menschen – seine Entfremdung von seinem wahren Wesen – erlaubt ihm nicht, in jedem Augenblick das Göttliche in der Natur zu erfassen. Und so hindern ihn die offenen Kirchenbauten an der für ihn notwendigen Konzentration. Das Kirchengebäude muß sich der menschlichen Situation anpassen, in der Heiliges und Profanes nebeneinander bestehen. Deswegen ist es nicht ratsam, die Natur in das Gotteshaus einzubeziehen.

Zu der wichtigen Frage, welche bildlichen Darstellungen für eine protestantische Kirche geeignet seien, möchte ich als erstes bemerken, daß Tafelgemälde nicht in eine protestantische Kirche gehören (ebensowenig wie Solosänger in die Andacht der protestantischen Gemeinde). Fresken dagegen sind sinnvoll, da sie eine doppelte Funktion erfüllen: sie sind zugleich Teil der Architektur, und sie sprechen in einer stummen Sprache von der menschlichen Existenz. Ihre Sprache muß nicht die Bildersprache der Bibel sein. Die Fresco-Malerei muß sich zwar repräsentativer Formen bedienen, aber sie darf weder naturalistisch noch idealistisch werden, sondern muß Ausdruckskunst sein – Kunst im expressionistischen Stil, wie ihn das frühe zwanzigste Jahrhundert geschaffen hat und wie er in vieler Hinsicht unserer Zeit noch immer gemäß ist. Körper dürfen in diesen Bildern nicht realistisch ausgeführt, sondern nur in Umrissen angedeutet werden (wie z. B. in der Matisse-Kapelle in Vence).

Eine weitere Frage ist, wieweit traditionelle Symbole noch Gegenstand bildlicher Darstellungen sein können. Nachdem die Reformation sie weitgehend verworfen hatte, macht man heute den Versuch, sie wieder einzuführen. Aber dies ist ein fragwürdiges Unternehmen.

Symbole, deren Verständnis gelehrte Interpretationen erfordert, ermangeln der Kraft echter Symbole und können diese nicht ersetzen. Ihre Verwendung als bloßer Schmuck ohne funktionelle Bedeutung ist künstlerisch unehrlich und religiös abzulehnen.

Für die Plastik möchte ich das gleiche geltend machen wie für die Malerei: Einzelne Bildwerke gehören nicht in die Kirche; aber die plastische Gestaltung einer Wand ist möglich und sinnvoll. Eine Plastik sollte nicht so aufgestellt werden, daß sie von allen Seiten betrachtet werden kann. Das Bildwerk in einer Kirche soll Verkörperung des Heiligen sein und darf nicht als ein Gegenstand neben anderen stehen und auf diese Art profaniert werden. Wenn es dagegen unserem bloßen Betrachten durch die Art der Aufstellung entrückt ist, wird sein numinoser Charakter deutlich. Der Stil der Plastik sollte wie der der Malerei expressiv sein, ohne die großen expressiven Stile der Vergangenheit nachzuahmen. Wenn ein eigener expressiver Stil nicht gefunden werden kann, sollten abstrakte, nicht-repräsentative Formen verwendet werden, die große symbolische Gewalt haben können. In einem Kruzifix z. B. sollte der Leib des Gekreuzigten mit dem Kreuz verschmelzen, und jede naturalistische Gestaltung sollte vermieden werden. – Jedes religiöse Kunstwerk muß das, wofür es Symbol ist, zum Ausdruck bringen. In allen Fällen muß der Eindruck vermieden werden, daß der „heilige Gegenstand" ein Gegenstand wie jeder andere in der Welt der endlichen Dinge ist.

Dies sind einige Gedanken zu einem unerschöpflichen Thema. Es ist uns heute wieder möglich, Kirchen zu bauen; und wir müssen diese Möglichkeit zu verwirklichen suchen, selbst auf die Gefahr hin, daß viele Versuche mißlingen. Wie der Akt des Glaubens ist auch die Errichtung von heiligen Stätten ein Wagnis.

ZUR THEOLOGIE DER BILDENDEN KUNST UND DER ARCHITEKTUR

I.

Am Anfang meiner Überlegungen zur Theologie der bildenden Kunst und der Architektur steht ein Erlebnis, das sich unmittelbar nach meiner Rückkehr aus dem ersten Weltkrieg in dem Berliner Kaiser-Friedrich-Museum abspielte: Ich stand vor einem der runden Madonnenbilder von Botticelli. Und in einem Moment, für den ich keinen anderen Namen als den der Inspiration weiß, eröffnete sich mir der Sinn dessen, was ein Gemälde offenbaren kann. Es kann eine neue Dimension des Seins erschließen, aber nur dann, wenn es gleichzeitig die Kraft hat, die korrespondierende Schicht der Seele zu öffnen. Es war naturgemäß für einen Theologen, die Frage zu stellen: Wie verhält sich diese Inspiration zu dem, was in der theologischen Sprache Inspiration genannt wird? Wie verhält sich die ästhetische zu der religiösen Funktion des menschlichen Geistes? Wie verhalten sich die künstlerischen Symbole – und alle künstlerischen Schöpfungen sind Symbole (so naturalistisch ihr Stil auch sein mag) – zu den Symbolen, in denen Religion sich ausdrückt? Diese Frage gewann eine neue Dringlichkeit, als ich bald darauf von einem Freund in den deutschen Expressionismus eingeführt und zugleich ohne Einführung ein begeisterter Verteidiger des „Bauhaus-Stiles" wurde, der heute unter dem Namen „Internationaler Stil" in zahllosen Varianten in allen Ländern zum Durchbruch gekommen ist. In der Ausdruckskraft des Expressionismus und der Sachlichkeit der neuen Architektur fand ich Kategorien geistiger Schöpfung, die auch für meine theologische Arbeit bedeutungsvoll wurden.

Und dann geschah etwas Überraschendes: Während ich in meinen Vorlesungen über Religionsphilosophie in der Universität Unter den Linden auf archaisch-griechische Statuen und den „Turm der blauen Pferde" von Franz Marc Bezug nahm, um das eine durch das andere und griechische Philosophie durch beide zu interpretieren, fand in dem gegenüberliegenden Kronprinzen-Palais, der Galerie für moderne Kunst, in dem das Bild von Marc hing, ein merkwürdiger Kampf statt: Vertreter des Kleinbürgertums, das später die Kerntruppe des Nazismus lieferte, fochten gegen die neue Kunst mit Spott, Haß und in gelegentlichen Faustkämpfen. Sie empfanden als Entartung die Kunst, die ihre eigene entartete Existenz enthüllte. Sie nannten häßlich, was in der Architektur ihrem eigenen Bedürfnis nach unehrlicher Verschönerung widersprach. Sie lächelten, wenn sie nicht verstanden – ihr gutes Recht! Sie haßten, wenn sie sich enthüllt fühlten – ihre schließlich zur Selbstzerstörung führende Schuld! Es gibt wenige Vorgänge, die mit so schlagender Deutlichkeit die letzte und das heißt ins Religiöse weisende Ernsthaftigkeit der künstlerischen Symbolwelt zeigen. Solche Erfahrungen zwangen mich zum Entwurf einer Theologie der Kunst einschließlich der bildenden Kunst und Architektur. – Aus einer überwältigenden Fülle von Problemen, die damit verbunden sind, können nur einige zentrale herausgegriffen und diskutiert werden.

II.

Ein mehr verbales als sachliches Problem ist der Begriff einer „Theologie der Kunst" selbst. Theologie als *logos*, Rede von *theos*, von Gott, scheint ihr Objekt in Gott zu haben; wie kann ein zweites Objekt, nämlich die Kunst oder bildende Kunst oder Architektur, hinzugefügt werden? Das scheint schon grammatikalisch unmöglich. Aber es ist möglich, wenn Theologie nicht Rede von Gott als von einem Gegenstand neben anderen bedeutet, sondern – wie es sein muß – als Rede von der Manifestation des Göttlichen in allem Seienden und durch alles Seiende hindurch. Theologie der bildenden Kunst ist dann die Lehre von der Manifestation des Göttlichen in dem künstlerischen Akt und seinen Schöpfungen.

Ein solches Programm hat gewisse Voraussetzungen und gewisse Konsequenzen. Es setzt voraus, daß Religion im fundamentalen Sinn des Wortes nicht ein Gebiet neben anderen ist, z. B. neben der Philosophie oder Politik oder dem Recht oder – der Kunst, sondern daß sie das Erlebnis einer Qualität in all diesen Gebieten ist, nämlich der Qualität des Heiligen oder dessen, was uns unbedingt angeht. Eine Theologie der bildenden Kunst setzt voraus, daß in Bildern und Skulpturen – und mit einem spezifischen Unterschied auch in Werken der Architektur – die Manifestation letzter Wirklichkeit erkennbar ist. – Wenn das so ist, ergibt sich eine entscheidende Folgerung, nämlich, daß Kunst nicht religiöse Gegenstände behandeln muß, um religiös zu sein. Kunst kann religiös sein, ob sie sogenannte religiöse oder sogenannte profane Kunst ist. Sie ist religiös, sofern in ihr die Erfahrung letzten Sinnes und Seins zum Ausdruck kommt. Und das allein ist entscheidend für den Aufbau einer Theologie der bildenden Kunst und Architektur.

Das Element in einem Kunstwerk, in dem die Erfahrung letzten Sinnes und letzten Seins sich ausdrückt, ist sein Stil. Stil ist das dritte Element in einem Kunstwerk neben dem frei gewählten Gegenstand und der ästhetisch bestimmten Form. Es ist das transzendierende Element neben dem freien und dem gebundenen Element; aber es liegt nicht neben ihnen, sondern wirkt in ihnen und scheint durch sie hindurch. Der Stil bestimmt weithin die Wahl der Gegenstände und die allgemeine Form in denjenigen Werken, die einen einheitlichen Stil aufweisen. Darum ist der künstlerische Stil jeder Epoche ein Dokument der religiösen Existenz dieser Epoche. Und es ist die Aufgabe des analysierenden Historikers, diese Dokumente zu entziffern, und des verstehenden Beschauers, ihren Sinn nachzuerleben. Wo dies geschieht, fällt ein Licht auf das Ganze und auf alle Seiten einer Kultur. Es sind in vielen Fällen die einzigen Dokumente, die wir haben. Aber auch wenn andere da sind, gibt es keine, die direkter und eindrucksvoller von dem berichten, was der Glaube eines Künstlers oder einer Schule oder einer Gesellschaft ist. Man sollte keine Geschichte der Politik oder der Philosophie oder der Religion schreiben, ohne die Dokumente der bildenden Kunst heranzuziehen und aus ihnen zu lernen, in welcher Weise die Menschen einer Epoche sich selbst und ihr Stehen im Universum verstanden haben. Das heißt: Ohne eine Theologie der Kultur gibt es keine in die Tiefe gehende Geschichte der Kultur, und ohne eine Theologie der bildenden Kunst gibt es kein Verstehen des letzten Sinnes der Kunstwerke!

III.

Die Zahl künstlerischer Stile ist Legion. Aber die Zahl der Grundelemente aller Stile ist begrenzt. Man kann sie ableiten von grundlegenden Begegnungsarten des Menschen mit seiner Welt, d. h. dem Ganzen des Begegnenden. In einem Akt radikaler Abstraktion, wie sie die Aufgabe des philosophischen Denkens ist, möchte ich drei Stilelemente hervorheben, die in unendlichen Mischungen in allen Stilen vorkommen, aber immer unter der Vorherrschaft eines der Elemente. Es sind dies das expressive, das idealistische und das naturalistische Element. Jedes Kunstwerk ist expressiv. Was früher Schönheit genannt wurde, sollte heute, nach dem völligen Sinnverfall des Wortes „schön", „Ausdrucksmächtigkeit" genannt werden. Wie das wissenschaftliche Erkennen nach Wahrheit strebt, so das künstlerische Anschauen nach Ausdrucksmächtigkeit. Darum ist das expressive Element in allen Stilen vorhanden. Es bringt etwas Verborgenes im Begegnenden ans Licht, es bringt eine Tiefe in den Dingen an die Oberfläche. Es versucht nicht, die subjektiven Erlebnisse des Künstlers auszudrücken, sondern mit Hilfe seiner Offenheit für die Dinge deren Tiefe. Es ist nicht notwendig, daß diese Tiefe die letzte Tiefe der Dinge ist, ihr Stehen im schöpferischen Grunde alles Seienden. Aber wo immer Kunst geschaffen wird, da wird eine Tiefe des Seienden zum Ausdruck gebracht, die auf keine andere Weise ausgedrückt werden kann als durch die Kunst. Was ein Bild sagt, kann keine Kunstkritik, keine Kunstphilosophie, überhaupt keine Kombination von Begriffen sagen. Und wenn das Bild von dem spricht, was uns unbedingt angeht, und darum religiöse Symbole künstlerisch gestaltet, so tut es das in anschaulicher Form, was Theologie in begrifflicher Form tut. Aber keine Theologie kann ersetzen, was die Kunst tut – wie das Wort nicht das Sakrament ersetzen kann.

Das expressive Element in den Stilen zeigt, wo immer es erscheint, ähnliche Charakteristika: Da es die Tiefe in den Dingen zur Anschauung bringt, bricht es durch die Oberfläche hindurch und verändert ihre natürlichen Strukturen, sei es durch Zerstückelung und freie Wiederzusammensetzung wie im Surrealismus, sei es durch Überbetonung einzelner Elemente wie im Expressionismus, sei es durch Negation des Partikularen wie in ostasiatischen Bildern, sei es durch Auflösung der organischen Formen in ihre anorganisch-geometrischen Bauelemente wie im Kubismus, sei es durch symbolische Heraushebung von Körperteilen wie im „magischen" oder besser „numinosen" Realismus primtiver und moderner Künstler, sei es im Durchscheinen substantieller Geistigkeit durch die Körperlichkeit, insonderheit des Auges, wie in den Mosaiken und Ikonen des byzantinischen Stils, sei es der Versuch, durch Kombinationen von Linien und Farben, ohne gegenständliche Formen, Seinsmächtigkeit und Seinssinn auszudrücken. All das, diese überwiegende Fülle von Stilen, zeigt die Herrschaft des expressiven Elements in der bildenden Kunst – und es sind nur Beispiele.

IV.

Es ist nun meine Überzeugung, gewonnen von historischen Fakten wie von anschauender Analyse, daß das Maß, in dem ein Stil von dem expressiven Element bestimmt ist, zugleich das Maß ist, in dem er fähig ist, letzte Wirklichkeit und darum Symbole der religiösen Tradition auszudrücken. Nur diejenigen Stile, die in der Darstellung jedes

Gegenstandes die Tiefen-Dimension der Dinge zur Anschauung bringen, können religiöser Kunst im engeren Sinne dienen. Sie allein können den Gehalt eines spezifisch religiösen Symbols in religiös angemessener Weise ausdrücken. Darum kam die große religiöse Kunst des Westens mit Rembrandt zu einem Ende, und erst seit 1900, mit der beginnenden Machtentfaltung des expressiven Stils, ist religiöse Kunst wieder möglich, obwohl bisher nur in tastenden Anfängen wirklich geworden.

Wenn es richtig ist, so folgt daraus eine kritische Wertung des idealistischen und des naturalistischen Stilelementes vom religiösen Standpunkt. Beide Elemente fehlen nie ganz; das naturalistische nicht, da das gesamte Material der bildenden Kunst, selbst in den abstraktesten Stilen, aus der Anschauung der alltäglich begegnenden Wirklichkeit stammt; und das idealistische nicht, da in jedem schöpferischen Akt Teile der begegnenden Wirklichkeit in ihrem wesenhaften Charakter entdeckt und in ihrer möglichen Erfüllung gezeigt werden. Schon diese vorläufigen Bestimmungen zeigen, daß das naturalistische und das idealistische Element zusammengehören und in einem gemeinsamen Gegensatz zum expressiven Element stehen. Da geschichtlich, z. B. in der griechischen und der modernen Entwicklung, die Vorherrschaft des idealistischen Elements zeitlich der des naturalistischen voranging, ist es sinnvoll, mit der Betrachtung des idealistischen Elements zu beginnen. Es wächst aus bestimmten Elementen des Expressiven hervor, z. B. aus dem Archaischen in Griechenland, aus dem Spätgotischen in Westeuropa. Dann aber tritt eine Humanisierung ein, die das Expressive dem Ideal vollkommener Natur unterwirft. Die Göttergestalten der klassischen Skulptur vereinen die substantielle Heiligkeit der archaischen Vorzeit mit den Formen humanen Maßes. Sie repräsentieren das Essentiell-Zeitlose in der Gestalt des Vergänglichen. Darin liegt zugleich das tragische Vorzeichen, das ihre Größe einschränkt und ihren Untergang ankündigt und sichtbar ist in ihrer vollkommenen Schönheit. In der Renaissance, die christlicher Humanismus ist, ist die Form idealer Vollkommenheit zugleich Antizipation jenseitiger Erfüllung. Die Schönheit der Renaissance-Bilder nimmt – oft auch thematisch angedeutet – das wiedergewonnene Paradies vorweg. Idealismus ist antizipierte Eschatologie. Er ist Vorwegnehmen dessen, was nur als Gegenstand der Erwartung möglich ist.

Auf dieser Basis sind zahllose religiöse Bilder entstanden. Aber sind die Madonnen und Kreuzigungen und Auferstehungen und biblischen Geschichten der Renaissance-Maler wirkliche Schöpfungen religiöser Kunst? Sie sind es nicht! Sie sind Visionen menschlicher Vollendung;

niemand kann die religiöse Dimension in dieser wie in jeder Kunst übersehen. Aber es fehlt in ihnen die Erfahrung des Geistes, der, wie es im Lied heißt, die „Grenzen unsrer Form zerbricht". Es fehlt die durchbrechende Macht des Expressiven.

Den kurzen Epochen des Übergewichts des idealistischen Elements folgten Epochen der Vorherrschaft naturalistischer Tendenzen, im Griechischen sehr bald, in der Moderne nach Überwindung verschiedener Reaktionen. Die Größe des naturalistischen Elements in der Stilgeschichte der Kunst ist der Versuch, Kunst zu schaffen in Unterwerfung unter das unmittelbar oder kritisch durchleuchtete Begegnende. Es ist diese Hinnahme des Gegebenen, die dem wissenschaftlichen Empirismus wie dem ästhetischen Naturalismus seine Tiefe gibt. In der Demut der Hinnahme zeigt sich seine religiöse Dimension. Und doch kann er keine religiöse Kunst schaffen. Religion lebt in Symbolen; und wenn diese Symbole wörtlich genommen und auf die Oberflächen-Ebene des Alltäglichen herabgezogen werden, ist das Ende der religiösen Kunst gekommen. Wenn Jesus, der der Christus, der Bringer des Neuen Seins ist, zum Dorfschullehrer, zum kommunistischen Agitator oder zum sentimentalen Dulder gemacht wird, kann kein religiöses Bild entstehen. Es fehlt die Transparenz, das Drohend-Verheißende des göttlich-dämonischen Grundes der Dinge. Es fehlt, um es zu wiederholen, die durchbrechende Macht des Expressiven.

V.

Und nun lassen Sie mich ein negatives Beispiel geben. Die Vorherrschaft eines jeden Stilelementes hat ihre Gefahren. Das expressive Element, durch das die Tiefe der Dinge an die Oberfläche kommen soll, kann mißbraucht werden zur Darstellung der belanglosen Subjektivität des Künstlers; und die formzerbrechende Kraft des Expressiven kann zum Vorwand für faule oder unfähige Künstler werden, sich dem Aufnehmen der Ding-Strukturen zu entziehen. Aber nur der kann aus dem Zerbrechen der Form ein Kunstwerk machen, der der Form mächtig ist, die er zerbricht. – Und doch haben die letzten Jahrhunderte gezeigt, daß die Gefahr für religiöse Kunst an einer anderen Stelle liegt. Es ist die verhängnisvolle Ehe von idealistisch bestimmtem und naturalistisch bestimmtem Stil, aus der die Mißgeburt hervorgegangen ist, die als religiöse Kunst mehr als ein Jahrhundert Kirchenblätter wie Kirchengebäude verunziert hat und auch noch in der Gemeinde hier und drüben eine trübe Rolle spielt. Das naturalistische Element in dieser Ehe dient dem Wunsch der vielen, den erschütternden Durchbruch des Ewigen in das Alltägliche fernzuhalten oder in sentimentale Religiosität umzubiegen. Das idealistische Element in dieser Ehe dient dem Bedürfnis nach Verschönerung der Oberfläche einer sozialen und individuellen Existenz, die in Wahrheit nicht schön ist. Hier liegen die tiefsten Wurzeln des Widerstandes gegen das Wieder-mächtig-Werden des Elements des Expressiven in den Stilen seit 1900.

In einem monatlich tagenden Seminar, das ich vor etwa 10 Jahren als Vertreter des Protestantismus mit Vertretern des römischen und des griechischen Katholizismus, des Judentums und des Islams in New York hatte, wurde mir deutlich, daß das Ende der religiösen Kunst in allen Religionen der westlichen Welt und darüber hinaus längst gekommen war. Es war besonders eindrucksvoll zu sehen, wie der sehr bedeutende Vertreter des römischen Katholizismus einen verzweifelten Kampf zu führen hatte gegen die Schlammfluten des religiösen Kitsches, der in den Schaufenstern der Kathedralen in allen Städten der Welt zum Verkauf steht. Und man fragt sich: Was bedeutet das für die christliche Existenz in unserer Periode?

VI.

Von unserer Periode können wir eins sagen: Das Erstaunliche hat sich ereignet, das expressive Element hat in einem schnellen Vorstoß wieder die Führung übernommen. Das gibt Hoffnung für religiöse Kunst. Aber ein schweres Hindernis steht im Wege: Die religiösen Symbole, die von der Kunst artistisch ausgedrückt und einer zweiten Symbolisierung unterworfen werden, haben weithin ihre religiöse Symbolkraft verloren. Ständig begegnet man, z. B. in Amerika, Künstlern, die religiöse Kunst schaffen wollen, aber keinen lebendigen Zugang zu den Symbolen des Christentums haben. Entweder fallen sie dann zurück in traditionell-unkritisches Akzeptieren der Symbole und damit auf das Niveau des Kitsches, über dem sie an sich mit ihren künstlerischen Möglichkeiten stehen. Oder sie versuchen, ihren neuen Stil auf die Symbole anzuwenden, und das ergibt ihr ehrenvolles, aber tragisches Scheitern, weil sie es nur von außen her tun können.

Eine Beobachtung scheint mir wichtig zu sein: Die neuen expressiven Stilelemente sind offenbar geeignet, das zum Ausdruck zu bringen, was im Symbol des Kreuzes enthalten ist. Aber der Gekreuzigte ist nicht der Christus, sondern der Mensch schlechthin. Und darum versagt diese Kunst vor dem Symbol der Auferstehung und den verwandten Symbolen der Herrlichkeit. Denn der Mensch als Mensch, als Einzelner und als Geschlecht, ist dem Tode verfallen. Das Symbol der Auferstehung aber deutet auf das Ewige hin, das heute kaum als Frage und sicherlich nicht als Antwort auftaucht. Und wir sollten dankbar sein, daß unsere Künstler nicht mehr sagen, als sie sagen können. Wir sollten sie nicht aus Gründen der kirchlichen Tradition dazu treiben, unehrlich zu werden. Wir müssen warten. Das expressive Element ist da. Von dort aus ist religiöse Kunst wieder möglich. Ob sie wirklich wird, ist in niemandes Hand.

An dieser Stelle aber hat der Protestantismus eine Chance, die schwerlich eine andere Religion hat: er hat, wie ich es einmal ausgedrückt habe, „ein Pathos für das Profane". Er liebt es, vor die Tore des Heiligtums *(pro fanes)* zu gehen und dort das Göttliche zu finden. Und wir hatten gesehen, daß die Dimension, die auf das weist, was uns unbedingt angeht, in keiner Wirklichkeit fehlt. Ein katholischer Priester – darin protestantischer als viele Protestanten – bat den großen französischen Kubisten Braque, ihm einen Fisch, das alte Symbol des Christus, für die Kirche zu malen. Braque lehnte ab, als einer, der außerhalb des Christentums stünde. Der Priester bestand auf seiner Bitte und forderte nichts als einen Fisch, wie ihn Braque auch sonst malen würde. Er meinte, daß in einem profan gemalten Fisch von Braque mehr religiöse Ausdruckskraft läge als in einem unehrlich an religiöse Symbolik angepaßten Bild. Der expressiv bestimmte Stil von Braque machte das möglich. Und es wäre gut, wenn in Kirchen, Sakristeien und Gemeindehäusern expressive Profanität den Kitsch religiöser Bilder verdrängte, der aus der unheiligen Ehe von idealistischen und realistischen Stilelementen hervorgegangen ist.

Die letzten Bemerkungen haben uns schon nahe an die Probleme einer Theologie der Architektur herangebracht, die einer besonderen Behandlung bedürfen.

VII.

Der Grund, warum die Architektur besonders im Titel dieser Betrachtung erwähnt ist, ist ihr doppelseitiger Charakter. Das Kirchengebäude ist Zweckbau und Symbol in einem. Diese Doppelheit hat negative und positive Konsequenzen. Die negative Konsequenz ist, daß der technische Zweck sich von dem Symbolcharakter separieren und auf sich selbst stellen kann, oder, daß der Symbolcharakter sich gegen die technischen Erfordernisse wenden und die Reinheit der Struktur verderben kann. Beides geschieht ständig, und es gehört zur Größe eines Architekten, wenn er beides vermeiden kann. Diese Doppelheit von Zweckbau und Symbol hat aber auch positive Konsequenzen. Die Notwendigkeiten, die mit dem technischen Zweck verbunden sind, halten die Kräfte eines archaisierenden Traditionalismus in Zaum. Das ist einer der Gründe, warum unter allen visuellen Künsten die Architektur die schnellsten und eindruckvollsten Fortschritte gemacht hat. In den meisten christlichen Ländern sind Kirchen entstanden, die mit Pseudotradition in Stil und Symbolik gebrochen haben, die aus den Möglichkeiten der Gegenwart geboren sind und von dem Kulturschaffen der Gegenwart nicht abgetrennt werden können. Ich möchte nur einiges Grundsätzliche hinstellen, das im Zusammenhang mit den Prinzipien steht, die in den vorhergehenden Teilen meiner Betrachtung herausgearbeitet sind.

Jeder Kirchenbau untersteht der Spannung verschiedener Polaritäten. Die erste und fundamentale ist die von religiöser Weihe und künstlerischer Ehrlichkeit – wie sie schon angedeutet wurde in der Geschichte von Braque und dem Bild des Fisches. Religiöse Weihe herrschte in den Perioden künstlerischer Unfruchtbarkeit fast ausschließlich. Man kannte die numinose Macht der großen Tradition im Kirchenbau und imitierte sie. Die Protestanten hatten viele katholische Gebäude übernommen und hatten in ihnen numinose Erfahrungen, trotz ihrer Unangemessenheit für protestantischen Kultus. Aber es ist etwas anderes, sich in Werke vergangener Stile einzuleben oder aus einer lebendigen Tradition heraus neu zu schaffen. Das letztere ist von dem Prinzip künstlerischer Ehrlichkeit gefordert. Es ist sogar von einem Begriff der Tradition gefordert, der das Übergeben der Vergangenheit nicht wie das mechanische Überreichen eines wertvollen Erbstückes auffaßt, sondern als eine Aufforderung zum Schaffen des Neuen, das immer auch Verwerfung vieles Alten einschließt. Wenn wir an den früher ausgesprochenen Grundsatz denken, daß Kunst nicht religiöse Gegenstände behandeln muß, um religiös zu sein, so wird das in der Architektur bedeuten, daß ein ehrlich geschaffener, aus sachlichen Notwendigkeiten erwachsener Stil seine religiöse Qualität nicht erst durch den Bau von Kirchen erweisen muß. Er hat die religiöse Dimension in sich und kann darum für religiöse Bauten verwendet werden, ohne daß der Architekt um des numinosen Charakters willen die Ehrlichkeit seines Schaffens opfern muß. Es gibt keinen authentischen Stil, der nicht mit der Forderung der Weihe zu vereinigen wäre. Und es scheint mir, daß eine letzte Einheit zwischen dem Prinzip der Weihe und dem der Ehrlichkeit besteht. Das künstlerisch Unwahrhaftige stößt die Menschen religiöser Sensitivität ab und hindert das Erlebnis des Numinosen. Die Überzeugungskraft eines religiösen Gebäudes stärkt die Überzeugungskraft dessen, wofür es gebaut ist.

Die Kirche ist zugleich Zweckgebäude und Symbol. Dieser Satz führt zu einer zweiten Polarität von Prinzipien, der von Symboltradition und Symbolmitteilbarkeit. Es gibt grundlegende Symbole oder besser Symbolelemente, die in aller christlichen Symbolik wiederkehren, wie das Kreuz. Aber die Art des Wiederkehrens in konkreten Symbolen ist zeitlich und räumlich bedingt, und vieles, was früher symbolkräftig war, ist bedeutungslos geworden, und neue Interpretationen der grundlegenden Symbolelemente sind gefordert. Das gilt für die Ausrichtung der Kirche nach Osten, für Rundbau oder Längsbau, für die Stellung des Turmes, für die Relation von Altar und Kanzel etc. Archaisches Geheimwissen von der Symbolik dieser Dinge, wie sie in neueren Vorschlägen für den Kirchenbau zum Ausdruck kommt, ist in den meisten Fällen unkommunizierbar, und es wird auch nicht kommuniziert durch gelegentliche Predigten darüber. Symbole müssen sich selbst bezeugen können, und das eine große Symbol des Kirchengebäudes ist das Gebäude selbst, das, was es unmittelbar bezweckt, wenn es von ferne auftaucht, wenn es näherrückt, wenn es den Besucher umschließt. Kaum jemand ist so unsensitiv, daß er sich dieser Kommunikation entziehen kann.

Eine neue Polarität hat sich in den letzten Entwicklungen gezeigt, die zwischen Abgeschlossenheit vom Weltraum und Geöffnetheit zum Weltraum. Wie immer die Antwort lautet, hier ist Symbolik, die unmittelbar verständlich ist und zugleich Tiefe hat. Beide Lösungen teilen sich selbst mit. Vieles spricht für die Hineinnahme der Bäume, der Blumen, der Wolken, des unendlichen Raumes, in die Erhebung zum Unendlichen und Allumfassenden; mehr wohl spricht für die Abgeschlossenheit, in der das Universum sozusagen auf einen Punkt konzentriert ist und nach dem Prinzip der Koinzidenz ganz in einem Endlichen erscheint. – Hier ist verständliche Symbolik, in der das Symbol in sich hineinzieht und nicht gelehrt erläutert werden muß.

Um eine Verbindung mit früher Gesagtem herzustellen, möchte ich etwas über Licht und Farbe sagen. Unser tieferes Verstehen des Sakramentalen und seiner Aufnahme durch das Unbewußte macht es uns möglich, auch in protestantischen Kirchen die Wunder des gebrochenen Lichtes zu erleben und uns der einseitigen Herrschaft des weißen Lichtes, d. h. der Herrschaft des Intellektes, zu entziehen. Aber wenn wir das tun, müssen wir vermeiden, die reine Kraft der Farben mit geliehenen Figuren der Vergangenheit oder gar, wie es im 19. Jahrhundert war, mit verschönt-naturalistischen Figuren der Gegenwart zu vermindern. Das dürfen wir nicht, und die geometrische Abstraktion ist der wichtige Beitrag des modernen Stils zur Lenkung von Licht und Farbe in den Kirchen. – Noch manches hätte ich auf dem Herzen. Aber ich möchte mit einem Ausdruck der Bewunderung über das schließen, was der moderne Kirchenbau, nach schüchternen Anfängen, im 20. Jahrhundert geleistet hat. Wenn die Kritik sagt, daß noch keine maßgebende Lösung gefunden ist, so hat sie recht; aber wenn das eine Verurteilung des gegenwärtigen Kirchenbaus bedeuten soll, dann geschieht großes Unrecht. Man kann sagen, daß jede neue Kirche in neuem Stil ein Versuch ist. Ohne das Risiko mißlingender Versuche gibt es keine Schöpfung. Vielleicht wird man in künftigen Zeiten auf viele mißlungene Versuche hinweisen, aber auch auf das Ungeheure, das gelungen ist: den Triumph über das Unehrliche, das Unbefragte, das Ängstlich-Konservative. Der neue Kirchenbau ist ein Sieg des Geistes, des schaffenden Menschengeistes und des in unsere Schwäche einbrechenden Gottesgeistes.

DIE KUNST UND DAS UNBEDINGT-WIRKLICHE

Es ist mir eine große und unerwartete Ehre, daß ich an einem Ort sprechen soll, der mir seit Jahren zum Lieblingsplatz in der geliebten Stadt New York geworden ist. Die Ehre ist unerwartet, da ich kein Fachmann auf dem Gebiet der darstellenden Künste noch irgendwelcher anderer Künste bin. Ich konnte die Einladung, hier zu sprechen, nur annehmen, weil das Museum* eine Reihe von Vorträgen über „Kunst und ..." plant und der erste Vortrag von „Kunst und Religion" handeln sollte. Ich soll die Kunst also vom religiösen Gesichtspunkt betrachten, d. h. ich soll als Theologe und Philosoph über sie sprechen.

Der Nachteil einer derartigen Betrachtungsweise ist offensichtlich. Es bedeutet, in allgemeinen, abstrakten Begriffen von etwas zu sprechen, was in erster Linie durch intuitive Einfühlung in das einzelne Kunstwerk erfaßt werden muß. Es ist eine bekannte Tatsache, daß die meisten Künstler nicht glücklich darüber sind, wenn ihre Werke der Einordnung in Kategorien unterworfen werden; aber Kunstkritik ist ebenso notwendig wie literarische Kritik. Sie führt den Betrachter zu dem Punkt hin, wo das unmittelbar intuitive Verstehen des einzelnen Kunstwerks beginnen kann. Begriffliche Definitionen wie die folgenden sollten danach beurteilt werden, inwieweit sie ihren Zweck, die Kunstkritik am Ende überflüssig zu machen, erreichen.

Die Vortragsreihe über „Kunst und ..." soll mit einem Vortrag über „Kunst und Religion" beginnen. Aber das wird nicht der Fall sein, denn ich will statt dessen über „Kunst und das Unbedingt-Wirkliche" sprechen, ein Thema, das die Religion zwar einbegreift, aber weit über das hinausgeht, was man gewöhnlich unter Religion versteht. Das Unbedingt-Wirkliche liegt allem Wirklichen zugrunde und kennzeichnet die gesamte Welt der Erscheinungen als bedingt, vorläufig, vergänglich und endlich.

Das sind philosophische Begriffe, aber die Erfahrung, die zu ihrer Konzeption geführt hat, ist universell. Es ist die Erkenntnis der trügerischen Oberfläche alles dessen, dem wir begegnen, die uns zu der Suche nach dem veranlaßt, was unter der Oberfläche liegt. Aber wir stellen

* Gemeint ist das „Museum of Modern Art".

bald fest, daß wir, selbst wenn wir die Oberfläche eines Dinges, eines Menschen oder eines Ereignisses durchbrochen haben, auf neue Täuschungen stoßen. So versuchen wir, tiefer vorzudringen zu dem, was zutiefst unter der Oberfläche liegt, zu dem wahrhaft Wirklichen, das uns nicht mehr täuschen kann. Wir suchen nach einer letzten, unbedingten Wirklichkeit, nach einem Beständigen in dem Fluß von Vergänglichem und Endlichem. Alle Philosophen haben nach ihm gesucht, auch wenn sie den Wechsel selbst als das Beständige in allem Seienden bezeichneten. Sie haben dem Unbedingt-Wirklichen verschiedene Namen gegeben, in denen ihre Angst, ihre Sehnsucht, ihr Mut zum Ausdruck kommen, aber auch die Problematik ihrer Erkenntnisse und ihrer Entdeckungen über das Wesen der Wirklichkeit. Die Begriffe, durch die sie das Unbedingt-Wirkliche zu erfassen suchten, die Methoden, durch die die Philosophie sie gewann und auf die Gesamtheit alles Wirklichen anwandte, füllen die philosophiegeschichtlichen Werke. Es ist eine faszinierende Geschichte, ebenso faszinierend wie die Geschichte der Kunst, die das Unbedingt-Wirkliche in künstlerischen Formen auszudrücken sucht. Und tatsächlich sind es nicht zwei verschiedene Entwicklungen, die Philosophie- und Kunstgeschichte beschreiben. Die philosophischen und die künstlerischen Formen, in denen sich das Erlebnis des Unbedingt-Wirklichen ausdrückt, entsprechen einander. Aber diese parallelen Entwicklungen zu beschreiben, würde den Rahmen unseres Themas überschreiten.

Der Ausdruck „letzte oder unbedingte Wirklichkeit" ist nicht einfach ein anderer Name für das, was in der Religion „Gott" genannt wird. Aber der Gott der Religion wäre nicht Gott, wenn er nicht vor allem anderen unbedingte Wirklichkeit wäre. Der Gott der Religion ist zwar mehr als unbedingte Wirklichkeit, aber die Religion kann von der Göttlichkeit des Göttlichen nur sprechen, wenn Gott unbedingte Wirklichkeit *ist*. Wäre er weniger, nämlich *ein Wesen*, selbst das höchste Wesen, so stünde er auf der gleichen Stufe mit allen anderen Wesen und wäre wie alles Seiende durch die Strukturen des Seins bestimmt – er wäre nicht mehr Gott.

Daraus können wir einen wichtigen Schluß ziehen: Wenn die Idee von Gott unbedingte Wirklichkeit einschließt, so drückt sich in allem, was Ausdruck des Unbedingt-Wirklichen ist, Gott aus, gleich ob beabsichtigt oder nicht. Nichts kann von dieser Möglichkeit ausgeschlossen werden, denn alles, was ist, ist ein Ausdruck, wenn auch ein noch so vorläufiger und vergänglicher, des Seins-Selbst, des Unbedingt-Wirklichen.

Das Wort „Ausdruck" bedarf einer genaueren Definition. Als erstes muß darauf hingewiesen werden, daß das, was Ausdruck einer Sache ist – wie beispielsweise Sprache Ausdruck von Gedanken ist –, nicht mit dieser Sache identisch ist. Es besteht ein Abstand zwischen dem Ausdruck und dem, was ausgedrückt wird. Aber es gibt auch einen Punkt, an dem beide identisch sind. Es ist die Rätselhaftigkeit und die Tiefe aller Ausdrucksformen, daß sie zugleich etwas offenbaren und verdecken. Wenn wir also sagen, daß das Universum ein Ausdruck des Unbedingt-Wirklichen ist, so sagen wir damit, daß das Universum und alles in ihm das Unbedingt-Wirkliche zugleich offenbart und verhüllt. Diese Tatsache sollte uns sowohl von einer religiösen Verherrlichung der Welt wie von einer antireligiösen Profanisierung der Welt abhalten. In diesem Stein, diesem Baum, diesem Menschen ist unbedingte Wirklichkeit, ist Sein-Selbst; sie sind transparent im Hinblick auf das Unbedingt-Wirkliche; aber sie sind auch trübe und verhindern das Unbedingt-Wirkliche, durch sie hindurchzuscheinen; sie versuchen, es auszuschließen.

Ausdruck ist immer Ausdruck für jemanden, der ihn als solchen verstehen kann, der in ihm die Enthüllung eines Verborgenen sieht und der zwischen dem Ausdruck und dem, was ausgedrückt ist, zu unterscheiden weiß. Innerhalb der uns bekannten Welt weiß nur der Mensch zwischen dem Unbedingt-Wirklichen und dem, in dem es erscheint, zu unterscheiden. Nur der Mensch ist sich des Unterschiedes zwischen Oberfläche und Tiefe bewußt.

Es gibt drei Wege, auf denen der Mensch das Unbedingt-Wirkliche in der Wirklichkeit, durch die Wirklichkeit und über der Wirklichkeit erkennen und ausdrücken kann. Die ersten beiden Wege sind indirekt, der dritte ist direkt. Die beiden indirekten Wege sind Philosophie – genauer Metaphysik – und Kunst. Sie sind indirekt, weil ihr unmittelbarer Zweck ist, die Wirklichkeit, der wir begegnen, in Erkenntnisbegriffen oder in künstlerischen Bildern zu erfassen.

Die Philosophie – in der klassischen Bedeutung des Wortes – strebt nach der Ergründung des Universums, aber in diesem Streben kann sie nicht umhin, explizit oder implizit Aussagen über das Unbedingt-Wirkliche zu machen. Wir haben bereits auf den Doppelcharakter der philosophischen Begriffe hingewiesen, und das Unbedingt-Wirkliche ist selbst ein solcher Begriff. Ähnlich verhält es sich mit den künstlerischen Bildern – das Wort Bild hier auch auf Sprache und musikalische Figuren angewandt. In ihnen offenbart die Kunst, während sie das Wirkliche darzustellen versucht, zugleich das Unbedingt-Wirkliche. Dies in konkreten Fällen zu zeigen, ist der Zweck meines Vortrags; ich glaube mich darin durch das Selbstverständnis vieler Künstler bestätigt, die uns sagen, daß ihre Absicht ist, das Wirkliche als solches zum Ausdruck zu bringen.

Aber es gibt noch einen dritten und direkten Weg, auf dem der Mensch das Unbedingt-Wirkliche erkennt und aufnimmt: dies ist die Religion im traditionellen Sinn des Wortes. Hier manifestiert sich das Unbedingt-Wirkliche in ekstatischen Erlebnissen, die den Charakter einer konkreten Offenbarung haben und in Symbolen und Mythen Ausdruck finden. Mythen sind Komplexe von Symbolen; sie sind die ursprünglichste und fundamentalste Form, in der die Erfahrung des Unbedingten sich ausdrückt. Aus ihrer Tiefe schöpfen Philosophie und Kunst ihren Reichtum. Sie erweisen ihre Gültigkeit durch die Macht, mit der sie die Beziehung des Menschen und seiner Welt zu dem Unbedingten zum Ausdruck bringen. Aus einer solchen spezifischen Beziehung sind sie geboren, und sie sterben ab, wenn die Beziehung sich löst. Mythen sind weder primitive Wissenschaft noch primitive Kunst, obwohl beide in ihnen enthalten sind wie im Mutterleib, bis sie sich verselbständigen und ihrer eigenen Entwicklung folgen. Im Laufe dieser Entwicklung machen sie einen inneren Konflikt durch, ähnlich dem, der in uns allen stattfindet, dem Konflikt zwischen der Bindung an den schöpferischen Grund, aus dem wir kommen, und unserer freien Selbstverwirklichung zur Zeit unserer Reife. Es ist der Konflikt zwischen dem Heiligen und dem Profanen.

Die profane Philosophie wird in der Regel einfach Philosophie und die profane Kunst einfach Kunst genannt, während Philosophie und Kunst, die das Heilige und die unmittelbaren Symbole des Unbedingt-Wirklichen zum Gegenstand haben, als Theologie und als religiöse Kunst bezeichnet werden. Die schöpferischen und die zerstörerischen Folgen des Konflikts zwischen dem Heiligen und dem Profanen haben vielen Perioden der menschlichen Geschichte ihr Gepräge verliehen, was sich uns am deutlichsten in den letzten 500 Jahren der Geschichte zeigt. Eine Verringerung der Spannungen und die Beseitigung einiger ihrer zerstörerischen Wirkungen könnten erreicht werden, wenn der entscheidende Punkt in den folgenden Betrachtungen festgehalten würde. Es ist dieser: Die Problematik der Beziehung zwischen Religion und Philosophie wie der zwischen Religion und Kunst ist keineswegs auf die Theologie und die religiöse Kunst beschränkt; sie tritt hervor, wo auch immer das Unbedingt-Wirkliche durch philosophische Begriffe oder künstlerische Bilder ausgedrückt wird, und sie zeigt sich in dem *Stil* eines Gedankens oder eines Bildes.

Stile müssen entschlüsselt werden, und zu diesem Zweck müssen wir Schlüssel haben, die dem besonderen Charakter der künstlerischen

Begegnung mit der Wirklichkeit entnommen sind. Es ist nicht meine Aufgabe, hier auf Schlüssel hinzuweisen, die zum Verständnis künstlerischer Stile im allgemeinen führen oder zum Verständnis der unzähligen kollektiven und persönlichen Stile, die im Laufe der Geschichte hervorgetreten sind. Vielmehr will ich hier auf diejenigen Stilelemente hinweisen, in denen das Unbedingt-Wirkliche zum Ausdruck kommt. Diese werden uns am besten sichtbar, wenn wir die Haupttypen betrachten, in denen sich in der religiösen Erfahrung des Menschen das Unbedingt-Wirkliche manifestiert. Sie sind direkter Ausdruck für die fundamentale Beziehung des Menschen zum Unbedingten; sie scheinen durch die künstlerischen Gestaltungen hindurch und können in ihnen angeschaut werden.

Auf dieser Grundlage möchte ich fünf Stilelemente unterscheiden, die in den großen historischen Stilen der östlichen und westlichen Kunst in unzähligen Kombinationen erscheinen und durch die das Unbedingt-Wirkliche in der Kunst manifestiert wird. Nach der Beschreibung der einzelnen Stilelemente will ich jeweils Bilder als Beispiele zeigen, ohne jedoch näher auf die konkreten Bilder einzugehen, deren Auswahl aus praktischen Gründen beschränkt und mehr oder weniger zufällig ist.

Der erste Typ der religiösen Erfahrung, und zugleich der universellste und fundamentalste, ist der sakramentale. In ihm erscheint das Unbedingt-Wirkliche als das Heilige, das in den verschiedensten Gegenständen, Personen und Vorgängen gegenwärtig ist. In der Geschichte der Religion gibt es fast nichts in der Welt, der wir begegnen, das nicht irgendwann einmal zum Träger des Heiligen geworden ist, d. h. zu einer sakramentalen Wirklichkeit. Selbst dem Niedrigsten und Häßlichsten geht der Charakter des Heiligen nicht ab und die Kraft, das Unbedingte im Hier und Jetzt auszudrücken. Denn in eben dieser Kraft besteht das Wesen des Heiligen und nicht im moralisch Guten, wie die zu moralistischen Lehren entstellten Religionen behaupten. Es gibt in Wirklichkeit keine echte Religion, in der die sakramentale Erfahrung des Göttlichen in seiner Gegenwärtigkeit hier und jetzt nicht die Grundlage für alle anderen Formen des religiösen Lebens bildete.

Dies führt uns zur Entdeckung des ersten Stilelements, in dem sich die Erfahrung des Unbedingt-Wirklichen ausdrückt. Es erscheint in erster Linie in dem, was häufig als magischer Realismus bezeichnet wird. Weil die Bedeutung des Wortes magisch jedoch nicht-religiös ist, ziehe ich es vor, von numinosem Realismus zu sprechen. Numinos ist vom lateinischen *numen* abgeleitet, der Erscheinung eines Göttlichen mit göttlich-dämonischen Zügen. Als Realismus stellt der numinose Realismus gewöhnliche Gegenstände, Personen und Vorgänge dar, aber als numinoser Realismus stellt er sie auf eine Art dar, die sie fremd, mysteriös und mit zweideutiger Macht begabt erscheinen läßt. Zu diesem Zweck bedient er sich räumlicher Bezüge, der Stilisierung von Körpern und unheimlicher Bilder. Wir werden zugleich von ihm angezogen und abgestoßen; wir werden von ihm als von etwas ergriffen, durch das das Unbedingt-Wirkliche auf geheimnisvolle Weise hindurchscheint.

Die primitive Kunst hat häufig diesen Charakter; er schließt die anderen Stilelemente nicht aus, aber er beherrscht sie. Seine Größe ist von Künstlern unserer Zeit wiederentdeckt worden, deren innere Entwicklung und deren künstlerische Visionen sie zu ähnlichen Stilformen getrieben haben. Man hat diese mit verschiedenen Namen bezeichnet. In der Entwicklung des Kubismus von Cézanne bis Braque bildet der numinose Realismus zumindest *ein* Element. Auch in dem metaphysischen Stil De Chiricos und in dem Surrealismus Chagalls ist er gegenwärtig. Er erscheint in den zeitgenössischen Werken von Malern und Bildhauern, die die Liebe für Einzelheiten mit dem Sinn für die kosmische Bedeutung, die sie diesen zuschreiben, verbinden.

Diese Kunst entspricht dem religiösen Sakramentalismus; sie zeigt das Unbedingt-Wirkliche als hier und jetzt in einem besonderen Gegenstand gegenwärtig. Sie ist zwar in Übereinstimmung mit künstlerischen Forderungen geschaffen, aber sie ist – absichtlich oder nicht – mehr als eine Erfüllung solcher Forderungen: sie bringt das Unbedingt-Wirkliche in einem besonderen Gegenstand zum Ausdruck. Aber sie hat in religiöser wie in künstlerischer Hinsicht ihre Gefahren.

Die Gefahr aller sakramentalen Religion ist, daß sie in Götzendienst verfällt, in den Versuch, eine sakramental geheiligte Wirklichkeit zum Göttlichen selbst zu machen. Es ist die Gefahr der Dämonisierung. Künstlerisch besteht die Gefahr darin, daß Gegenstände bloß als Symbole gebraucht werden und ihre eigene Mächtigkeit einbüßen. Es ist schwer, die Grenze zwischen einem ästhetisierenden Symbolismus und der symbolischen Macht eines Gegenstandes als Träger des Unbedingten zu ziehen. Vielleicht könnte man sagen, daß der falsche Symbolismus uns von seinem Gegenstand weg auf einen anderen blicken läßt, den er symbolisieren soll, während die echte symbolische Ausdruckskraft eines Kunstwerks uns seine eigene Tiefe enthüllt und damit die Tiefe der Wirklichkeit selbst.

Dem sakramentalen Religionstyp verwandt, aber zugleich weit über ihn hinausgehend ist der mystische Typ. In ihm versucht die religiöse Erfahrung das Unbedingte ohne die Vermittlung eines besonderen Gegenstandes zu erreichen. Dieser Typ ist im Hinduismus und Buddhismus, im Taoismus und im Neuplatonismus verkörpert und mit entschiedenen Modifikationen in gewissen Richtungen des späten Judaismus, des Islam und des Christentums. Er kann zur monistischen Naturmystik werden, in der Gott mit der Natur gleichgesetzt wird, d. h. mit dem schöpferischen Grund der Natur, der alle partikularen Dinge transzendiert. Wir finden diesen Religionstyp ebenso im alten Asien wie im modernen Europa und Amerika. Ihm entspricht das Stilelement, in dem die Partikularität der Dinge in eine visuelle Einheit aufgelöst ist. Diese Einheit ist jedoch kein Grau in Grau; sie enthält alle Potentialitäten der partikularen Dinge in sich, so das Brahman im Hinduismus und „das Eine" im Neuplatonismus oder der Schöpfer-Gott im Christentum, die in sich die Möglichkeit der ganzen Welt tragen. Die Einheit enthält Spannungen, Konflikte, Bewegung; aber es ist noch nicht bis zur Gestaltung partikularer Dinge gekommen, sie sind noch im Zustand der Potentialität. Sie sind noch nicht aktualisiert als unterscheidbare Gegenstände; oder wenn sie schon Gegenstände geworden sind, so erscheinen sie wie aus weiter Ferne, wie vor der Erschaffung der Welt.

Dieses Stilelement findet sich in chinesischen Landschaften, in denen Luft und Wasser die kosmische Einheit symbolisieren und die einzelnen Felsen oder Zweige sich kaum in ihrer individuellen Existenz hervorwagen. Das gleiche finden wir in dem Hintergrund asiatischer und westlicher Gemälde, selbst solcher, deren Vordergrund mit Figuren angefüllt ist. Es ist das entscheidende Element in der impressionistischen Auflösung aller Einzelheiten in einem Fluidum aus Licht und Farbe. Am deutlichsten hat sich dieses Stilelement in der Kunst durchgesetzt, die wir heute nicht-gegenständliche Kunst nennen und die das letzte Jahrzehnt der amerikanischen Malerei beherrscht. Natürlich kann das Unbedingt-Wirkliche nicht direkt gezeigt werden, aber es kann symbolisch durch die Haupt-Strukturelemente der Wirklichkeit wie Linien, Würfel, Flächen, Farben ausgedrückt werden. Diese stehen für das, was alles Wirkliche transzendiert – und eben dies bezweckt die nicht-gegenständliche Kunst. Zur selben Zeit, als die östliche Mystik in Amerika eindrang, haben amerikanische Künstler die Wirklichkeit ihrer Vielfalt beraubt, der Konkretheit von Dingen und Menschen, und haben das Unbedingte durch Elemente auszudrücken versucht, die gewöhnlich nur an konkreten Gegenständen und an der Oberfläche der Wirklichkeit erscheinen.

Auch diese Kunst hat ihre Gefahren: die heilige Leere kann bloße Leere werden, und die Leere gewisser Bilder drückt nichts als künstlerische Leere aus. Der Versuch, das Unbedingt-Wirkliche durch Auslöschung der Wirklichkeit auszudrücken, kann zu Werken führen, die nichts mehr auszudrücken haben. Es ist verständlich, daß solche Werke eine starke Reaktion gegen die nicht-gegenständliche Kunst herausfordern und daß der entsprechende Zustand in der Religion zu einer Reaktion gegen den mystischen Religionstyp führt.

Wie der mystische geht der prophetisch-kritische Religionstyp über den sakramentalen, der Fundament alles religiösen Lebens ist, hinaus. Er übt Kritik an einem dämonisch verzerrten Sakramentalismus im Namen der persönlichen Aufrichtigkeit und der sozialen Gerechtigkeit; er verwirft die Heiligkeit, die ohne Gerechtigkeit ist. Hier manifestiert sich das Unbedingte nicht in der Natur, sondern in der Geschichte; es manifestiert sich als persönlicher Wille, der fordert und richtet, bestraft und verheißt. Die Natur verliert sowohl ihre dämonische wie ihre göttliche Macht; sie wird zum Ding und zum Werkzeug für menschliche Zwecke. Erst auf dieser religiösen Grundlage konnte sich die industrielle Gesellschaft erheben, in der wir heute leben.

Wenn wir jetzt fragen, welches künstlerische Stilelement dieser Erfahrung des Unbedingten entspricht, so müssen wir antworten, daß es ein realistisches ist, realistisch sowohl in der wissenschaftlich beschreibenden wie in der ethisch-kritischen Form. Nachdem die Natur ihrer numinosen Macht entkleidet ist, kann sie zum Gegenstand wissenschaftlicher Analyse und technischer Manipulation werden. Die künstlerische Erfassung dieser Wirklichkeit ist nicht in sich selbst wissenschaftlich, aber sie hat es mit Gegenständen zu tun, die durch die Wissenschaft bereits zum bloßen Ding gemacht sind. Insoweit es sich um Kunstwerke handelt, ist der Realismus keine Nachahmung der Natur; aber er kann Möglichkeiten in der Wirklichkeit zeigen, die unsere alltägliche Begegnung mit ihr bereichern, und manchmal antizipiert er wissenschaftliche Entdeckungen.

Das realistische Element im künstlerischen Stil scheint weit davon entfernt, das Unbedingte auszudrücken, es scheint es eher zu verhüllen als zu offenbaren. Und doch gibt es einen Weg, auf dem der beschreibende Realismus die Erfahrung des Unbedingten vermitteln kann: Er kann uns die Augen für eine Wahrheit öffnen, die uns in der alltäglichen Begegnung mit der Wirklichkeit nicht sichtbar ist. Er läßt uns etwas fremd erscheinen, das wir durch den täglichen Umgang zu kennen glaubten. Der unerschöpfliche Reichtum, der sich uns in der nüchternen, sachlichen, quasi-wissenschaftlichen Beobachtung der Wirklichkeit offenbart, ist eine Manifestation des Unbedingt-Wirklichen, wenn ihr auch der unmittelbar numinose Charakter fehlt. Es ist die Demut, mit der das Gegebene hingenommen wird, die diesem Stilelement religiöse Ausdruckskraft verleiht.

Der kritische Realismus beschäftigt sich in erster Linie mit dem

Menschen, der Gesellschaft und der Geschichte, obwohl er häufig auch das Leiden in der Natur in die künstlerische Darstellung der Häßlichkeit der bestehenden Wirklichkeit aufnimmt. Der künstlerische Realismus, wie wir ihm bei Bosch und Brueghel, bei Callot und Goya, bei Daumier und Ensor, bei Grosz und Beckmann begegnen, bringt das Unbedingt-Wirkliche zum Ausdruck, indem er die bestehende Wirklichkeit richtet. Vor allem die Ungerechtigkeit der Welt wird in den Werken der hier genannten Künstler verurteilt. Aber sie drücken ihre Kritik in Kunstwerken aus, und dadurch erhebt sich der kritische Realismus über das rein Negative. Durch die künstlerische Gestaltung unterscheidet er sich von einer bloßen Faszination durch das Häßliche. Wenn das künstlerische Element fehlt, ist naturgemäß nur noch eine verzerrte und keine unbedingte Wirklichkeit mehr vorhanden. Hierin liegt die Gefahr dieses Stilelements; sie läßt sich mit der Gefahr eines rein intellektuellen Pseudo-Kritizismus vergleichen, der einer Negativität ohne Hoffnung verfällt.

Der prophetisch-kritische Religionstyp enthält ein Element der Hoffnung in sich; dies ist die Grundlage seiner Stärke. Wenn sich das Element der Hoffnung von der realistischen Ansicht der Wirklichkeit trennt, erscheint ein Religionstyp, in dem die Gegenwart als die Antizipation einer zukünftigen Vollendung gesehen wird. Was die prophetische Hoffnung erwartet, wird als erfüllt betrachtet in Formen der Vollendung, die der Künstler in seiner Bilderwelt darstellen kann. Das Selbstverständnis der Renaissance als einer Wiedergeburt der Gesellschaft war ein besonders guter Nährboden für diese Haltung. Aber sie hatte auch Vorläufer, beispielsweise im klassischen Griechenland; und in der modernen Zeit lebt sie weiter in den Versuchen, dieses Stilelement neu zu beleben.

Als Religionstyp kann man diese Haltung „religiösen Humanismus" nennen, der Gott im Menschen und den Menschen in Gott, im Hier und Jetzt, trotz aller menschlichen Schwächen, sieht. Der religiöse Humanismus erwartet die Verwirklichung dieser Einheit in der Geschichte, und künstlerische Schöpfungen antizipieren sie.

Der Stil, in dem sich diese Haltung ausdrückt, wird gewöhnlich Idealismus genannt, ein Wort, das so in Verruf geraten ist, daß es kaum noch zu gebrauchen ist. Es ist heute fast ein Verbrechen, ein Idealist zu sein. Aber nicht nur das Wort, auch den Begriff hat man kritisiert. In einer Zeit, in der das numinose, das beschreibende und das kritisch-realistische Element vorherrschten, wurde die idealistische Tradition verachtet und verworfen. Obwohl sie unzählige religiöse Bilder hervorgebracht hatte, hielt man sie nicht für fähig, das Unbedingte zu vermitteln. Ich selbst habe diese Haltung geteilt und habe meine Meinung erst geändert, als ich einsah, daß Idealismus die Antizipation der höchsten Möglichkeiten des Menschen ist, daß sie Erinnerung des verlorenen und Antizipation des wiedergewonnenen Paradieses bedeutet. So betrachtet, ist das idealistische Stilelement ein deutliches Medium für die Erfahrung des Unbedingten: Es bringt das Göttliche im Menschen und in seiner Welt in seiner wesenhaften, unentstellten, geschaffenen Vollkommenheit zum Ausdruck.

Aber noch eindringlicher als bei den anderen Stilelementen müssen wir beim künstlerischen Idealismus die Gefahr betonen, die ihn bedroht: Es ist die Gefahr, daß er mit einem oberflächlich und sentimental verschönernden Realismus verwechselt wird. Dies ist auf vielen Gebieten geschehen, besonders in der religiösen Kunst, und es ist der Grund dafür, daß der Idealismus – Wort wie Begriff – in Verruf geraten ist. Der echte Idealismus zeigt die Potentialitäten in der Tiefe eines Wesens oder eines Vorgangs und gibt ihnen Gestalt in der Kunst. Der verschönernde Realismus zeigt die tatsächlich vorhandenen Gegenstände, aber er zeigt sie mit unwahren, idealisierenden Zutaten. Diese Gefahr müssen wir vermeiden, wenn wir versuchen, eine neue Klassik zu schaffen – eine Warnung, die heute notwendig zu sein scheint.

Ich komme jetzt zu dem fünften und letzten Stilelement. Die große Reaktion sowohl gegen den Realismus (mit Ausnahme des numinosen Realismus) wie gegen den Idealismus war die expressionistische Bewegung. Welchem Religionstyp entspricht sie? Ich möchte ihn als den ekstatischen, vom Geist inspirierten Typ bezeichnen. Er ist im Alten Testament antizipiert, er ist die Religion des Neuen Testamentes und vieler Bewegungen in der späteren Kirchengeschichte; er ist wieder in sektiererischen Gruppen hervorgetreten, im frühen Protestantismus und in der religiösen Romantik. Er erscheint gemeinsam mit anderen Religionstypen, und er gerät oft in Konflikt mit ihnen. Er ist durch seine Dynamik, im Zerbrechen wie im Schaffen, gekennzeichnet. Er läßt die partikularen Dinge und Personen gelten, aber er geht über sie hinaus. Er ist zugleich realistisch und mystisch, zugleich kritisch und visionär. Er ist voller Bewegung und weist doch auf das ewig Ruhende hin. Als protestantischer Theologe bin ich überzeugt, daß dieses religiöse Element, das das bewegende Element in allen Religionen ist und in vielen Fällen äußerst weit entwickelt ist, im Christentum voll zur Geltung kommt.

Aber unsere Frage ist, wie sich dieser Religionstyp in den Künsten ausdrückt. Was für ein Stilelement entspricht ihm? Ich glaube, daß es das expressionistische Element ist. Das Unbedingt-Wirkliche erscheint in ihm als das, was „das Gefängnis unserer Gestalt durchbricht", wie es in einem Lied über den Heiligen Geist heißt. Es zerbricht die Oberfläche unserer eigenen Existenz und die unserer Welt. Das ist der „Geist"-Charakter* des Expressionismus – dieses Wort in viel weiterem Sinne verstanden, als es die deutsche expressionistische Kunstbewegung meinte.

Die Kirche war immer beunruhigt über ekstatische Bewegungen; sie schienen ihr sakramentales Fundament zu bedrohen. Heute ist die Gesellschaft beunruhigt über die großen expressionistischen Kunstbewegungen in Vergangenheit und Gegenwart, weil sie die realistischen und idealistischen Grundlagen der modernen Industriegesellschaft durchbrechen. Aber eben dies gehört zu den Manifestationen des Unbedingten. In vielen Stilen der Vergangenheit und der Gegenwart sind expressionistische Elemente enthalten, und in vielen sind sie die vorherrschenden. In der westlichen Geschichte sind sie bestimmend für die Kunst der Katakomben, für die byzantinische, die romanische und große Gebiete der gotischen Kunst und des Barock und in der modernen Zeit für die Malerei seit Cézanne.

Andere Stilelemente verbinden sich in diesen Stilen mit dem expressionistischen Element, aber dieses bleibt das entscheidende. In der expressionistischen Kunst offenbart sich das Unbedingt-Wirkliche auf machtvolle Weise, selbst wenn sie sich nicht traditioneller religiöser Symbole bedient. Aber Stile, die von dem expressionistischen Element bestimmt sind, sind, wie die Geschichte zeigt, besonders angemessen für Kunstwerke, die traditionelle religiöse Symbole zum Gegenstand haben.

Auch hier müssen wir die Gefahren erwähnen, die in den expressionistischen Elementen unserer Kunststile enthalten sind. Expressionismus kann als Expression, als Ausdruck der Subjektivität des Künstlers verstanden werden, ebenso wie auf dem Gebiet der Religion „der Geist" als ekstatisch-chaotischer Ausdruck religiöser Subjektivität verstanden wird. Wo das geschieht, wird Ekstase mit Exaltiertheit verwechselt; aber Exaltiertheit durchbricht keine Form und schafft nichts Neues. Das Kunstwerk, in dem sich nichts als die Subjektivität des Künstlers ausdrückt, bleibt im Zufälligen stehen und dringt nicht zum Unbedingt-Wirklichen durch.

Der Hauptpunkt in unserer Erörterung der fünf Stilelemente, die zu Vermittlern des Unbedingt-Wirklichen werden können, war zu zeigen,

* Das Wort „Geist" wurde hier für das englische Wort *spiritual* gewählt; es bedeutet in diesem Zusammenhang „göttlicher Geist". Diese Terminologie entspricht der im 3. Band der Systematischen Theologie, wo sie ausführlich begründet wird. (D. Hrsg.)

daß die Manifestation des Unbedingten in der Kunst nicht an Werke gebunden ist, die man gewöhnlich als religiöse Kunst bezeichnet. Ich will zum Abschluß ein paar Worte über diese Kunst und ihre Beziehung zu den fünf Stilelementen sagen.

Wenn Kunst das Wirkliche in Bildern ausdrückt und Religion das Unbedingt-Wirkliche in Symbolen, dann bringt religiöse Kunst religiöse Symbole in künstlerischen Bildern zum Ausdruck. Der religiöse Gehalt, der eine besondere Beziehung des Menschen zum Unbedingten ausdrückt, wird zuerst in religiösen Symbolen dargestellt, und dann werden diese Symbole zum Gegenstand künstlerischer Bilder, wie beispielsweise die Jungfrau Maria oder das Kreuz des Christus. In dieser Beziehung zwischen dem religiösen Gehalt und der künstlerischen Form kann es geschehen, daß eines von beiden das Übergewicht gewinnt, sowohl in dem Kunstwerk selbst wie in seiner Wirkung: Die künstlerische Form kann den religiösen Gehalt verschlingen, in dem Kunstwerk selbst oder in der persönlichen Begegnung mit ihm. Diese Gefahr ist einer der Gründe für den Widerstand vieler religiöser Gruppen gegen die religiöse Kunst, besonders im Zusammenhang mit dem Gottesdienst. Oder die religiöse Substanz kann eine Kunst anregen, die kaum noch Kunst genannt werden kann, aber von großer religiöser Wirkung ist. Diese Möglichkeit ist einer der Gründe für die leichte Entartung der Kunst in den Kirchen. Die Vermeidung der einen wie der anderen Gefahr ist eine schwierige Aufgabe für den Schöpfer religiöser Kunst. Unsere Analyse der fünf Stilelemente kann vielleicht in dieser Hinsicht von Nutzen sein.

Offensichtlich ist das Stilelement, das wir numinosen Realismus genannt haben, eine angemessene Grundlage für die religiöse Kunst. Wo es in der primitiven Kunst vorherrscht, ist oft kein Unterschied zwischen dem Religiösen und dem Profanen erkennbar. In neueren Formen des numinosen Realismus wird die kosmische Bedeutung von Werken, die durch ihn geprägt sind, sichtbar. Aber für die äußerst personalistischen Legenden und Mythen der Religionen, die dem prophetischen Typ angehören, ist er kaum brauchbar.

Stile, in denen das mystisch-pantheistische Element vorherrscht, lassen sich nicht für die Darstellung konkreter religiöser Symbole verwenden. Nicht-gegenständliche Kunst ist, wie die Mystik, der sie entspricht, Erhebung über die Welt des Konkreten, und nur Symbole für diese Erhebung über die Welt konkreter Symbole können in dieser Kunst ausgedrückt werden.

Wo der beschreibende und kritische Realismus bestimmend für einen Stil ist, besteht die entgegengesetzte Schwierigkeit: Er kann alles Konkret-Religiöse in seiner Konkretheit darstellen, aber er kann es als religiös nur darstellen, wenn er sich mit anderen Stilelementen verbindet. Sonst profanisiert er das Religiöse und macht beispielsweise aus Jesus einen Dorfschullehrer oder einen religiösen Fanatiker oder einen politischen Märtyrer, wobei er häufig sentimentale und unecht verschönernde Züge aus dem entstellten idealistischen Stil übernimmt. Dies ist die Hauptquelle für den religiösen Kitsch.

Ein anderes Problem für die religiöse Kunst bedeutet das vierte Stilelement, das den Endzustand der Erfüllung antizipiert. Dieser läßt sich offensichtlich am besten durch Figuren aus religiösen Legenden und Mythen ausdrücken; hier fehlt jedoch ein entscheidendes Moment: nämlich die Entfremdung der menschlichen Existenz von der essentiellen Einheit des Menschen mit dem Göttlichen, d. h. die Wirklichkeit des Kreuzes. Der kritische Realismus zeigt diese dagegen in ihrer ganzen konkreten Brutalität, und der Expressionismus bringt ihren paradoxen Sinn zum Ausdruck. Weil dieses Element selbst in den größten Werken fehlt, die vom idealistischen Stil geprägt sind, kann auch dieser Stil zum Kitsch führen.

Das expressionistische Element hat, wie bereits gesagt, die größte innere Beziehung zur religiösen Kunst. Es durchbricht sowohl die realistische Hinnahme des Gegebenen wie die idealistische Vorwegnahme der Erfüllung. Es transzendiert beide und reicht in die Tiefe des Unbedingt-Wirklichen. In diesem Sinne ist es ein ekstatisches Element, das den ekstatischen Charakter der Begegnung mit dem Unbedingt-Wirklichen zum Ausdruck bringt. In aller großen religiösen Kunst ist dieses Element immer sichtbar, in welcher Verbindung mit anderen Stilelementen es auch auftritt. Auf diesen ekstatischen, vom Geiste inspirierten Charakter aller großen religiösen Kunst hinzuweisen, ist eine Aufgabe, für die die hier entwickelten Ideen nur als Grundlage dienen können. Sie haben ihren Zweck erfüllt, wenn sie das tun und wenn sie die Manifestationen des Unbedingt-Wirklichen in den verschiedenen Stilelementen, die in verschiedenen Kombinationen in allen Kunstwerken vorhanden sind, sichtbar gemacht haben.

Anm. Auf die Reproduktion der erwähnten Bilder und ihre Beschreibung mußte im Rahmen der „Gesammelten Werke“ verzichtet werden.

BIBLIOGRAPHISCHE ANMERKUNGEN

Über die Idee einer Theologie der Kultur. In: Religionsphilosophie der Kultur. Zwei Entwürfe von Gustav Radbruch und Paul Tillich. Berlin: Reuther u. Reichard 1919. (Philos. Vorträge der Kantgesellschaft. Nr. 24.)

Kirche und Kultur. – Vortrag, gehalten vor dem Tübinger Jugendring im Juli 1924. Tübingen: Mohr 1924. (Sammlung gemeinverständlicher Vorträge und Schriften aus dem Gebiet der Theologie und Religionsgeschichte. Nr. 111.)

Kirche und humanistische Gesellschaft. – Vortrag, gehalten auf der Berneuchener Arbeitskonferenz in Pätzig, am 5. Oktober 1930. In: Neuwerk. Jg. 13. 1931. S. 4–18.

Kirche und humanistische Gesellschaft. Zu Paul Tillichs Vortrag. Erwiderung von Wilhelm Stählin. In: Neuwerk. Jg. 13. 1931. S. 112–117.

Noch einmal: Kirche und humanistische Gesellschaft. Erwiderung von Wilhelm Thomas. In: Neuwerk. Jg. 13. 1931. S. 139–147.

Die Doppelgestalt der Kirche. Erwiderung auf die Kritik von Stählin und Thomas. In: Neuwerk. Jg. 13. 1931. S. 239–243.

Religion und Kultur. Übers. von: Religion and Culture. In: The Protestant Era. Chicago: The University of Chicago Press 1948. Deutsche Übers. in: Der Protestantismus. Stuttgart: Steingrüben 1950. Hier: die überarbeitete deutsche Übersetzung.

Über die Grenzen von Religion und Kultur. – Vortrag, gehalten an der Rias-Funkuniversität am 21. Dezember 1954.

Aspekte einer religiösen Analyse der Kultur. Übers. von: Aspects of a Religious Analysis of Culture. In: Theology of Culture. Hrsg. v. Robert C. Kimball. New York: Oxford University Press 1959.

Humanität und Religion. – Rede, gehalten anläßlich der Verleihung des Hansischen Goethepreises in Hamburg am 1. Juli 1958. In: Gedenkschrift zur Verleihung des Hansischen Goethe-Preises 1958 der gemeinnützigen Stiftung F. V. S. zu Hamburg.

Der Staat als Erwartung und Forderung. In: Religiöse Verwirklichung. Berlin: Furche 1930. Daselbst im Anhang mit 18 Anmerkungen versehen.

Religion und Weltpolitik. Bisher unveröffentlichtes Manuskript. Wahrscheinlich 1938 entstanden.

Das Evangelium und der Staat. Übers. von: The Gospel and the State. – Vortrag, gehalten vor der Pastoren-Konferenz im „Crozer Theological Seminary“ im April 1938. In: Crozer Quaterly (Chester/Pa.) Jg. 15, H. 4. 1938. S. 251–261.

Die Philosophie der Macht. – Zwei Vorträge, gehalten an der Deutschen Hochschule für Politik in Berlin im Sommer 1956. Berlin: Colloquium Verl. 1956. (Schriftenreihe der Deutschen Hochschule für Politik)

Das Problem des evangelischen Religionsunterrichts. In: Zeitschrift für den evangelischen Religionsunterricht an höheren Lehranstalten. Jg. 42. 1931. S. 285–291.

Theologie der Erziehung. Übers. von: Theology of Education. In: Theology of Culture.

Die Beziehung zwischen Religion und Gesundheit. Übers. von: The Relation of Religion and Health. Historical Considerations and Theoretical Questions. – Vortrag, gehalten im „University Seminar on Religion and its Human Relations“ in Columbia University im Frühjahr 1945. In: Review of Religion (New York). Jg. 10, H. 4. 1946.

Die Bedeutung der Gesundheit. In: Perspectives in Biology and Medicine (Chicago). Jg. 5, H. 1. 1961. S. 92–100.

Logos und Mythos der Technik. – Vortrag, gehalten bei der Feier des 99. Gründungstages der Technischen Hochschule, Dresden. In: Logos. Jg. 16. 1927. S. 356–365.

Die technische Stadt als Symbol. In: Dresdner Neueste Nachrichten. 1928. Nr. 115. – Geschrieben anläßlich der Eröffnung der Dresdner Ausstellung „Die technische Stadt“ und zugleich zur Jahrhundertfeier der Technischen Hochschule, Dresden.

Religiöser Stil und religiöser Stoff in der bildenden Kunst. In: Das neue Deutschland. Jg. 9. 1921. S. 151–158.

Kult und Form. – Vortrag, gehalten bei der Eröffnung der Ausstellung des Kunst-Dienstes in Berlin am 10. Oktober 1930. In: Die Form. Jg. 5. 1930. S. 578–583.

Das Wohnen, der Raum und die Zeit. – Rede, gehalten zur Einweihung des Hauses auf dem Küssel in Potsdam. In: Die Form. Jg. 8. 1933. S. 11–12.

Mensch und Umwelt. Übers. von: Environment and the Individual. – Vortrag, gehalten vor der „Centennial Convention of the American Institute of Architects“ am 14. Mai 1957. In: Journal of the American Institute of Architects. (Washington/D. C.) Jg. 28, H. 2. 1957.

Protestantismus und Kirchenbau. Übers. von: Contemporary Protestant Architecture. In: Modern Church Architecture. Hrsg. v. Albert Christ-Janer und Mary Mix Foley. New York: Mc. Graw-Hill 1962. S. 122–125.

(Die hier vorliegende Übersetzung weist gegenüber dem englischen Originaltext leichte Abweichungen auf, die wahrscheinlich auf den amerikanischen Herausgeber zurückgehen.)

Zur Theologie der bildenden Kunst und der Architektur. – Vortrag, gehalten anläßlich der Eröffnung der 11. Tagung für evangelischen Kirchenbau in Hamburg vom 8.–12. Juni 1961. In: Auf der Grenze. Stuttgart: Evang. Verlagsw. 1962.

Die Kunst und das Unbedingt-Wirkliche. Übers. von: Art and Ultimate Reality. – Vortrag, gehalten im Museum of Modern Art, New York am 17. Februar 1959. In: Cross Currents (West Nyack/N. Y.) Jg. 10, H. 1. S. 1–14.

An den Übersetzungen waren beteiligt: Renate Albrecht, Hildegard Behrmann, Ingeborg Henel, Maria Rhine, Gertie Siemsen, Gertraut Stöber.

NAMEN- UND SACHREGISTER

Bearbeitet von Theodor Mahlmann

FSC
www.fsc.org
MIX
Papier | Fördert gute Waldnutzung
FSC® C083411

Kolibri 360 GmbH
Ferdinand-Jühlke-Straße 7
99095 Erfurt, Deutschland
produktsicherheit@kolibri360.de